普通高等教育“十三五”规划教材

有机化学选论

——立体化学与反应机理

赵明根　孙金鱼　编著

中国石化出版社

内 容 提 要

本书分为上下两篇，各由3章组成。内容选择了有机化学中较难的立体化学和有机反应机理，在分类讲述基础上突出了应用，注重分析问题、解决问题的方法，在深度和广度上有所延伸。全书例题、习题均是近年来国内研究生招生试题，习题解答紧随题后以便于学习；有助于读者熟悉、掌握有机化学中立体化学、反应机理内容，掌握解题方法和规律，开阔思路，提高分析问题和解决问题的能力。

本书可作为高等学校化学专业、应用化学专业开设专业选修课的教材或教学参考用书，也可作为研究生考试复习的辅导资料。

图书在版编目(CIP)数据

有机化学选论：立体化学与反应机理／赵明根，孙金鱼编著．—北京：中国石化出版社，2017.12
普通高等教育"十三五"规划教材
ISBN 978-7-5114-4696-1

Ⅰ.①有… Ⅱ.①赵… ②孙… Ⅲ.①有机化学-立体化学-高等学校-教材 Ⅳ.①O641.6

中国版本图书馆CIP数据核字(2017)第272547号

中国石化出版社出版发行
地址:北京市朝阳区吉市口路9号
邮编:100020　电话:(010)59964500
发行部电话:(010)59964526
http://www.sinopec-press.com
E-mail:press@sinopec.com
北京富泰印刷有限责任公司印刷
全国各地新华书店经销
*
787×1092毫米 16开本 13印张 323千字
2018年1月第1版　2018年1月第1次印刷
定价:35.00元

前　言

有机化学是大学化学专业的一门主干基础课程，也称为核心课程之一；其体系庞大，内容繁多，分子结构复杂，学生学习起来困难较多。大学有机化学教材版本甚多，都是以官能团为主线编排，凸显出自身的系统性和规律性，便于学生对有机化学的理解和学习。但是对于广大学生来说，有机化学仍然是较难学习的一门课程。我们在有机化学课程之后开设立体化学、反应机理、有机合成、有机波谱等专业选修课，在广度和深度两方面加以拓宽与深化，结合学生的后续学习发展，将大量研究生招生试题纳入教学例题，以反应机理为核心，从根本上学懂弄通有机化学。在十多年的教学实践中，我们积累了丰富的教学内容与教学经验，在教学讲义基础上充实而成此书，实际使用效果非常好，对学生后续学习有机化学，特别是参加研究生招生考试帮助很大，深受学生的欢迎。

本书包含了立体化学和有机反应机理两部分，也是学生理解较为困难的两部分。书中所用例题、习题均为近年来国内研究生招生考试试题，适用于教师开设选修课作为教材使用和学生学习有机化学使用。本书突出了学好有机化学的核心是有机反应机理，而有机反应机理又涉及动态立体化学；只要掌握此两方面知识，有机化学学习中的问题可迎刃而解，并且在解决实际问题时显得得心应手。

参与本书编写的是赵明根教授、孙金鱼副教授，部分学生提供了较多的研究生招生试题资料，在此表示感谢。

由于编者水平有限，加之时间仓促，书中错误和疏漏在所难免，敬请读者批评指正。

目　录

上篇　立体化学

下篇　有机反应机理

上篇　立体化学

第1章 有机反应中需要考虑的因素

1.1 有机反应和试剂的研究

根据**价键**的电子**理论**，两个粒子之间发生的化学反应即是它们之间发生了电子转移。常将发生反应的双方分别称为反应底物（简称底物或反应物）和试剂。而且通常总是把无机物或较简单的有机物称为试剂。

1.1.1 有机反应的分类

由于有机反应中主要是共价键的形成或断裂，因而根据共价键断裂方式，有机反应可分为下列三种类型：

1. 均裂反应——自由基型反应

$$R\cdot\cdot L \longrightarrow R^{\cdot} + L^{\cdot}$$

发生在非极性或极性小的共价键上，一般在气相或非极性溶剂中进行。光($h\nu$)和自由基引发剂可催化反应。

2. 异裂反应——离子型反应

$$R\cdot\cdot L \longrightarrow R^{-} + L^{+}$$

或

$$R\cdot\cdot L \longrightarrow R^{+} + L^{-}$$

一般发生在强极性共价键处。通常在极性溶剂中进行，并且常常可被酸或碱所催化。

3. 周环反应

键的形成和断裂是在一步反应过程中同时完成，是协同进行的，又叫协同反应。一般只受热或光的影响而不受溶剂、引发剂、酸、碱等的影响。周环反应属于协同反应的一种。

此外，从反应物和产物之间的相互关系来看，也可分为：

① **取代反应**：亲电取代，亲核取代，自由基取代。

② **加成反应**：亲电加成，亲核加成，自由基加成。

③ **消除反应**：α-消除，β-消除。

④ **重排反应**：碳正离子重排，碳负离子重排，自由基重排。并伴有进一步的取代、加成和消除反应，是一个综合型反应。

⑤ **氧化-还原反应**：也常是综合反应的结果。

有机反应中最常见的是离子型反应，比较重要的是**碳负离子参与的反应**。

1.1.2 有机反应中试剂的分类

1. 亲电试剂

凡是缺少电子的物质都属于亲电试剂，用E^{+}或E表示。常见的亲电试剂有：

质子酸 H^+，X^+(来自 Cl_2、Br_2、I_2、HOX)，$^+NO_2$，^+NO，ArN_2^+，SO_3，H_2O_2，O^+等。

2. 亲核试剂

凡是负离子或带有孤对电子的物种都属于亲核试剂，常用 Nu^-或 Nu 表示。常见的亲核试剂有：

H^-($LiAlH_4$，NaH 等)，F^-，Cl^-，Br^-，I^-，NH_2^-，$:NH_3$，$:NH_2G$(氨衍生物)，N_3^-，HS^-，H_2S，RS^-，$[:SO_2OH]^-$，OH^-，H_2O，RO^-，烯胺，ROH，$RCOO^-$，CN^-，$RC\equiv C^-$，$RCOCH_2^-$，RMgX 等金属有机化合物，等。

1.2 热力学控制和动力学控制的反应

一个**反应**的**主要产物**与该反应是**热力学控制**的还是**动力学控制**的有关。热力学告诉我们，**系统有转移到它的最稳定状态(即具有最低自由能)的趋势**。标准状态下，反应的自由能变化 $\Delta_r G_m^\ominus$ 与平衡常数 K 之间有如下关系：

$$\Delta_r G_m^\ominus = -RT\ln K$$

热力学虽然告诉了我们在给定条件下要使一个反应发生的基本要求($\Delta G^\ominus<0$)，但没有告诉我们反应所需要的时间(反应速率如何)。**按动力学观点，反应过程中总是存在着一个能垒，反应物是先要到达能垒的顶峰变成活化络合物(过渡态)，然后再变成中间体或产物**。过渡态与反应物之间的能量差就是**活化能**。显然，过渡态越稳定，活化能就越小，反应速率就越大。**对于多步骤反应，活化能最大的一步其反应速率最慢，因而是决定反应总速率的一步**。

任何使过渡态稳定的因素都将导致过渡态较快地达到，即可使反应速率加快。但过渡态仅是反应物转变为产物的过程中所经过的一个**自由能最高的活化络合物**，目前还是无法分离得到和通过实验观察到的。因而通常我们是**用相应的中间体作为模型来代替过渡态**进行讨论。

当一个反应有可能生成几种中间体时(也有几种可能的最终产物时)，各中间体的比例即取决于各自的相对稳定性(从而也就决定了各产物的生成速率)，这称为**动力学控制(也称为速率控制)**。例如：$CH_2{=}CHCH_3$与 HCl 的加成，第一步是慢的和决定总速率的一步，可得到两种中间体：$CH_3CH^+CH_3$和$^+CH_2CH_2CH_3$，前者比后者稳定，故较易生成，最后的主要产物是经由 $CH_3CH^+CH_3$中间体而得到的 $CH_3CHClCH_3$。

由于有机反应通常是较慢的，常常是在没有使它真正建立平衡之前就终止反应并进行产物的分离，因而所得的**主要产物大多是动力学控制的产物(也称为速率控制产物)**。只有当反应易于达到可逆平衡或产物之间可互相转化时，产物的相对比例才取决于它们的**相对热力学稳定性**(称为**热力学控制或平衡控制**)。例如，在下面一些反应中，不同的反应温度得到的主要产物不同，在较高温度反应得到的主要产物是热力学稳定的产物。

$$CH_2{=}CH{-}CH{=}CH_2 + HBr \begin{cases} \xrightarrow{-80^\circ C} CH_2{=}CH{-}CHBr{-}CH_3 \\ \xrightarrow{40^\circ C} CH_3{-}CH{=}CH{-}CH_2Br \end{cases}$$

$$\text{萘} + H_2SO_4 \xrightarrow{120°C} \text{1-萘磺酸}(SO_3H)$$
$$\text{萘} + H_2SO_4 \xrightarrow{160°C} \text{2-萘磺酸}(SO_3H)$$

$$\text{苯酚}(OH) + H_2SO_4 \xrightarrow{15\sim20°C} \text{邻羟基苯磺酸}(OH, SO_3H)$$
$$\text{苯酚}(OH) + H_2SO_4 \xrightarrow{100°C} HO_3S\text{—C}_6\text{H}_4\text{—OH}$$

$$\text{C}_6\text{H}_5\text{OCOR} \xrightarrow[25°C]{AlCl_3} ROC\text{—C}_6\text{H}_4\text{—OH}$$
$$\text{C}_6\text{H}_5\text{OCOR} \xrightarrow[165°C]{AlCl_3} \text{邻位}(OH, COR)$$

1.3 有机反应中的取代基效应

有机物分子中的取代基影响着有机物的反应活性，其方式有通过电子效应的影响和通过空间位阻效应的影响，这是解决有机化学问题最基本的基础理论。

1.3.1 电子因素的影响

决定产物稳定性(在热力学控制时要考虑的)和过渡态稳定性(在动力学控制时要考虑的)的最重要因素是**电子因素和空间因素**。电子因素决定着分子中电子云密度的分布，最常见的是**诱导效应、共轭效应和超共轭效应**。

1. 诱导效应

在两种不同原子或基团组成的共价键中，电子对总是偏向于电负性较大的原子一边，这样的共价键称为**极性键**，极性的大小主要取决于这两个成键原子(元素)的**电负性之差**。

在有机化合物中，键的极性并不局限于形成键的两个原子之间，它可沿着 σ 键传递而依次影响分子中的其它原子，因而称为**诱导效应**(inductive effect，常用 I 表示，负号表示拉电子，正号表示推电子)。其特点是随着距离的增加而显著减弱，一般相隔三个 σ 键以上即可忽略不计。

诱导效应的强度和方向是与氢元素(H)的电负性比较得出来的。比如可根据取代酸的离解常数或偶极矩数值的大小等而确定。

诱导效应包括静态诱导效应、动态诱导效应和场效应三种。

静态诱导效应实例：

例 1 乙酸及氯代乙酸的酸性：

	Cl_3CCOOH >	$Cl_2CHCOOH$ >	$ClCH_2COOH$ >	CH_3COOH
K_a，25℃	1.2	5.14×10^{-2}	1.55×10^{-3}	1.76×10^{-5}
pK_a	0.64	0.86	1.26	4.75

例 2　丁酸及氯代丁酸的酸性：

$$EtCHClCOOH>CH_3CHClCH_2COOH>ClCH_2CH_2CH_2COOH>\text{丁酸}$$

K_a，25℃　　1.4×10^{-4}　　8.9×10^{-5}　　2.6×10^{-5}　　1.55×10^{-5}

pK_a　　2.82　　4.41　　4.70　　4.82

表明：**−I** 的影响随着碳链的增长而迅速减小。

例 3　卤代乙酸的酸性：

$$CH_2FCOOH>CH_2ClCOOH>CH_2BrCOOH>CH_2ICOOH$$

pK_a　　2.59　　2.86　　2.90　　3.18

拉电子诱导效应：F>Cl>Br>I，**−I** 越强，相应的酸性越强。

例 4　几种酸的酸性：

$$(CH_3)_3CCOOH<(CH_3)_2CHCOOH<CH_3CH_2CH_2COOH<CH_3COOH<HCOOH$$

pK_a　　5.05　　4.86　　4.82　　4.76　　3.77

R 显示**+I** 效应，其大小顺序为，*t*-Br>*i*-Pr>*n*-Pr>Me>H。因此，**+I** 越强，相应羧酸的酸性越弱。

例 5　解释下列结果：

极性：$(H_3C)_2CH—Cl$ > 环丙基—Cl > $CH_2═CH—Cl$

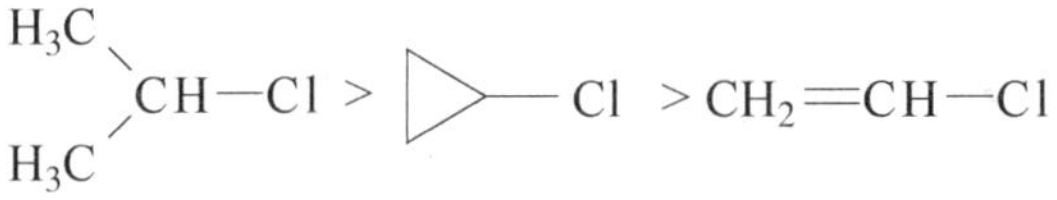

偶极矩(*μ*)：　　2.15D　　1.76D　　1.44D

解：环丙基中碳的杂化态介于异丙基碳(sp^3)与乙烯基碳(sp^2)之间，接近于 sp^2 杂化。**杂化轨道中 s 成分增大，相应烃基的电负性增大，给出电子的能力减小**，相应的氯代烃的极性下降。

例 6　解释下列结果：

酸性：$CH_3—CH_3$ < 环丙烷 < $CH_2═CH_2$

pK_a：　　42　　39　　36.5

解：碳原子杂化轨道中**s** 成分越多，碳原子电负性越大，相应的烃给出质子的能力越大，酸性越强。

例 7　比较下列两个异构体的偶极矩大小：

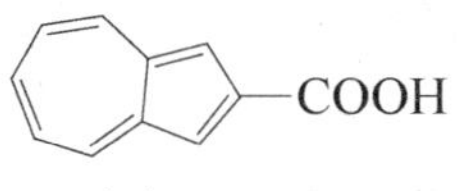

(1) 薁-2-COOH　　(2) 薁-6-COOH

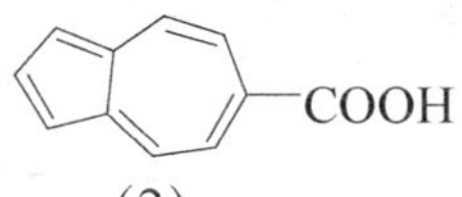

解：对于稠环烃，按休克尔规则判断，符合休克尔规则的是芳香性的，不符合休克尔规则的是非芳香性的。两个异构体分子中环周边**π** 电子数的多少符合 4*n*+2 规则，且为平面共轭的体系，属于芳香性的，可将结构式改写为：

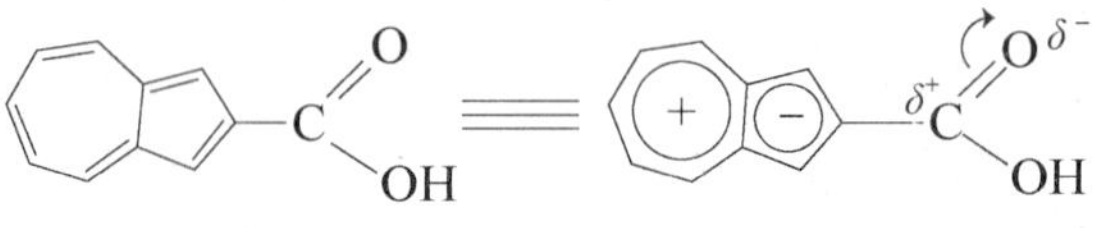

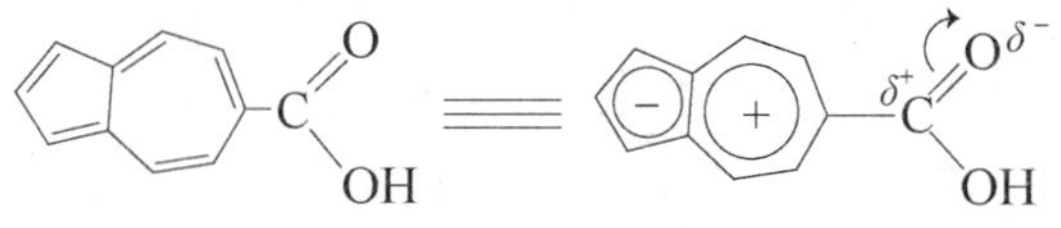

(1) ≡ 七元环(+)与五元环(−)，$\delta^+C═O^{\delta-}$，OH

(2) ≡ 五元环(−)与七元环(+)，$\delta^+C═O^{\delta-}$，OH

在(1)中，偶极方向一致，极化程度增大，偶极矩较大；在(2)中，偶极方向相反，极化程度减小，偶极矩较小。

结论：(1)的极性较强，偶极矩比(2)大。

(1) 静态诱导效应

在静态分子中所表现出的诱导效应称为静态诱导效应。

(2) 动态诱导效应

在化学反应过程中，反应物分子中的某一个键受外加试剂电场的影响，使**键电子云分布发生瞬时改变**，这种改变是一种暂时的性质，只有在化学反应中才表现出来，一般对于反应来说是积极的、促进效应，这种诱导效应称为动态诱导效应。

(3) 场效应

诱导效应是通过**键传递静电作用**，而**场效应**是诱导效应的另一种形式。它是通过**空间传递静电作用**的一种电子效应，即取代基在空间可以产生一个电场，对另一个空间的反应中心产生影响。我们把这种**直接通过空间发生的静电作用称之为场效应**(field effect)。大量事实证明，场效应起的作用可能比诱导效应的影响还要广泛，大多数分子中诱导效应与场效应同时存在，方向可能相同，也可能相反。

例 1　酸性强弱比较：

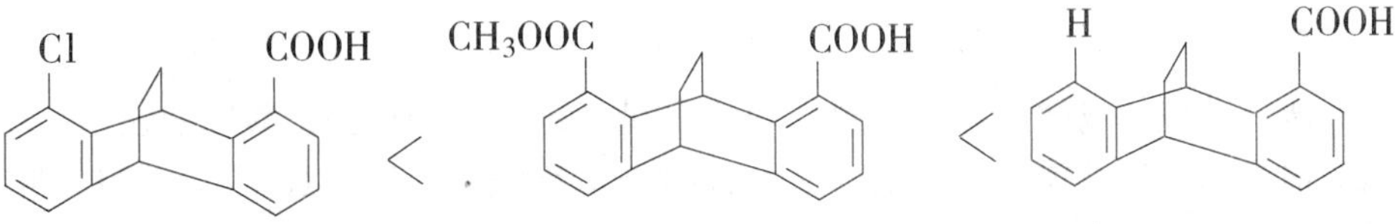

Cl　COOH　<　CH_3OOC　COOH　<　H　COOH

(pK_a=6.25)　(pK_a=6.20)　(pK_a=6.04)

此处 Cl 和 $COOCH_3$ 与 COOH 间隔 6 个单键，静态诱导效应几乎不存在，从结构上看也可排除共轭效应和氢键的影响。当 H 换成极性的 Cl 或 $COOCH_3$ 之后，化合物酸性下降，只能通过场效应来解释，即极性的 Cl 或 $COOCH_3$ 通过空间影响使 COOH 给出 H^+ 的能力下降，酸性减弱。

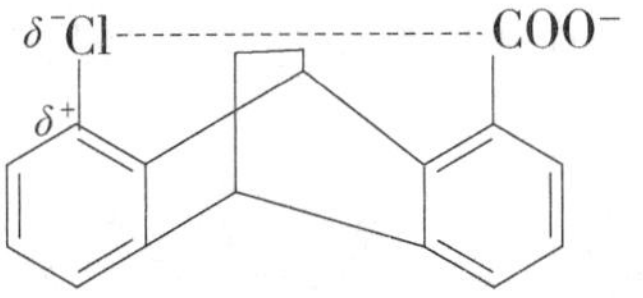

δ^-Cl------------------COO^-
δ^+

(排斥)

Cl 提供电子给羧基碳，致使羧酸根负离子不稳定性增加，或者说离解变得比原来困难。

例 2　比较酸性：

酸性：H　Cl　H　Cl　COOH　<　Cl　H　Cl　H　COOH

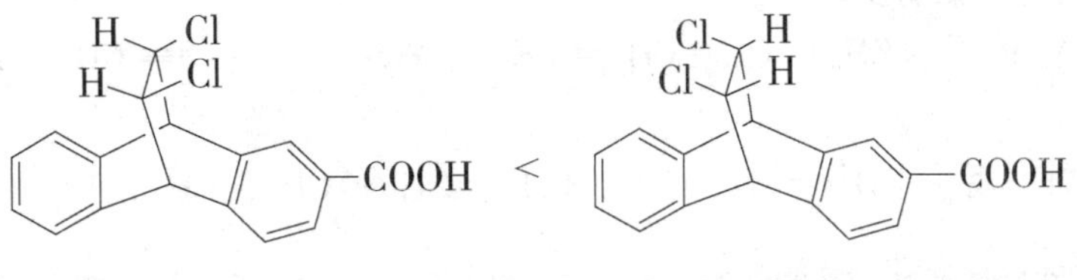

(pK_a=6.07)　(pK_a=5.67)

此处，Cl 和 COOH 相隔 6 个单键，静态诱导效应极弱，Cl 是通过空间传递对 COOH 起影响作用，因前者 Cl 原子在空间距 COOH 较近，场效应比后者强，Cl 使 COOH 给出 H^+ 的能力下降，酸性较弱。

例 3 比较酸性：

酸性：邻卤代苯丙炔酸（$C \equiv C-COOH$ 与 X 处于邻位） < 间（或对）卤代苯丙炔酸（$C \equiv C-COOH$ 与 X 处于间位）

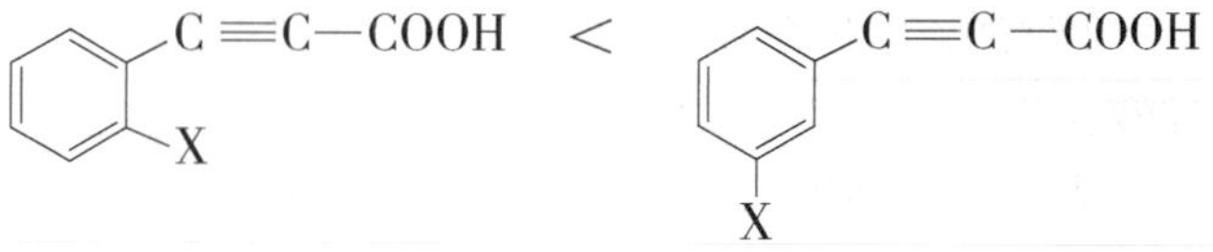

邻卤代苯丙炔酸　　　　间（或对）卤代苯丙炔酸

如果仅考虑诱导效应，因邻卤代苯丙炔酸中 X 与 COOH 最近，–I 效应最强，酸性应该最强。而实际上酸性最弱，正是由于同时存在场效应的原因：

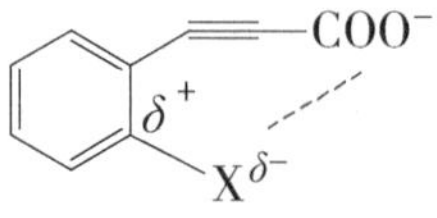

（苯环上 δ^+，$-C \equiv C-COO^-$ 与邻位 $X^{\delta-}$ 之间以虚线表示场效应）

此处场效应方向与–I 方向相反，故邻卤代苯丙炔酸酸性最弱，但仍然比苯丙炔酸酸性要强。

例 4 三甲铵基乙酸酸性很强

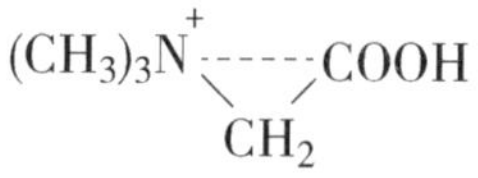

$$(CH_3)_3\overset{+}{N}\cdots\cdots COOH \quad (\text{经 } CH_2 \text{ 相连})$$

此处，诱导效应与场效应方向一致，均使羧基中的 H 易于离去，酸性增强。

实际上很多场合场效应与静态诱导效应方向是一致的，二者很难区别；除特别指明外，一般所说的诱导效应是指二者而言。

2. 共轭效应

在共轭体系（π–π，π–p，p–p 共轭）中，相邻的 π 键或 p 电子、p 轨道相互影响从而使体系中的电子云密度重新分布，这种影响称为**共轭效应**（conjugative effect），记为 C。+C 表示推电子基所显示出的效应；–C 表示拉电子基所显示的效应。

共轭效应只存在于共轭体系中，它可引起分子中电子云密度**平均化分布**。其传递必须通过**共轭链**进行，不论距离远近，共轭作用可贯穿于整个共轭体系中，**且不因共轭结构增长而降低**。此为共轭效应的特点。

（1）共轭效应的分类

① 静态共轭效应：此为共轭体系的内在性质。

② 动态共轭效应：此为在外电场影响下所表现的性质，一般是在反应瞬间产生的，但电子偏移机理与静态时一致。

（2）共轭体系的种类

π–π 共轭体系：$CH_2=CH-CH=CH_2$，$CH_2=CH-C\equiv CH$，$CH\equiv C-C\equiv CH$，$CH_2=CH-CH=O$ 等。

p–π 共轭体系：$CH_2=CH-\ddot{Cl}:$，$CH_2=CH-\overset{+}{C}H_2$，$CH_2=CH-\dot{C}H_2$，$-CO-\ddot{X}:$，$-CO-\ddot{N}H_2$ 等。

（3）常见显示共轭效应的基团

显示 +C 效应的基团：—X，（F > Cl > Br），—SR，—OR，—NR_2，—NHCOR，—O—，—S—，—R 等。

显示-C 效应的基团：—NO_2，—CN，—COR，—COOR，—$CONH_2$等。

（4）共轭效应强弱规律

① +C 效应：在同一周期中+C 效应随原子序数增大而减小。

$$—NR_2 > —OR > —F$$

在同一族中，+C 效应随原子序数增大而减小。

$$—OR > —SR > —SeR;\ —F > —Cl > —Br > —I$$

② -C 效应：在带有重键原子团的共轭体系中，处于原子团末端的元素在同一周期中越靠右边的元素拉电子的能力越大（强），-C 效应越强。原因是靠右的元素具有较大的电负性。

$$>C=O \gg C=NH$$

值得指出的是某原子（团）的共轭效应不是恒定不变的，因为共轭效应的强弱不仅取决于该原子（团）的情况，同时也取决于分子中其它原子（团）以及整个分子的结构。共轭体系的结构可用共振论来处理。

例 1　极性比较：

CH_3—Cl　　>　　C_6H_5—Cl

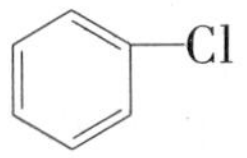

$\mu = 1.86D$（气态）　　$\mu = 1.70D$（气态）

两者差别在于 CH_3Cl 中只有-I 效应，而在 PhCl 中同时存在有 p-π 共轭效应及-I 效应，且 p-π 共轭效应方向与-I 效应方向相反，导致 PhCl 的偶极矩小于 CH_3Cl。单从诱导效应看也是上述结果。

例 2　偶极矩大小比较：

CH_2=CH—CH=O　　>　　CH_3CH_2CH=O

$\mu = 2.88D$　　$\mu = 2.49D$

丙烯醛中主要为+C 效应；丙醛中主要为+I 效应（指乙基）。

例 3　偶极矩大小比较：

CH_3CH_2Cl　　>　　CH_2=CH—Cl:

$\mu = 2.05D$　　$\mu = 1.66D$

氯乙烷中主要为-I 效应，氯乙烯中则同时存在+C 效应与-I 效应，Cl 的两种效应方向相反，减弱极性（同氯乙烯、氯苯相似）。

3. 超共轭效应

在 C—H 单键和重键之间、p 轨道之间（σ-π，σ-p，称为超共轭体系），也存在共轭效应，特称为超共轭效应。例如，丙烯中的电子云偏向于 C，即是由于 σ-C—H 超共轭的结果：

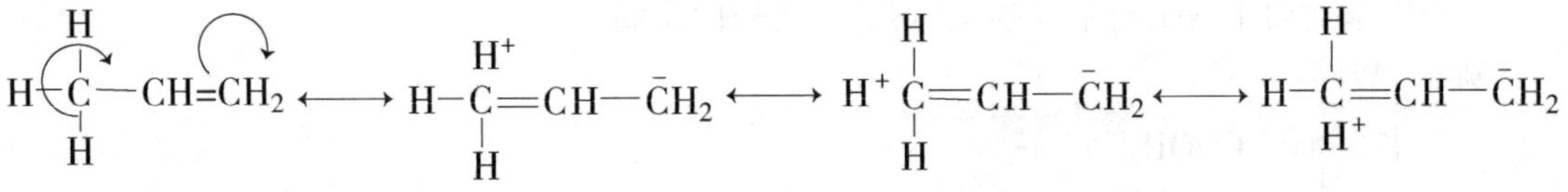

H_3C—CH=CH_2 ⟷ H^+ H_2C=CH—$\bar{C}H_2$ ⟷ H^+ H_2C=CH—$\bar{C}H_2$ ⟷ H_2C=CH—$\bar{C}H_2$ H^+

超共轭体系种类：

σ-π 共轭体系：CH_2=CH—CH_3，CH_2=CH—CH_2—CH_3等。

σ-p 共轭体系：$CH_3—^+CH_2$，$CH_3—^{\cdot}CH_2$等。

例 1 反应活性：

$$R—C_6H_4—CH_2Br + C_5H_5N \xrightarrow{S_N1} R—C_6H_4—CH_2—\overset{+}{N}C_5H_5\ Br^-$$

R：	H	CH_3	CH_2CH_3	$(CH_3)_2CH$	$(CH_3)_3C$
相对速率：	1	1.66	1.48	1.35	1.34

当 R 为推电子基时，反应较快，因 CH_3的 C—H 键与苯环有 σ-π 超共轭效应。并且，能形成超共轭体系的 C—H 键越多，σ-π 超共轭效应越强，相对速率也越大。而$(CH_3)_3C$没有可与苯环成超共轭体系的 C—H，相对速率也最小。如果仅考虑+I 效应，则无法解释上述结果。

例 2 碱性：

$C_6H_5—N(CH_3)_2$ < 苯并奎宁环 < 奎宁环

N,*N*-二甲基苯胺	苯并奎宁环	奎宁环
$pK_a = 5.06$	$pK_a = 7.99$	$pK_a = 10.58$

在 *N*,*N*-二甲基苯胺中由于 p-π 共轭，导致 N 原子上电子云密度下降，碱性减弱。在苯并奎宁环中，由于刚性的双环体系妨碍了 N 原子上的孤电子对与苯环的共轭作用，使 p-π 共轭效应降低很多，故碱性较强。奎宁环中无 p-π 共轭，所以碱性最强。

例 3 偶极矩：

$O_2N—C_6H_4—NH_2$ > $O_2N—C_6H_2(CH_3)_2—NH_2$（H_3C、H_3C 位于 O_2N 两侧）

$\mu = 6.20D$	$\mu = 5.0D$
（O_2N 有-C 与-I，且方向一致）	（O_2N 只有-I 而无-C）

后者引入甲基破坏了 N 原子与苯环发生 p-π 及 π-π 共轭所必须具备的共平面性，故极性较小。

例 4 酸性：

$O_2N—C_6H_2(CH_3)_2—OH$（CH_3、CH_3 位于 OH 两侧） > $O_2N—C_6H_2(CH_3)_2—OH$（H_3C、H_3C 位于 O_2N 两侧）

$pK_a=7.16$	$pK_a=8.24$
(O_2N有-C与-I，且方向一致)	(O_2N只有-I而无-C)

后者甲基妨碍了 NO_2与苯环的-C 效应，故酸性减弱。

例 5 酸性：

间甲氧基苯甲酸（COOH，OCH_3） > $C_6H_5—COOH$ > $CH_3O—C_6H_4—COOH$

间甲氧基苯甲酸只有-I效应，**对甲氧基苯甲酸**同时具有-I效应和+C效应，且+C效应更大。

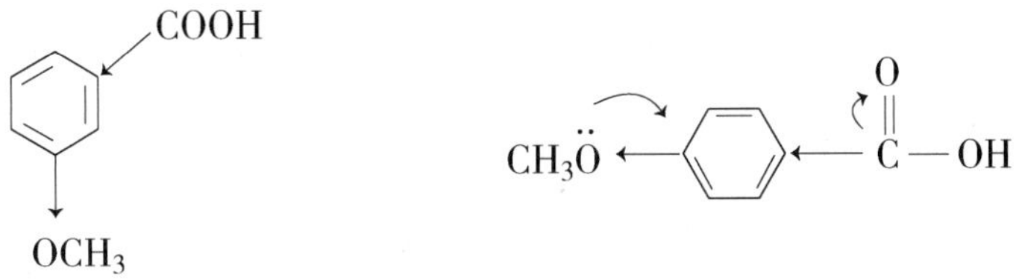

COOH

OCH_3

$CH_3\ddot{O}$ ← ⟨苯环⟩ ← C(=O) — OH

例6 预测6,6-二苯基富烯的亲电取代和亲核取代反应各发生在哪个环上？哪个位置？

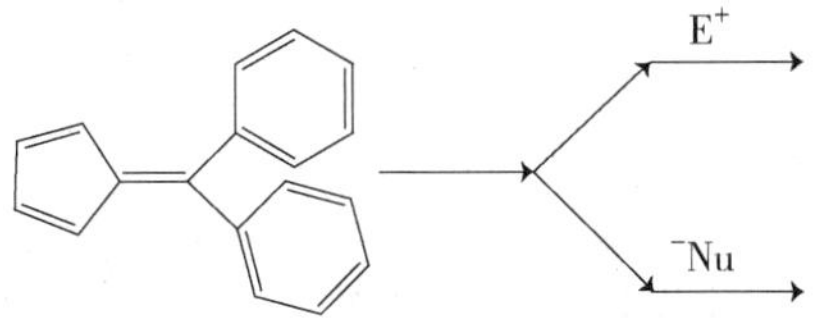

E^+

^-Nu

解：6,6-二苯基富烯的共轭结构如下(运用共振论写出共振极限式)：

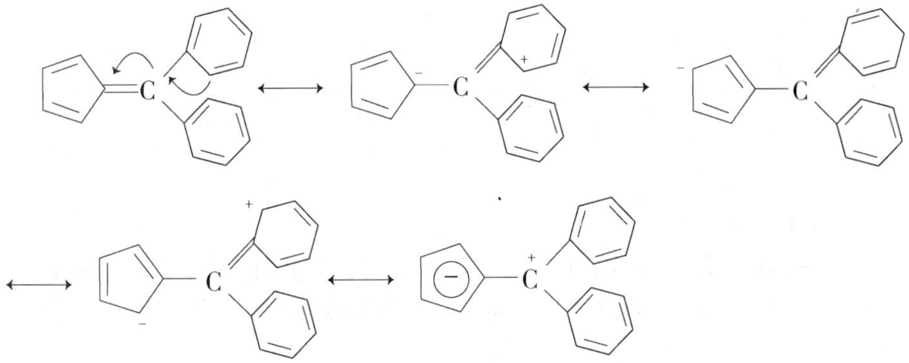

C ⟷ $^-$ C $^+$ ⟷ $^-$ C ⟷ C $^+$ $^-$ ⟷ ⊖ $\overset{+}{C}$

由上式可见，亲电取代反应应该发生在五元环上，亲核取代应该发生在六元环上。亲核取代的位置是明显的，亲电取代的位置可由下面的分析来判断。

若E^+进攻环戊二烯的1-位或4-位，会产生如下的共振结构：

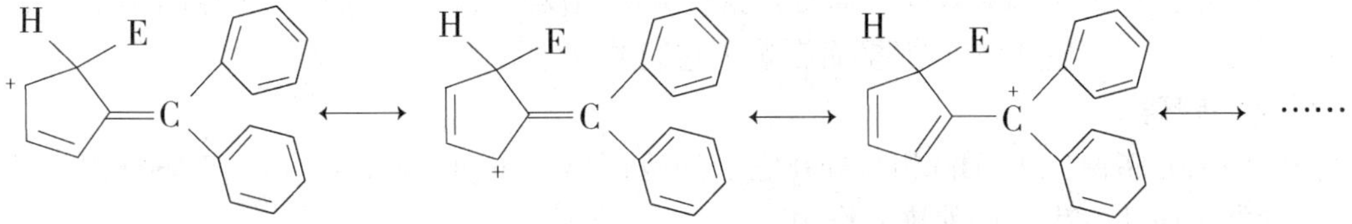

H E $^+$ C ⟷ H E C $^+$ ⟷ H E $\overset{+}{C}$ ⟷ ……

若E^+进攻环戊二烯的2-位或3-位，则产生如下共振结构：

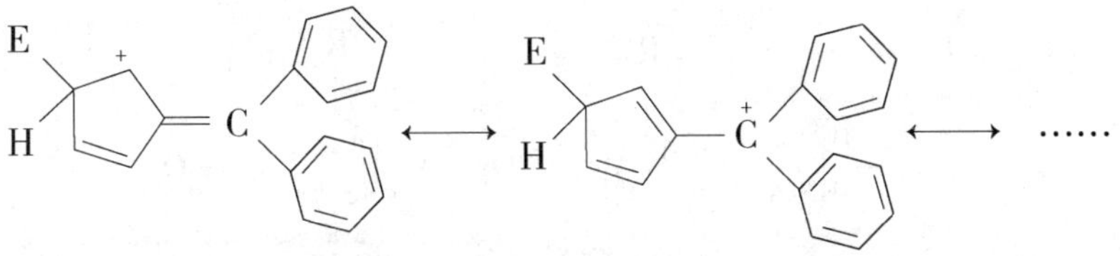

E H $^+$ C ⟷ E H $\overset{+}{C}$ ⟷ ……

可见E^+进攻1-位或4-位产生的共振极限式较多，故亲电取代反应发生在环戊二烯的1-位或4-位。

由上述分析可得到如下所列结论：

$\xrightarrow[S_EAr]{E^+}$; $\xrightarrow[S_NAr]{Nu^-}$ … + …

例 7 比较下列化合物的酸性强弱：

(1) $C_6H_5-C\equiv C-COOH$ (2) $O_2N-C_6H_4-C\equiv C-COOH$（对位）

(3) 邻硝基苯基 $-C\equiv C-COOH$（NO_2） (4) 间硝基苯基 $-C\equiv C-COOH$（O_2N）

解：(2)>(4)>(3)>(1)

(2)中存在-I效应及-C效应；(4)中存在-I效应；(3)中同时存在-I效应、-C效应及场效应，场效应产生的负电场通过空间传递负电荷抑制酸的离解，降低酸的离解性，即使酸性减弱。

1.3.2 立体因素的影响

空间效应：由于基团之间的非键相互作用所引起的取代基效应就叫作空间效应。包括：**空间障碍，空间张力和构象效应**。通常是指反应底物反应部位附近的空间障碍阻碍试剂的接近(即位阻)，导致了过渡态的拥挤而影响了它们的反应活性。

1. 空间障碍

空间障碍是指由原子(团)相互处在它们的范德华(Van der waals)半径(**0.29nm**)所不许可的范围之内时所发生的一种排斥作用。

例 1 烷基苯的硝化反应：

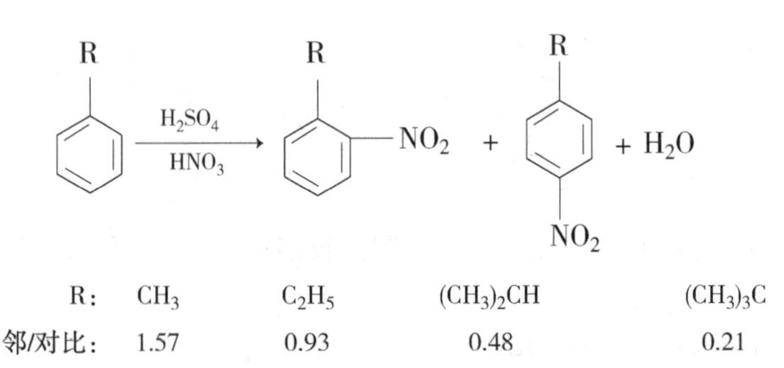

推论：—NO_2对苯环邻位的进攻受到了 R 的妨碍，R 的体积增大，空间障碍也增大，邻位硝化的速率降低，邻/对位产物比率减小。

例 2　酯的皂化反应：

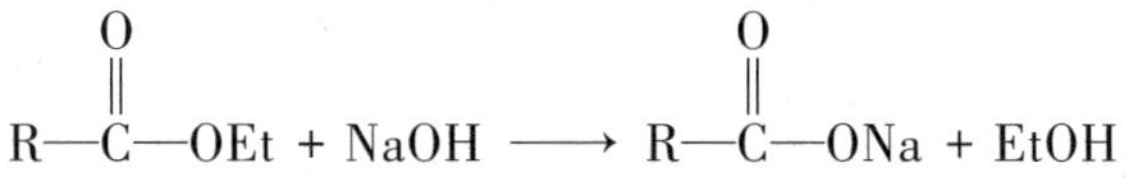

$$R-\overset{\overset{O}{\|}}{C}-OEt + NaOH \longrightarrow R-\overset{\overset{O}{\|}}{C}-ONa + EtOH$$

R 的体积增大，妨碍^-OH向 C ═O 进攻，皂化速率降低。

例 3　醛酮的亲核加成反应：

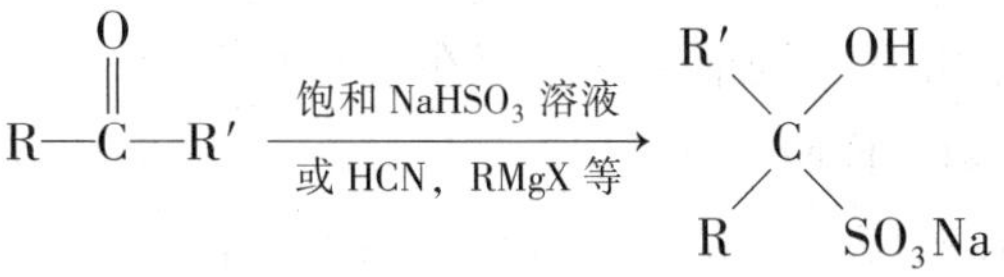

$$R-\overset{\overset{O}{\|}}{C}-R' \xrightarrow[\text{或 HCN，RMgX 等}]{\text{饱和 }NaHSO_3\text{ 溶液}} \begin{matrix} R' & & OH \\ & C & \\ R & & SO_3Na \end{matrix}$$

由于与羰基相连基团的体积越大，亲核试剂进攻羰基时所受的空间障碍越大，亲核加成反应的活性越小。所以一般的反应活性顺序如下：

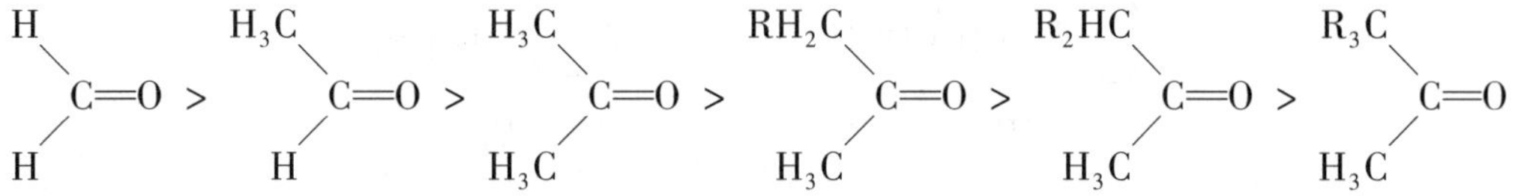

$$(H)(H)C{=}O > (H_3C)(H)C{=}O > (H_3C)(H_3C)C{=}O > (RH_2C)(H_3C)C{=}O > (R_2HC)(H_3C)C{=}O > (R_3C)(H_3C)C{=}O$$

对于非甲基酮来说，观察不到明显的反应，活性是最低的。

例 4　空间障碍引起手性产生：

对于联苯型化合物，内侧有不同取代基时往往因非键张力的影响而破坏了芳环的共平面性导致分子产生手性，如：

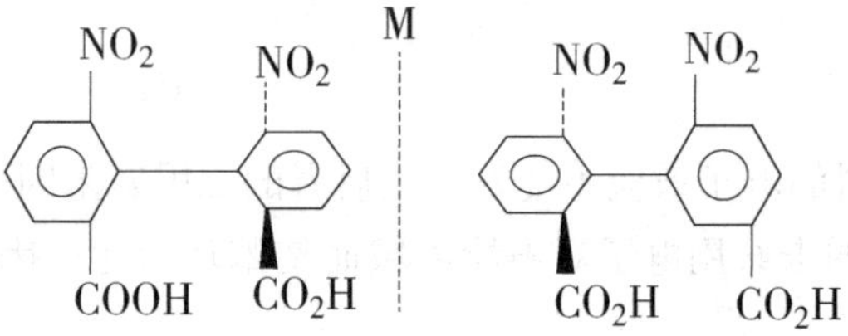

M

NO_2　NO_2　　NO_2　NO_2

COOH　CO_2H　　CO_2H　CO_2H

2,2′-二羧基-6,6′-二硝基联苯

因取代基较大，则空间障碍妨碍了 σ 键的自由旋转，使两个苯环无法共平面，于是整个分子就可能成为一个手性分子，产生对映异构现象。

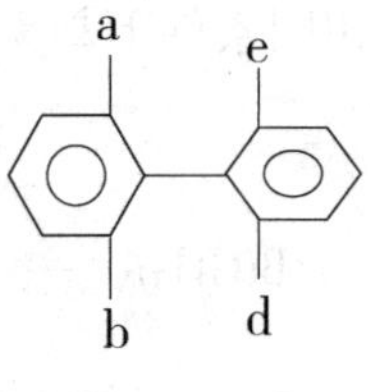

a　e

b　d

范德华半径之和极限为 0.29nm，当<0.29nm 时，受阻，产生对映异构；当＝0.29nm 时，旋转困难，不易消旋；当>0.29nm 时，自由旋转，无对映异构现象。

例 5　空间障碍对酸性的影响：

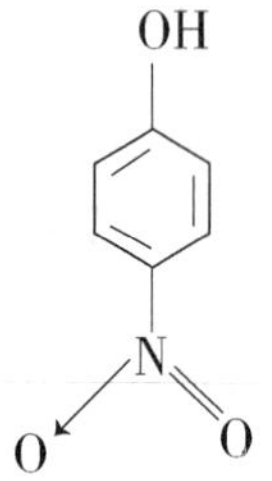

4-硝基苯酚

K_a=9.6×10^{-8}

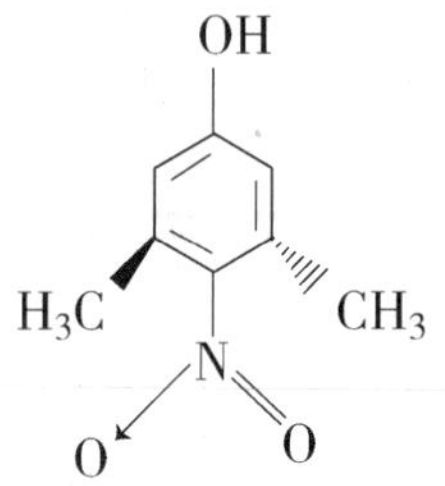

3,5-二甲基-4-硝基苯酚

K_a=2.4×10^{-9}

前者的酸性是后者的40倍，因前者同时存在-I效应和-C效应，酸性较强(两种效应方向相同，加强作用)；后者由于NO_2和邻位的CH_3的范德华半径彼此干涉，这使—NO_2离开苯环平面从而产生不了-C效应，只存在-I效应，故酸性较弱。

例6 空间障碍对反应活性的影响：

前者可用一般条件进行酯化，而后者则极难。这是因为两个邻位基团位阻的结果(同样原因，它形成的酯因有位阻也很难水解)。

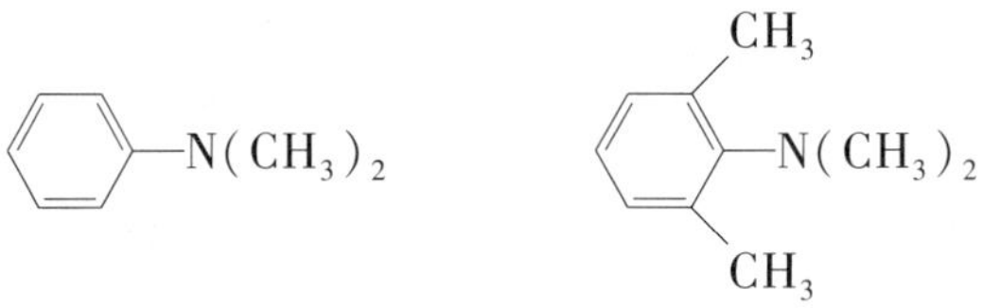

空间效应可能使预料的电子效应不能发挥。后者的二甲氨基因两个邻甲基的位阻而无法与环共平面，因而N上的未共用电子对不能离域而使苯环活化。因而前者可与PhN_2^+偶联，而后者不可。

例7 吡啶容易与甲硼烷通过半极性键结合成盐：

但2,6-二甲基吡啶与$B(CH_3)_3$在相同条件下却无反应，即不能够成盐：

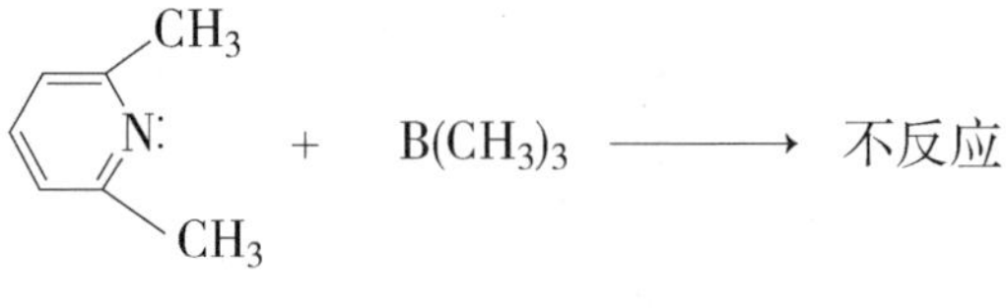

$+ \ B(CH_3)_3 \longrightarrow$ 不反应

这是因为三个甲基和硼本来同在一个平面上，当平面型吡啶氮原子的两个邻位连有甲基时，由于位阻(空间张力)使甲硼烷无法靠近吡啶氮原子，从而不能成盐。

例8 C—Cl的离解速率影响：

$$
\begin{array}{ccccccc}
 \text{CHMe}_2 & & \text{Me}\ \ \text{Me} & & \text{Me} & & \text{Me} \\
 | & & |\quad\ | & & | & & | \\
 \text{Me}_2\text{CH—C—Cl} & > & \text{Me—C—C—Cl} & > & \text{MeCH}_2\text{—C—Cl} & > & \text{Me—C—Cl} \\
 | & & |\quad\ | & & | & & | \\
 \text{CHMe}_2 & & \text{Me}\ \ \text{Me} & & \text{Me} & & \text{Me}
\end{array}
$$

这是空间效应造成分子内张力的典型例证。（此时，**空间效应促进反应加快！**）

上述化合物中连有氯原子的碳原子上的大取代基越多，张力越大。而离解有利于解除分子原有的张力。一般来说，空间效应使反应速率减小，甚至难于反应。

2. 构象效应

化合物的某些理化性质大多要从构象角度来分析。化合物的**优势构象**应是其中的**非键合原子之间的相互排斥作用达到最小**的那一种构象。

一般情况下，开链化合物的优势构象为**对位交叉式**，但优势构象往往受范德华斥力和 π 键电子云相互作用的约束，即受到"非键合力"的约束而出现异常现象。

例 1　β-氯乙醇分子，由于 O、Cl 体积相差不大，当 O、Cl 处于邻位时，可形成分子内 H 键以降低能量，故优势构象是**邻位交叉式**，而不是对位交叉式：

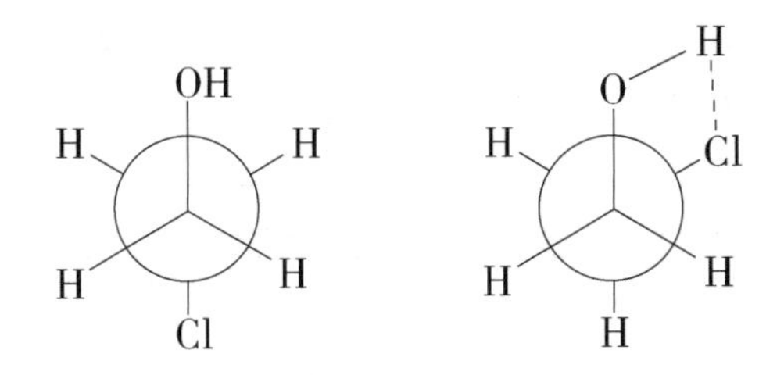

对位交叉式　　　　邻位交叉式（优势构象）

例 2　顺-1,3-环己二醇的优势构象是(2)不是(1)：

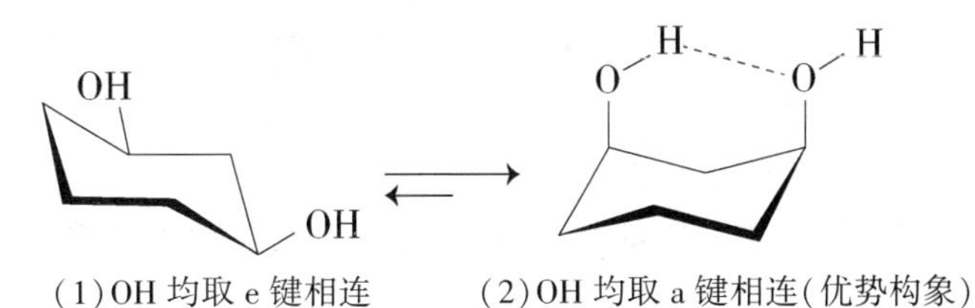

(1)OH 均取 e 键相连　　(2)OH 均取 a 键相连(优势构象)

因为分子内 H 键的形成可以降低内能 20~26kJ/mol。

在环己烷衍生物中，一般情况下，"非键合力"作用最强或较强的取代基尽可能多地处在 e 键上比处在 a 键上稳定，但若能形成分子内 H 键，如环状酸酐、环醚、稠环、桥环，则以此时的可能构象为优势构象(见上例)。

例 3　在 α-取代环己酮衍生物中，当取代基 Z 为 X、OCH_3、OCOEt 等拉电子基团时，偶极作用的结果，其优势构象是(2)不是(1)。

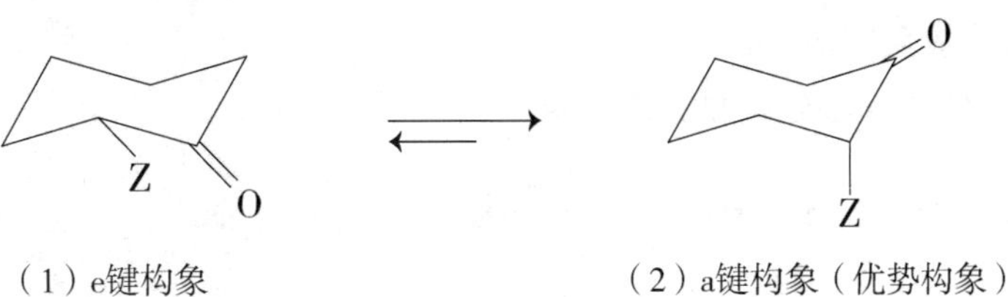

（1）e键构象
[存在偶极-偶极斥力]
（两基距离较近，有静电斥力）

（2）a键构象（优势构象）
[不存在偶极-偶极斥力]
（两基距离较远，无静电斥力）

例 4　α-溴代环己酮缩二乙醇由于 Br 处于 e 键上时，偶极排斥较大；而处于 a 键上偶极排斥较小，故优势构象为(2)。

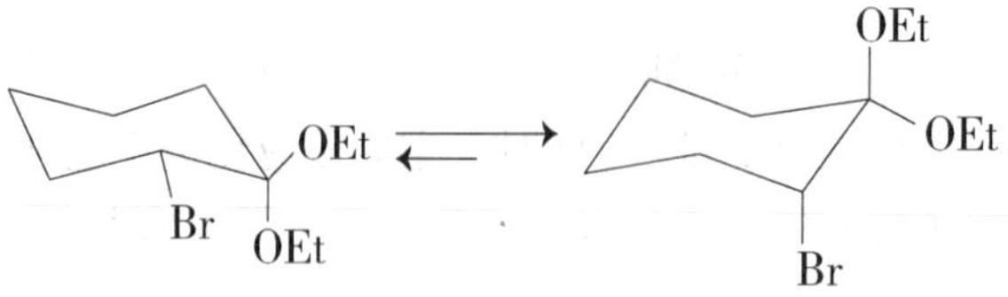

OEt Br OEt ⇌ OEt OEt Br

（1）e键Br构象　偶极排斥较大　　（2）a键Br构象（优势构象）　偶极排斥较小

例 5　反-4-叔丁基环己烷羧酸和顺-4-叔丁基环己烷羧酸与乙醇酯化反应速率之比为 20∶1。

t-Bu COOH　　t-Bu COOH

反-4-叔丁基环己醇　　顺-4-叔丁基环己醇

因为反-4-叔丁基环己烷羧酸中 COOH 处在 e 键上，受到亲核试剂进攻(如酯化)时的空间位阻较小，反应更易进行。

例 6　顺-4-叔丁基环己醇和反-4-叔丁基环己醇氧化成 4-叔丁基环己酮的速率之比为 3∶1。

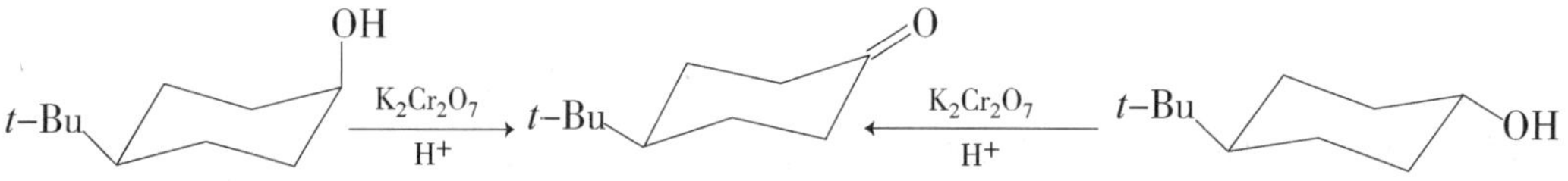

t-Bu OH $\xrightarrow[H^+]{K_2Cr_2O_7}$ t-Bu O $\xleftarrow[H^+]{K_2Cr_2O_7}$ t-Bu OH

因顺-4-叔丁基环己醇的张力比反-4-叔丁基环己醇大，氧化成 4-叔丁基环己酮后张力的释放更加显著，稳定性增大。

小结：开链化合物最稳定的构象常常是：

① 各相邻的四面体碳上的取代基全部呈交叉排列(对位交叉或邻位交叉，无其它因素影响时呈对位交叉排列构象为优势构象)。

② 相邻碳上的两个最大的基团或活性相同的基团，或排斥最强的两个偶极处于相距最远的构象排列。

环己烷等六元环系化合物的优势构象是椅式构象。取代基应尽可能多地处于 e 键，特别是大体积的基团要处于 e 键上以减少位阻。但是当开链或环状化合物中的取代基之间有氢键或偶极等相互作用存在时，则最稳定构象可能与上述预料的完全不同。上述各例均说明不同的情况。

3. 取代基效应应用实例

例 1　比较下列各组化合物的酸性强弱：

(1) 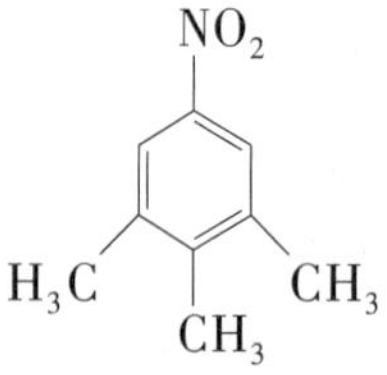　NO_2 / H_3C CH_3 CH_3　与　NO_2 H_3C CH_3 / CH_3

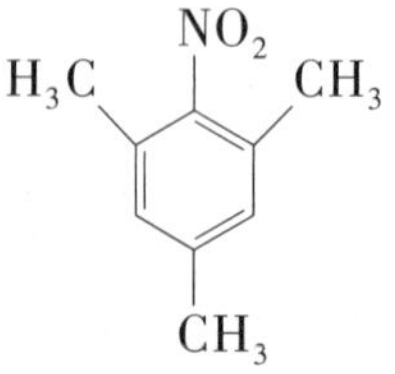

(2) 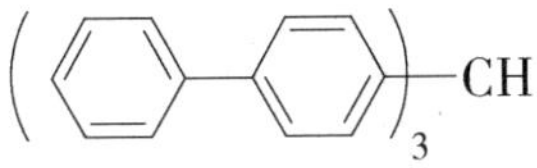 $(\text{4-biphenylyl})_3CH$ 与 $(\text{3-biphenylyl})_3CH$

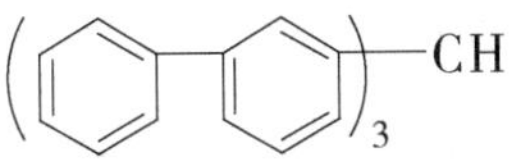

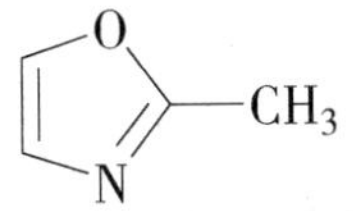

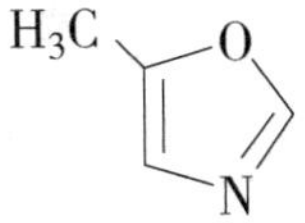

(3) 2-甲基噁唑（O，N，$—CH_3$）与 5-甲基噁唑（H_3C，O，N）

解：(1) 3,4,5-三甲基硝基苯（NO_2；H_3C，CH_3，CH_3）> 2,4,6-三甲基硝基苯（NO_2；H_3C，CH_3，CH_3）

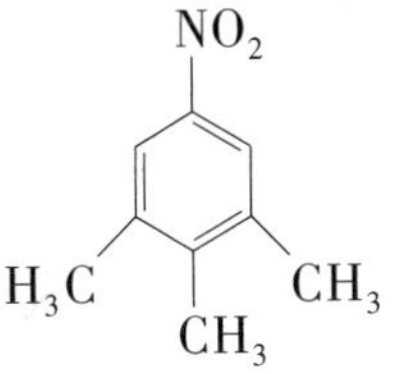

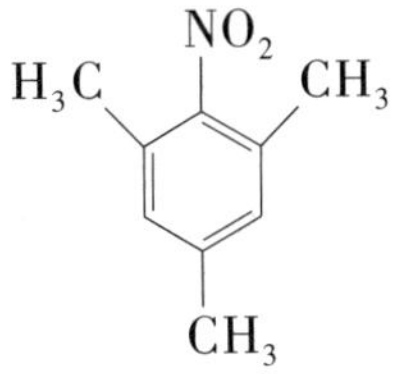

后者 NO_2 两个邻位均有—CH_3，甲基的钳制作用致使硝基与苯环不能共平面，空间位阻破坏了 NO_2 的-C 效应，使其只存在-I 效应，故酸性较弱；而前者 NO_2 同时存在-I 效应及-C 效应，故酸性较强。

(2) 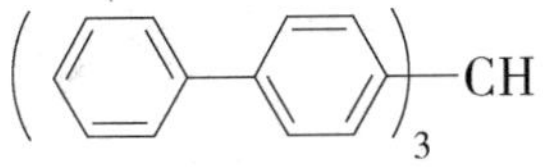 $(\text{4-biphenylyl})_3CH$ > $(\text{3-biphenylyl})_3CH$

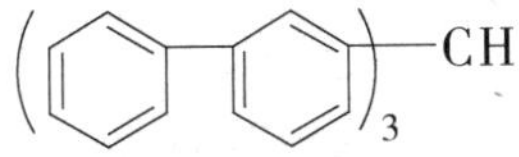

前者给出质子后形成的碳负离子较稳定，故酸性较强；后者给出质子后形成的碳负离子稳定性较差，故酸性较弱。

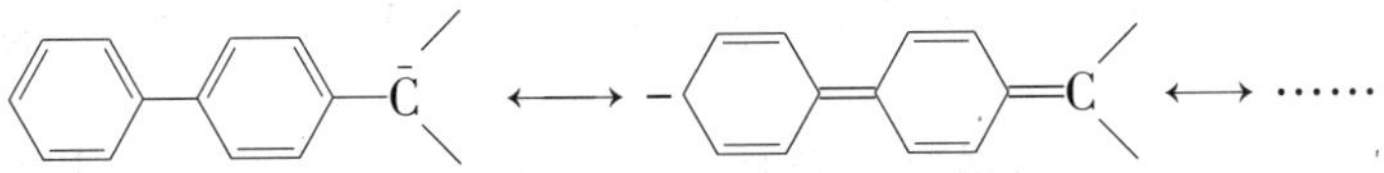

（负电荷离域范围较宽，较稳定）

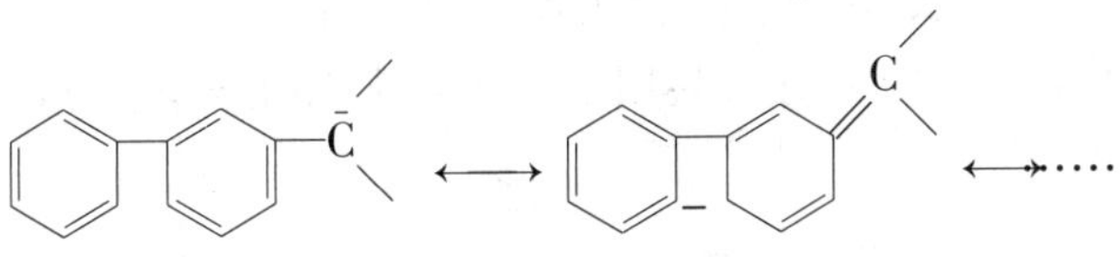

（负电荷离域范围较窄，故不稳定）

另外，Ph-为邻对位定位基，前者处于对位，有共轭效应且强。后者处于间位，共轭效应弱。

(3) 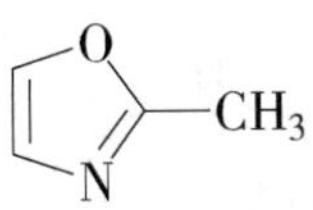 2-甲基噁唑（O，N，$—CH_3$）> 5-甲基噁唑（H_3C，O，N）

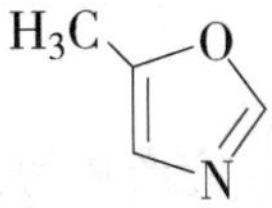

前者给出质子后形成的碳负离子较稳定，故酸性较强，后者给出质子后形成的碳负离子稳定性较差，故酸性较弱。

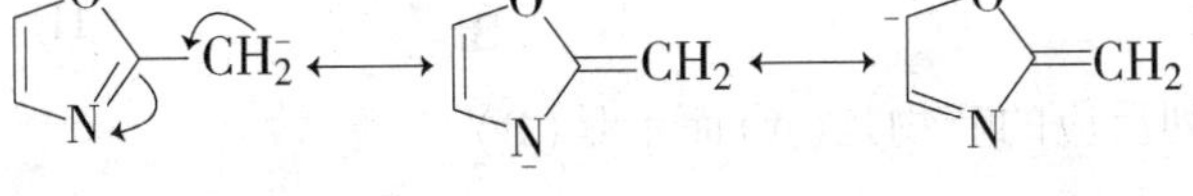

（负电荷可离域到电负性较大的 N 原子上，故稳定）

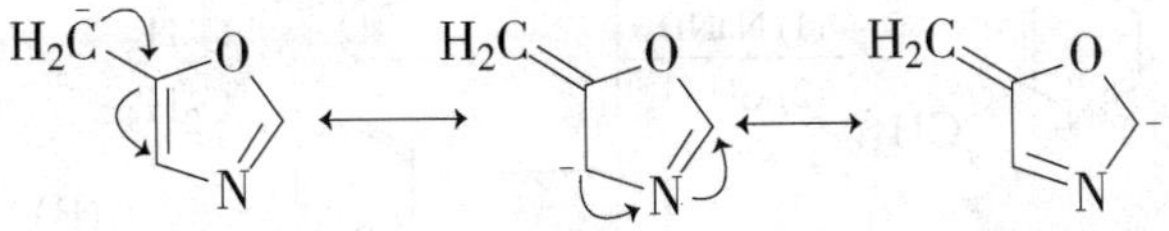

（负电荷不能离域到电负性较大的 N 原子上，较不稳定）

例 2　预测下列反应发生的位置：

(1) 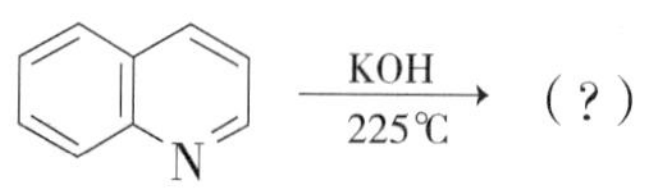 N $\xrightarrow[225℃]{KOH}$ (?)　　(2) 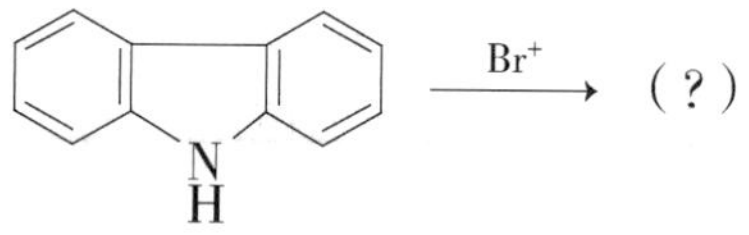 N H $\xrightarrow{Br^+}$ (?)

解：(1)此条件下发生亲核取代，且在吡啶环上，OH^-只进攻喹啉 α-位或 γ-位，这样可使负电荷分散到电负性较大的 N 原子上。

α-位进攻：N $\xrightarrow{OH^-}$ N（负电荷）OH H $\xrightarrow{-H^-}$ N OH

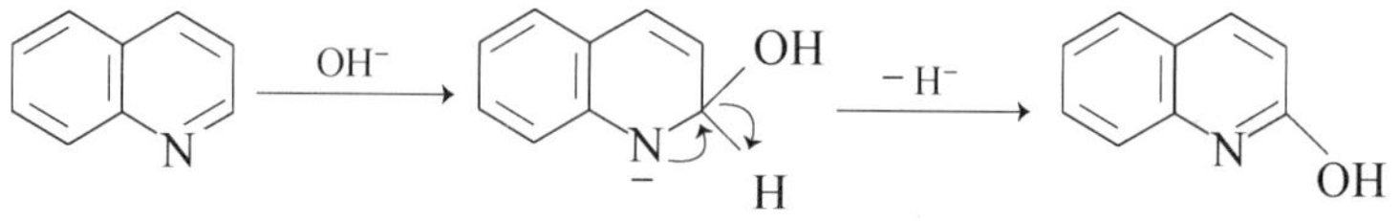

γ-位进攻：N $\xrightarrow{OH}$ H OH N（负电荷） $\longleftrightarrow$ H OH N（负电荷） $\xrightarrow{-H^-}$ OH N

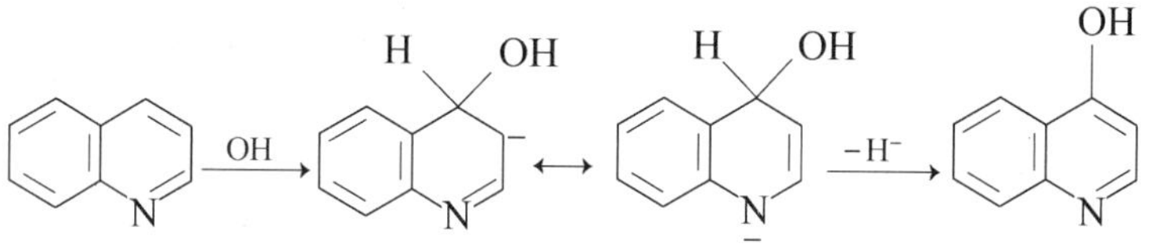

β-位进攻：（负电荷）H OH N $\longleftrightarrow$ H N（负电荷）OH $\xrightarrow{-H^-}$ OH N

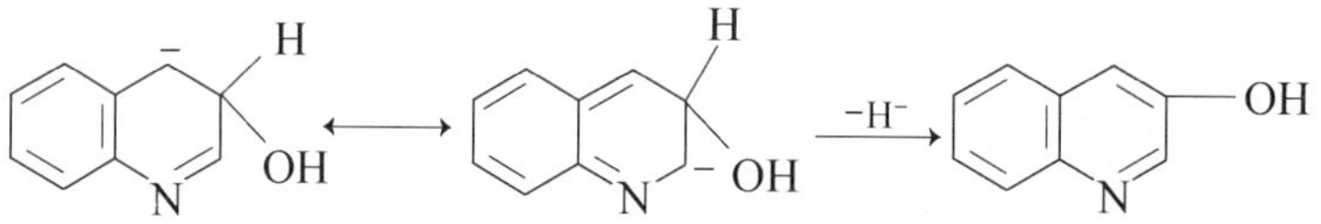

β-位进攻时，负电荷不能分散到电负性较大的 N 原子，且写出的共振极限式苯环不够完整，总的稳定性较差，不及 α-位、γ-位进攻有利。

(2) 咔唑分子中 N 原子的一对未共用电子可向苯环上离域，可写出如下三种共振极限式：

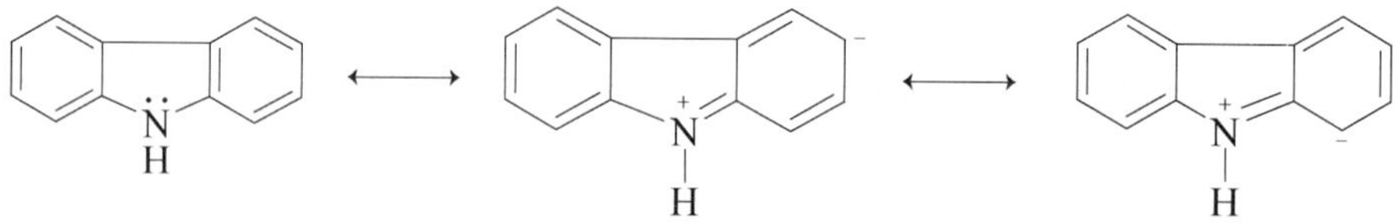

$\ddot{N}$ H $\longleftrightarrow$ N^+ H（负电荷） $\longleftrightarrow$ N^+ H（负电荷）

活化的位置非常明显，故 Br^+进攻这几个位置，反应产物为：

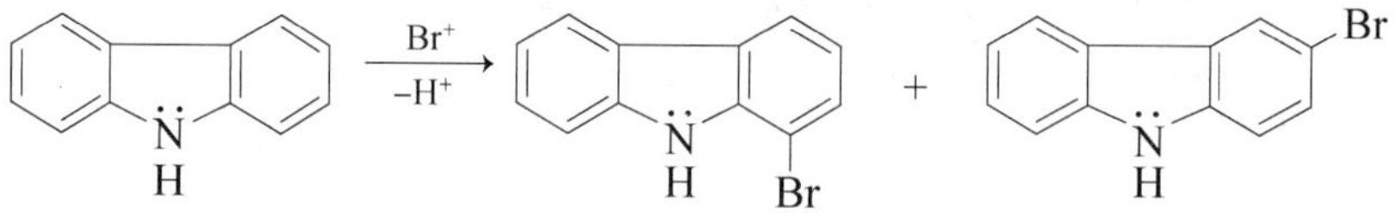

$\ddot{N}$ H $\xrightarrow[-H^+]{Br^+}$ $\ddot{N}$ H Br ＋ $\ddot{N}$ H Br

例 3　试解释下列反应的产物是(A)而不是(B)：

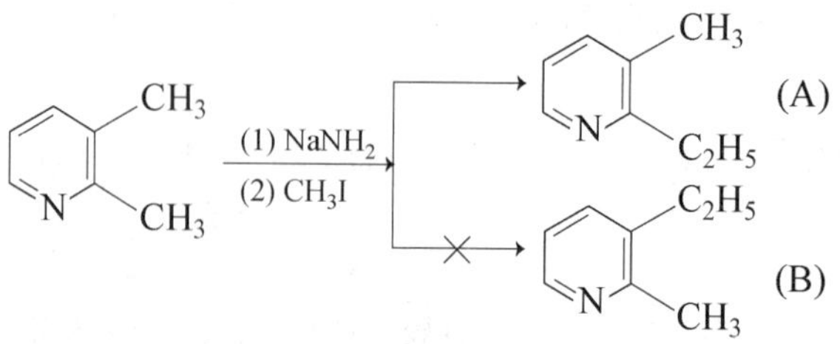

N CH_3 CH_3 $\xrightarrow[(2)\ CH_3I]{(1)\ NaNH_2}$ N CH_3 C_2H_5 (A)　╳→ N C_2H_5 CH_3 (B)

解：$^-NH_2$进攻 α-位—CH_3形成的碳负离子共振极限式如下：

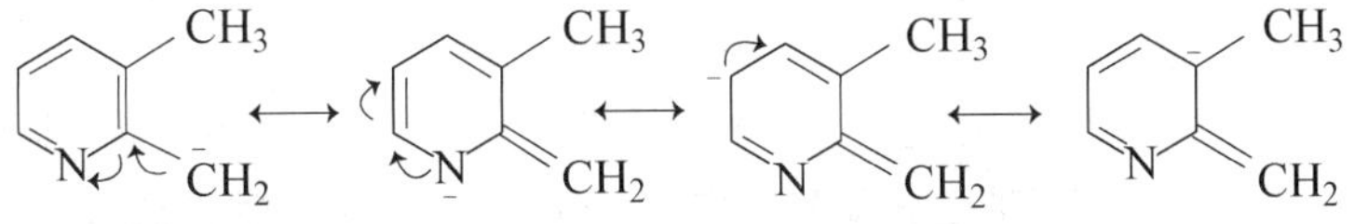

（特别稳定）

$^-NH_2$进攻 β-位—CH_3形成的碳负离子共振极限式如下：

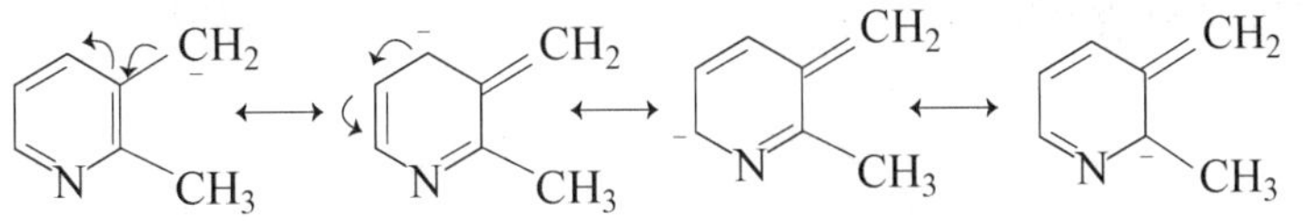

两种进攻所得的共振极限式数目相等，但进攻 β-位时无特别稳定的共振极限式，故取代反应主要发生在 α-位—CH_3上，产物为(A)。

例 4 下列物质的碱性(2)是(1)的 3 倍，而(4)是(3)的 40000 倍，试解释。

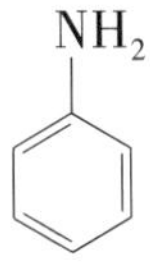

(1) 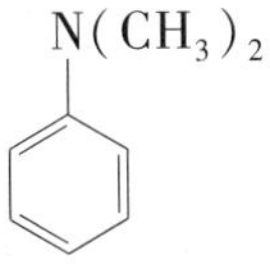 (2) 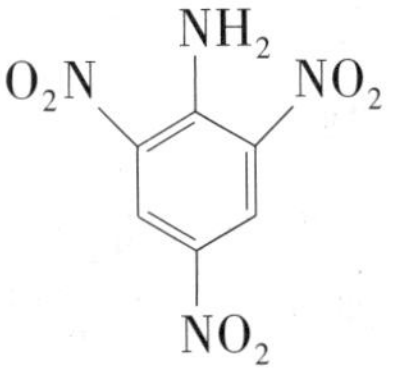 (3) 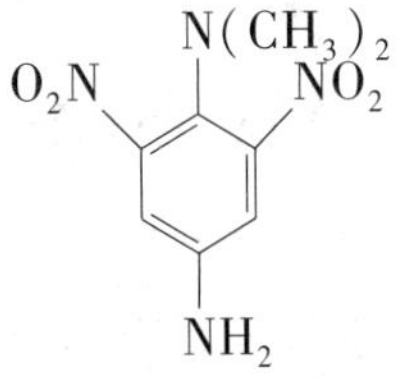 (4)

解：在(1)中，N 的甲基化会增大 N 原子上的电子云密度，但 N 原子上的 p 电子可与苯环上的 π 电子发生 p-π 共轭，使 N 原子接受质子的能力下降，故 N 甲基化后碱性只有一定限度地增强，但幅度并不大。而在(3)中，2 个邻位—NO_2的钳制作用使—NH_2扭曲到苯环平面以外，不能发生 p-π 共轭，从而阻止了 N 原子上的 p 电子向苯环上离域，处于对位的—NO_2也通过拉电子效应减弱 N 原子接受质子的能力；而在(4)中，甲基化增强了 N 原子接受质子的能力，处于对位的—NH_2也通过共轭效应阻止或排斥 1-位 N 原子上的 p 电子向苯环上离域，故 N 甲基化后碱性剧增。

例 5 解释下列事实：

(1) 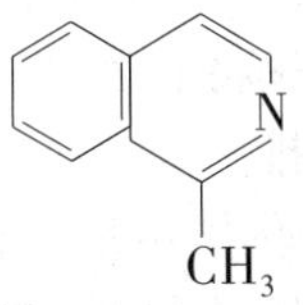 1-甲基异喹啉的酸性大于 3-甲基异喹啉

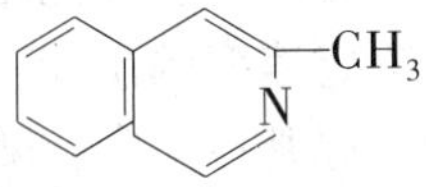

(2)  吡咯比呋喃更容易发生亲电取代(S_EAr)反应

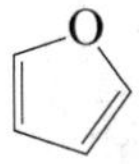

解：(1)分析二者给出质子后形成负离子的稳定性：

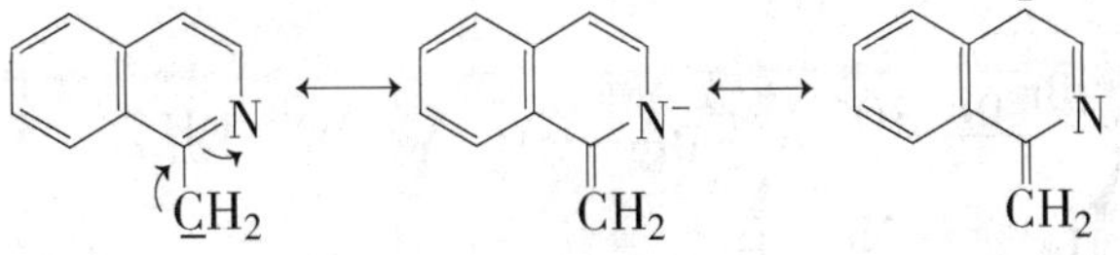

（特别稳定，苯环完整）

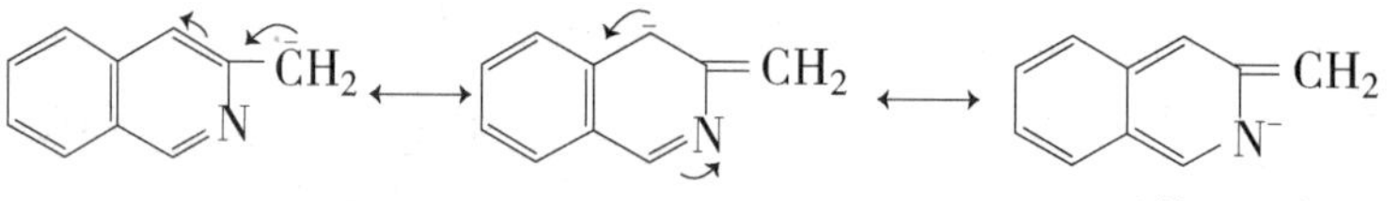

（苯环不完整）

前者形成的负离子中有特别稳定及苯环完整的共振极限式，酸性较强；后者没有特别稳定的共振极限式，虽然有负电荷在电负性较大的 N 原子上，看似稳定，但此时苯环不完整，整体上说，不够稳定，酸性较弱。

（2）分析二者受到亲电试剂(E^+)进攻时形成的正离子中间体的稳定性：

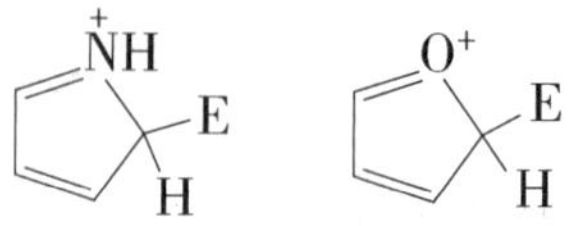

由于 O 元素的电负性大于 N 元素的(电负性)，故氮正离子中间体比氧正离子中间体稳定，因此吡咯比呋喃更易进行亲电取代反应。从环上电子云密度来看，N 的共轭效应大于 O 的共轭效应，吡咯环电子云密度大于呋喃环的电子云密度，亲电取代活性比呋喃的大。

1.3.3 邻近基团参与的影响

在某些有机化学反应中，邻近反应中心的基团是参与反应的，故称为邻基参与反应。邻基参与反应本身的立体化学是构型保持，但常常引起反应产物的构型变化、碳架重排，所得的产物往往与**常规**预测不同。例如：

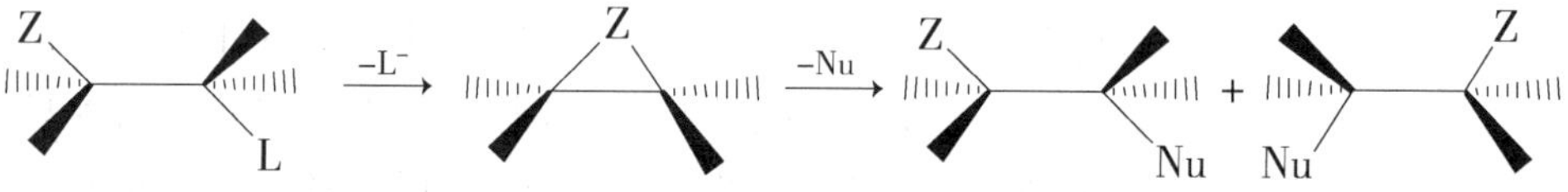

（取代产物）（构型保留）　（重排产物）（碳架重排）

参与基团Z 常带着负电荷(如—O^-，—COO^-)、未共用电子对(如—:SR，—:X，—:NH_2 等)或 π 电子(如，—CH ═CH_2，—Ar)，甚至 σ 键电子来进行分子内亲核取代，离去基团可为 X、OH、OTs 等。

邻基参与是分子内过程，它对反应中心的进攻要比处于分子外的亲核试剂或溶剂分子的进攻有利得多。因而邻基参与若发生在**决定速率**的步骤中，**则反应速率**将**显著增加**，这被称为**邻基效应**。从上面的通式还可以看出，邻基参与常伴随着**碳架的重排**。

此外，由于过程中有相继的两次构型翻转，因而邻基参与的立体化学结果是构型保持。所以，邻基效应、重排和立体化学是检验有无邻基参与的三个判据。如果出现了速率意外的快，或立体化学的结果反常，这通常是由于邻基参与的结果。

1. 邻近基团参与的种类

例 1　邻近 O 的参与：

(1)

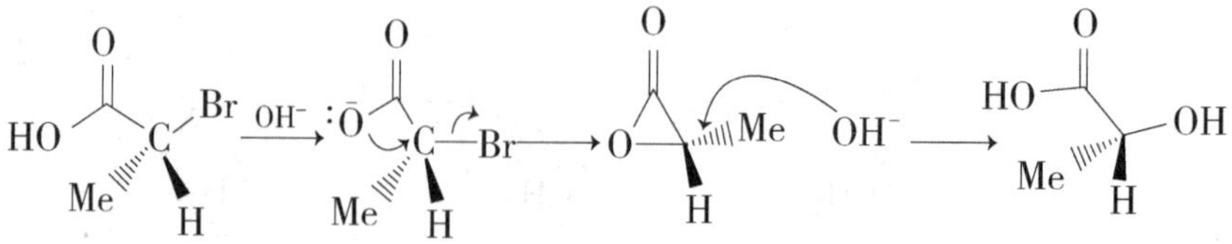

构型保留

(2) 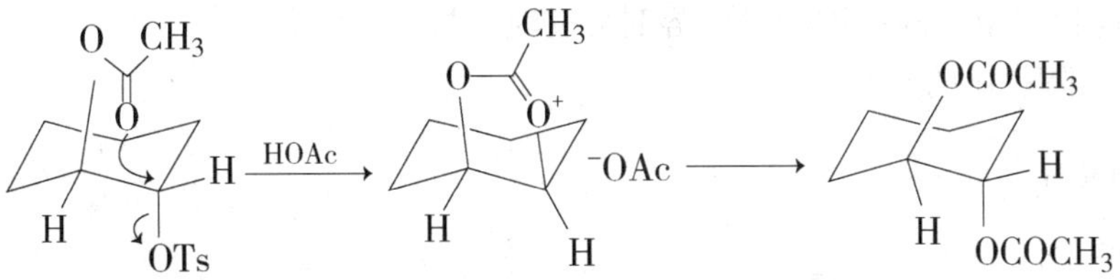 O CH₃ O H H OTs HOAc CH₃ O O⁺ $^{-}$OAc H H OCOCH₃ H H OCOCH₃

构型保留

例 2 邻近 S 的参与：

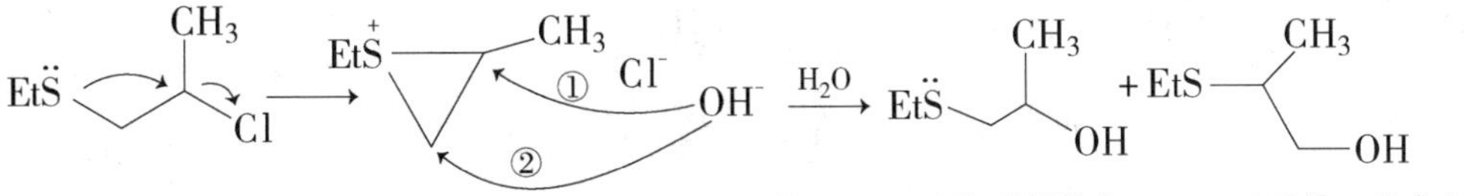

CH_3 EtS̈ Cl → EtS⁺ CH_3 Cl^- ① ② OH^- $\xrightarrow{H_2O}$ EtS̈ CH_3 OH + EtS CH_3 OH

（构型保持） （重排，为主）

该反应速率比 EtO～～Cl 的水解快 10^4 倍。

例 3 邻近 :X 的参与：

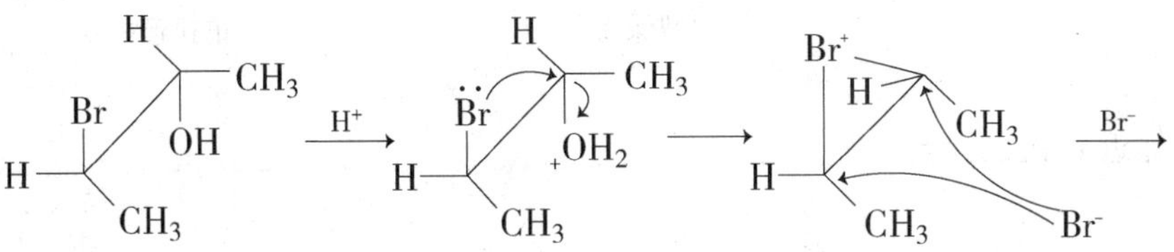

H CH_3 Br OH H CH_3 $\xrightarrow{H^+}$ H CH_3 Br̈ $^+OH_2$ H CH_3 → Br^+ H CH_3 H CH_3 Br^- $\xrightarrow{Br^-}$

从环背面进攻

H CH_3 Br Br H CH_3 + Br H CH_3 H CH_3 Br

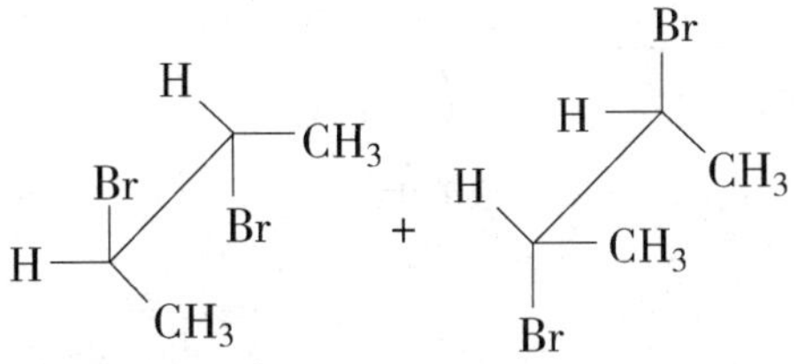

（构型保持） （重排产物）

外消旋化

例 4 邻近 :N 的参与：

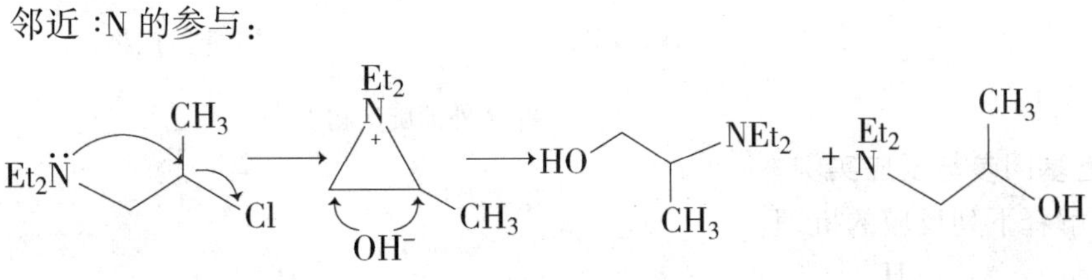

$Et_2\ddot{N}$ CH_3 Cl → Et_2 N⁺ CH_3 OH^- → HO NEt_2 CH_3 + Et_2N CH_3 OH

（重排产物） （构型保持）

从电子效应分析，重排产物为主要产物。

例 5 邻近 C═C 的参与：

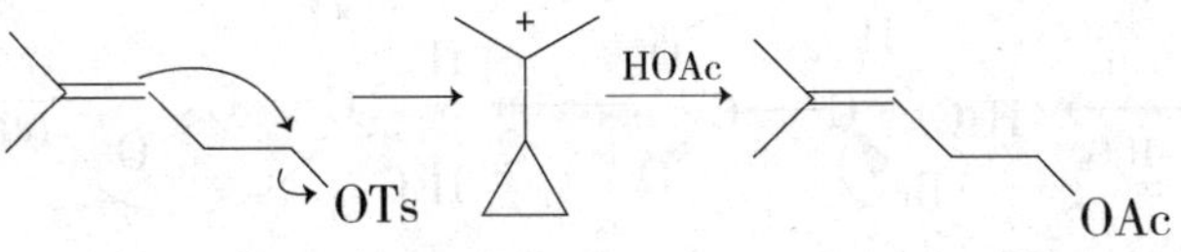

OTs → ⁺ $\xrightarrow{HOAc}$ OAc

（构型保持）

该反应比对甲苯磺酸乙酯发生溶剂解反应时快 1200 倍。

例 6　邻近 Ar 的参与：

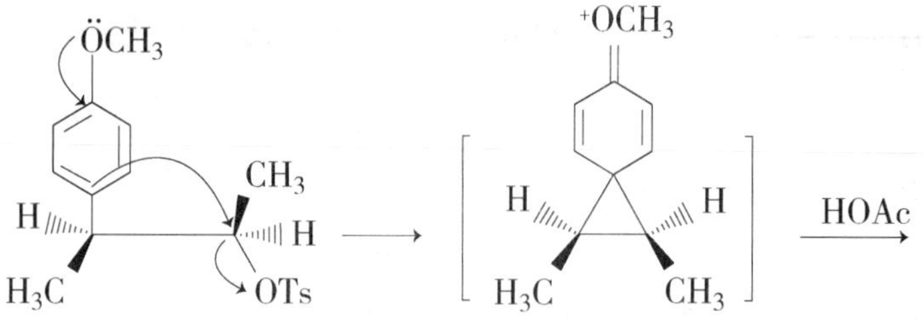

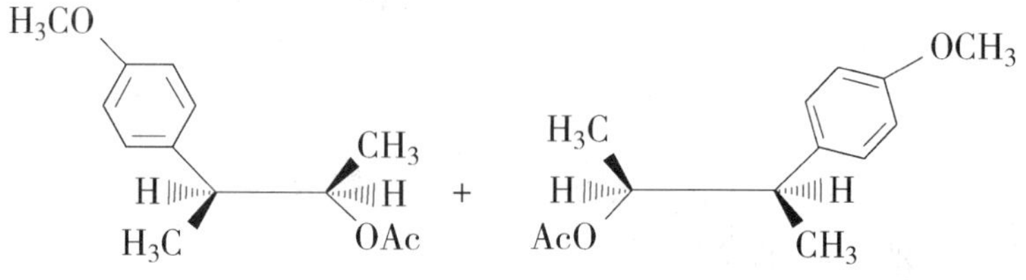

$\xrightarrow{HOAc}$

（构型保持）　　（重排产物）

（±外消旋）

例 7　邻近 σ 键的参与：

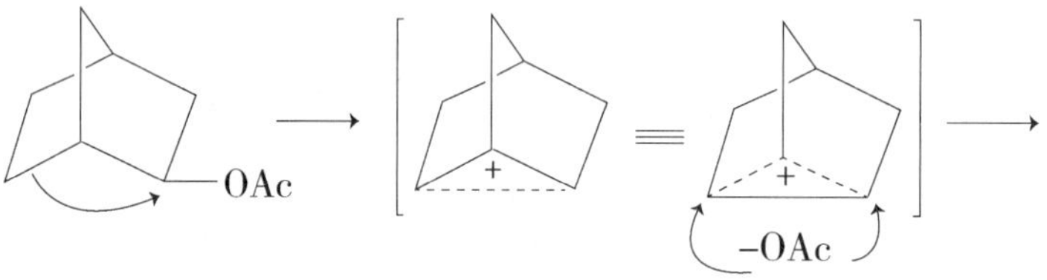

（非经典离子）

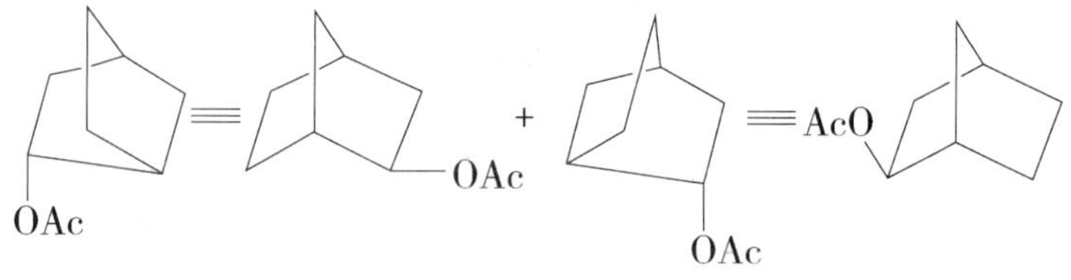

（构型保持）　　（重排产物）

（外消旋产物）

2. 邻近基团参与反应实例

例 1　解释下列反应的机理：

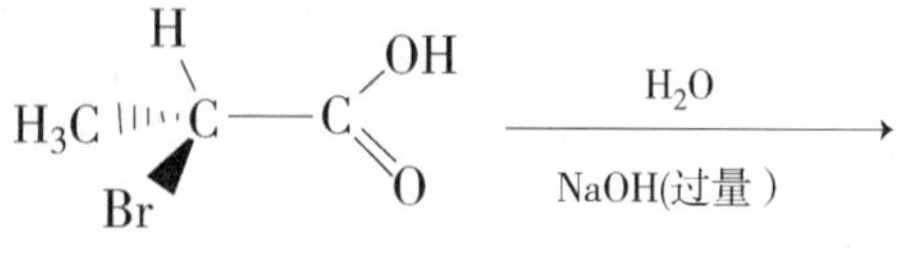

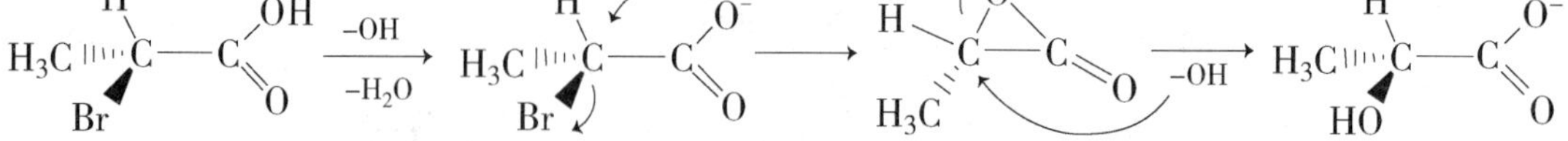

$\xrightarrow[NaOH(过量)]{H_2O}$

例 2　解释：顺-2-氯环己醇用 NaOH 溶解处理时得到了环己酮，而反-2-氯环己醇用 NaOH 溶液处理时得到了环己二醇。

解：H　OH　Cl　$\overset{OH^-}{\underset{(反式消除)}{\rightleftharpoons}}$　H　O^-　Cl　⟶　O

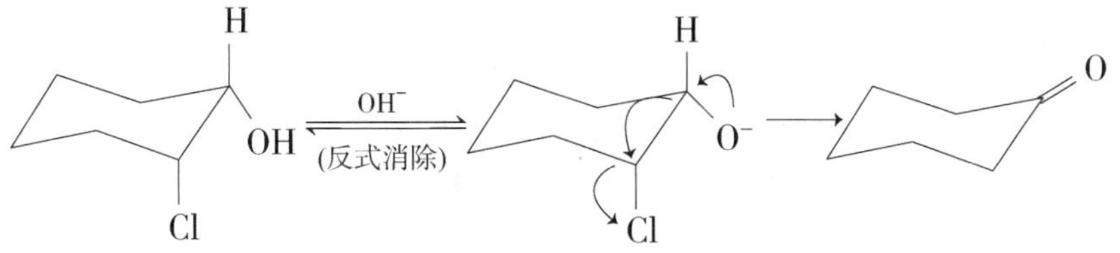

顺-2-氯环己醇　　　　环己酮

OH　Cl　⇌　Cl　OH　$\overset{OH^-}{\rightleftharpoons}$　Cl　O^-

⟶　O　$\xrightarrow{OH^-}$　OH　OH　⇌　OH　OH

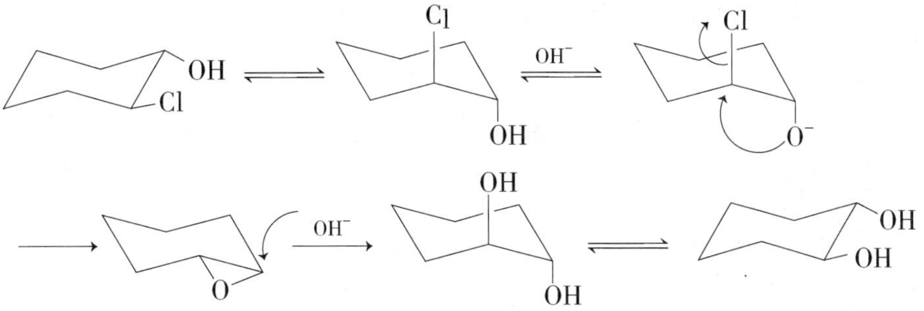

例 3　下面的苏式磺酸酯酸解得苏式外消旋的乙酸酯。如何用反应方程式进行解释？

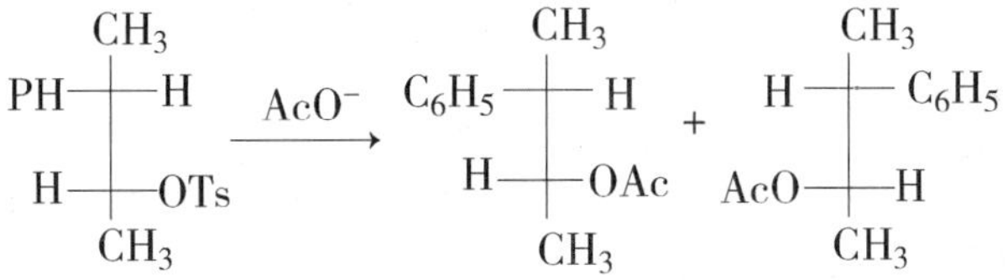

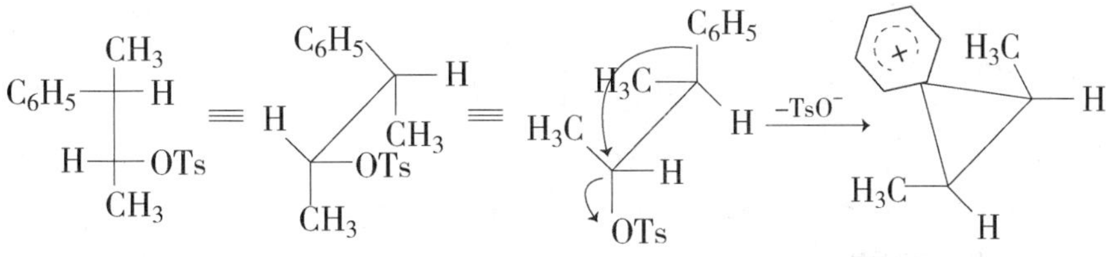

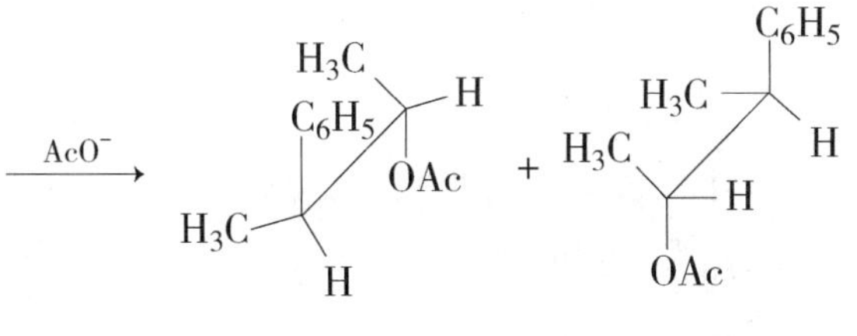

CH_3；PH—H；H—OTs；CH_3　$\xrightarrow{AcO^-}$　CH_3；C_6H_5—H；H—OAc；CH_3　+　CH_3；H—C_6H_5；AcO—H；CH_3

CH_3；C_6H_5—H；H—OTs；CH_3　≡　C_6H_5　H　H　CH_3　OTs　CH_3　≡　C_6H_5　H_3C　H　H_3C　H　OTs　$\xrightarrow{-TsO^-}$　H_3C　H　H_3C　H

$\xrightarrow{AcO^-}$　H_3C　C_6H_5　H　OAc　H_3C　H　+　C_6H_5　H_3C　H　H_3C　H　OAc

（重排产物）　　（构型保持）

（此二者为外消旋产物）

最后，透视式要改写为费歇尔投影式：

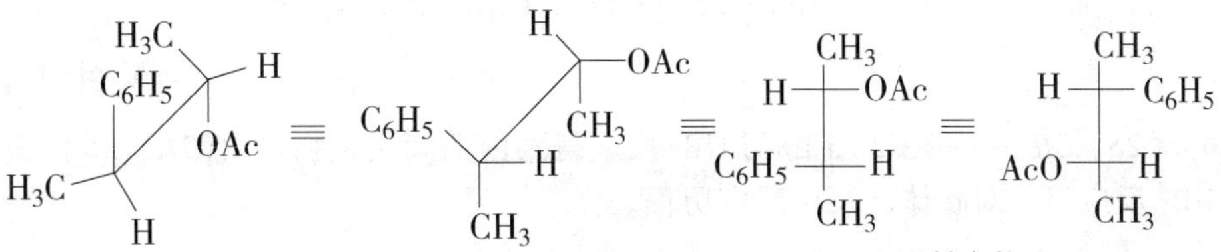

H_3C　C_6H_5　H　OAc　H_3C　H　≡　H　OAc　C_6H_5　CH_3　H　CH_3　≡　CH_3；H—OAc；C_6H_5—H；CH_3　≡　CH_3；H—C_6H_5；AcO—H；CH_3

(重排产物)

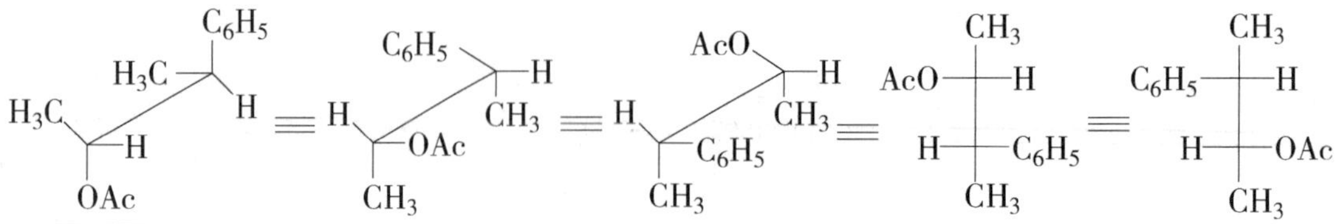

C_6H_5 H_3C H H_3C H OAc ≡ C_6H_5 H H CH_3 OAc CH_3 ≡ AcO H H CH_3 C_6H_5 CH_3 ≡ CH_3 AcO—H H—C_6H_5 CH_3 ≡ CH_3 C_6H_5—H H—OAc CH_3

（构型保持）

例 4 以 *S*-构型的 2-羟基丙酸、苯酚为主要原料合成 *R*-构型的 2-苯氧基丙酸乙酯。

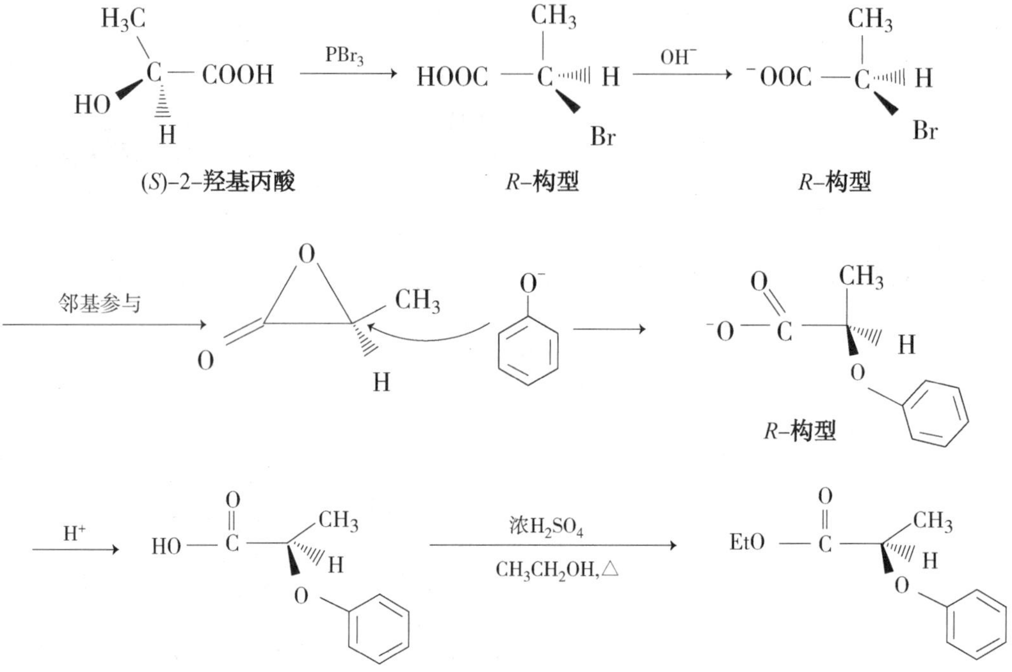

H_3C—C(HO)(H)—COOH $\xrightarrow{PBr_3}$ HOOC—C(CH_3)(H)(Br) $\xrightarrow{OH^-}$ $^-$OOC—C(CH_3)(H)(Br)

(*S*)-2-羟基丙酸　　*R*-构型　　*R*-构型

$\xrightarrow{邻基参与}$ O, O, CH_3, H（α-内酯） + $C_6H_5O^-$ $\longrightarrow$ $^-$O—C(=O)—C(CH_3)(H)—O—C_6H_5

R-构型

$\xrightarrow{H^+}$ HO—C(=O)—C(CH_3)(H)—O—C_6H_5 $\xrightarrow[CH_3CH_2OH,\triangle]{浓H_2SO_4}$ EtO—C(=O)—C(CH_3)(H)—O—C_6H_5

(*R*)-2-苯氧基丙酸　　(*R*)-2-苯氧基丙酸乙酯

例 5 完成反应式：

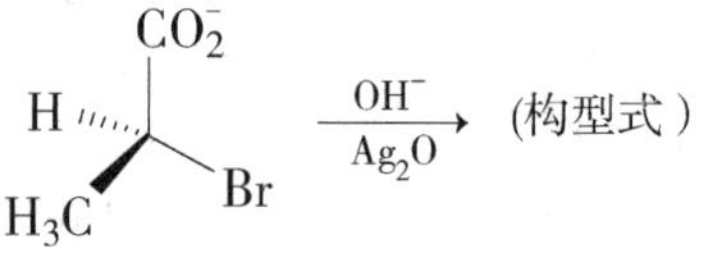

CO_2^- H H_3C Br $\xrightarrow[Ag_2O]{OH^-}$ (构型式)

解：CO_2^- H H_3C Br $\xrightarrow{邻基参与}$ O H O CH_3 $\xrightarrow{OH^-}$ CO_2^- H H_3C OH

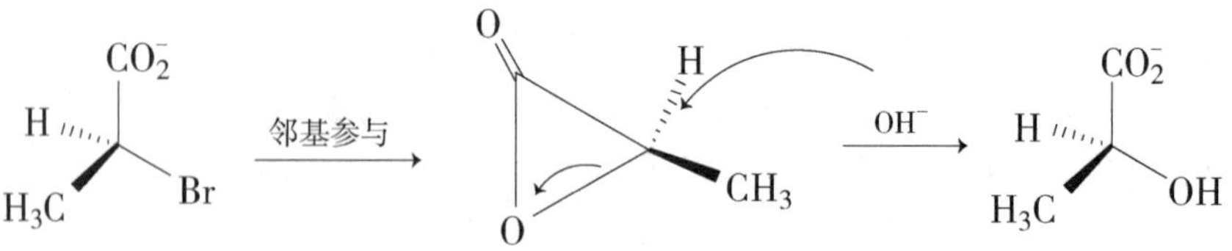

（构型保持）

例 6 （2*S*，3*R*）-3-溴-2-丁醇与 HBr 反应得到内消旋化合物，而(2*R*，3*R*)-3-溴-2-丁醇与 HBr 反应得一对映体，写出反应历程。

解:

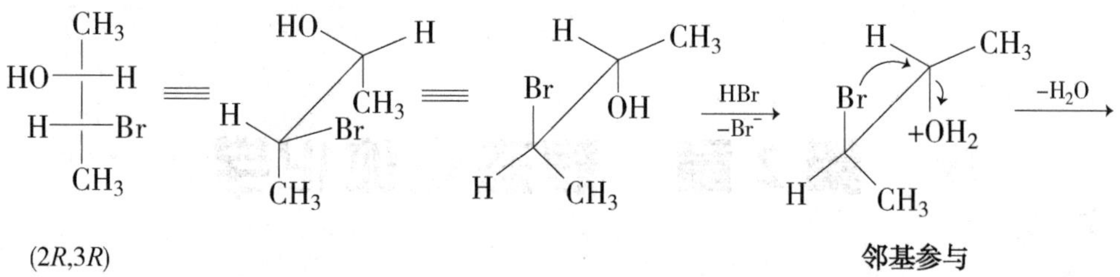

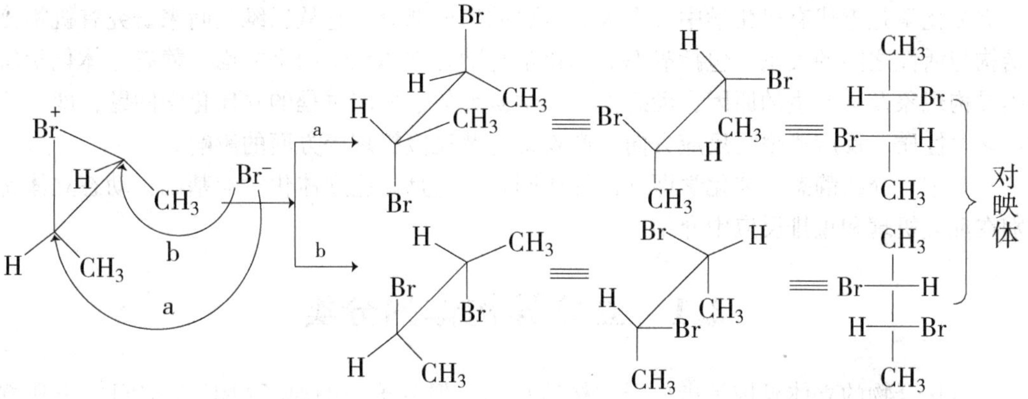

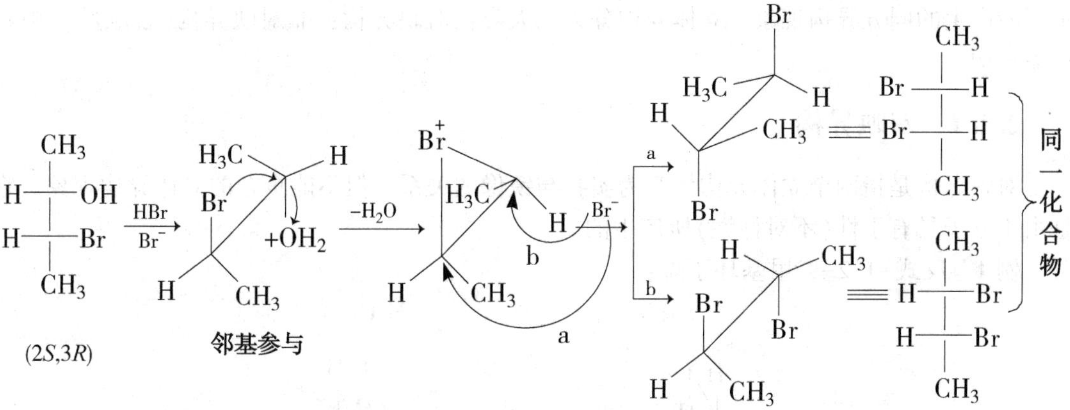

(2*R*,3*R*)

$\xrightarrow[-Br^-]{HBr}$ 邻基参与 $\xrightarrow{-H_2O}$

a / b 对映体

(2*S*,3*R*)

$\xrightarrow[Br^-]{HBr}$ 邻基参与 $\xrightarrow{-H_2O}$

a / b 同一化合物

第 2 章　静态立体化学

立体化学是近代有机化学中一个极其重要的组成部分，**它从三维空间来研究有机物分子的结构与活性之间的关系**，包括静态立体化学与动态立体化学两个方面。**静态立体化学研究立体异构现象及其产生的原因；动态立体化学研究化学反应过程的立体化学问题，即立体结构对化学性质、反应速率、反应方向、产物结构及反应机理等方面的影响。**

本章重点介绍**静态立体化学**即立体异构问题，它是讨论立体化学的基础；**动态立体化学分别在反应机理和重排反应**中介绍。

2.1　立体异构体的分类

有机化合物的立体异构是指分子的构造相同，但分子中的原子(团)在空间的排列方式不同所产生的同分异构现象。立体异构分为三大类：对映异构；非对映异构(含顺反异构)；构象异构。

2.1.1　对映异构

对映异构是指两个立体异构体互为**实物与镜像**的关系、但不能重合的立体异构现象。它是由于分子具有手性(不对称性)所产生的。

例 1　反式-1,2-二甲基环丁烷：

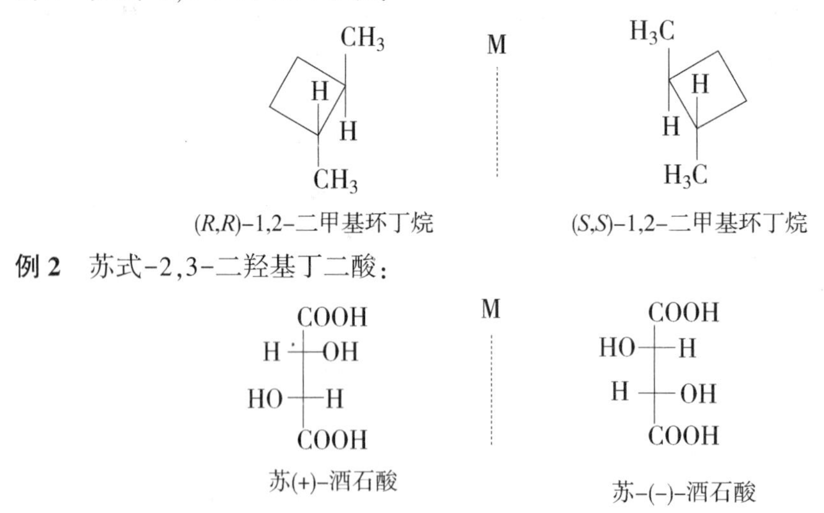

(*R*,*R*)-1,2-二甲基环丁烷　　(*S*,*S*)-1,2-二甲基环丁烷

例 2　苏式-2,3-二羟基丁二酸：

苏(+)-酒石酸　　苏-(-)-酒石酸

2.1.2　非对映异构

非对映异构是指两个立体异构体不成实物与镜像关系的立体异构现象。顺反异构即属于非对映异构，它是由于分子中存在双键或环使得分子中某些原子(团)在空间有一定指向。

例 1　顺式和反式-1,2-二甲基环丁烷(见“对映异构”例 1)。

例 2 苏式与赤式-2,3-二羟基丁二酸：

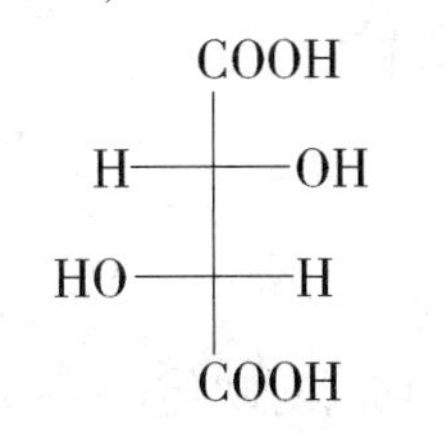

苏式-2,3-二羟基丁二酸

赤式-2,3-二羟基丁二酸

例 3 反式和顺式十氢化萘：

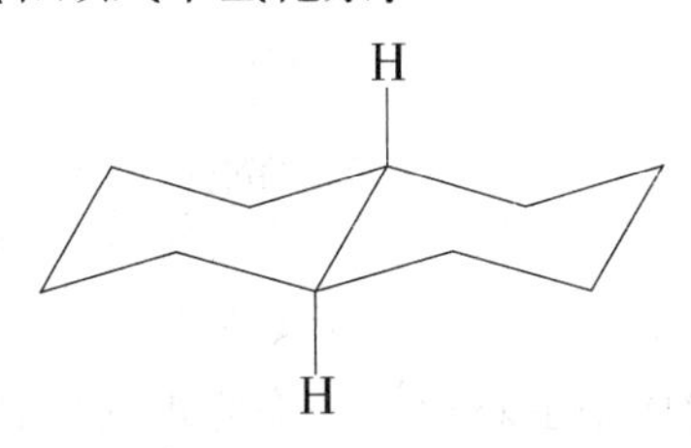

反十氢化萘

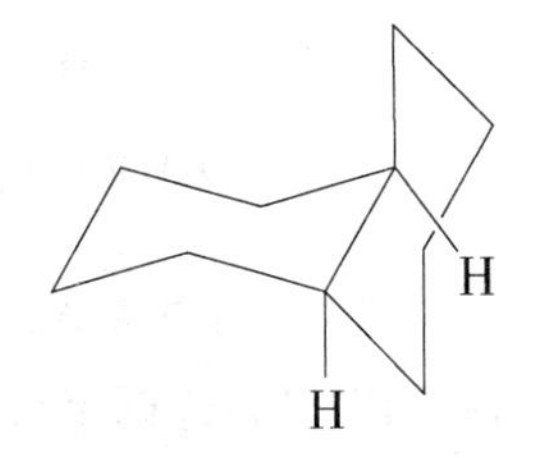

顺十氢化萘

例 4 *Z*-式与 *E*-式 1-氯-1-溴-2-碘乙烯：

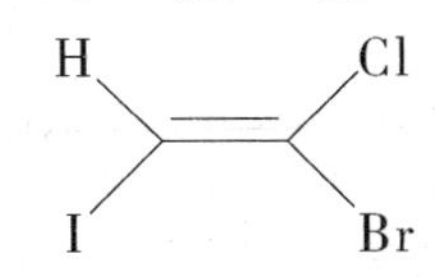

(*Z*)-1-氯-1-溴-2-碘乙烯

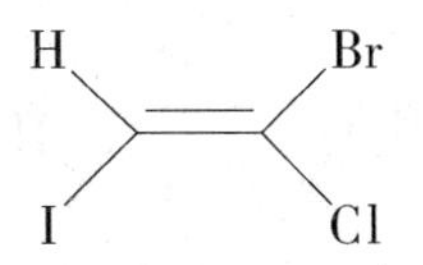

(*E*)-1-氯-1-溴-2-碘乙烯

2.1.3 构象异构

构象异构是指通过**α-单键旋转或环的翻转**导致分子中某些原子(团)在空间的相对位置不同的立体异构现象。一般来说，分子的构象可以有无穷多个。

例 1 丁烷的对位交叉与邻位交叉构象：

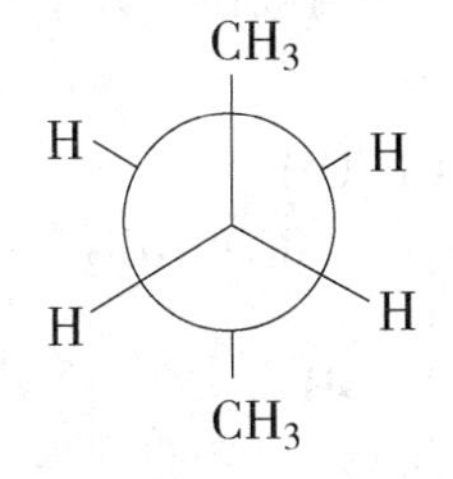

对位式交叉构象

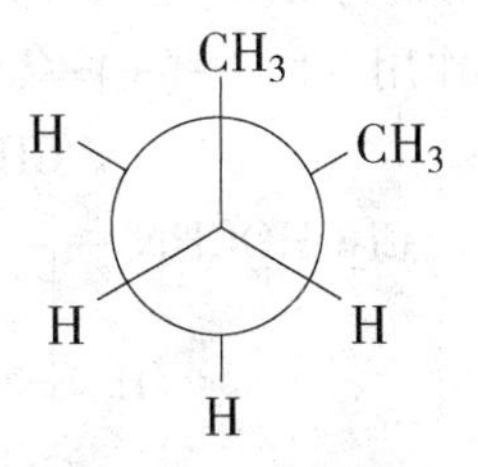

邻位式交叉构象

例 2 环已烷的船式与椅式构象：

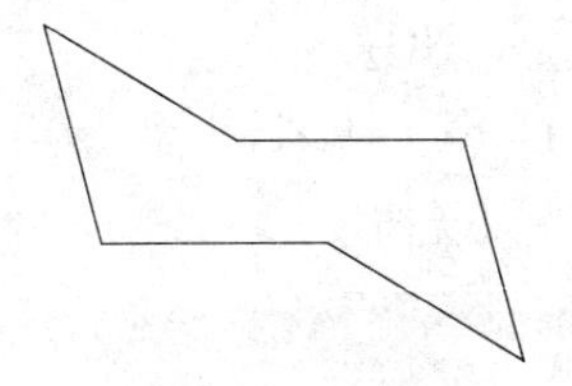

椅式构象

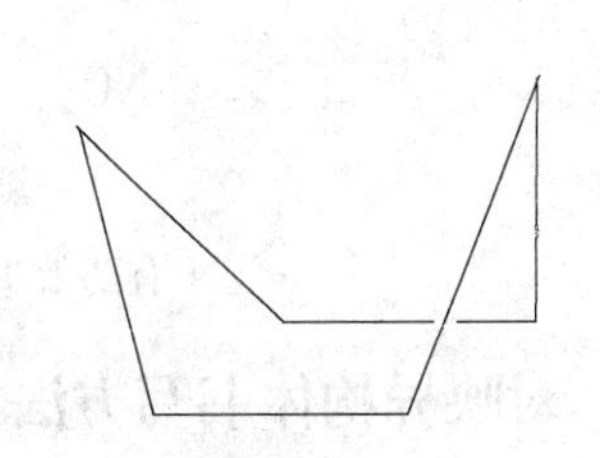

船式构象

2.2 对映异构

2.2.1 对映异构实例

例 1 （*R*）-天冬酰胺有甜味，可以用作香料，而它的对映体（*S*）-天冬酰胺却有苦味。

M

COOH
H_2N — H
CH_2CONH_2

COOH
H — NH_2
CH_2CONH_2

(*S*)-天冬酰胺　　　　(*R*)-天冬酰胺

例 2 L-（-）-多巴（Dopa）近年来已用于治疗帕金森氏病，而它的对映体 D-（+）-多巴（Dopa）没有疗效。

M

COOH
H_2N — H
CH_2
OH
OH

COOH
H — NH_2
CH_2
OH
OH

L-(-)-多巴(Dopa)　　　　D-(+)-多巴(Dopa)

例 3 合霉素为 D-（-）-氯霉素与 L-（+）-氯霉素组成的外消旋体，其中只有 D-（-）-氯霉素有抗菌作用，而 L-（+）-氯霉素则没有药效。

M

CH_2OH
$Cl_2CHOCHN$ — H
H — OH
NO_2

CH_2OH
H — $NHCOCHCl_2$
H — OH
NO_2

D-（-）-氯霉素　　　　L-（+）-氯霉素

（有药效）　　　　（无药效）

2.2.2 对映异构体书写方法

对映异构体的书写必须正确反映分子中各原子（团）在空间的相对位置，要在一个二维纸平面上表示出一个三维立体分子结构来，通常采用下列几种书写方法。

1. 楔形式

将手性碳原子置于纸平面上，楔形实线表示伸出纸平面前方，楔形虚线表示伸向纸平面后方，细实线表示处于纸平面上，适用于表示含有一个手性碳原子分子结构。

例 1-氘-1-氚乙烷的楔形式结构：

2. 飞楔式

该式表示将两个碳原子置于纸平面，垂直于 C—C 键轴方向观察到的形象。各种线用法意义同上。通常将分子表示成最稳定的交叉式构象，适用于表示含有两个手性碳原子的分子结构。

例 内消旋酒石酸的飞楔式结构：

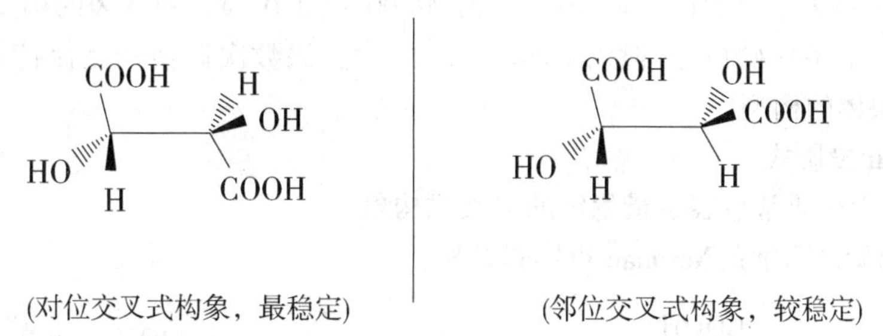

(对位交叉式构象，最稳定)　(邻位交叉式构象，较稳定)

3. 锯架式(透视式)

该式表示沿 C—C 键轴成 45°角观察到的现象。通常也是将分子表示成最稳定的交叉式构象，特别适用于表示含有两个手性碳原子的分子结构。

例 内消旋酒石酸的锯架式结构：

(对位交叉式构象)　(邻位交叉式构象)

4. Fischer 投影式

用透视式(锯架式)、飞楔式或楔形式书写分子的立体结构，虽然形象直观，但如果分子中含有较多的手性碳原子，则这种书写方法就不那么方便了。1891 年，E. H. Fischer 在研究葡萄糖等单糖的立体结构时，首创了现在普遍采用的“Fischer 投影结构式”。

书写规则：以交叉的“+”来代表手性碳原子和它的四个价键，即手性碳原子省去不画，以十字交叉点代替。同时规定水平方向上的价键(横向键)及所连的基团都指向纸平面的前方，竖直方向上的价键(竖键)及所连的基团都指向纸平面的后方，也就是常说的“**横前竖后**”规则。

例 1　内消旋酒石酸的 Fischer 投影式结构：

COOH
HO—┼—H
HO—┼—H
COOH

COOH
H—┼—OH
H—┼—OH
COOH

例 2　1-氘-1-氚乙烷的Fischer 投影式结构：

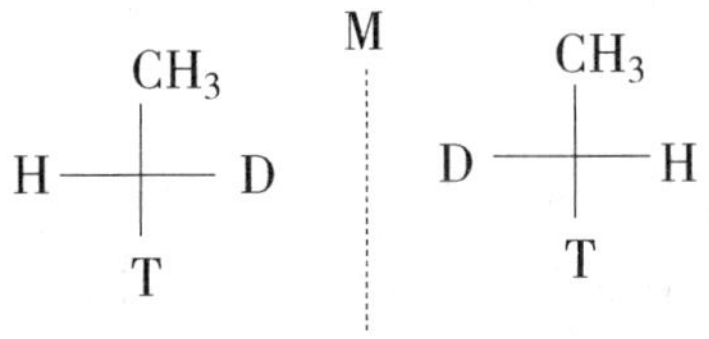

CH_3
H—┼—D
T

M

CH_3
D—┼—H
T

Fischer 投影式是以平面结构表示三维立体结构，它不能离开纸平面而任意翻转。在纸平面上旋转 180°后表示出的构型不变；但若旋转 90°或 270°时，所代表的构型变成其对映体的构型；在同一个手性碳所键连的四个原子(团)中，偶数次调换构型保持；奇数次调换，构型改变为对映体的构型。

5. Newman 投影式

Newman 投影式通常也表示**最稳定的交叉式构象**。

例 1　内消旋酒石酸的Newman 投影式结构：

COOH　H　OH　HO　H　COOH

(对位交叉式构象)

COOH　HO　COOH　HO　H　H

(邻位交叉式构象)

例 2　2,3-二氯丁烷(内消旋)的Newman 投影式结构：

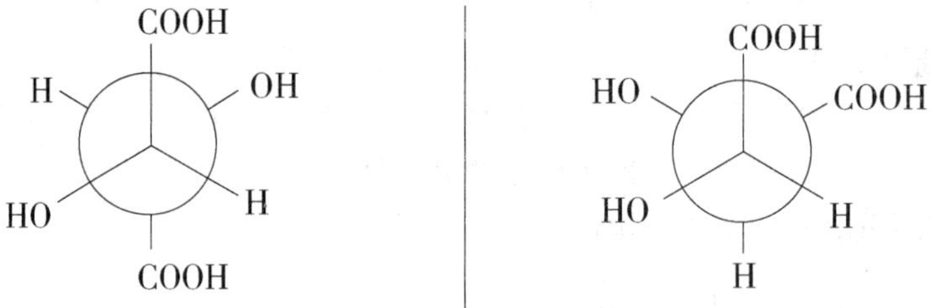

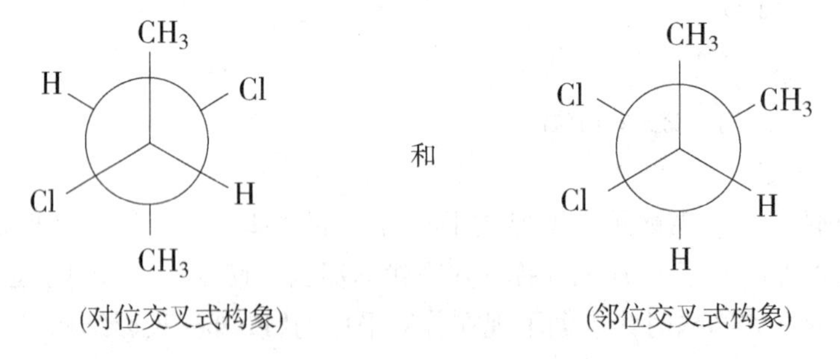

(对位交叉式构象)　　(邻位交叉式构象)

以上各种表示方法各有优缺点，在实际应用中经常会遇到各式之间的相互转换。我们不仅要独立掌握各自的书写方法及所表示结构，还须掌握它们相互之间的转换。现以 2,3-戊二醇为例说明其相互转换方法。

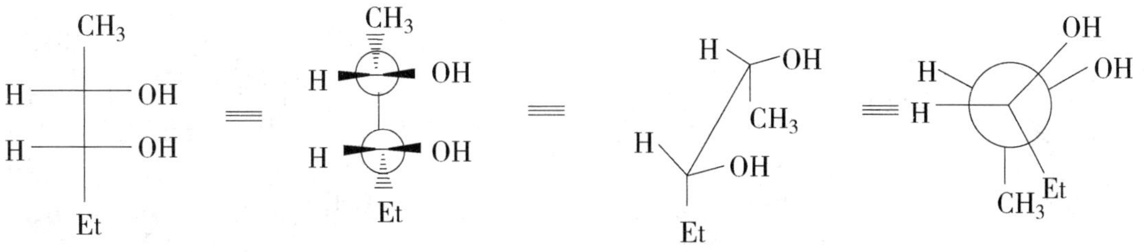

Fischer投影式表示重叠式构象 ≡ 三维模型遵循“横前竖后”规则表示重叠式构象 ≡ 透视式(锯架式)重叠式构象 ≡ Newman投影式重叠式构象

例 1 完成下列Fischer 投影式与Newman 投影式之间的转换：

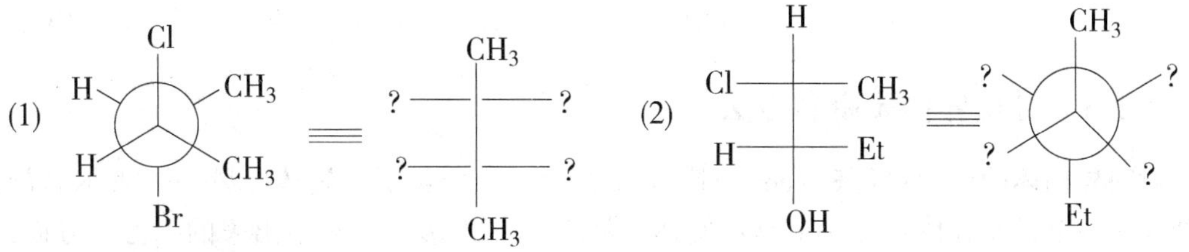

(1)

(2)

解：(1)

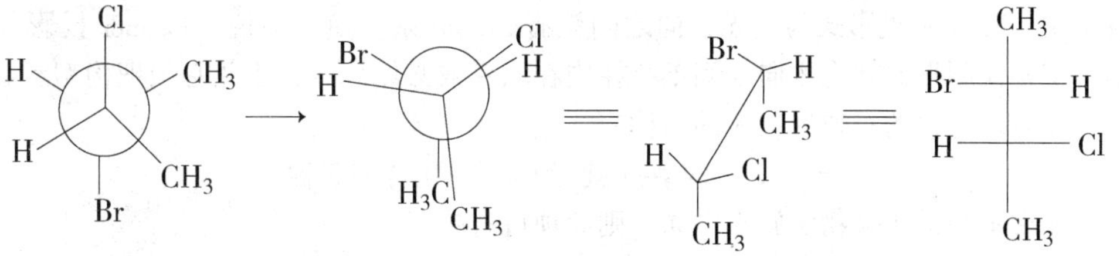

(2)

平面内转180°

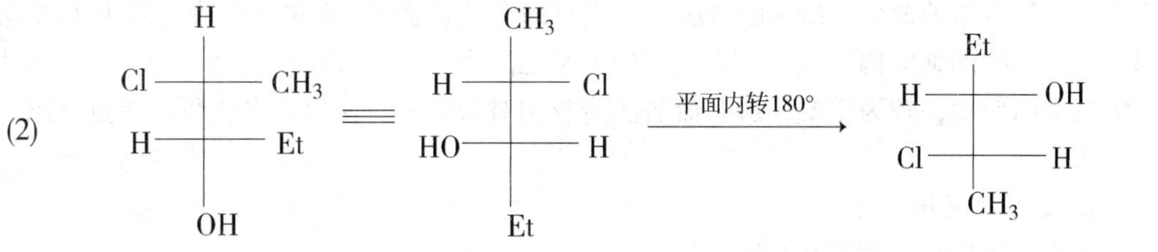

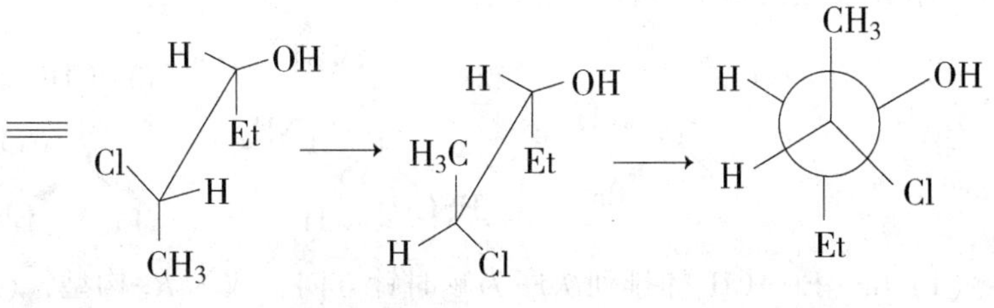

例 2 根据飞楔式改画成Fischer 投影式：

(1)

(2)

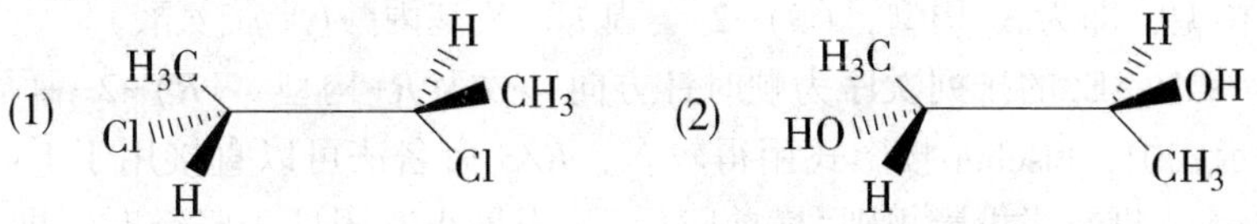

解：(1)

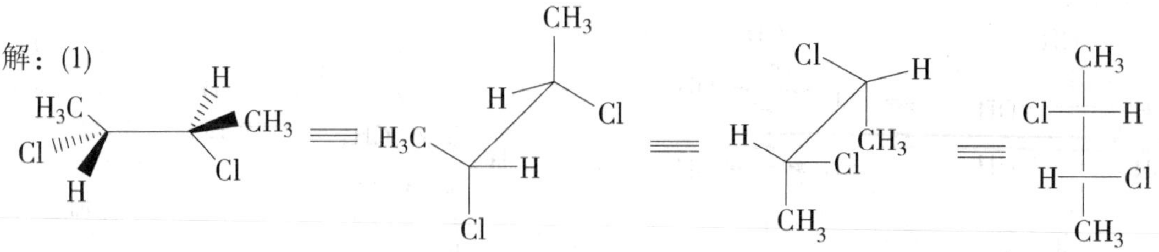

(2)

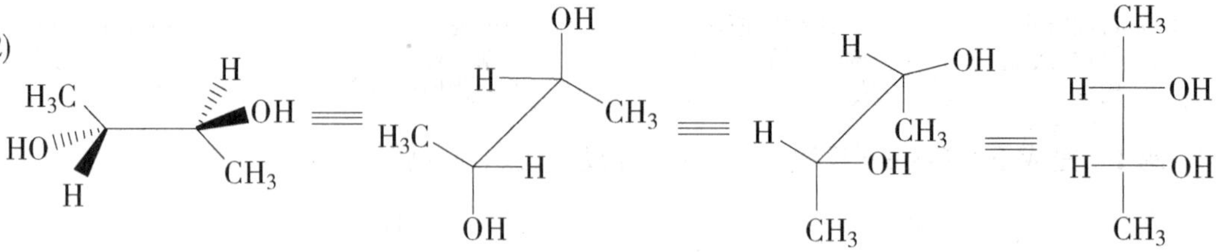

2.2.3 对映异构体命名方法

对映异构体的构型可用Fischer 投影式等表示，一个表示左旋体，另一个表示右旋体。但到底哪一个是左旋体，哪一个是右旋体，从Fischer 投影式是看不出来的。另一方面，通过旋光仪可以测出哪一个是左旋体，哪一个是右旋体，但从旋光方向也不能判断其构型。这就是说，**Fischer 投影式与旋光方向之间没有必然联系**。换句话说，**Fischer 投影式表示的构型与旋光仪测得的旋光方向之间不存在内在联系或必然规律**，因此必须把构型和旋光方向分开来命名。完整的对映异构体的名称应该包括三个部分：

构型-(旋光方向)-化合物名称

如果不知道化合物的旋光方向，则此项可省略不写。

构型的确定与命名方法有三种：**D/L 命名法**，又叫 Fischer 命名法或相对命名法，多见于单糖、氨基酸的命名；***R/S* 命名法**，是绝对命名法；**赤式/苏式命名法**。其中 *R/S* 命名法因涉及化合物的绝对构型或真实构型，较为常见。赤式或苏式命名法是一种关联命名法，在一定范围内使用，较为重要。D/L 命名法涉及相对命名法，使用不多，所以重点介绍后两种命名法。

1. *R/S* 命名法

例 1 用 *R/S* 法命名下列各化合物：

(1) 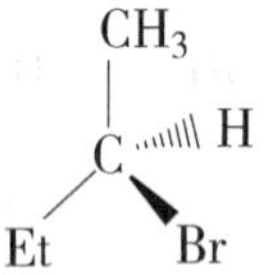 (2) 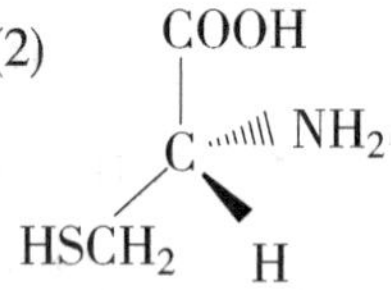 (3)

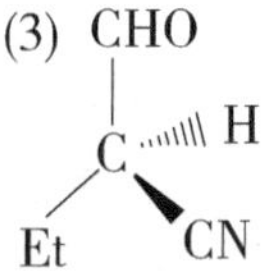

解：(1) Br→Et→CH_3的排列次序为顺时针方向，故为 *R*-构型，(*R*)-2-溴丁烷。

(2) NH_2→CH_2SH→COOH 的排列次序为顺时针方向，但最小原子距观察者最近，相当于逆时针方向构型，即为 *S*-构型，(*S*)-2-氨基-3-巯基丙酸(半胱氨酸)。

(3) CHO→CN→Et 的排列次序为顺时针方向，故为 *R*-构型，(*R*)-2-氰基丁醛。

在构型表示式中，Fischer 投影式用得较多，*R/S* 命名法可以直接用于 Fischer 投影式的命名。依据 Fischer 投影式投影规则“横前竖后”，当最小基团处于竖键时，即为距观察者最远的位置，这时，若其余 3 个基团由大到小排列顺序为顺时针方向，则为 *R*-构型，若为逆时针方向，则为 S-构型。

例 2 用 R/S 命名法确定下列各手性分子的构型：

(1) Cl / Ph—C—$CH=CH_2$ / H　　(2) CHO / Et—C—CN / H

解：(1) Cl→Ph→$CH=CH_2$ 排列为逆时针方向，故为 S-构型。

(2) CHO→CN→Et 排列为顺时针方向，故为 R-构型。

但是，按 Fischer 投影式投影规则，要求碳链竖直放置，编号小的原子在上。此时，最小基团往往处在横键方向，距离观察者最近。因此，一个比较简单的方法是：3 个大基团由大到小排列，若为顺时针方向，可得表观构型为 R，实际构型为 S；若为逆时针方向，可得表观构型为 S，实际构型为 R。

例 3 用 R/S 命名法确定下列各手性分子的构型：

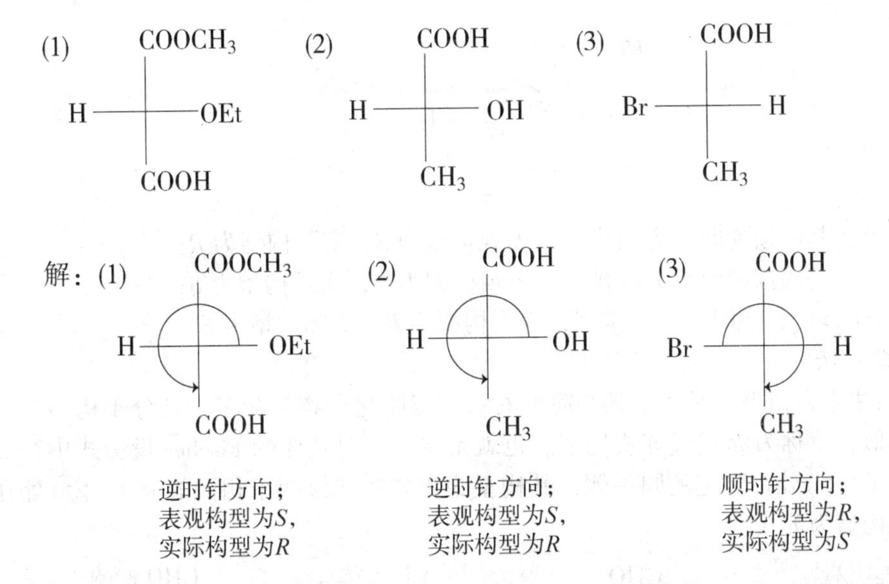

通过**Fischer** 投影式变换规则，也可以将最小基团处在竖键方向，具体变换规则，同一个手性碳原子所连的 4 个原子(团)，偶数次调换，构型保持；奇数次调换，构型改变为对映体。对上述三例进行调换处理后，其相应的**Fischer** 投影式为：

OEt / HOOC—C—COOMe / H　　COOH / HO—C—CH_3 / H　　Br / HOOC—C—CH_3 / H

顺时针方向，为 R-构型　　顺时针方向，为 R-构型　　逆时针方向，为 S-构型

有时 Fischer 投影式中会出现两个基团为顺反异构体或 R、S 异构体，这时确定两个基团的大小规则为：顺式>反式，$R>S$。

例 4 用 R/S 命名法确定下列手性分子或手性碳原子的构型：

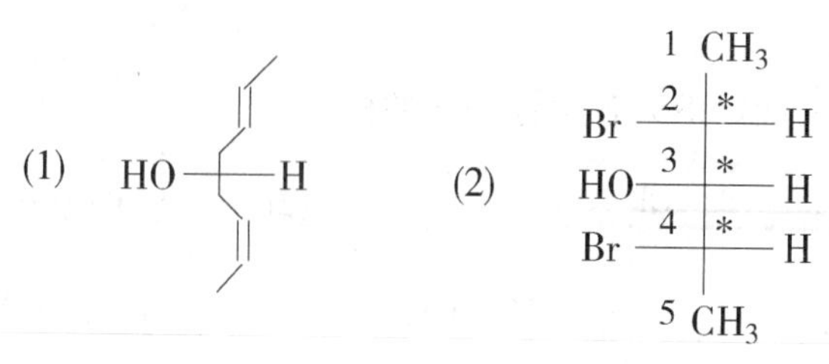

解：（1）HO —— H　　HO ＞ ＞

表观构型为 S，实际构型为 R。

（2）C_2构型为 R，C_4构型为 S，则 C_3构型为 S。

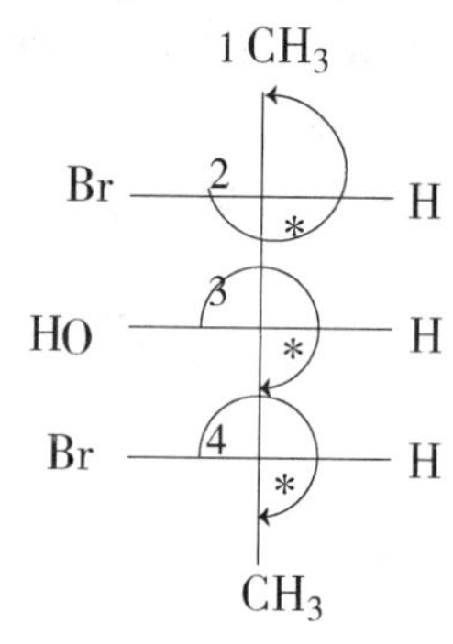

C_2构型：三个大基团按逆时针方向排列，表观构型为 S，实际构型为 R；

C_4构型：三个大基团按顺时针方向排列，表观构型为 R，实际构型为 S；

C_3构型：HO>C_2>C_4，顺时针方向排列，表观构型为 R，实际构型为 S。

2. 赤/苏式命名法

赤/苏式命名法来自糖类，常用于某些简单的双官能团化合物的命名。凡分子构型与赤鲜糖或苏阿糖相似，就称为赤式或苏式构型。也就是说，在对映体的 Fischer 投影式中，如果两个相同的原子(团)处在竖键的同一侧，其构型为赤式；如果两个相同的原子(团)处在竖键的两侧，其构型为苏式。

CHO / HO—H / HO—H / CH_2OH　或　CHO / H—OH / H—OH / CH_2OH　　CHO / HO—H / H—OH / CH_2OH　或　CHO / H—OH / HO—H / CH_2OH

（－）-赤鲜糖　　（＋）-赤鲜糖　　（－）-苏阿糖　　（＋）-苏阿糖

例 1　用赤/苏命名法命名下列化合物：

(1) CH_3 / H—OH / H—OH / C_2H_5　　(2) CH_3 / HO—H / HO—H / C_2H_5　　(3) CH_3 / H—OH / HO—H / C_2H_5

(4) 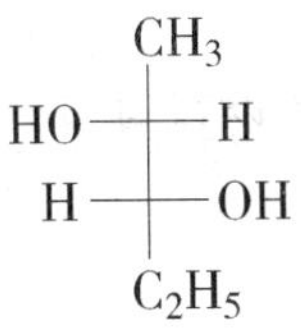 CH_3 / HO—H / H—OH / C_2H_5　(5) Ph / H—COOH / H—OH / CH_3　(6) 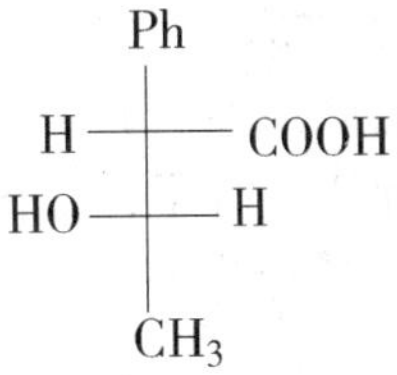 Ph / H—COOH / HO—H / CH_3

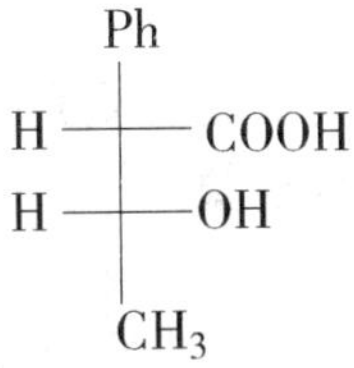

解：(1)赤-2,3-戊二醇；(2)赤-2,3-戊二醇；(3)苏-2,3-戊二醇；(4)苏-2,3-戊二醇；(5)赤-2-苯基-3-羟基丁酸；(6)苏-2-苯基-3-羟基丁酸。

在用Fischer投影式书写赤式或苏式异构体时，通常把两个相同的原子或原子团放到横键上去，同时也把在次序规则中排在最前面的原子或原子团放到横键上去。

例2　写出下列化合物的Fischer投影式：

(1)赤-3-溴-2-丁醇　(2)苏-3-溴-2-丁醇　(3)苏-1,2-二苯基-1,2-丙二醇

解：

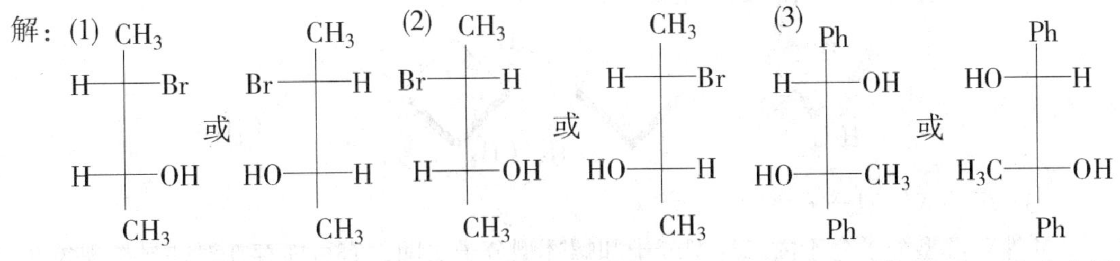

由上述两例不难看出：赤/苏命名法不能准确确定每一个手性碳原子的构型，只反映相同的原子或原子团在竖键的同一侧，还是分列两侧。因此，它的应用受到限制，一般只是给出相同或相似的基团在Fischer投影式中的连接情况。

2.2.4　手性分子的判断

只有手性分子(不对称分子)才存在对映异构现象。判断分子有无手性，只需考察分子有无对称性；而分子的对称性，取决于其对称因素。对称因素包括：C_n、σ、i、S_n等。其中，σ、i为高级对称因素，i中可涵盖S_n；有高级对称因素的分子无手性。反过来说，分子没有σ、i对称因素，就可以认为该分子具有手性，就是手性分子。

2.2.5　手性分子的分类

1. 含手性碳原子的化合物

含一个手性碳原子的分子肯定是手性分子，存在两个立体异构体，组成一对对映体。含两个手性碳原子的分子，可能是手性分子，也可能不是手性分子。如酒石酸，有外消旋(由左右旋体组成)和内消旋(不是手性分子)。

2. 含其他手性原子的化合物

这类比较多，常见的有：含P，S，N，Si等。如：

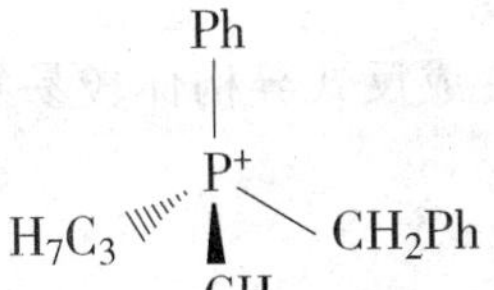

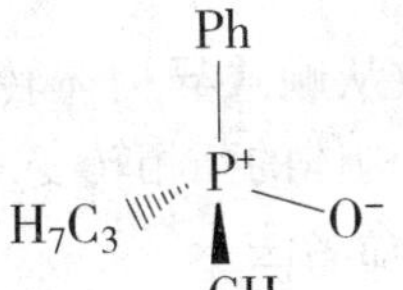

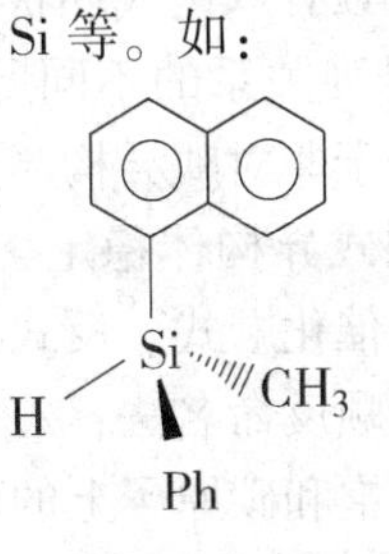

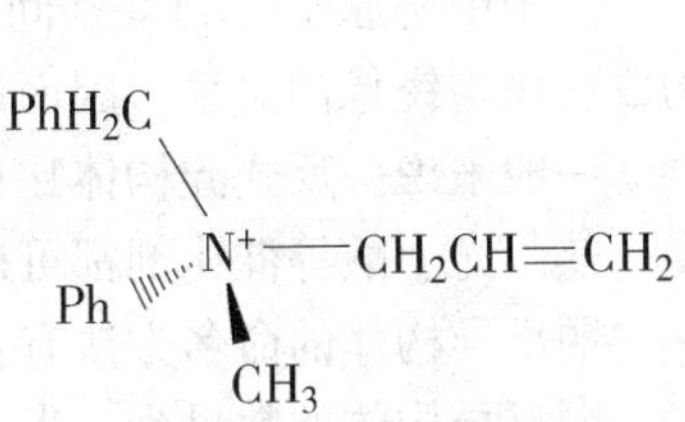

Ph / H_7C_3—P^+—CH_2Ph / CH_3　Ph / H_7C_3—P^+—O^- / CH_3　(1-萘基) / H—Si—CH_3 / Ph　PhH_2C / Ph—N^+—$CH_2CH{=}CH_2$ / CH_3

3. 不含手性原子的化合物

有些化合物虽然没有手性原子，但却具有旋光性。这些分子既没有对称面，也没有对称中心，因而是手性分子，存在对映异构现象。

（1）丙二烯型分子

2,4-二苯基-2,3-戊二烯，C_2、C_4为 sp^2杂化，C_3为 sp 杂化。

当累积双键为2,4,6，…等偶数时，均有可能存在对映异构现象；当累积双键为1,3,5,…奇数时，均有可能不存在对映异构现象。

（2）螺环型分子如2,6-二甲基螺[3,3]庚烷

（3）环外双键型分子

环外双键型分子介于丙二烯型分子和螺环型分子之间，有可能存在对映异构现象。

1-甲基-4-亚乙基环己烷

（4）联苯型分子

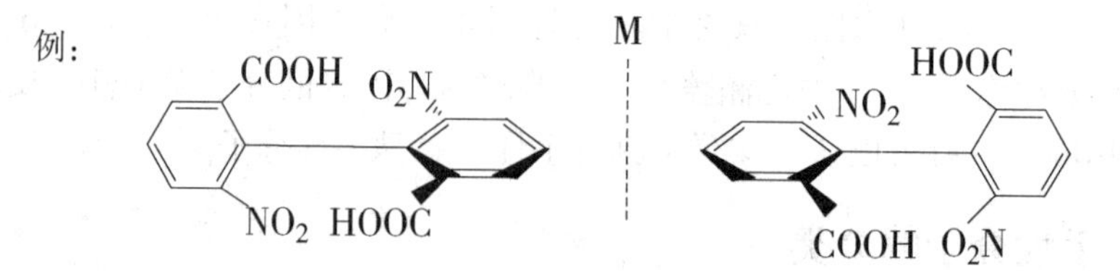

由于空间位阻效应使σ-单键旋转受阻，两个苯环之间共轭体系解体，共轭效应减少甚至完全消失。当邻位上的两个取代基不同时，则分子具有手性，存在对映异构现象。

2.3　顺反异构

顺反异构一般是由于分子中具有双键或环状结构，使分子内原子间的旋转或翻转受到阻碍，分子中的原子(团)在空间排列关系的不同所引起的立体异构现象。顺反异构体之间不构成实物与镜像的关系，因而属于非对映异构体。

一般来说，反式异构体比顺式异构体稳定，故从顺式异构体转变成反式异构体较易发生。热、光、酸等催化剂都可以催化顺式、反式异构体的互相转变。

顺反异构体的命名方法有：顺反命名法；*Z/E* 命名法。

顺反异构体的数目为：当不饱和碳原子上的两个原子(团)不相同时，异构体数目为 2^n，

n 为 C ═C 的数目。含顺反异构体的分子有：

1. 含 C ═C 结构的化合物

Ph　　　　　　CH_2Ph
C═C═C═C
H_3C　　　　　　Et

（*Z*）-2-苯基-5-苄基-2,3,4-庚三烯

Ph　　　　　　Et
C═C═C═C
H_3C　　　　　　CH_2Ph

（*E*）-2-苯基-5-苄基-2,3,4-庚三烯

2. 含 C ═N 结构的化合物

H
C═N
Ph　　　OH

（*Z*）-苯甲醛肟（m. p. 130℃）

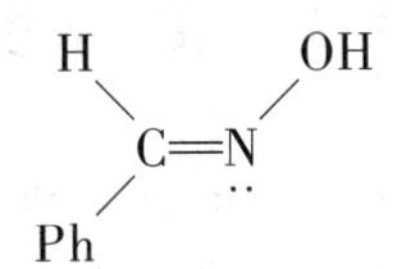

（*E*）-苯甲醛肟（m. p. 35℃）

3. 含 N ═N 结构的化合物

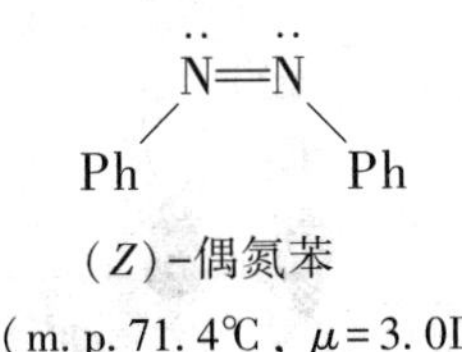

（*Z*）-偶氮苯
（m. p. 71. 4℃，μ=3. 0D）

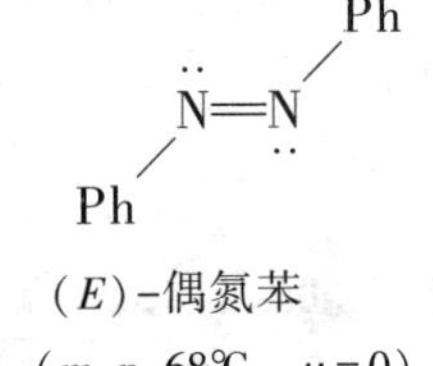

（*E*）-偶氮苯
（m. p. 68℃，μ=0）

4. 含环状结构的化合物

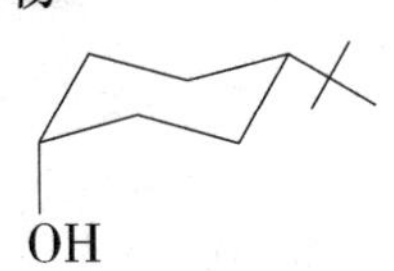

顺-4-叔丁基环己醇

HO

反-4-叔丁基环丁醇

第3章　周环反应(动态立体化学)

3.1　周环反应的特征和类型

1965年伍德沃德(R. B. Woodward)和霍夫曼(R. Hoffmann)在合成V-B_{12}的过程中，系统地研究了周环反应，采用量子化学的分子轨道理论提出了轨道对称守恒原理。

轨道对称守恒：指作用物通过一个环状过渡状态，得到生成物的整个过程中，轨道的对称性始终不变(即对称守恒)。这一规律即轨道对称守恒原理。

例　丁二烯加热反应：

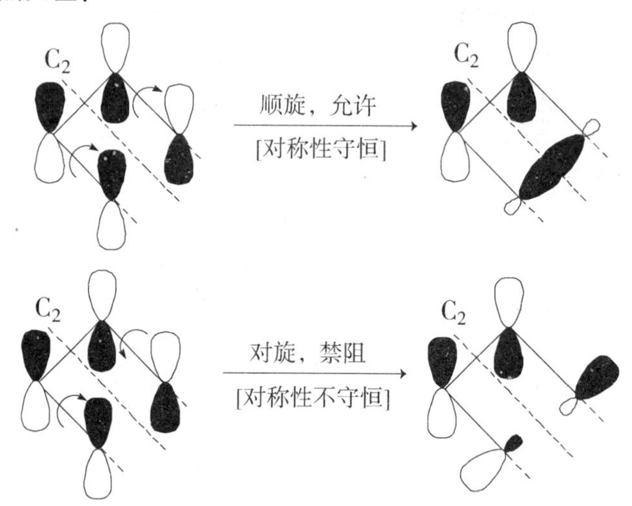

目前，分子轨道对称守恒原理有三种理论解释：①前线轨道理论；②能量相关理论；③休克尔-莫比乌斯理论。前线轨道理论的创始人福井谦一和轨道对称守恒原理的创始人之一霍夫曼共同获得1981年诺贝尔化学奖。本章主要介绍前线轨道理论。

周环反应：通过环状过渡态的协同反应。它不同于离子型或自由基型反应。如：

$H_2C{=}CH_2$ + $H_2C{=}CH_2$ ⇌ [H_2C—CH_2 / H_2C—CH_2（环状过渡态）] ⇌ 环丁烷（H_2C—CH_2 / H_2C—CH_2）

$H_2C{=}CH_2$ + $H_2C{=}CH_2$ ⇌ H_2C—CH_2• / H_2C—CH_2•（双自由基中间体） ⇌ 环丁烷

周环反应：反应物—环状过渡态—产物；不受溶剂影响，不被酸碱所催化，没发现任何引发剂对反应有关系。

离子型或自由基型反应：反应物—中间体—产物。

1. 周环反应的特征

① 反应进行的动力是加热或光照。

② 反应进行时有两个以上的键同时断裂或形成，属多中心一步反应。

③ 作用物的变化有突出的选择性。

④ 反应过渡态中原子排列是高度有序的。例如：

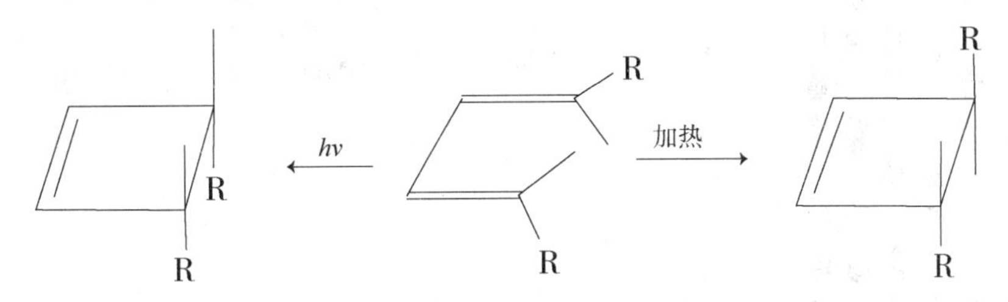

2. 周环反应的三种主要类型

① **电环化(电环合)反应**：共轭 π 体系两原子间形成一个 σ 键及其逆过程。

② **环加成**：两个独立的 π 体系发生反应同时产生两个 σ 键，形成环状产物及其逆过程。如：Diels-Alder 反应：

③ **σ-迁移**：σ 键迁移到相对于 π-骨架的另一位置。如：

3.2 电环化反应

由线型共轭多烯烃两个末端之间 π 电子环化而形成单键的反应及其逆过程，称电环化反应，也称电环合反应。K 个 π 电子的线型共轭体系的电环化反应，结果形成的环状产物有 $K-2$ 个 π 电子。

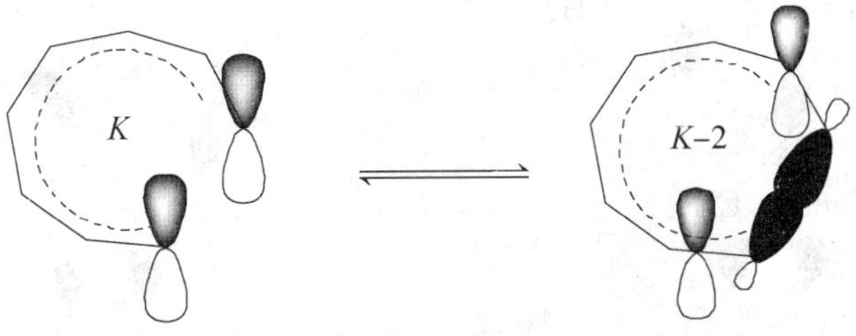

电环化的结果是分子内减少了一个 π 键，形成了一个 σ 键，或其逆过程。

3.2.1 π 电子数为($4n+2$)分子的电环化反应

例 己三烯的电环化反应

在己三烯分子中，6 个 p 原子轨道经线性组合形成 6 个 π 分子轨道：

π分子轨道	节点数	基态	激发态	对称性 M(面对称)	对称性 C_2(对称轴)
	5	—	—	A	S
	4	—	—	S	A
	3	—LUMO	↑HOMO	A	S
	2	↑↓HOMO	↑	S	A
	1	↑↓	↑↓	A	S
	0	↑↓	↑↓	S	A

S：表示对称；A：表示反对称；**基态**对应于加热，**激发态**对应于光照。

从上面的 π 分子轨道对称性看，基态时的最高占据轨道是 ψ_3，属于镜面对称，故对旋允许，顺旋禁阻；激发态时的最高占据轨道是 ψ_4，属于轴对称，故顺旋允许，对旋禁阻。如下图所示：

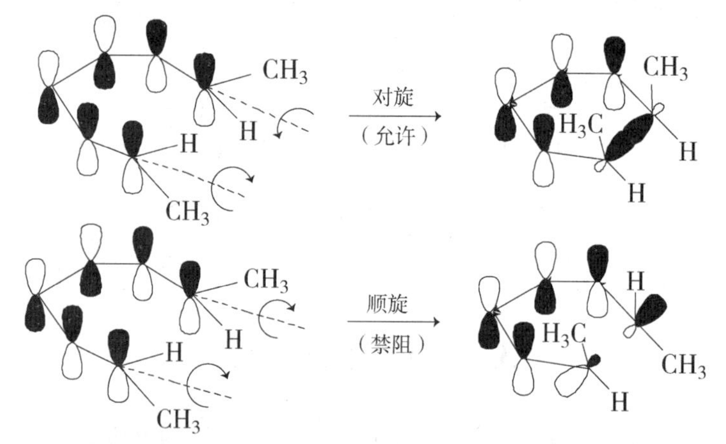

加热(分子处于基态，反应决定于 ψ_3，面对称，对旋允许，顺旋禁阻)

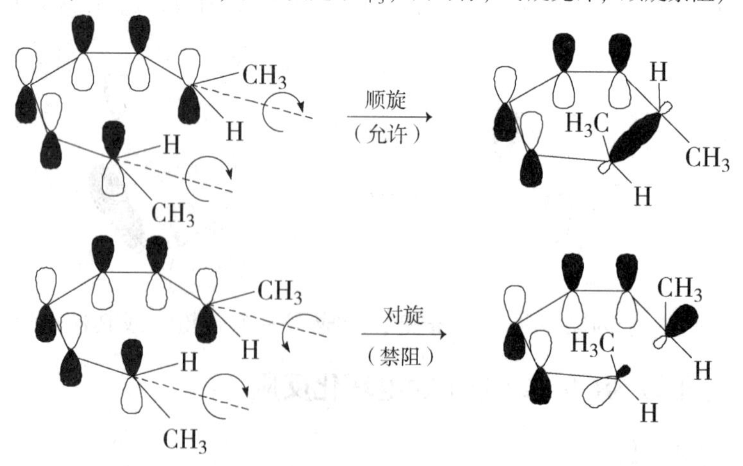

光照(分子处于激发态，反应决定于 ψ_4，轴对称，顺旋允许，对旋禁阻)

3.2.2 π电子数为 4*n* 分子的电环化反应

例 丁二烯的电环化反应

在丁二烯分子中，4 个 p 原子轨道经线性组合形成 4 个 π 分子轨道：

π分子轨道	节点数	基态	激发态	对称性 M（面对称）	对称性 C_2（对称轴）
Ψ_4	3	—	— LUMO	A	S
Ψ_3	2	— LUMO	↑ HOMO	S	A
Ψ_2	1	↑↓ HOMO	↑	A	S
Ψ_1	0	↑↓	↑↓	S	A

S：表示对称；A：表示反对称；**基态**对应于加热，**激发态**对应于光照。

从上面的 π 分子轨道对称性看，基态时的最高占据轨道是 ψ_2，属于轴对称，故顺旋允许，对旋禁阻；激发态时的最高占据轨道是 ψ_3，属于镜面对称，故对旋允许，顺旋禁阻。如下图所示：

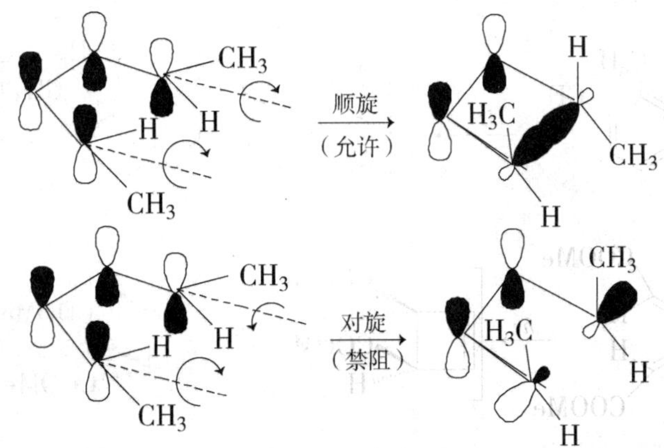

加热(分子处于基态，反应决定于 ψ_2，轴对称，顺旋允许，对旋禁阻)

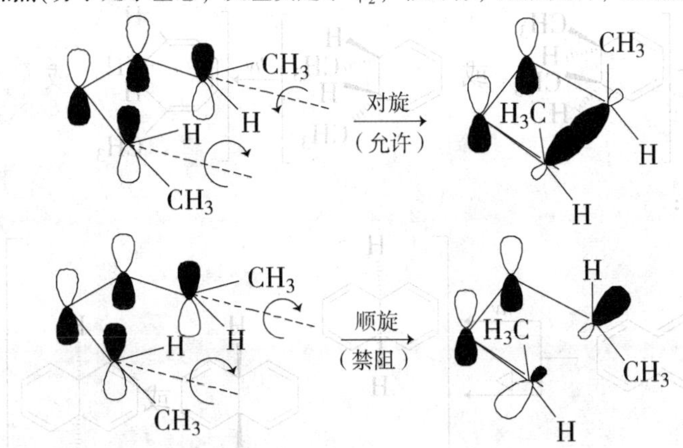

光照(分子处于激发态，反应决定于 ψ_3，面对称，对旋允许，顺旋禁阻)

从上述两例分析发现，无论是己三烯还是丁二烯的 π 分子轨道，其对称性表现为序数为奇时总是镜面对称的，序数为偶时总是轴对称的；由此可扩大到任意的共轭多烯烃，π 分子轨道的对称性根据最高占据轨道的序数即可确定，由轨道的对称性进一步可确定发生电环化反应时前线轨道的旋转方式，迅速确定准确的立体化学并写出反应产物。

根据其他不同 π 电子体系的电环化反应得出规律，被称为**伍德沃德-霍夫曼规则**：

π 电子数	反应条件	反应方式
$4n$	加热	顺旋
	光照	对旋
$4n+2$	加热	对旋
	光照	顺旋

3.2.3 考研试题实例

例 1 完成反应：

CH_3 CH_3 $\xrightarrow{h\nu}$ [CH_3 H CH_3 H 或 H CH_3 H CH_3]

例 2 完成反应：

C_6H_5 CH_3 $\xrightarrow{\triangle}$ [C_6H_5 CH_3 或 C_6H_5 CH_3]

例 3 完成反应：

COOMe H H COOMe $\xrightarrow{h\nu}$ [COOMe H COOMe H 或 H COOMe H COOMe]

例 4 完成反应：

CH_3 H H CH_3 $\xrightarrow{\triangle}$ [CH_3 H CH_3 H 或 H CH_3 H CH_3] $\xrightarrow{h\nu}$ [H CH_3 H CH_3 或 CH_3 H CH_3 H]

例 5 完成反应：

$\xrightarrow{h\nu}$ H H ; $\xrightarrow{\triangle}$ H H 或 H H

例 6 写出下列反应的主要产物，或所需反应条件及原料或试剂(如有立体化学请注明)。

3.3 环加成反应

两分子烯烃或多烯烃变成环状化合物的反应叫**环加成反应**。如：

环加成和环分解互为逆反应，反应均决定于前线分子轨道(FMO)；在双分子环加成反应中，一分子的最高占据分子轨道(HOMO)和另一分子的最低空分子轨道(LUMO)相互作用成键。HOMO 和 HOMO，及 LUMO 和 LUMO 不能相互作用成键。

3.3.1 【2+2】环加成反应

例 乙烯和乙烯进行的环加成反应：

在基态(加热)时，因轨道对称性不匹配，不能发生反应，即禁阻。

在激发态(光照)时，

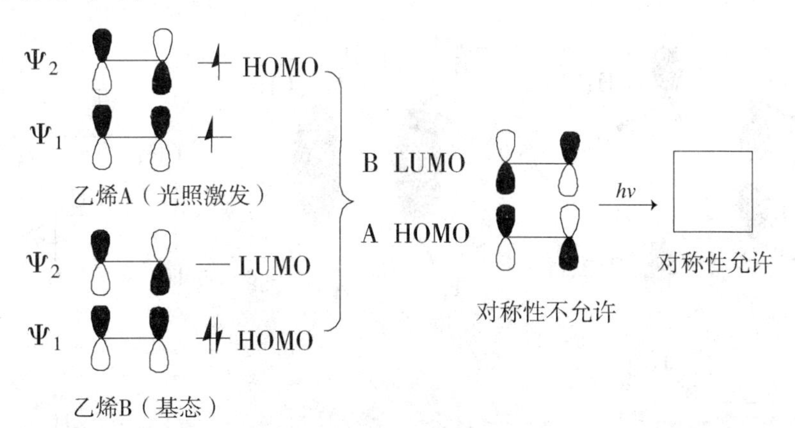

已激发分子的 HOMO 与基态分子的 LUMO 轨道对称性一致，反应能够进行，即允许。

乙烯和乙烯各有两个 π 电子，所以称为【2+2】环加成。其他与乙烯结构相似的化合物即乙烯衍生物，环加成方式与乙烯相同，但因取代基的出现可能导致产生异构体。例如，顺-2-丁烯和反-2-丁烯分别在光照下发生【2+2】环加成反应，生成 1,2,3,4-四甲基环丁烷的几种异构体。

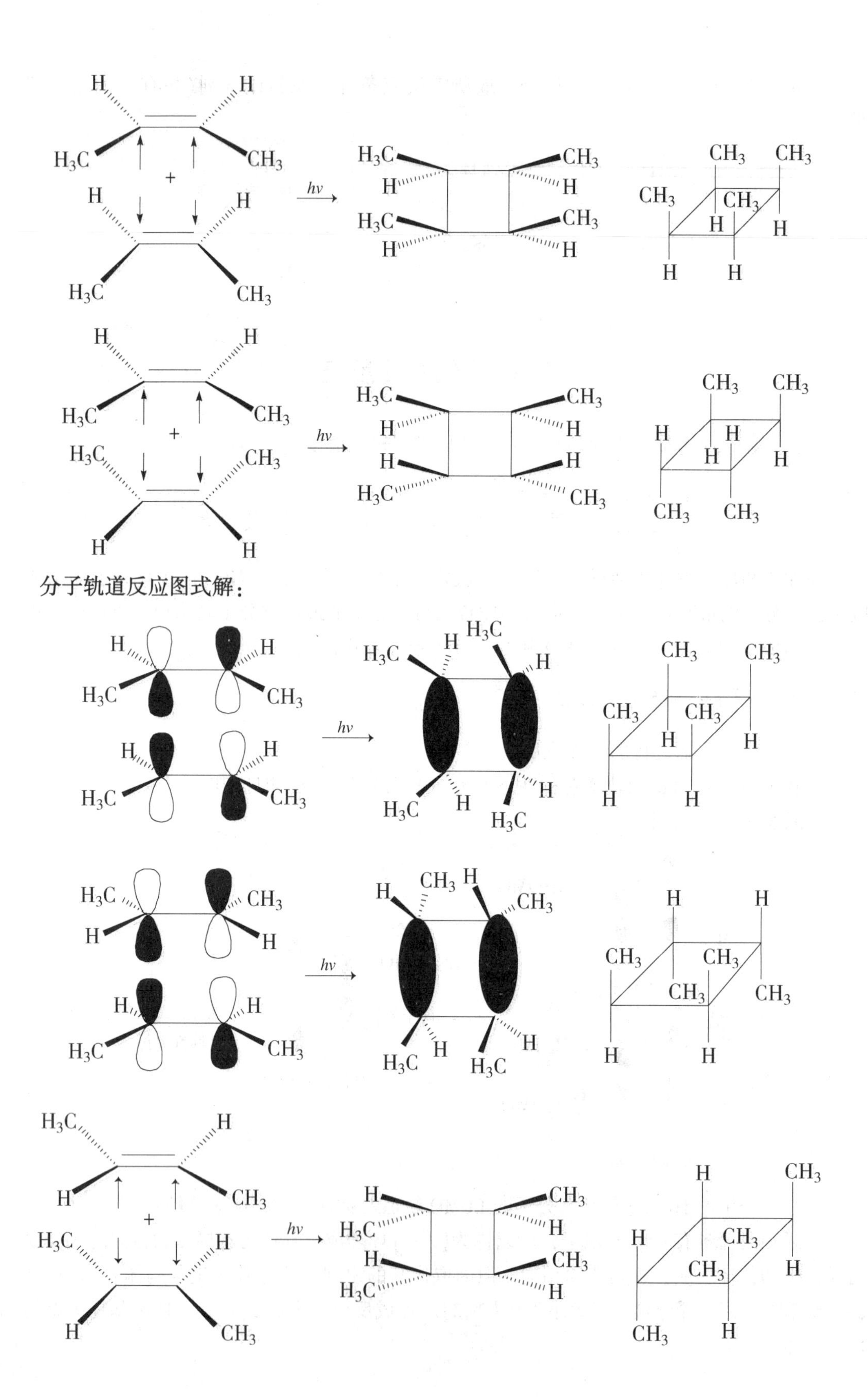

分子轨道反应图式解：

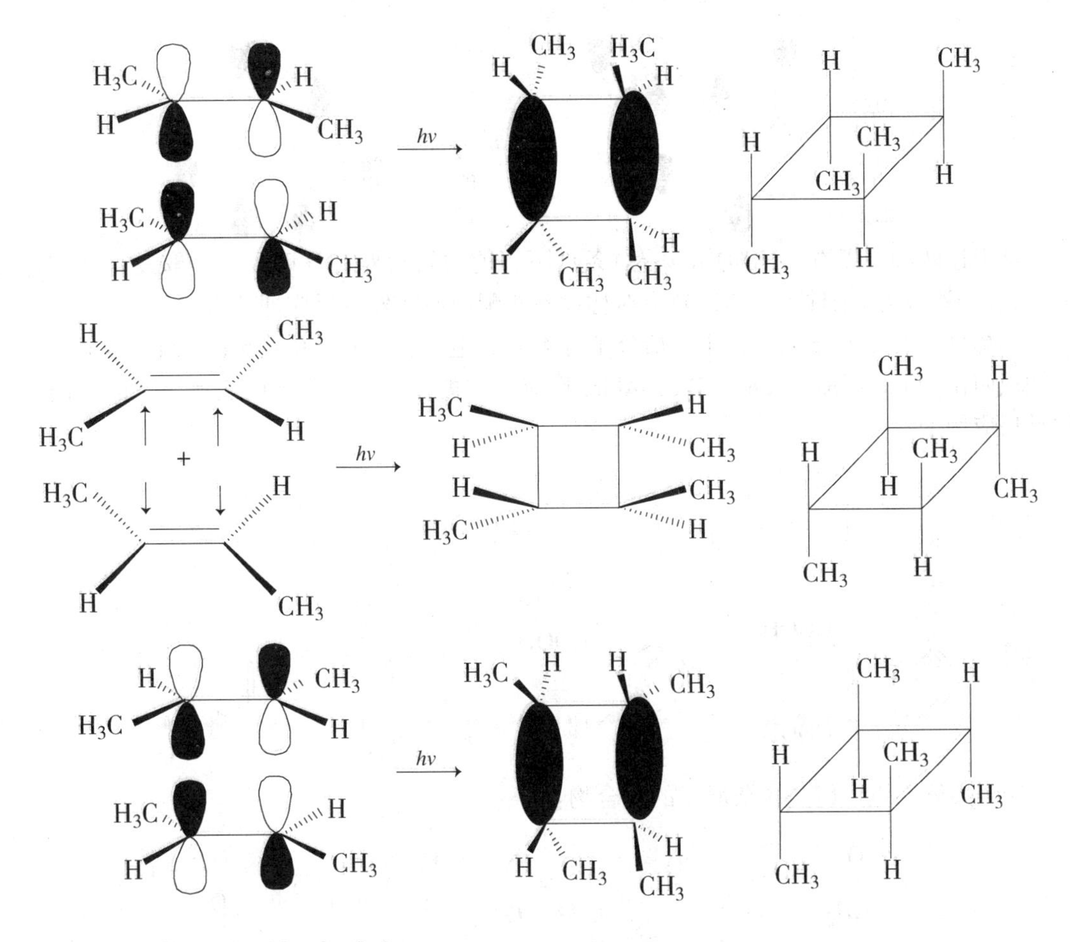

3.3.2 【4+2】环加成反应

例 乙烯和丁二烯环加成：

乙烯和丁二烯的环加成反应属于狄耳斯–阿尔德(Diels-Alder)反应，又称双烯合成：

有关的FMO 如下：

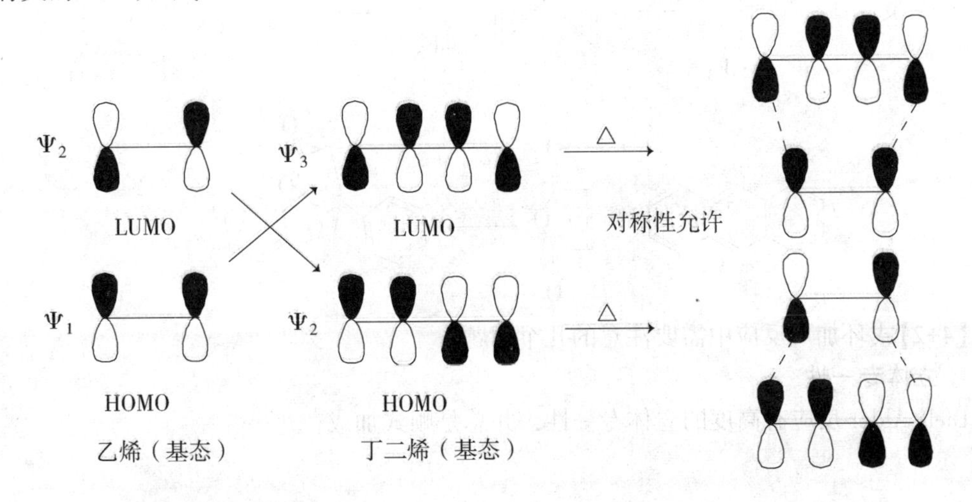

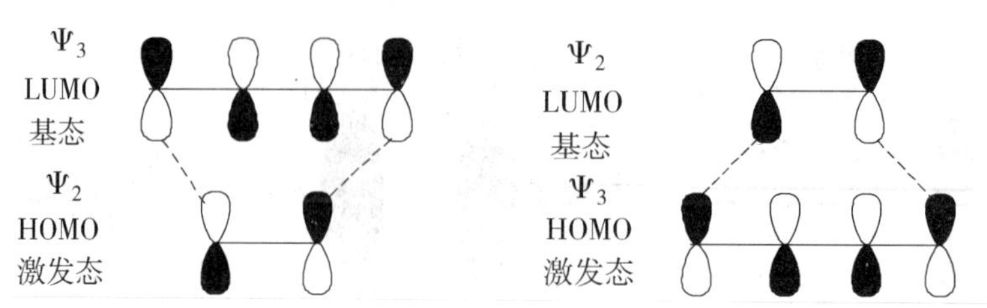

从上述两图可以看出，加热(基态)条件下，前线轨道对称性匹配，能够发生反应即允许；光照(激发态)条件下，前线轨道对称性不匹配而不能发生反应即禁阻。

乙烯分子有2个π电子，丁二烯分子有4个π电子，π电子总数是【4+2】，因此，这类环加成叫作【4+2】环加成反应。**Diels-Alder** 反应是这类反应中最重要的实例。下面列出几种常见反应例子：

+ CHO ⟶ CHO

+ CN ⟶ CN

+ COOH COOH ⟶ COOH COOH

+ O O ⟶ O O

亲双烯体系也可以是含杂原子的化合物：

+ O CH_2 —180℃→ O

+ N— C_6H_5 O —EtOH,0℃ 95%→ N— C_6H_5 O

+ N— COOEt N— COOEt ⟶ N—COOEt N—COOEt

双烯体除开链二烯烃外，也可以是芳烃或杂环化合物：

+ CF_3 CF_3 ⟶ CF_3 CF_3 ⟶ CF_3 CF_3 + H H

+ O O O ⟶ O O O

【4+2】式环加成反应中需要注意的几个问题：

1. 立体专一性

Diels-Alder 反应有高度的立体专一性，并总是顺式加成：

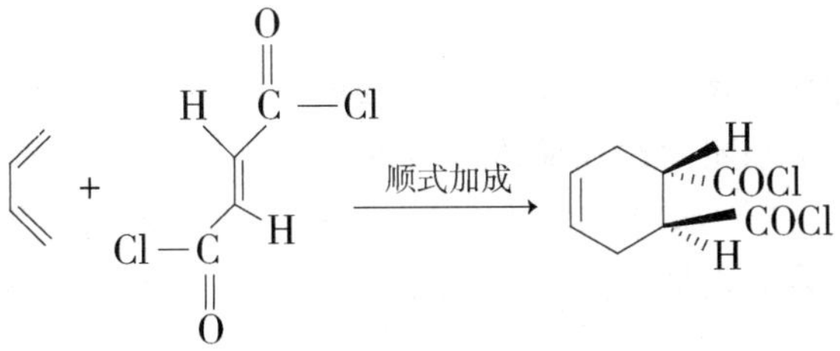

顺式加成

2. 空间因素的影响

双烯取顺式(*cis*)构象进行 Diels-Alder 反应。开链二烯烃存在着下列构象平衡：

S-*trans* **S-*cis***

1-位取代基 R 的空间效应防碍二烯成S-*cis* 构象，因此不利于反应的进行：

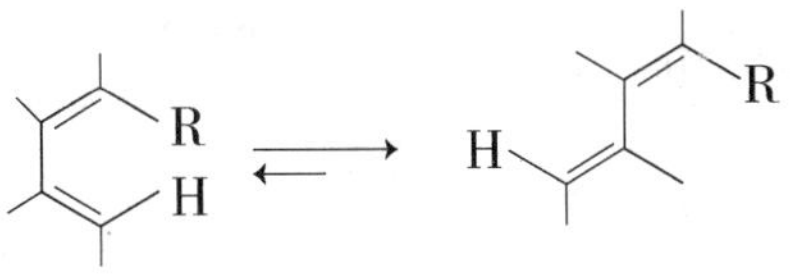

R 体积增大，反应速率减小。1-位上如有二个取代基或 1,4-位上均有取代基，则使反应速率更加减小。

双烯的 2-位有取代基一般不影响环加成，而大的 2-位取代基 R 可以使双烯采取顺式构象，反而使环加成反应速率加快。

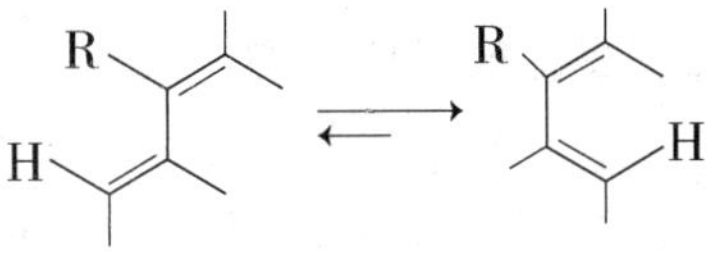

3. 加成取向

环状共轭二烯烃与取代乙烯进行Diels-Alder 反应时，当亲双烯体的取代基为不饱和基团如—CHO、—COOH、—CN 等时，通常主要得到内向构型的产物。

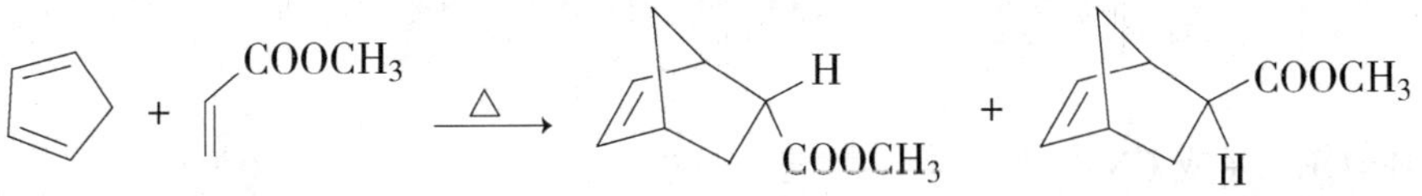

内型（主要产物） 外型（次要产物）

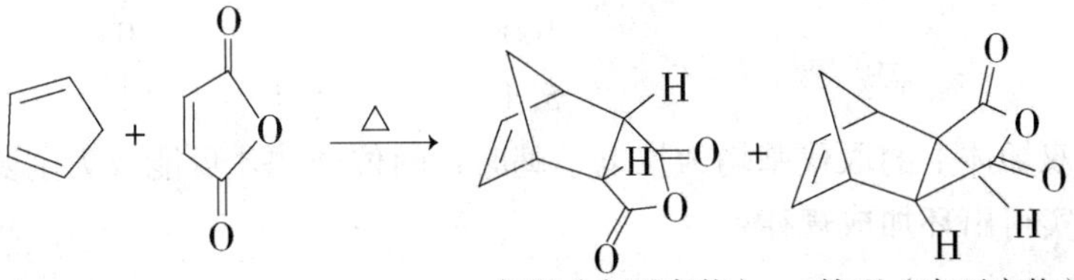

内型（主要产物） 外型（次要产物）

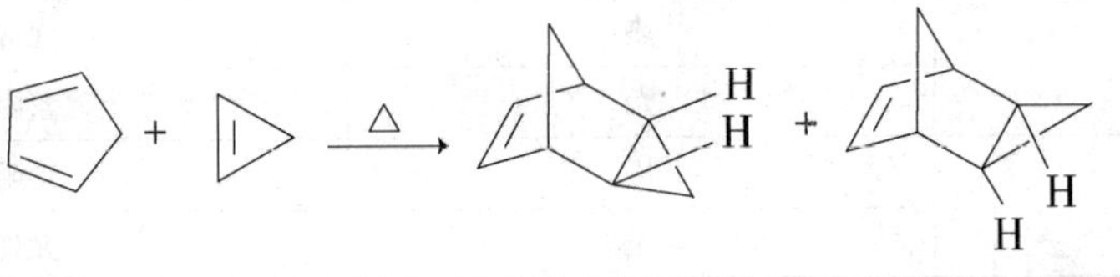

内型（主要产物） 外型（次要产物）

4. 取代基的影响

① 当双烯和亲双烯都带有拉电子基团时，反应速率可以加快。

② 当双烯带有拉电子基团而亲双烯体带有推电子基团时反应也加快；而双烯带有推电子基团，亲双烯体带有拉电子基团，即两者带有互补电子影响的取代基时，反应最快。

③ 当双烯与亲双烯体上均带有推电子基团时，反应速率变慢，甚至难以进行。

5. 反应的空间选择性

（1）**邻位规则**：1-取代二烯主要生成邻位产物

X Y + Y → X Y

R + COOMe → R COOCH$_3$ + R COOMe

R = CH_3	18	:	1
i-pr	5	:	1
t-Bu	4	:	1
C_6H_5	39	:	1

（2）**对位规则**：2-取代二烯主要生成对位产物

X + Y → X Y

R + COOMe → R COOMe + R COOMe

R = OEt （或 CN）	100	:	0
C_6H_5	4.5	:	1
Cl	100	:	0
CH_3	5.4	:	1

当双烯及亲双烯体上的取代基均为拉电子基时，间位产物才可能成为主要产物。

根据大量事实得出**环加成规律**：

K_1+K_2 π 电子数	反应条件	轨道对称性
$4n+2$	**热**	**允许**
	光	禁阻
$4n$	热	禁阻
	光	**允许**

3.3.3 考研试题实例

例 1 完成反应：

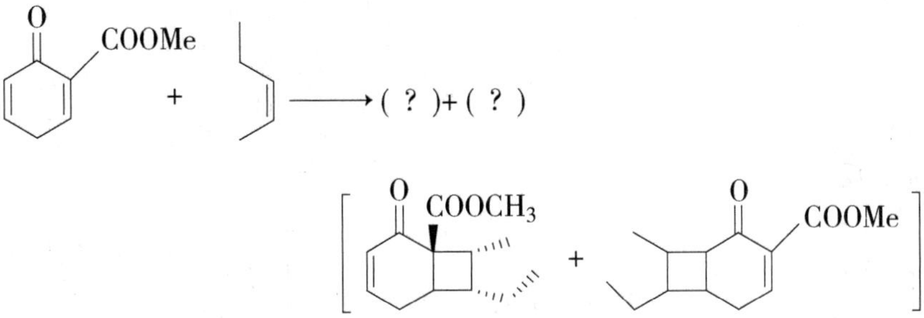

$$\text{(2-甲氧羰基-2-环己烯酮)} + \text{(顺-3-己烯)} \longrightarrow (\ ?\ ) + (\ ?\ )$$

例 2 完成反应：

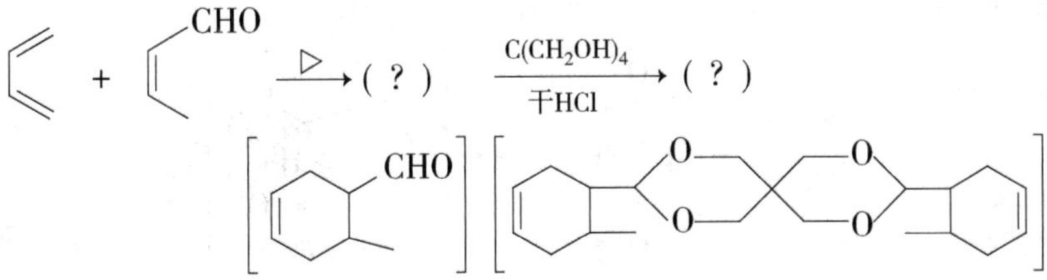

$$\text{(丁二烯)} + \text{CH}_3\text{CH=CHCHO} \xrightarrow{\triangle} (\ ?\ ) \xrightarrow[\text{干HCl}]{C(CH_2OH)_4} (\ ?\ )$$

例 3 完成反应：

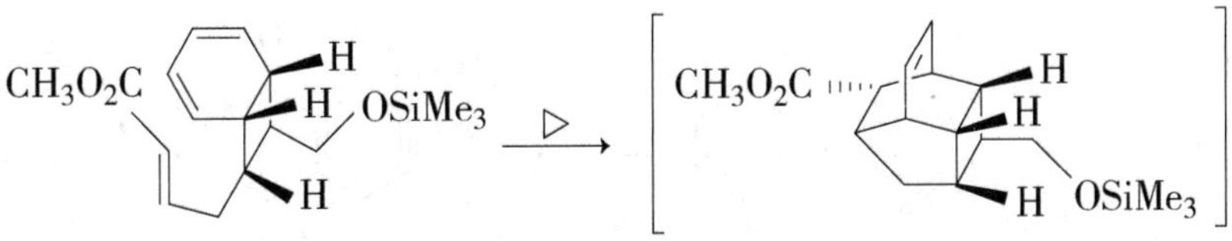

CH_3O_2C … $OSiMe_3$ $\xrightarrow{\triangle}$ [CH_3O_2C … $OSiMe_3$]

例 4 完成反应：

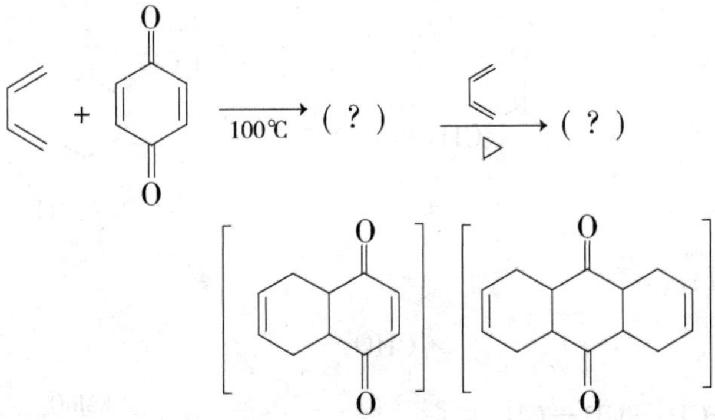

$$\text{(丁二烯)} + \text{(对苯醌)} \xrightarrow{100℃} (\ ?\ ) \xrightarrow[\triangle]{\text{丁二烯}} (\ ?\ )$$

例 5 完成反应：

$$\text{(1,3-环己二烯)} + CH_2\text{=CHCHO} \xrightarrow{\triangle} [\ \text{(双环[2.2.2]辛烯甲醛)}\ ]$$

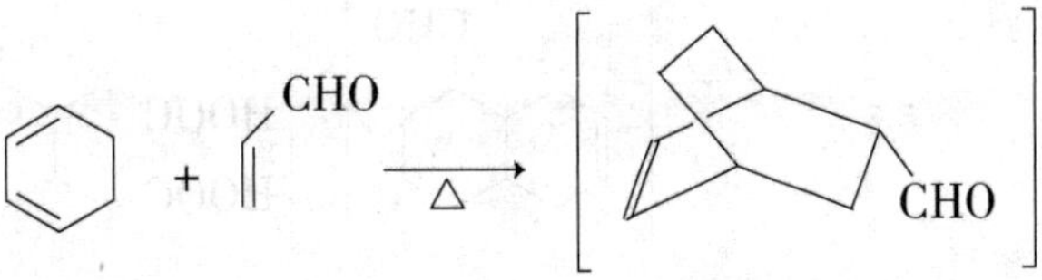

例 6 完成反应：

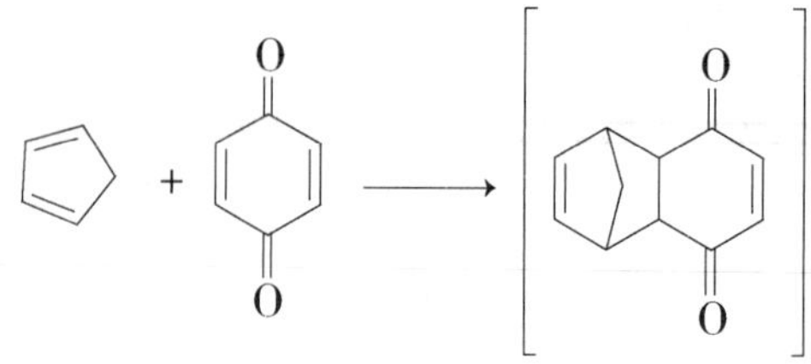

O O + → [O O]

例 7 完成反应：

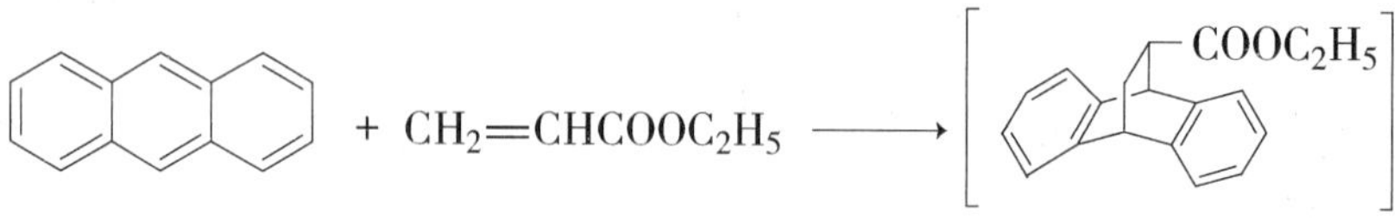

$$+ \ CH_2{=}CHCOOC_2H_5 \longrightarrow$$

[$COOC_2H_5$]

例 8 完成反应：

O O O + ▷ → [H O H O O]

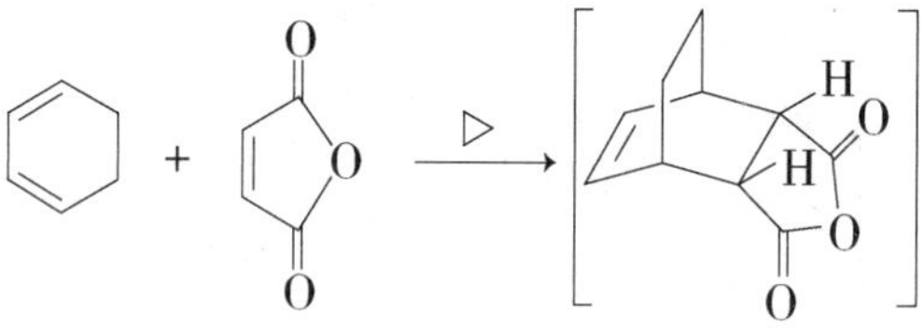

例 9 完成反应方程式(有立体化学请注明)：

H_3C + O O △ → [H_3C O O]

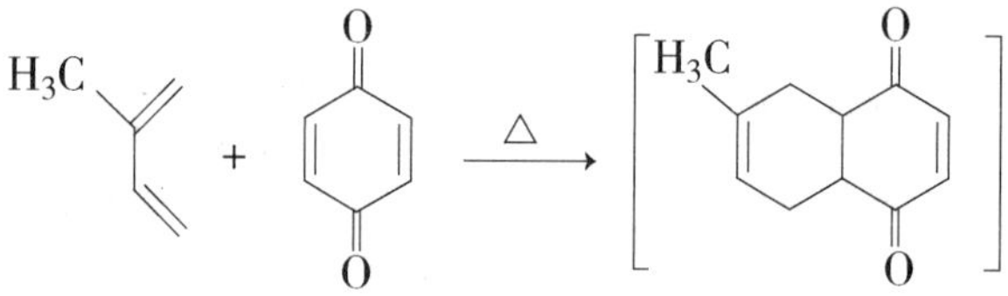

例 10 完成反应方程式(有立体化学请注明)：

CH_3O + O CH_3 △ → [H_3CO CH_3 O]

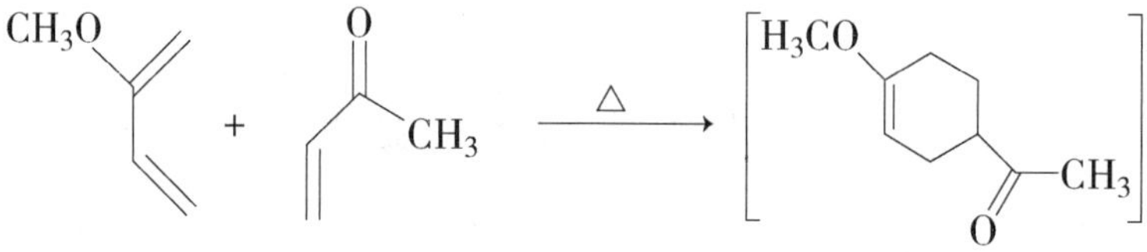

例 11 完成反应：

$$CH_2{=}CH{-}CH{=}CH_2 + \xrightarrow{\triangle} (\ ?\ ) \xrightarrow[H_2SO_4]{KMnO_4} (\ ?\ )$$

CHO

[CHO] [COOH HOOC HOOC]

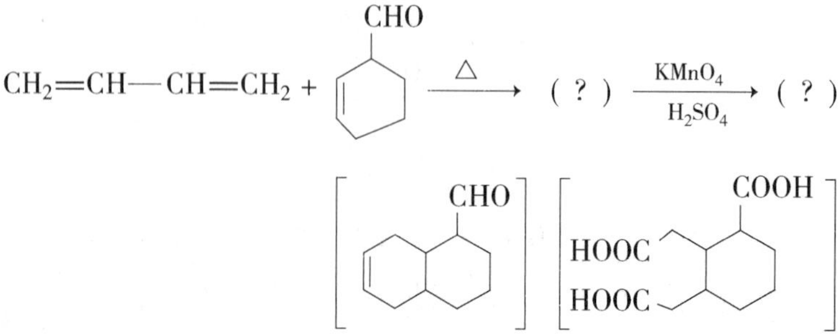

例 12 完成反应：

Br, Br $\xrightarrow[\text{EtOH}]{OH^-}$ (?) $\xrightarrow{H_3CO_2C,\ CO_2CH_3,\ H,\ H}$ (?) $\xrightarrow{(\ ?\ )}$ H_3CO_2C, CO_2CH_3, HO_2C, CO_2H

[ ] [H, H, CO_2CH_3, CO_2CH_3] [$KMnO_4$ / H_2SO_4]

例 13 完成反应：

OCH_3, Me_3SiO + CH_3O_2C —≡— CO_2CH_3 $\xrightarrow{\triangle}$ (?) $\xrightarrow[(2)H_2O]{(1)(n\text{-}Bn)_4NF}$ (?)

[OCH_3, CO_2CH_3, CO_2CH_3, Me_3SiO] [HO, CO_2CH_3, CO_2CH_3]

例 14 完成反应：

$N(C_2H_5)_2$ + $CH_2{=}CHCOOC_2H_5$ $\xrightarrow{\triangle}$ [$N(C_2H_5)_2$, CO_2CH_3]

3.4 σ-键迁移反应

双键或共轭双键体系相邻碳原子上的σ-键(及其所连原子或基团)迁移到另一个碳原子上去，同时共轭链发生转移的反应，称为σ-键迁移反应。例如：

$$\underset{1}{R-\overset{D}{\overset{|}{C}H}}-\underset{2}{CH}{=}\underset{3}{CH}-\underset{4}{CH}{=}\underset{5}{CH_2} \xrightarrow[\text{[1,5]σ-键迁移}]{\triangle} R-\underset{1}{CH}{=}\underset{2}{CH}-\underset{3}{CH}{=}\underset{4}{CH}-\underset{5}{\overset{D}{\overset{|}{C}H_2}}$$

1, 2, 3, 1′, 2′, 3′ $\xrightarrow[\text{[3,3]σ-键迁移}]{\triangle}$ 1, 2, 3, 1′, 2′, 3′ （Cope重排）

R, O 1, 2, 1′, 2′, 3′, 3 $\xrightarrow{\triangle}$ [R, O 1, 2, 1′, 2′, 3′, 3] $\longrightarrow$ R, HO 1, 2, 1′, 2′, 3′, 3

[3,3]σ-键迁移（Claisen重排）

σ-键迁移的位置用[1,j]两个数来表示，1,j 分别表示 σ-键迁移后 σ-键两端所连的位置。

3.4.1 [1,j]σ-键氢迁移

[1,j]σ-键氢迁移

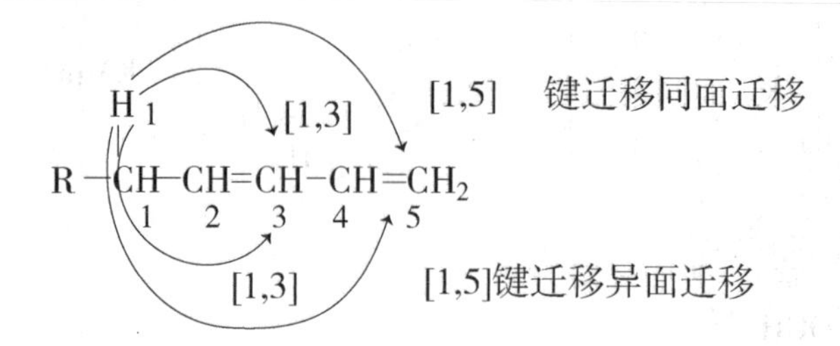

如：

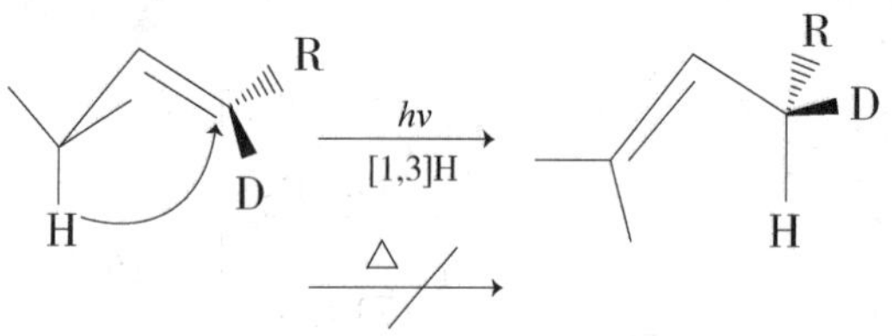

该反应是在光照条件下进行的同面[1,3]σ-键氢迁移，如在加热条件下反应难进行。

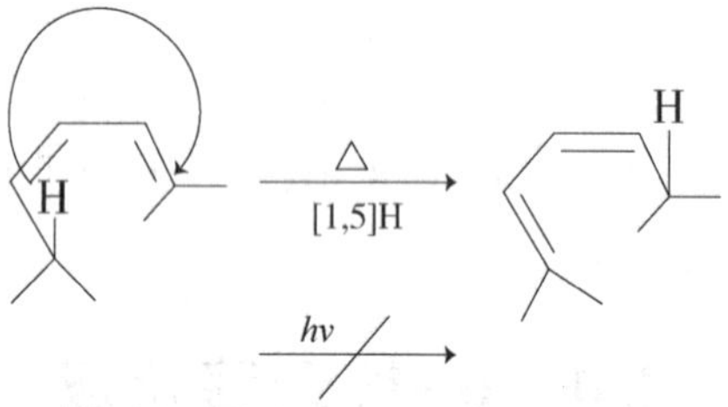

该反应是在加热条件下进行的[1,5]σ-键氢迁移，如在光照条件下反应难以进行。

上述两个反应结果，仍可用前线分子轨道理论来解释。为分析问题的方便，通常假定 C—H 键先均裂，形成一个 H 原子和一个 C 游离基的过渡态。

对于加热反应(指[1,5]σ-键氢迁移)，同面允许，异面禁阻。而异面迁移受到环状过渡态的限制，一般很难发生，因而反应不能进行。

1. [1,3]σ-键氢迁移

对于**光照**反应：同面允许，异面禁阻。

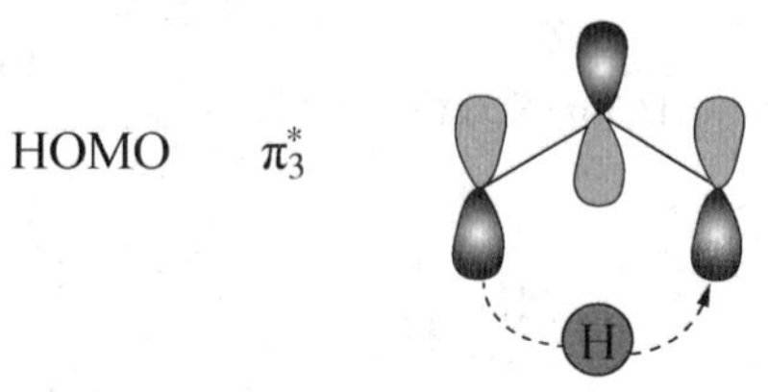

2. [1，5]σ-键氢迁移

如：戊二烯。

戊二烯游离基 π 体系有五个分子轨道：

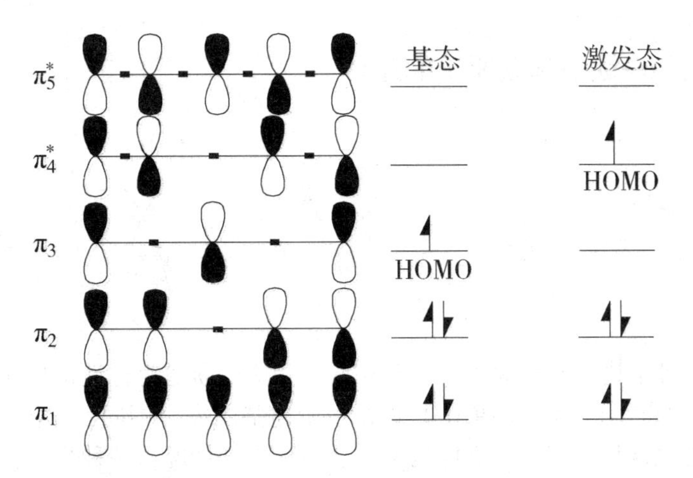

从上图可以看出，各个分子轨道的对称性仍然符合前面导出的规律，即序号为奇时，属镜面对称；序号为偶时，属轴对称。这样不难判断同面迁移是否允许。上面的分子轨道图中基态时最高占据轨道为 π_3，故同面允许；激发态时最高占据轨道为 π_4，同面禁阻，异面允许；但异面所需能量较高，一般难以进行。

[1,5]σ-键氢迁移反应：在加热条件下，同面允许，异面禁阻。

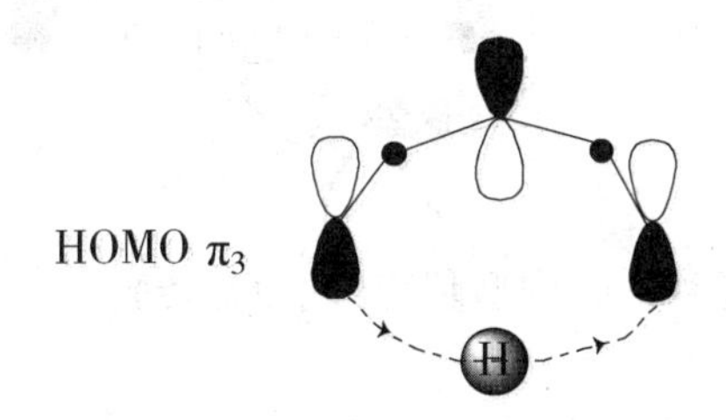

在光照条件下，异面允许，同面禁阻。

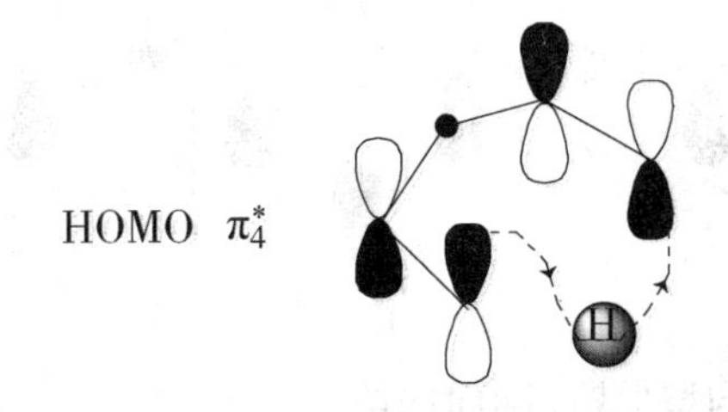

所以，[1,5]σ-键氢迁移，只能热反应，光照条件下难进行(受构型限制)。

从上述反应可看出，解题关键还是前线轨道的对称性。当是镜面对称时，同面迁移允许；当是轴对称时，异面迁移允许。至于是加热还是光照要看 HOMO 是哪个轨道。若是成键轨道，则为加热条件；若是反键轨道，则为光照条件。

根据大量事实分析，[1,*j*]σ -键氢迁移规律为：

1+*j* 迁移电子数	反应条件	反应方式	前线轨道
4*n*([1,3]，[1,7]……)	热	异面迁移	ψ_2(偶)
	光	同面迁移	ψ_3(奇)
4*n*+2([1,5]，[1,9]……)	热	同面迁移	ψ_3(奇)
	光	异面迁移	ψ_4(偶)

3.4.2 [1,*j*]σ-键烷基碳原子的迁移

例如：

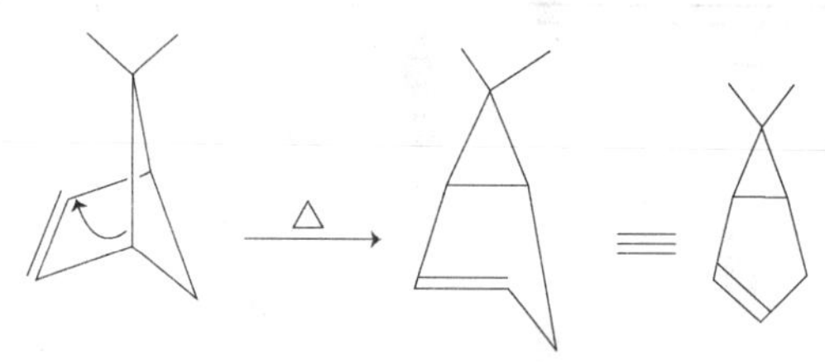

这类迁移从原理上讲，与氢原子的迁移相同，相应的轨道对称性也相同，只是迁移基团变为中心原子为碳原子的基团；如果中心碳原子所连基团完全不同，就涉及构型是否变化？如何变化？也就是说迁移基团如有立体构型，会出现两种情况：一种是构型保持，另一种是构型翻转。如迁移基团属非手性，则没有构型的变化。

1. [1,3]迁移

（1）加热条件下的迁移

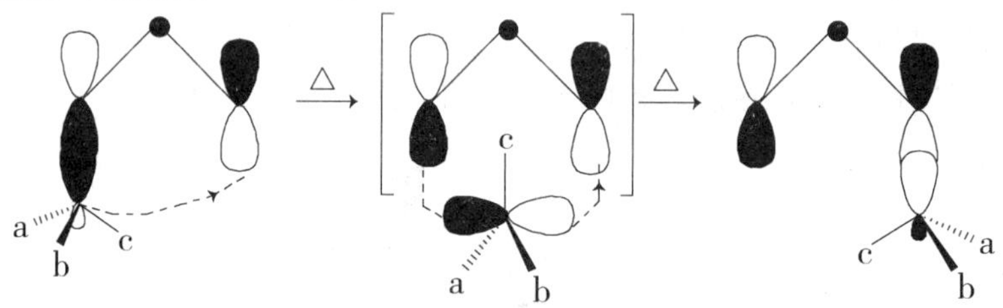

结论：同面迁移允许，迁移的碳构型翻转(同面翻转)。

（2）光照条件下的迁移

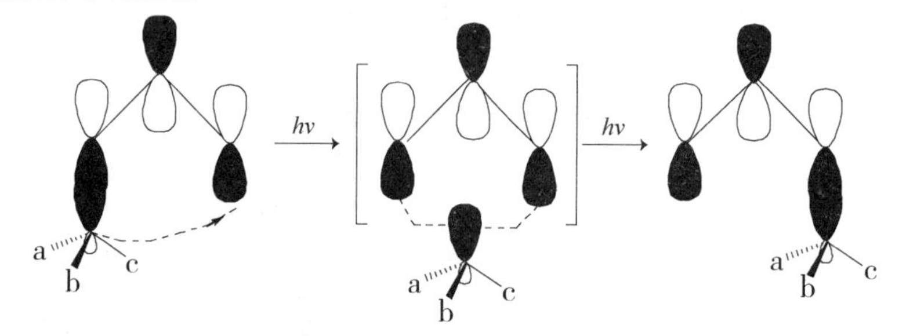

结论：同面迁移允许，构型保留(同面保留)。

总结：加热条件下，涉及轨道 ψ_2(偶)，轴对称，故同面，构型必然翻转。

光照条件下，涉及轨道 ψ_3(奇)，面对称，故同面，构型必然保留。

2. [1,5]迁移

（1）加热：同面/保留

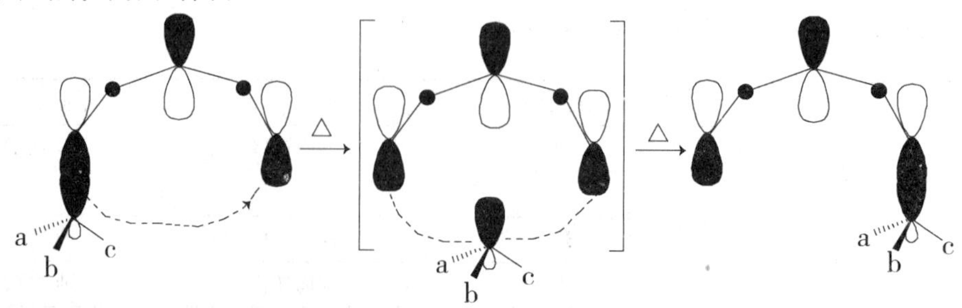

（2）光照：同面/翻转

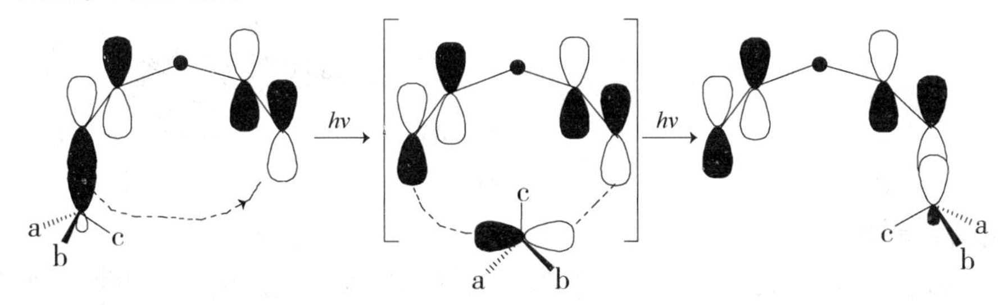

总结：加热条件下，涉及轨道 ψ_3(奇)，面对称，故同面，构型必然保留。

光照条件下，涉及轨道 ψ_4(偶)，轴对称，故同面，构型必然翻转。

[1,*j*]σ-键烷基迁移规律如下：

1+*j* 迁移电子数	反应条件	反应方式	前线轨道
4*n*([1,3]，[1,7]……)	热	同面/翻转	ψ_2(偶)
	光	同面/保留	ψ_3(奇)
4*n*+2([1，5]，[1，9]……)	热	同面/保留	ψ_3(奇)
	光	同面/翻转	ψ_4(偶)

3.4.3　[*i*，*j*]σ-键迁移

此类迁移反应最主要的是[3,3]σ-键迁移，如：

H_3C 1 2 3 1′ 2′ 3′ —30℃→ [H_3C] —30℃→ H_3C 1 2 3 1′ 2′ 3′

反应经过椅式过渡态进行，加热条件即可顺利进行反应：

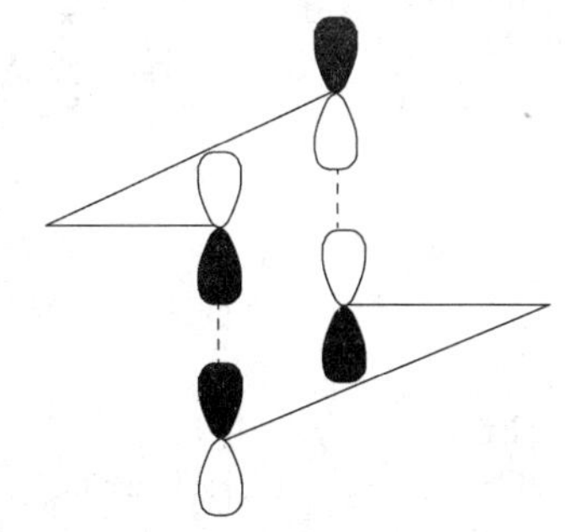

显然，前线轨道是ψ_2，属轴对称。

1. Cope 重排

CH_3 H CH_3 H —180℃→ CH_3 H CH_3 H （99.7%）

上式说明反应是经由椅式过渡态进行的：

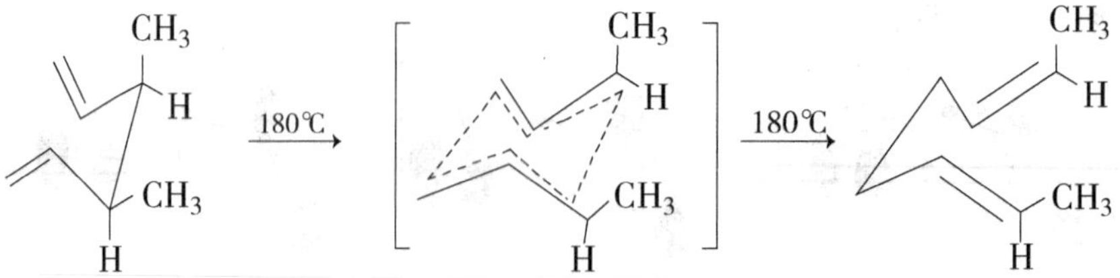

180℃ → [ ] 180℃ →

2. Claisen 重排

苯基烯丙基醚在加热条件下发生[3,3]σ-键迁移反应，生成酚类衍生物，即为Claisen重排。

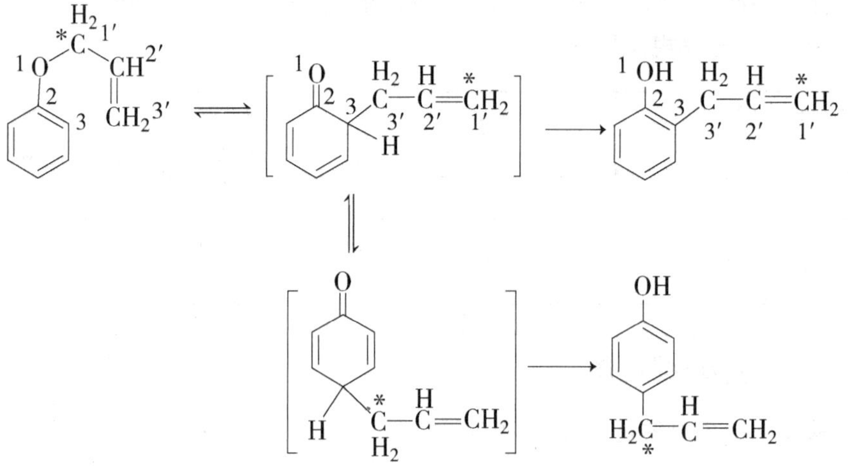

当邻位被占据时，将完全得对位产物，它是经两次[3,3]σ-键迁移的结果。

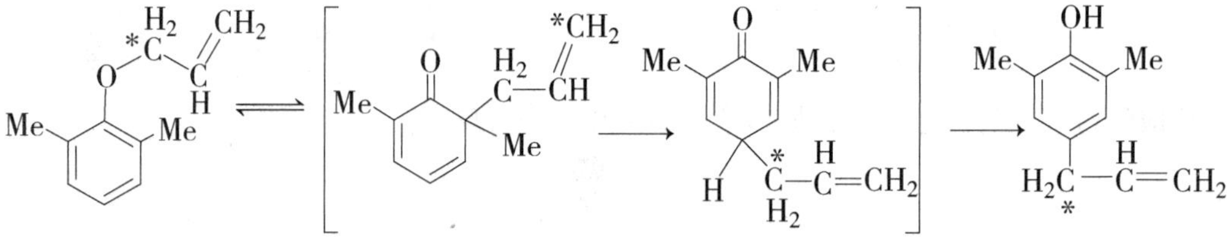

3.4.4 考研试题实例

例 1 完成反应：

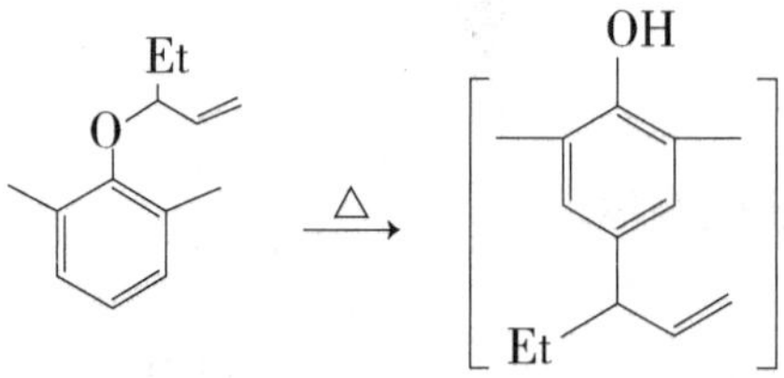

△ →

例 2 完成反应：

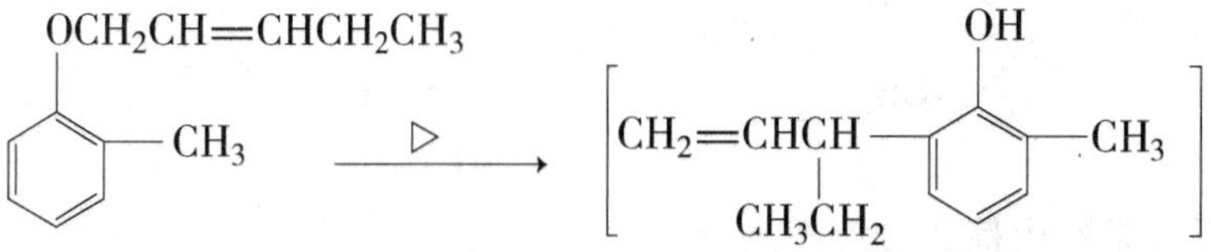

$OCH_2CH=CHCH_2CH_3$ … CH_3 ▷ → [$CH_2=CHCH(CH_2CH_3)$ — (OH, CH_3)]

例 3 完成反应：

CH_3 O CH_3 $\xrightarrow{\triangle}$ [O= CH_3 CH_3]

例 4 完成反应：

$$CH_2{=}CHCOCH_3 \xrightarrow[(2)H_3^+O]{(1)Mg/苯} (\ ?\ ) \xrightarrow{\triangle} (\ ?\ ) \xrightarrow{OH^-} (\ ?\ )$$

$$\left[CH_2{=}CH-\underset{H_3C}{\overset{HO}{C}}-\underset{CH_3}{\overset{OH}{C}}-HC{=}CH_2\right]$$ [O O] [O]

例 5 完成反应：

$COOCH_3$ $COOCH_3$ $\xrightarrow[2h]{185℃}$ [H_3COOC $COOCH_3$]

例 6 完成反应：

$O-CH_2CH=CHCH_3$ CH_3 CH_3 $\xrightarrow[\triangle]{}$ [OH H_3C CH_3 $CH_2CH{=}CHCH_3$]

例 7 完成反应：

CH_3 $O-CH_2CH={}^{14}CH_2$ CH_3 $\xrightarrow{\triangle}$ [CH_3 $H_2{}^{14}C=HCH_2C$ OH CH_3]

例 8 完成反应：

$O-CH_2$ CH_3 $\longrightarrow$ [OH H_2C H_3C]

下篇　有机反应机理

第 4 章　有机反应中的活泼中间体

活泼中间体是理解有机反应机理的核心问题，在讲述有机反应机理之前先了解并掌握其结构与性质，奠定基础。在本章中，讨论 6 种活泼中间体，包括碳正离子、碳负离子、碳自由基、卡宾、乃春、苯炔。

4.1　碳正离子

4.1.1　碳正离子的结构

sp^2杂化，平面型结构（正电荷位于p 轨道中）　　sp^3杂化，三角锥型结构（正电荷位于sp^3轨道）

平面型碳正离子更稳定，这可从空间效应与电子效应两方面来理解。

平面构型中，与碳正离子相连的 3 个原子(团)相距较远，空间张力较小；对碳正离子的溶剂化稳定作用的妨碍也较小。此外，平面构型中，sp^2杂化轨道会有较多的s 轨道成分，因而更加靠近原子核，即碳正离子更加稳定。

对红外光谱、拉曼(Raman)光谱和核磁共振波谱的研究证实叔丁基碳正离子和烯丙基碳正离子均为平面结构。

叔丁基碳正离子　　烯丙基碳正离子

核磁共振波谱的研究表明三苯甲基碳正离子为螺旋桨结构，三个苯环互相倾斜 54°，这可能是由于苯环的邻位取代基的范得华排斥作用所引起的。

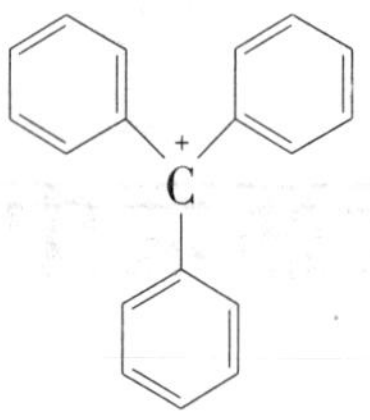

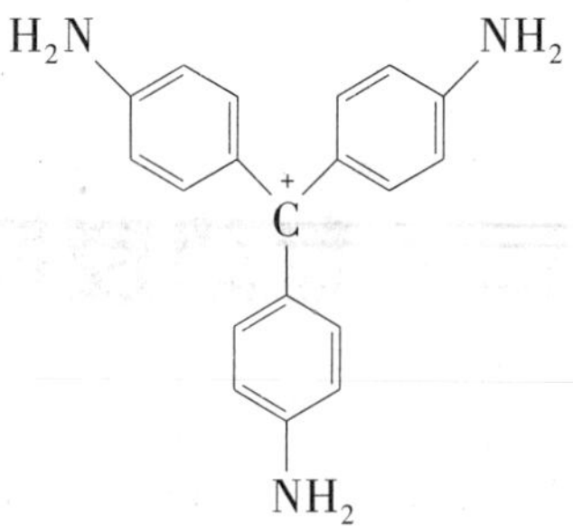

三苯甲基碳正离子　　　　三对氨基苯甲基碳正离子

X 射线衍射的研究证明三对氨基苯甲基过氯酸盐的中心碳原子不是平面的，三个苯环离开平面 30°。

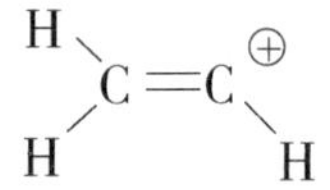

乙烯基正离子（正电荷处于sp^2轨道）　　乙炔基正离子（正电荷处于sp轨道）　　苯基正离子（正电荷处于sp^2轨道）

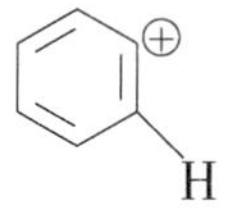

上述三种碳正离子，由于它的杂化轨道与π键轨道相互垂直，正电荷得不到分散，因此它们均不够稳定，很难生成。

4.1.2　碳正离子的稳定性

1. 诱导效应的影响

碳正离子为缺电子物种，故任何能使正电荷中心电子云密度增大的因素均能使碳正离子的稳定性增大。因此，推电子基将使碳正离子稳定性增大，拉电子基将使碳正离子稳定性减小。

例 1　烷基推电子诱导效应，使下列碳正离子稳定性次序为：

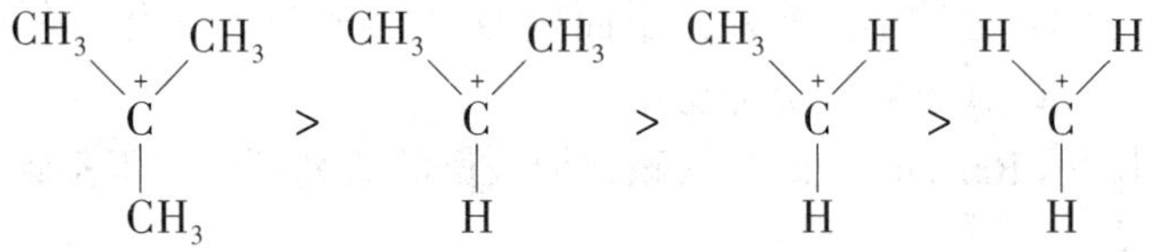

$$(CH_3)_3\overset{+}{C} > (CH_3)_2\overset{+}{C}H > CH_3\overset{+}{C}H_2 > \overset{+}{C}H_3$$

推论：伯碳或仲碳正离子容易重排为叔碳正离子。

例 2　F、CN 基具有拉电子诱导效应，都比相应的本体碳正离子的稳定性下降：

$$F—CH_2—\overset{+}{C}H_2 < CH_3—\overset{+}{C}H_2$$

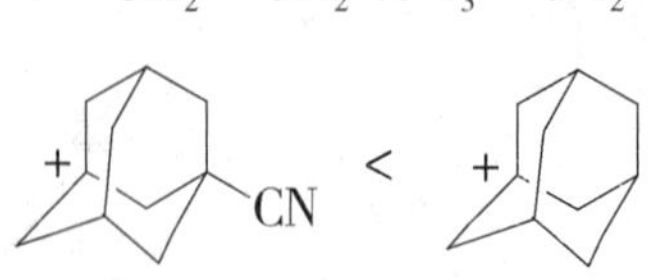

例 3　对于苯甲基(苄基)碳正离子，苯环对位上的取代基对碳正离子的稳定作用为：

(RO—) >R— >H— >X— > —CN > $—NO_2$

2. 共轭效应的影响

共轭效应(包括超共轭效应)由于能使正电荷有效分散，往往使碳正离子的稳定性显著增大。

例 1 烯基取代的碳正离子，共轭体系越大，碳正离子稳定性越大：

$$CH_2=CH-CH=CH-\overset{+}{C}H_2 > CH_3CH_2CH=CH-\overset{+}{C}H_2$$

例 2 三苯甲基碳正离子非常稳定，能以盐的形式无限期地稳定存在；有些三苯甲基碳正离子(如结晶紫和孔雀绿)还是有用的染料或指示剂。

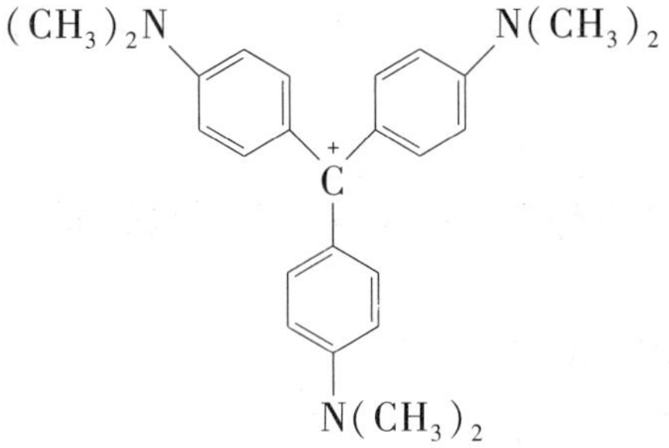

(结晶紫) 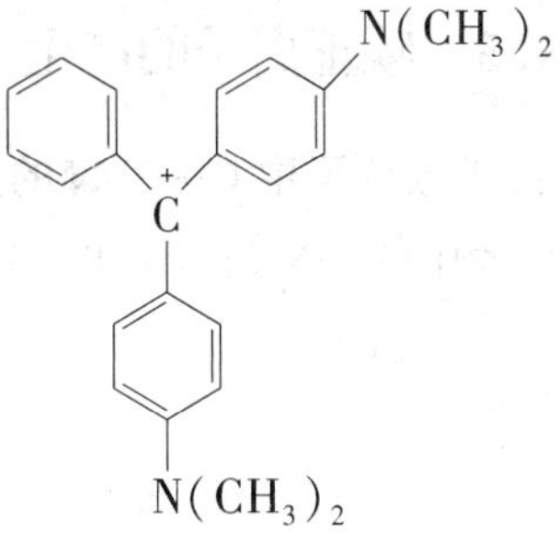　　　　(孔雀绿)

例 3 环丙基取代的碳正离子的稳定性随环丙基的增多而增大：

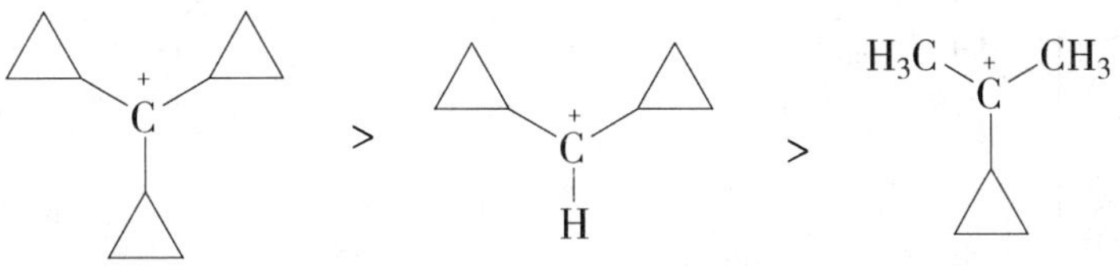

这是因为环丙基的环外σ 键有更多的sp^2成分，环丙基σ 键能和碳正离子的空p 轨道共轭，体系内能降低。

例 4 诱导效应与共轭效应的综合影响，使得连在碳正离子上的稳定效应为：

$$R_2N- > RO- > Ar- > RCH=CH- > R- > H-$$

3. 芳香性的影响

环状正离子的稳定性还取决于是否具有芳香性。当环状共轭多烯正离子具有芳香性时，将会特别稳定，如环丙烯正离子和环庚三烯正离子；而具有反芳香性的环状正离子则极不稳定，如环戊二烯正离子。

4. 空间效应的影响

碳正离子大多采取平面(或三角形)的sp^2杂化形式，较少采取角锥形的sp^3杂化形式。例如，25℃时桥头溴代物在80%乙醇中溶剂解反应(S_N1)的相对速率为：

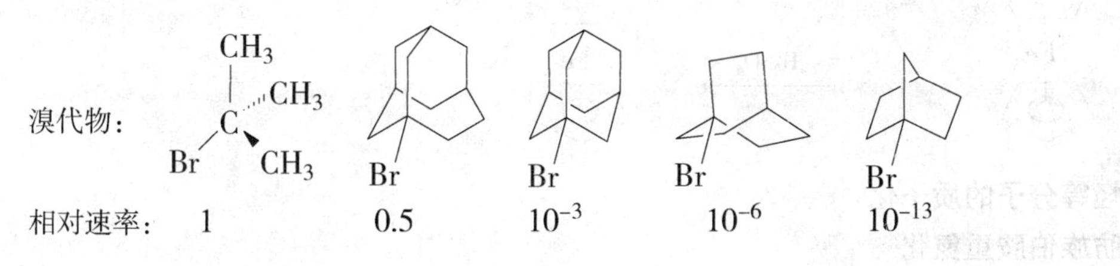

当桥环较小时，刚性结构妨碍了桥头碳正离子采取平面构型，因此桥头碳正离子难以形成，反应速率很小。当桥环足够大时，桥头碳正离子可接近平面型，因而容易生成，反应速率增大。

推论：桥头碳卤代烃的活性最小。

4.1.3 碳正离子的产生方法

1. 卤代烃分子中 C—X 键的异裂

卤代烃中的—X 是较好的离去基团，它可以在 Ag^+ 或 Lewis 酸存在下离去而产生碳正离子：

$$RCl + Ag^+ \longrightarrow R^+ + AgCl\downarrow$$

$$RF + SbF_5 \xrightarrow[SO_2]{FSO_3H} R^+ + SbF_6^-$$

例 1

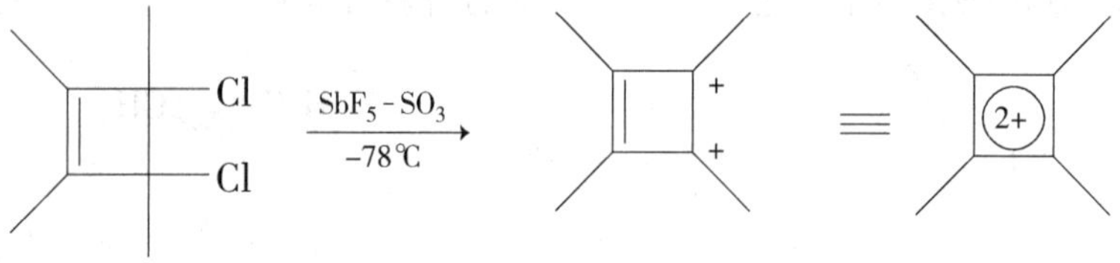

SbF_5-SO_3, $-78℃$; Cl, Cl, 2+

例 2

F, SbF_5-SO_3, $-60℃$

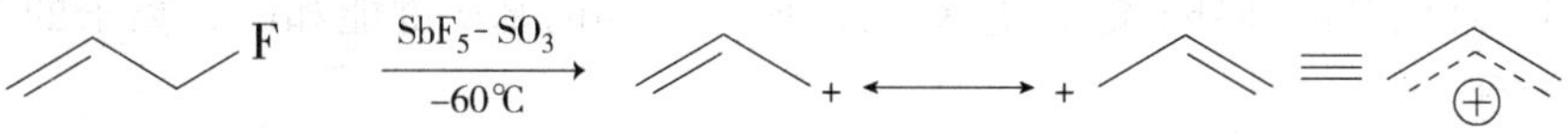

2. 醇分子中 C—O 键的异裂

由于羟基(—OH)有较强的碱性，不易离去，醇分子本身较难异裂成碳正离子；但将羟基质子化后，使之碱性消失，转变成亲核性较弱的水分子(H_2O)，此时易离解成碳正离子。

例 1

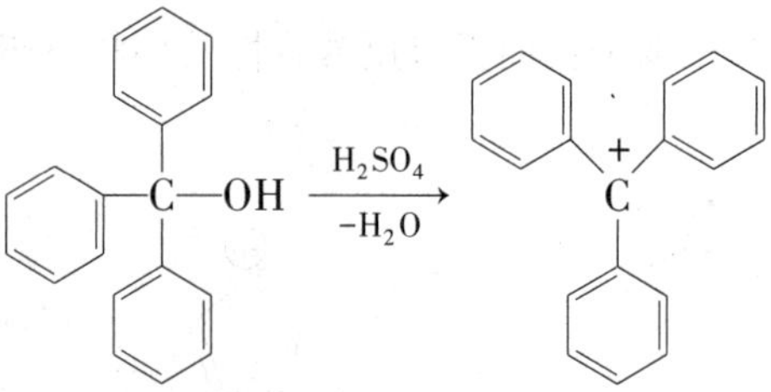

C—OH, H_2SO_4, $-H_2O$, C

例 2

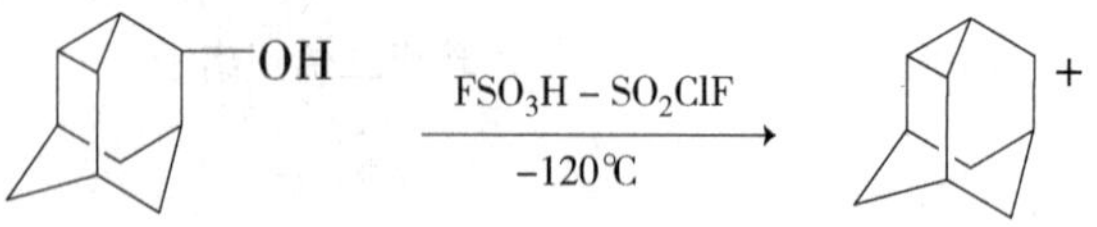

OH, FSO_3H-SO_2ClF, $-120℃$

例 3

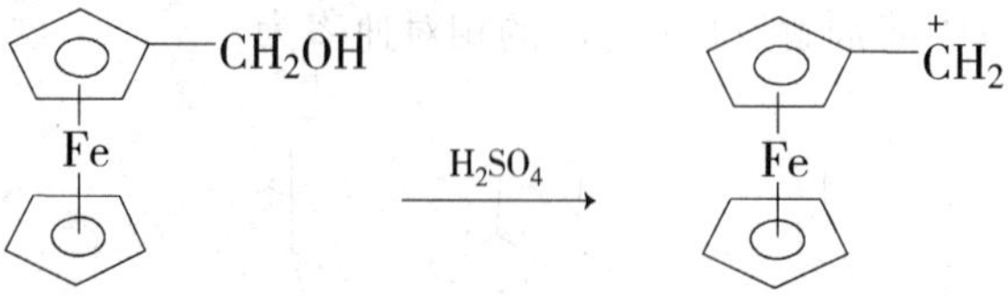

CH_2OH, Fe, H_2SO_4, $\overset{+}{C}H_2$, Fe

3. 烯烃等分子的质子化

4. 脂肪族伯胺重氮化

5. 碳正离子的交换反应

例 （环庚三烯）CH_2 + Ph_3C^+ ⟶ （环庚三烯正离子）—H + Ph_3CH

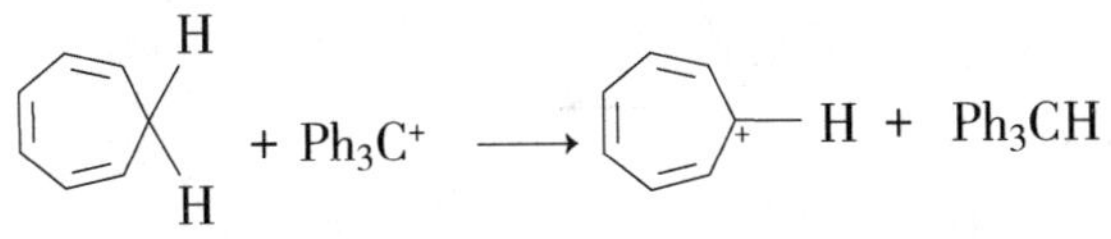

4.1.4 碳正离子的反应

碳正离子有四种反应，即四种性质表现，分别为与亲核试剂的结合、消去β-H、与不饱和体系的亲电加成、重排。

1. 与亲核试剂结合

$$R^+ + {}^-Nu \rightarrow R\text{-}Nu\ ({}^-Nu = H^-,\ HO^-,\ X^- 等)$$

例 1 $R^+ + H_2O \rightleftharpoons R^+OH_2$

例 2 $R^+ + CO \rightleftharpoons R\text{—}\overset{+}{C}\text{=}O$

例 3 $R^+ + N_3^- \longrightarrow R\text{—}N_3$

例 4 $R^+ + H^- \longrightarrow R\text{—}H$

例 3 和例 4 为不可逆反应，因为 N_3^-、H^- 亲核性均很强，且生成的有机叠氮化合物和烃非常稳定。

2. 消去反应

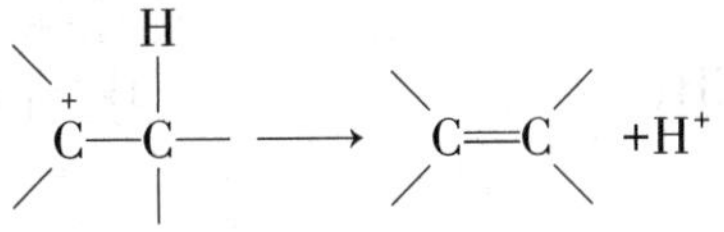

$$>\overset{+}{C}\text{—}\underset{|}{\overset{H}{\overset{|}{C}}}\text{—} \longrightarrow >C\text{=}C< + H^+$$

例 （莰烷碳正离子，带 CH_3、CH_3、CH_3）$\xrightarrow{-H^+}$ （亚甲基产物，带 $=CH_2$、CH_3、CH_3）（消去β-H）

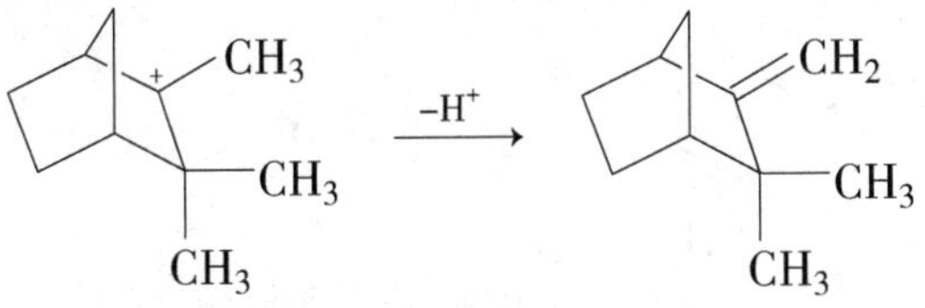

3. 与不饱和体系的加成反应

碳正离子作为亲电试剂和 C=C 双键加成：

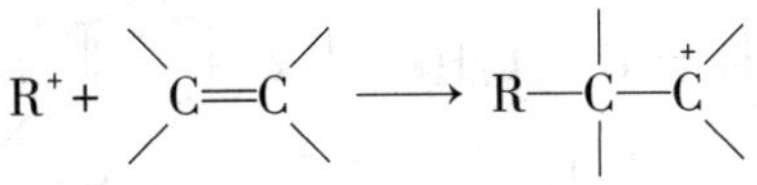

$$R^+ + >C\text{=}C< \longrightarrow R\text{—}\underset{|}{\overset{|}{C}}\text{—}\overset{+}{C}<$$

例 1 $R^+ + CH_2\text{=}CH(Ph) \longrightarrow RCH_2\text{—}\overset{+}{C}H(Ph)$

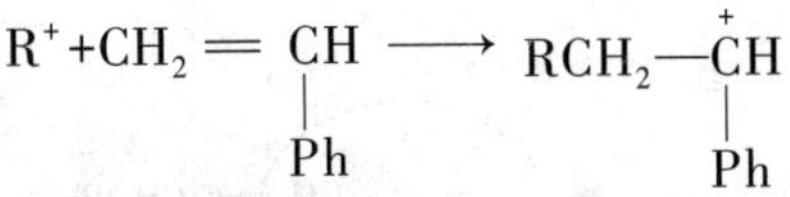

高分子合成中的阳离子聚合即此反应。

例 2 石竹烯酸催化水合得到β-石竹烯醇。试给出合理解释。

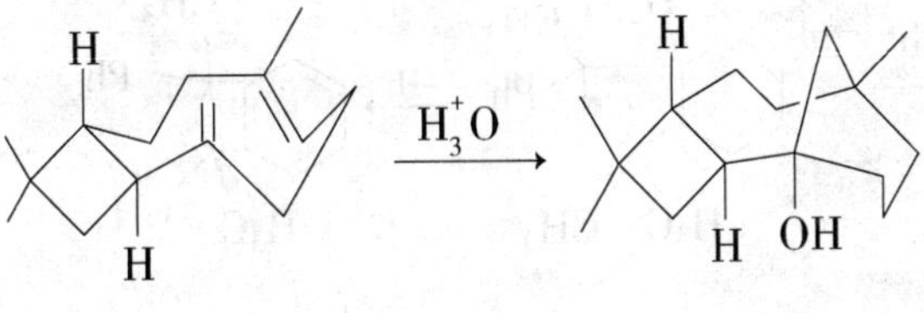

（石竹烯，H，H）$\xrightarrow{H_3^+O}$ （β-石竹烯醇，H，H，OH）

解：

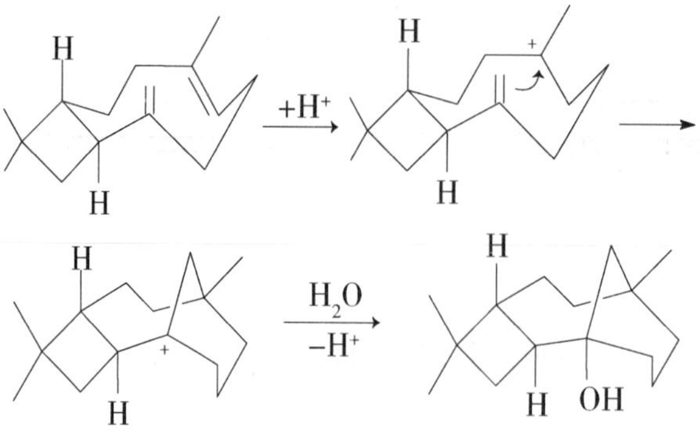

例 3　写出反应机理：

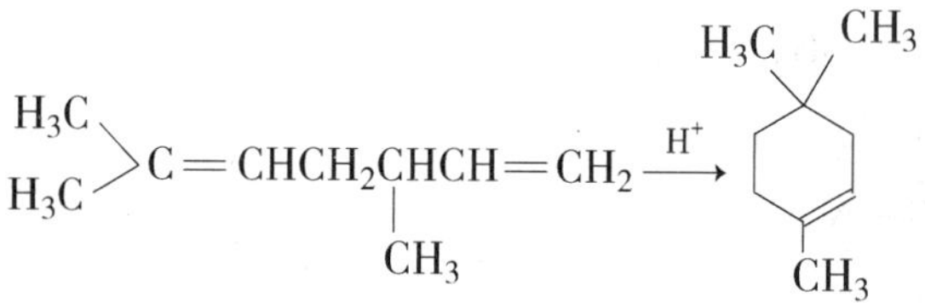

$$(H_3C)_2C{=}CHCH_2CH(CH_3)CH{=}CH_2 \xrightarrow{H^+}$$

解：

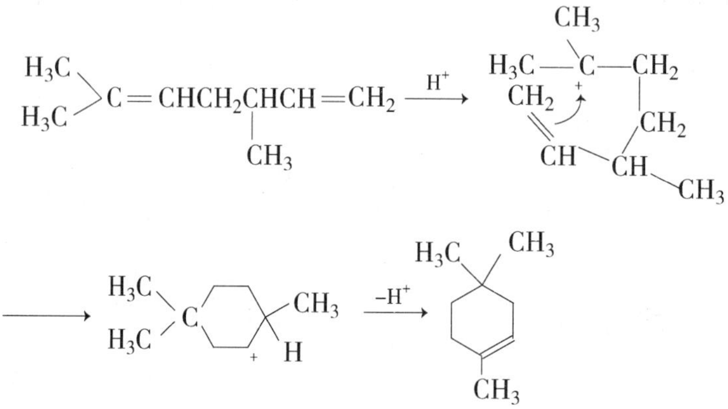

$$(H_3C)_2C{=}CHCH_2CH(CH_3)CH{=}CH_2 \xrightarrow{H^+}$$

$$\xrightarrow{-H^+}$$

例 4　写出反应机理：

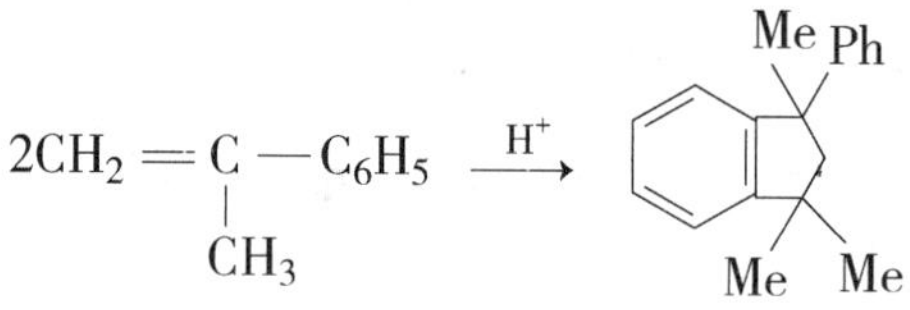

$$2CH_2{=}C(CH_3){-}C_6H_5 \xrightarrow{H^+}$$

解：$CH_3{-}C(Ph){=}CH_2 \xrightarrow{H^+} CH_3{-}\overset{+}{C}(Ph){-}CH_3 \xrightarrow{CH_2{=}C(CH_3)Ph}$

$$\longrightarrow \xrightarrow{-H^+}$$

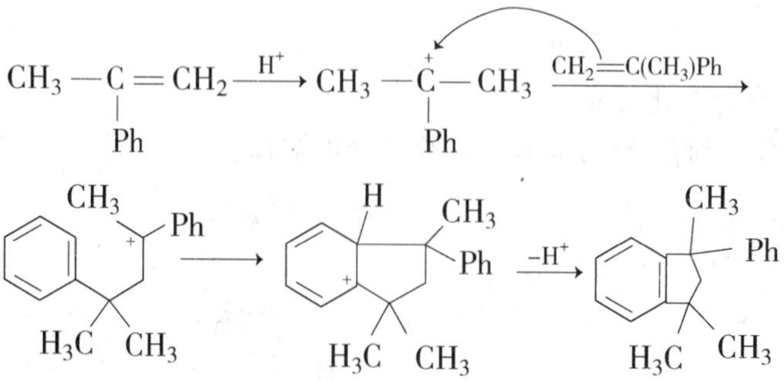

例 5 写出反应机理：

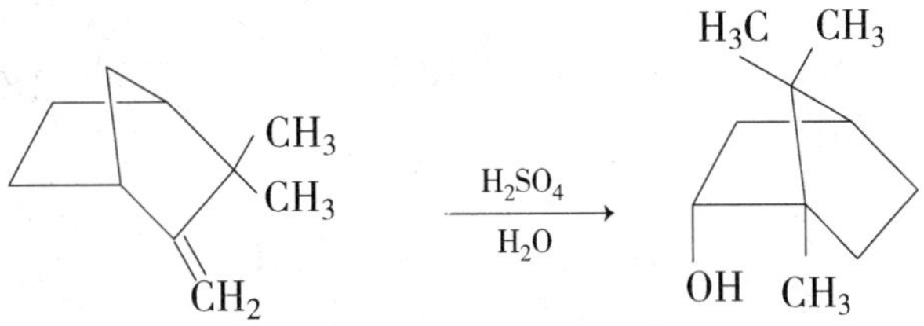

$$\xrightarrow[H_2O]{H_2SO_4}$$

解：

$$\xrightarrow{H^+} \qquad \longrightarrow \qquad \equiv \qquad \xrightarrow[-H^+]{H_2O}$$

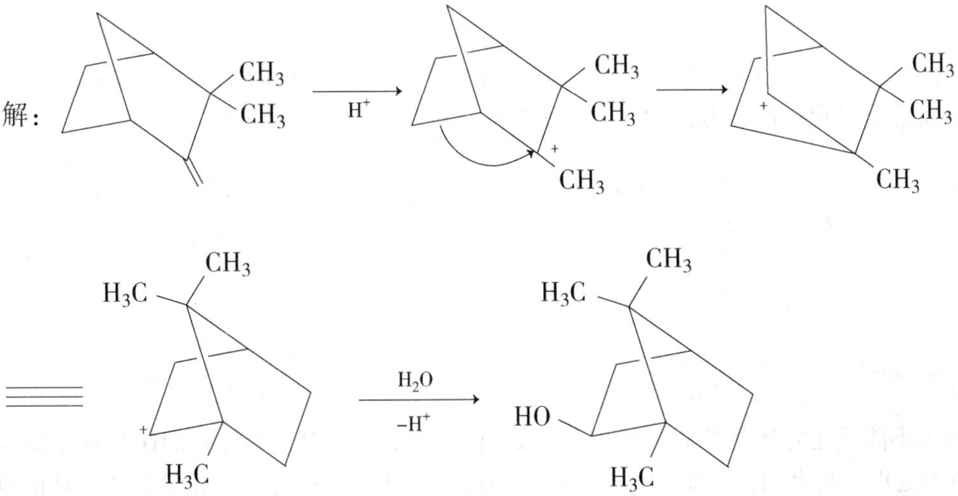

4. 重排反应

烷基(R)、芳基(Ar)或 H(有时为其它原子团)，带着一对成键电子转移到正电中心，而在其遗留下的位置形成新的正电中心。迁移的优先顺序是：Ar > R > H。

例 1 $CH_3-CH(H)-\overset{+}{C}H_2 \xrightarrow{H} CH_3-\overset{+}{C}H-CH_3$

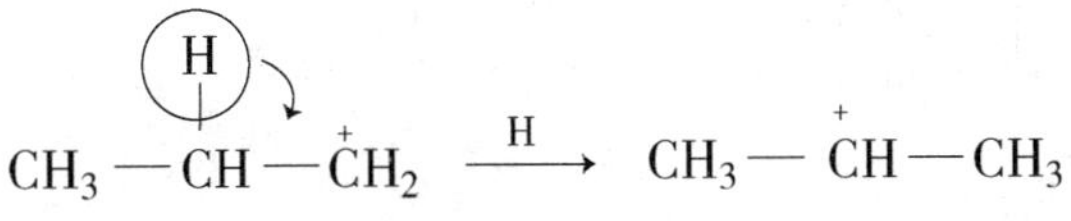

例 2 $CH_3-C(CH_3)_2-\overset{+}{C}H_2 \xrightarrow{R迁移} CH_3-\overset{+}{C}(CH_3)-C_2H_5$

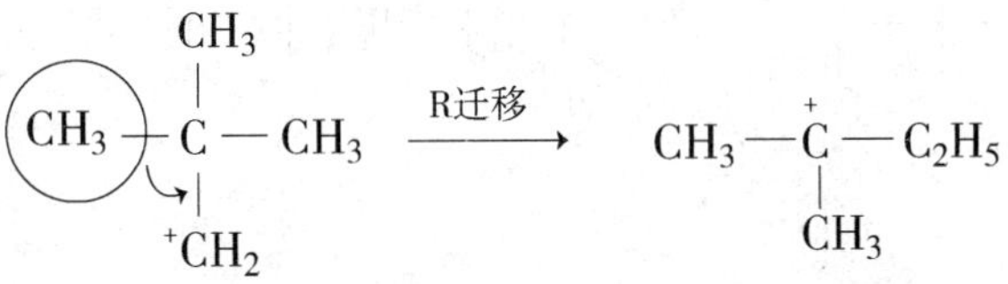

例 3 解释下列结果：

$$\xrightarrow{H^+}$$

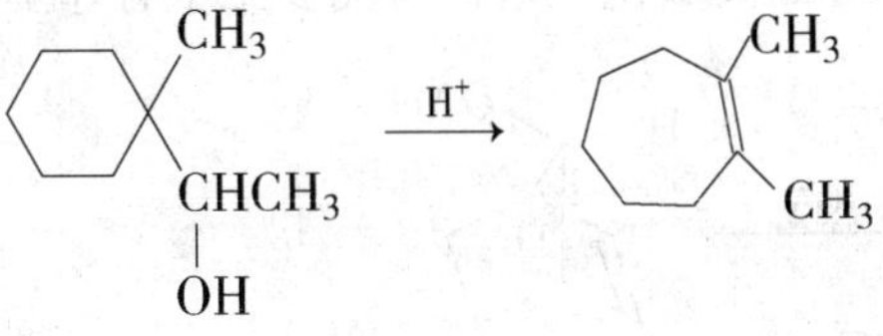

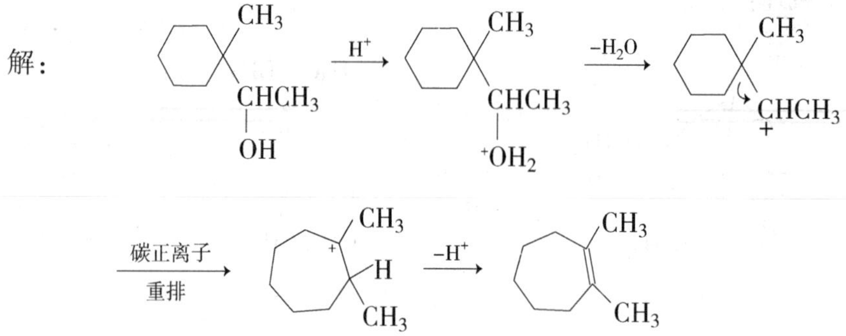

解：

碳正离子重排

上述三例均是经重排反应后形成级数更高的碳正离子，也就是能量上更加稳定的碳正离子。这正是重排反应的动力，但并不是所有的重排反应都是这样发生的，如：

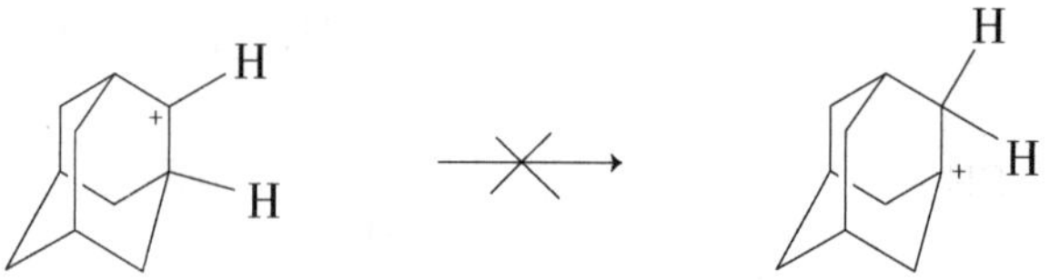

2-金刚烷正离子（2°碳正离子）　　　1-金刚烷正离子（3°碳正离子）

因为不能满足立体化学上的要求，在2-金刚烷正离子中，要迁移的**H**与碳正离子上的空p轨道是相互垂直的，不能满足二者共平面这一有利于迁移的立体化学要求，环的刚性起了重要作用。

例4　写出反应机理：

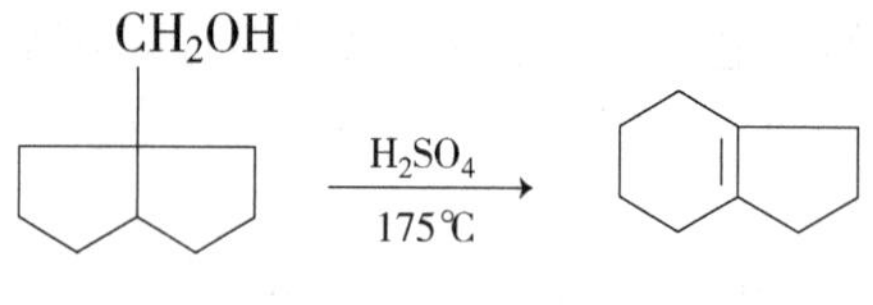

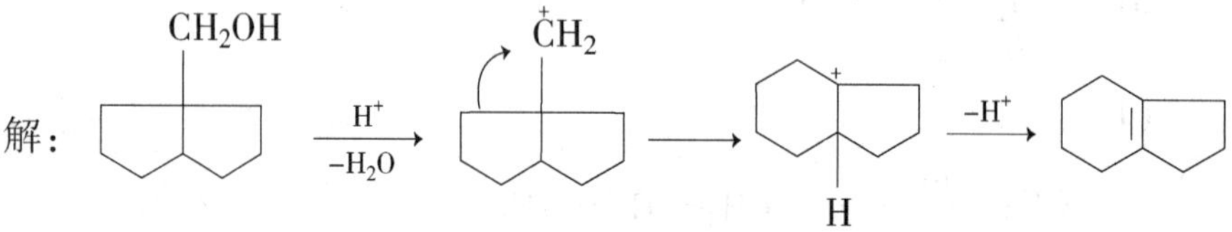

$\xrightarrow[175℃]{H_2SO_4}$

解：

4.1.5　非经典碳正离子

非经典碳正离子也叫碳鎓离子（carbonium ions）。在非经典碳正离子中，正电荷通过非烯丙位的双键或三键甚至单键而离域化。这种情况多见于有邻基参与的反应中。

例1

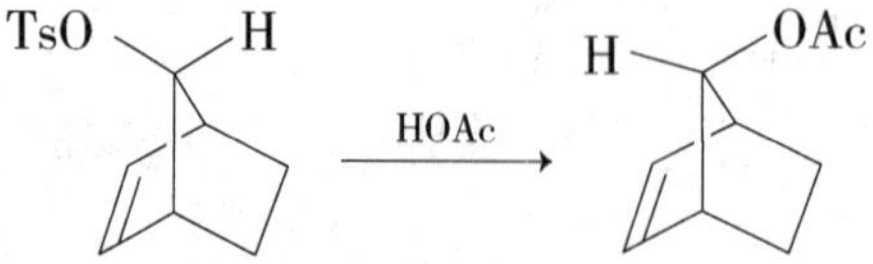

该乙酸解反应属于经典的S_N2反应，因此构型发生翻转。

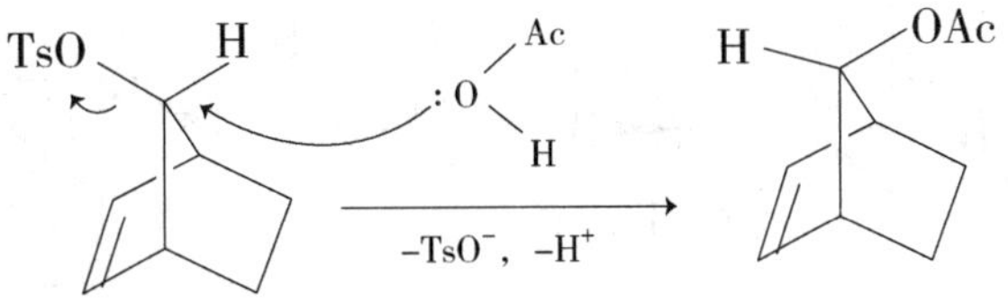

TsO H Ac O H → $-TsO^-$，$-H^+$ H OAc

例 2

H OTs →HOAc→ H OAc

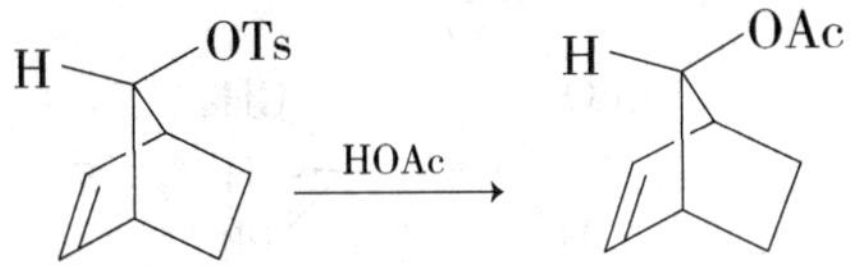

该乙酸解反应构型保持，但反应速率比相应的饱和化合物快 10^{11} 倍，也比例 1 中的构型翻转快 10^7 倍。因为 C ═C 作为邻近基团参与了 S_N反应过程：

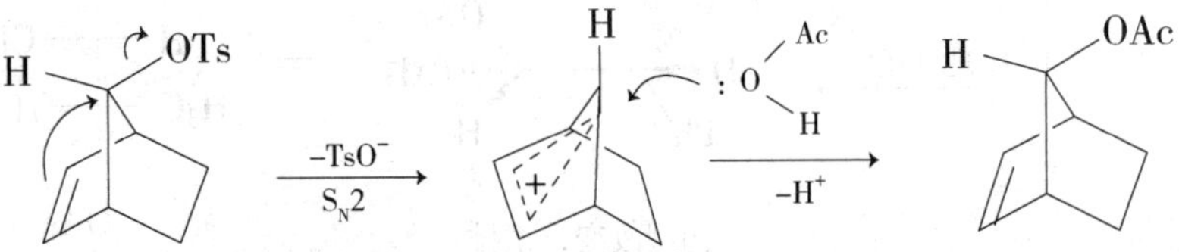

H OTs → $-TsO^-$ / S_N2 → H + Ac O H → $-H^+$ → H OAc

产物与反应物比较，构型保持。即两次构型翻转的结果必然是构型保持。

例 3 典型非经典碳正离子：

在一些带有芳香环迁移的反应中，常常出现非经典碳正离子，如：

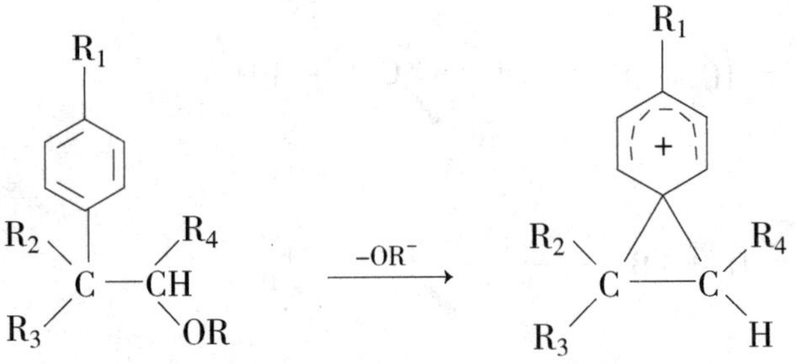

R_1 R_2 R_4 C—CH R_3 OR → $-OR^-$ → R_1 + R_2 R_4 C—C R_3 H

R = Ts；

R_1 = H，CH_3O；

R_2 = H，CH_3，Ph，CH_3O，CH_3CH_2；

R_3 = H，CH_3，Ph；

R_4 = H，CH_3，Et。

例 4 解释下列结果：

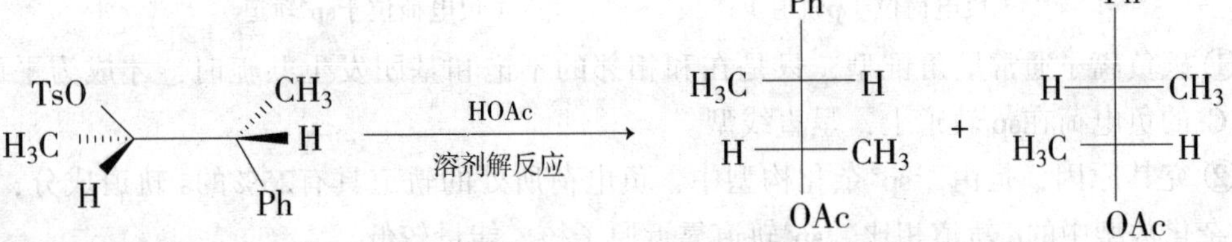

TsO CH_3 H_3C H H Ph →HOAc / 溶剂解反应→ Ph H_3C H H CH_3 OAc + Ph H CH_3 H_3C H OAc

解：

TsO
H_3C H CH$_3$ H Ph
$\xrightarrow{-TsO^-}$
H_3C 1 C 2 C CH_3 H H (+)

$\xrightarrow[-H^+]{HOAc}$

进攻1位 →
AcO H_3C H CH_3 H Ph ≡ Ph / H_3C—H / H—CH_3 / OAc

构型保持

进攻2位 →
H_3C H Ph OAc CH_3 H ≡ Ph / H—CH_3 / H_3C—H / OAc

构型改变，重排

4.2 碳负离子

（1） $\equiv C—H + B^- \longrightarrow \equiv C^- + BH$

（2） $\equiv C—H + :B \longrightarrow \equiv C^- + {}^{+}BH$

4.2.1 碳负离子的结构

烷基碳负离子有两种可能的合理结构，其一是平面的sp^2杂化构型；其二是角锥形的sp^3杂化构型。

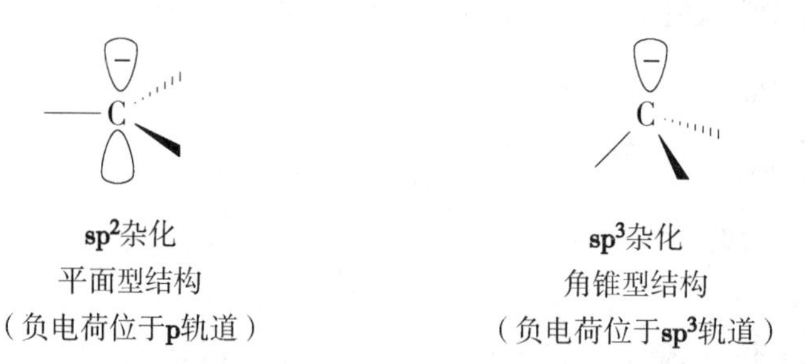

sp^2杂化
平面型结构
（负电荷位于p轨道）

sp^3杂化
角锥型结构
（负电荷位于sp^3轨道）

① 碳负离子通常呈角锥型，只是在和相邻的不饱和基团发生共轭时，才成为平面型。$RC\equiv C^-$的负电荷在sp 轨道上，呈直线型。

② 究其原因，是由于sp^3杂化构型中，负电荷所处的轨道具有25%的s 轨道成分，这样与sp^2杂化构型中的p 轨道相比，sp^3轨道靠近原子核，能量较低。

4.2.2 碳负离子的稳定性

依据酸碱理论，碳负离子为碱，具有亲核性，可作为亲核试剂。当它接受一个质子时，即转变为它的共轭酸。因此，碳负离子的稳定性直接与它的共轭酸有关。其规律是，共轭酸越弱，则碱的强度越大，碳负离子的稳定性越低。共轭酸越强，则碱的强度越小，碳负离子的稳定性越高。

游离的简单的碳负离子可以说不存在。但烃基金属衍生物(如 RLi 、RMgX 等)中的**C—M**(金属)键，虽然主要为共价键，但当碳和金属的电负性相差足够大时(如 Li 、Na 、K 等)，**C—M** 键主要表现为离子键特性。例如，下列化合物在许多反应中是作为简单的碳负离子参与反应的：

$$\overset{\delta^-}{n\text{-Bu}}-\overset{\delta^+}{\text{Li}} \qquad \overset{\delta^-}{CH_3}-\overset{\delta^+}{\text{MgI}} \qquad \overset{\delta^-}{\text{Ph}}-\overset{\delta^+}{\text{Na}}$$

例 1 $CH_3—MgI + O{=}S{=}O \longrightarrow H_3C—\overset{\overset{O}{\|}}{S}—OMgI \xrightarrow{H_2O} H_3C—\overset{\overset{O}{\|}}{S}—OH$

例 2 $C_6H_5—Li + H_2C{=}O \longrightarrow C_6H_5—CH_2OLi \xrightarrow{H_2O} C_6H_5—CH_2OH$

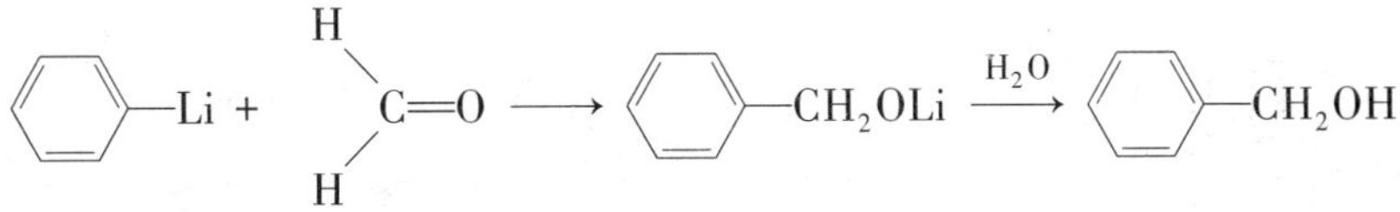

影响碳负离子稳定性的因素主要有以下几点：

1. 诱导效应的影响

规律：推电子诱导效应使碳负离子稳定性下降，拉电子诱导效应使碳负离子稳定性增大。

例 1 烷基碳负离子的稳定性大小的顺序如下：

$$—\bar{C}H_3 > —\bar{C}H_2CH_3 > —\bar{C}H(CH_3)_2 > —\bar{C}(CH_3)_3$$

例 2 下列内鎓盐都比相应的碳负离子稳定：

$$R_3N^+—\bar{C}R_2 \qquad Rh—\overset{\overset{Ph}{|}}{\underset{\underset{Ph}{|}}{P^+}}—\bar{C}H_2$$

2. 共轭效应的影响

当双键或叁键或苯基位于碳负离子邻位时，则由于共轭作用而稳定，如烯丙基碳负离子和苄基碳负离子的稳定性，即因这种共轭作用而增大；

$$R—CH{=}CH—\bar{C}H_2 \qquad C_6H_5—\bar{C}H_2$$

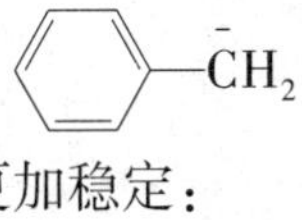

二苯基甲基碳负离子和三苯基甲基碳负离子则更加稳定：

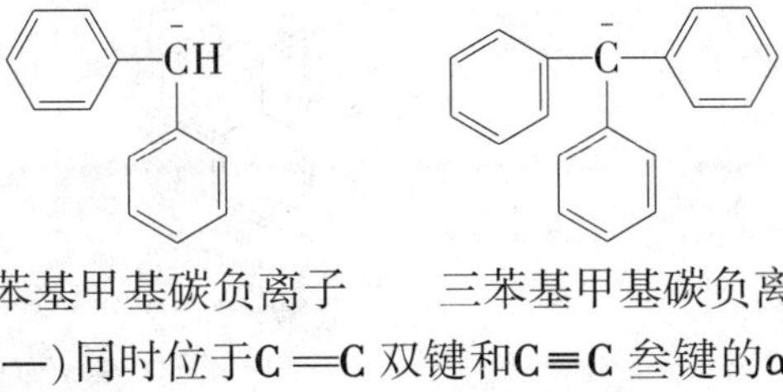

$$(C_6H_5)_2\bar{C}H \qquad (C_6H_5)_3\bar{C}$$

二苯基甲基碳负离子　　三苯基甲基碳负离子

当一个亚甲基(**—CH$_2$—**)同时位于**C=C** 双键和**C≡C** 叁键的**α-**位时，用强碱(如**BuLi**)

处理时，易失去两个H^+得到碳双负离子（C^{2-}）：

$$R-C\equiv C-CH_2-\underset{\displaystyle R}{\underset{|}{C}}=CR_2 \xrightarrow{2BuLi} R-C\equiv C-\overset{-}{\underset{-}{C}}-\underset{\displaystyle R}{\underset{|}{C}}=CR_2$$

当碳负离子和C ═O 或C ═N 等重键共轭时，则因负电荷分散程度加大而稳定性增大。例如，当碳负离子的 α-位连有—NO_2时，对碳负离子的稳定作用特别明显，R —NO_2的碳负离子能在水中稳定存在：

$$R_2\overset{-}{C}-\overset{+}{N}{\genfrac{}{}{0pt}{}{\nearrow O}{\searrow O^-}} \longleftrightarrow R_2C=\overset{+}{N}{\genfrac{}{}{0pt}{}{\nearrow O^-}{\searrow O^-}} \longleftrightarrow \left[R_2C\cdots N{\genfrac{}{}{0pt}{}{\cdots O}{\cdots O}}\right]^-$$

3. 轨道杂化方式的影响

一般来说，C—H 键中碳原子成键轨道的s 成分越多，相应的电负性越大，则氢越易以H^+的形式离去，相应产生的碳负离子越稳定。

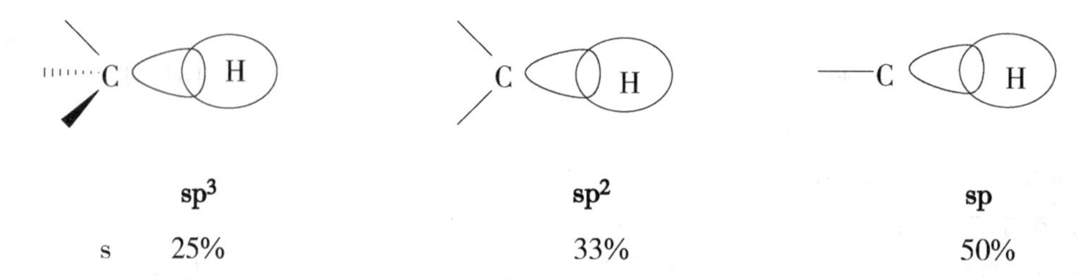

因此，几种烃的酸性强弱和相应的碳负离子的稳定性顺序为：炔烃 > 烯烃 > 烷烃。

相应的碳负离子稳定性：

$$RC\equiv C^- > R_2C=CH^- \sim Ar^- > R_3C-CH_2^-$$

例如 乙炔具有酸性，易形成离子特性的金属化合物：

$$HC\equiv CH + NaNH_2 \longrightarrow HC\equiv\overset{-}{C}\overset{+}{Na} + HNH_2$$

4. 芳香性的影响

当碳负离子具有芳香性时比较稳定，而反芳香性碳负离子极不稳定。例如，下列芳香性碳负离子均能存在于溶液中或作为盐类存在于固体中。

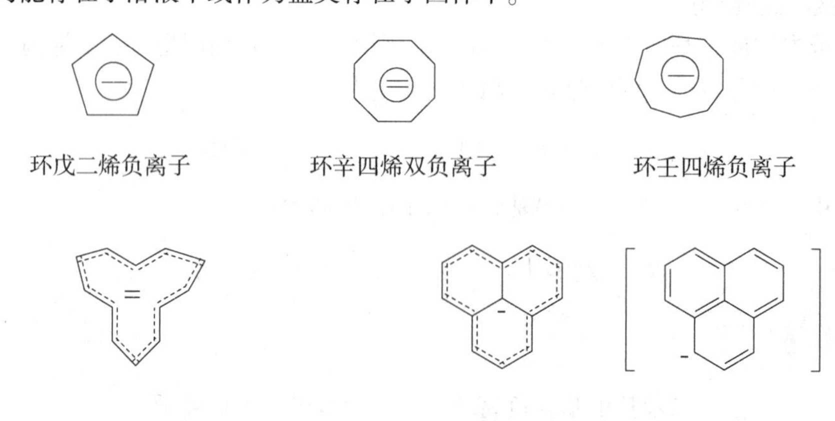

环戊二烯负离子　　环辛四烯双负离子　　环壬四烯负离子

[12]轮烯双负离子　　苯并萘负离子

4.2.3 碳负离子的产生

1. 直接裂解

$$R—H \xrightarrow{B^-} R^- + BH$$（这是一个简单的酸碱反应）

例 1 环戊二烯 $\xrightarrow{EtO^-}$ 环戊二烯负离子（C—H）

例 2 $H_3C—\overset{O}{\overset{\|}{C}}—CH_3 + CH_3Li \longrightarrow H_3C—\overset{O}{\overset{\|}{C}}—CH_2^-Li^+ + CH_4$

例 3 $C_6H_5—C≡C—\overset{O}{\overset{\|}{C}}—O^- \longrightarrow C_6H_5—C≡C^- + CO_2$

例 4 $Cl—\underset{Cl}{\overset{Cl}{C}}—COO^- \longrightarrow Cl_3C^- + CO_2$

例 5 $H_3C—\underset{NO_2}{\overset{CH_3}{C}}—COO^- \longrightarrow H_3C—\underset{NO_2}{\overset{CH_3}{C^-}} + CO_2$

例 6 $CH_2{=}CH—Br + CH_3Li \longrightarrow CH_2{=}CHLi + CH_3Br$

例 7 $(C_6H_5)_3C—Cl \xrightarrow{2Na} (C_6H_5)_3C^-\ Na^+ + NaCl$

例 8 $C_6H_5—Br + BuLi \longrightarrow C_6H_5—Li + BuBr$

2. 亲核试剂和不饱和键加成

亲核试剂和C═C 双键或 C≡C 叁键加成也可得到碳负离子。

例 1 $R—C≡CH + RO^- \longrightarrow \underset{RO}{\overset{R}{}}C{=}CH^-$

例 2 $CF_3—CH{=}CH_2 + RO^- \longrightarrow \underset{F_3C}{\overset{H}{}}C^-—CH_2OR$

例 3 $C_6H_5—CH_2^- + C_6H_5—CH{=}CH_2 \longrightarrow C_6H_5—CH_2CH_2\overset{-}{C}H—C_6H_5$

4.2.4 碳负离子的反应

碳负离子作为亲核试剂，主要发生亲核取代反应和亲核加成反应，在有机合成中非常重要。此外，碳负离子还可发生重排反应等。

1. 亲核取代反应

碳负离子最常见也是最重要的反应就是饱和碳原子上的亲核取代反应：

$$Nu^- + R—X \longrightarrow R—Nu + X^-$$

其中，乙酰乙酸乙酯、丙二酸二乙酯及类似β-二羰基化合物的烷基化反应是重要的有机合成方法。

例 1 $Cl—C(Ph)(H)(D) + {}^-CH(COOEt)_2 \xrightarrow{S_N2} (Ph)(H)(D)C—CH(COOEt)_2$

例 2 $NC—CH_2—COOEt \xrightarrow{EtONa} {}^-CH(COOEt)(CN) \xrightarrow[(2)\ H_3O^+]{(1)\ \text{环氧乙烷}} EtOOC—C(H)(CN)—CH_2CH_2OH$

可以看出，这类反应底物中都有一个活泼亚甲基，在强碱作用下易产生碳负离子。

例 3 克莱森(Claisen)酯缩合反应和狄克曼(Dieckman)缩合反应：

$$CH_3COOC_2H_5 \xrightarrow[(2)H_2O/H^+]{(1)NaOEt} CH_3COCH_2COOEt$$

$$\begin{matrix} CH_2—CH_2—C(=O)—OC_2H_5 \\ | \\ CH_2—CH_2—C(=O)—OC_2H_5 \end{matrix} \xrightarrow{NaOEt} \text{2-氧代环戊基}—COOEt$$

此法可得到一些重要的1,3-双官能团的链状或环状化合物。

例 4 $RCOCl+R'_2Cd \longrightarrow RC(=O)R'$

例 5 达森(Darzens)反应：

$$R—C(=O)—R'(H) + ClCH_2COOC_2H_5 \xrightarrow{NaOC_2H_5} R(H)R'C\overset{O}{—}CHCOOC_2H_5$$

例 6 $RC≡C^-\ Na^+ + R'X \longrightarrow RC≡CR'$

例 7 $R'MgX+RCH=CHCH_2X \longrightarrow RCH=CHCH_2R'$

$(CH_3)_2CuLi+RCH=CHX \longrightarrow RCH=CHCH_3$

例 8 $CH_3\overset{O}{\overset{\|}{C}}CH_2COOC_2H_5 \xrightarrow{NaOC_2H_5} \xrightarrow{RX} CH_3\overset{O}{\overset{\|}{C}}\underset{R}{\underset{|}{C}}HCOOC_2H_5 \xrightarrow{\text{稀}\ OH^-} \xrightarrow{H_3O^+} CH_3\overset{O}{\overset{\|}{C}}\underset{R}{\underset{|}{C}}H_2$

例 9 $CH_2(COOC_2H_5)_2 \xrightarrow{NaOC_2H_5} \xrightarrow{RX} RCH(COOC_2H_5)_2 \xrightarrow{稀\ OH^-} \xrightarrow[\triangle]{H_3O^+} RCH_2COOH$

例 10

$$CH_3COCH_2CH_2CH_2CO_2C_2H_5 \xrightarrow{NaOEt} \text{1,3-环己二酮} \xrightarrow{NaOEt} \xrightarrow{RX} \text{2-R-1,3-环己二酮} \xrightarrow{NaOEt} \xrightarrow{R'X} \text{2-R-2-R'-1,3-环己二酮}$$

例 11

$$\text{2-}CO_2Et\text{-环戊酮} \xrightarrow{NaOEt} \xrightarrow{RX} \text{2-R-2-}CO_2Et\text{-环戊酮}$$

$\xrightarrow{稀OH^-} \xrightarrow[\triangle]{H^+}$ 2-R-环戊酮

(酮式分解)

$\xrightarrow{浓NaOH} \xrightarrow[\triangle]{H^+} HOOC(CH_2)_3CH(R)COOH$

(酸式分解)

2. 亲核加成反应

碳负离子可以和 C ═C， C≡C 及 C ═O 等不饱和键进行亲核加成反应。

例 1 亲电性烯类的**Micheal** 加成反应：

$$CH_3—C≡N \xrightarrow{NaOEt} {}^-CH_2—C≡N$$

$$CH_2=CH—\overset{O}{\overset{\|}{C}}—OEt + {}^-CH_2—C≡N \xrightarrow{1,4\text{-加成}} N≡C—CH_2—CH_2—CH=\overset{O^-}{\overset{|}{C}}—OEt$$

$\longleftrightarrow N≡C—CH_2—CH_2—\overset{-}{C}H—\overset{O}{\overset{\|}{C}}—OEt \xrightarrow{HOEt} N≡C—CH_2—CH_2—CH_2—\overset{O}{\overset{\|}{C}}—OEt$

$\xrightarrow[H_3^+O]{HOEt} N≡C—CH_2—CH_2—CH=\overset{OH}{\overset{|}{C}}—OEt \xrightarrow{异构化} N≡C—CH_2—CH_2—CH_2—\overset{O}{\overset{\|}{C}}—OEt$

例 2 苯乙烯在强碱(如 BuLi 或 PhNa 或 PhLi)引发下的聚合反应：

$$Bu-Li + CH_2=CH(Ph) \longrightarrow Bu-CH_2-\overset{-}{C}H(Ph)-Li^+ \longrightarrow \cdots\cdots \longrightarrow \left[CH_2-CH(Ph)\right]_n$$

例 3 丁二酸二乙酯在强碱作用下与醛(酮)缩合反应：

$$^{-}CH(COOEt)(CH_2COOEt) + Ph_2C=O \longrightarrow Ph_2C(O^-)-CH(COOEt)CH_2COOEt$$

例 4 $RMgCl+R'CHO \longrightarrow \xrightarrow{H_3^+O} RCH(R')-OH$

$$RLi+CO_2 \longrightarrow \xrightarrow{H_3^+O} RCOOH$$

例 5 瑞佛玛斯基(**Reformatsky**)反应：

$$(H)R(R')C=O + BrCH_2CO_2Et \xrightarrow{Zn/乙醚} \xrightarrow{H^+} R-C(OH)(R')CH_2CO_2Et$$

例 6 麦克尔(**Michael**)反应：含活泼亚甲基化合物与 α，β-不饱合化合物在碱存在下进行 1,4-加成，得到 1,5-双官能团的化合物。

$$\text{环己-1,3-二酮} + CH_3COCH=CH_2 \xrightarrow[\text{Michael加成反应}]{NaOEt} \text{2-(3-氧代丁基)环己-1,3-二酮} \xrightarrow[\text{Robinson并环反应}]{NaOEt} \text{八氢萘二酮}$$

3. 羧基化和脱羧反应

强亲核性碳负离子可与二氧化碳进行亲核加成，形成羧酸盐。

例 1 $C_6H_5-Li + O=C=O \longrightarrow C_6H_5-C(=O)-OLi \xrightarrow{H_3^+O} C_6H_5-COOH$

例 2 $CH_3-MgI+CO_2 \longrightarrow CH_3-C(=O)-OMgI \xrightarrow{H_3^+O} CH_3-C(=O)-OH$

例 3 $C_6H_5-Br \xrightarrow[Mg]{干乙醚} C_6H_5-MgBr \xrightarrow[(2)H_3^+O]{(1)CO_2} C_6H_5-COOH$

脱羧反应为羧基化的逆反应，如 β-酮酸在水溶液中容易分解脱羧得到酮，丙炔酸在碱性溶液中容易脱羧得到炔烃，丙二酸受热容易脱羧得到乙酸等。

例 4 $CH_3-C(=O)-CH_2-C(=O)-O^- \xrightarrow{-CO_2} CH_3-C(=O)-CH_2^- \longleftrightarrow$

$$CH_3-C(O^-)=CH_2 \xrightarrow{H_3^+O} CH_3-C(=O)-CH_3$$

例 5 $C_6H_5-C\equiv C-\overset{O}{\overset{\|}{C}}-O^- \xrightarrow{-CO_2} C_6H_5-C\equiv C^- \xrightarrow{H_3^+O} C_6H_5-C\equiv CH$

例 6 $HOOC-CH_2-COOH \xrightarrow{\triangle} CH_3-COOH$

4. 重排反应

一般来说，碳负离子不及碳正离子稳定，因而重排反应不如碳正离子容易。

例 1 $(C_6H_5)_3C-CH_2Cl \xrightarrow[-30℃]{Li} (C_6H_5)_3C-\bar{C}H_2\overset{+}{Li} \xrightarrow{0℃} (C_6H_5)_2\bar{C}-CH_2-C_6H_5\ Li^+$

例 2 $H_3C-C_6H_4-C(C_6H_5)(CH_3)-CH_2\overset{+}{Li} \longrightarrow H_3C-C_6H_4-\overset{Li^+}{C^-}(CH_3)-CH_2-C_6H_5$

上例说明，苯基的迁移能力大于对甲苯基，也大于烷基。其原因可以从环状负离子中间体看出：

(Ⅰ)　　(Ⅱ)　　(Ⅲ)

由于甲基的供电性，中间体(Ⅰ)比(Ⅱ)更稳定，在(Ⅲ)中，负电荷得不到离域分散，因此，稳定性更差。由此我们想到，若苯环上连有拉电子取代基时，可使中间体稳定性增高。

综上所述，碳负离子重排中，迁移基团的优先顺序是：

连有拉电子基的苯基 > 苯基 > 连有推电子基的苯基 > 烷基

烯丙型碳负离子再质子化，往往导致 C ═C 键位移，生成更稳定的异构体：

$$>C=CH-\underset{|}{\overset{|}{C}}-H \xrightarrow[-BH]{+B:} >C=CH-\underset{|}{\overset{|}{C}}^- \longleftrightarrow$$

[Ⅰ]

$$>\bar{C}-CH=C< \xrightarrow{H_3^+O} H-\underset{|}{\overset{|}{C}}-CH=C<$$

[Ⅱ]

[Ⅱ] ≠ [Ⅰ]

例 3

2-甲基环己烯基$-CH_2CN \xrightarrow{EtO^-}$ 2-甲基环己烯基$-\bar{C}HCN \longleftrightarrow$ 2-甲基环己亚基(C⁻)$=CHCN \xrightarrow{H_3^+O}$ 2-甲基环己亚基$=CHCN$

4.3 自由基

自由基是指带有未配对电子(或孤对电子)的原子(团)。它们是中性的，不带正负电荷。自由基种类很多，这里主要讨论碳自由基。

4.3.1 自由基的结构

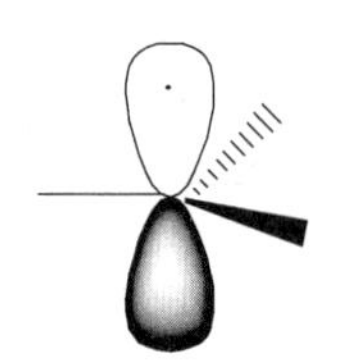

sp^2杂化
平面形结构
电子位于p轨道

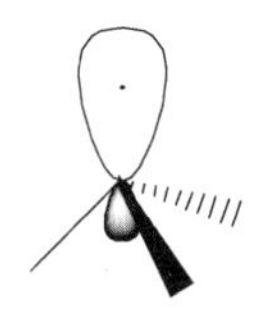

sp^3杂化
角锥形结构
电子位于sp^3轨道

通过化学研究和光谱研究，一般认为简单烷基自由基的构型是平面的或接近平面的。如甲基自由基为平面形结构，未配对电子处于 p 轨道上，而三苯甲基自由基由于三个苯环的空间效应，导致它不能取平面形结构，而是三个苯环相对于三个 α 键组成的平面扭转一定角度，形成螺旋桨结构(与三苯甲基碳正离子结构相似)。但此扭转并不影响 π 键之间的相互重叠，故三苯甲基自由基与三苯甲基碳正离子一样具有明显的稳定性。

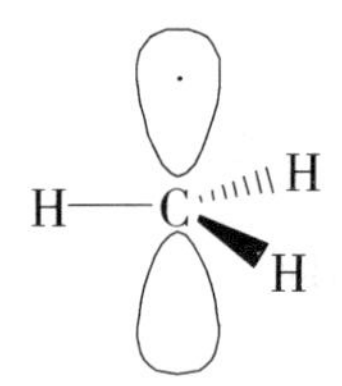

甲基自由基

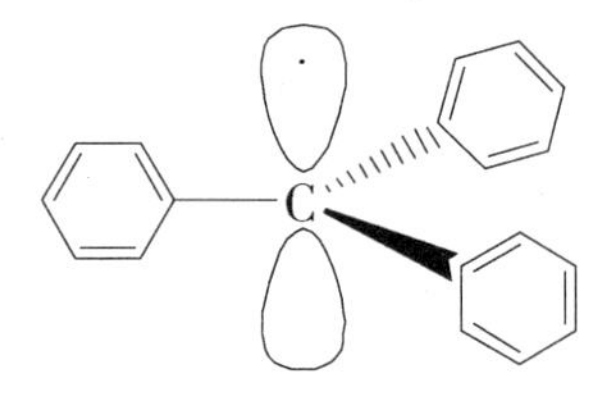

三苯甲基自由基

对于复杂的刚性结构的碳自由基，一般认为它取角锥形结构更为合理。下面是若干角锥形结构的自由基例子：

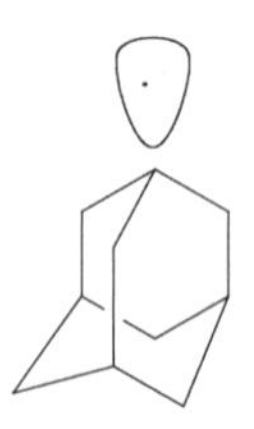

1-金刚基自由基

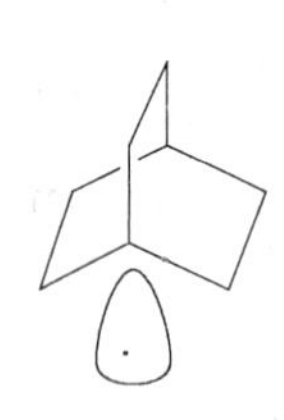

二环[2,2,2]-1-辛基自由基

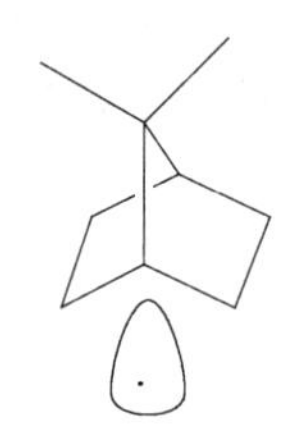

7,7-二甲基二环[2,2,1]-1-庚基自由基

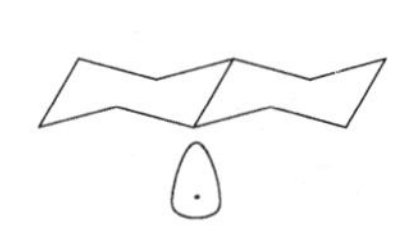

反十氢化萘角自由基

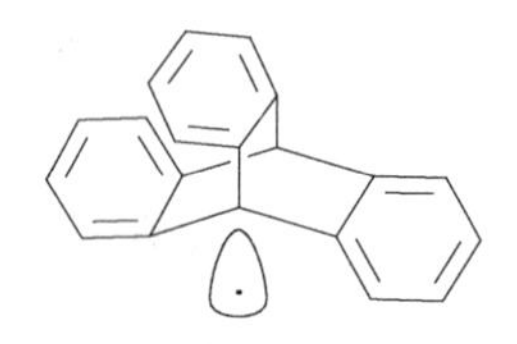

三苯并二环[2,2,2]-1-辛基自由基

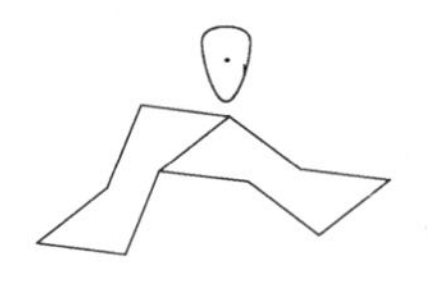

顺十氢化萘角自由基

4.3.2 自由基的稳定性

影响自由基稳定性的主要因素为共轭效应和空间效应。

1. 共轭效应的影响

共轭效应是指 p-π 共轭效应和 σ-p 超共轭效应，它们均有利于自由基的稳定。

例 1 烷基自由基的稳定性大小为：

$$CH_2{=}CH{-}\dot{C}H_2 > CH_3{-}\dot{C}(CH_3){-}CH_3 > CH_3{-}\dot{C}H{-}CH_3$$

$$>CH_3{-}\dot{C}HCH_2CH_3>\dot{C}H_2CH_3>\dot{C}H_3$$

例 2 芳甲基自由基的稳定性大小为：

$$(C_6H_5)_3\dot{C} > (C_6H_5)_2\dot{C}H > C_6H_5\dot{C}H_2$$

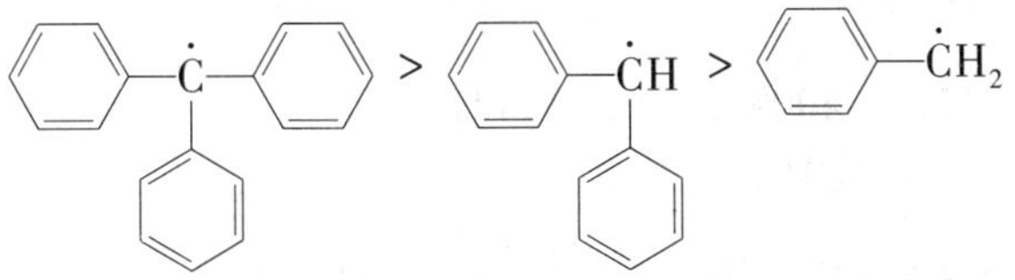

2. 空间效应的影响

空间效应会妨碍自由基二聚反应或其它自由基的偶合反应，结果使自由基的稳定性增大，如2,4,6-三叔丁基苯氧自由基很稳定，即为空间效应所致：

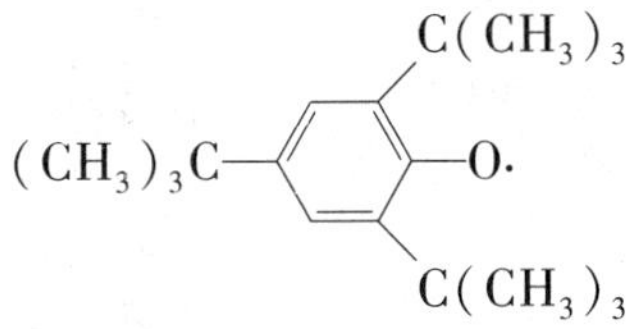

$C(CH_3)_3$

$(CH_3)_3C$ — — O·

$C(CH_3)_3$

当共轭效应和空间效应同时存在，并都对自由基的稳定性产生影响时，空间效应起主要作用。

例 比较下列两个三苯甲基自由基衍生物的稳定性：

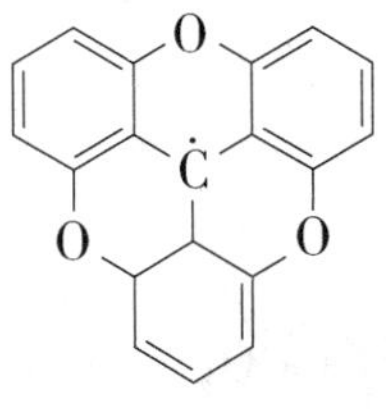

O　O　O　Ċ

H_3CO　OCH_3　Ċ　H_3CO　OCH_3　CH_3O　OCH_3

（Ⅰ）平面形 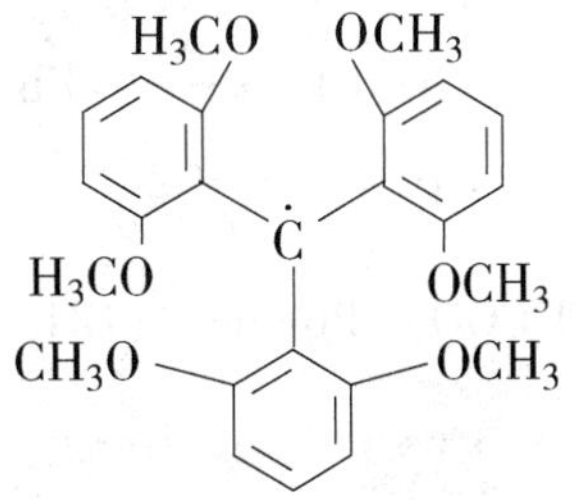　　（Ⅱ）螺旋桨形

（Ⅰ）为平面结构，具有最大程度的共轭稳定作用，而（Ⅱ）的三个苯环彼此互成一定角度，它的平面性比未取代的三苯甲基自由基还要差，故（Ⅱ）的共轭稳定作用比（Ⅰ）要小得多。如果共轭效应为三苯甲基自由基的主要稳定因素，则（Ⅰ）不会二聚而（Ⅱ）可以二聚；如果空间效应为三苯甲基自由基的主要稳定因素，则（Ⅰ）可以二聚而（Ⅱ）不会二聚。实验证明（Ⅰ）可以二聚而（Ⅱ）不会二聚，即（Ⅱ）比（Ⅰ）更稳定，因此空间效应在此起主要作用。也就是说，空间效应使自由基的稳定性增大。

4.3.3 自由基的产生

1. 含有弱键的不稳定分子的热解或光解

(1) 有机过氧化物(—O—O—)在50~150℃可热解为自由基

例1 $(CH_3)_3C—O—O—C(CH_3)_3 \xrightarrow{100\sim130℃} 2(CH_3)_3C—O^{\cdot} \longrightarrow (H_3C)_2C{=}O + {}^{\cdot}CH_3$

例2 $C_6H_5—\overset{O}{\overset{\|}{C}}—O—O—\overset{O}{\overset{\|}{C}}—C_6H_5 \xrightarrow{60\sim100℃} 2\,C_6H_5—\overset{O}{\overset{\|}{C}}—O^{\cdot} \longrightarrow 2\,C_6H_5^{\cdot} + 2CO_2$

例3 $(CH_3)_3C—O—O—\overset{O}{\overset{\|}{C}}—C_6H_5 \xrightarrow{\triangle} (CH_3)_3C—O^{\cdot} + C_6H_5—\overset{O}{\overset{\|}{C}}—O^{\cdot}$

(2) 偶氮化合物 在50~400℃热解为N_2和自由基

例1 $CH_3—C(CH_3)(CN)—N{=}N—C(CH_3)(CN)—CH_3 \xrightarrow{60\sim100℃} 2CH_3—\dot{C}(CH_3)(CN) + N_2\uparrow$

例2 $(C_6H_5)_3C—N{=}N—C_6H_5 \xrightarrow{50℃} (C_6H_5)_3C\cdot + C_6H_5\cdot + N_2\uparrow$

例3 $CH_3-N{=}N—CH_3 \xrightarrow{400℃} 2\dot{C}H_3 + N_2\uparrow$

(3) 金属有机化合物如$Pb(CH_3)_4$、$Bi(CH_3)_3$、$Pb(C_2H_5)_4$等可热解为自由基

例1 $H_3C—Pb(CH_3)_2—CH_3 \xrightarrow{\triangle} \cdot\dot{\underset{\cdot}{Pb}}\cdot + 4\dot{C}H_3$

例2 $(CH_3COO)_4Pb \xrightarrow{\triangle} (CH_3\dot{C}COO)_2Pb + 2CH_4COO^{\cdot}$

$\qquad\qquad\qquad\qquad\qquad\qquad\qquad \hookrightarrow {}^{\cdot}CH_3 + CO_2$

(4) 光解

有机分子的键能正好在可见光区到紫外光区的范围内。因此，凡在可见光区到紫外光区有吸收带的化合物，均可吸收足够的能量而分解形成自由基：

例1 $R—N{=}N—R \xrightarrow{h\nu} 2R^{\cdot} + N_2\uparrow$

例2 $(CH_3)_3C—O—O—C(CH_3)_3 \xrightarrow{h\nu} 2(CH_3)_3C—O^{\cdot}$

2. 电解产生自由基(属于氧化还原反应)

羧酸盐电解时，羧酸根离子会在阳极放电生成羧基自由基，羧基自由基电解脱羧即得烷基自由基，即Kolbe反应。

例 $CH_3-\overset{O}{\overset{\|}{C}}-O^- \xrightarrow[\text{电解}]{-e} CH_3-\overset{O}{\overset{\|}{C}}-O^{\cdot} \longrightarrow CO_2 + {}^{\cdot}CH_3$

3. 共价键的氧化-还原断裂

氧化-还原法是一种室温下产生自由基的方便方法，无须加热或是光照。

例 1　$Fe^{2+} + H_2O_2 \longrightarrow Fe^{3+} + HO^- + HO^{\cdot}$

例 2　Fe^+ + S—S（二苯基二硫醚） $\xrightarrow{\text{苯}}$ Fe^{2+} + $C_6H_5S^-$ + $C_6H_5S^{\cdot}$

例 3　$Ce^{4+} + RCOO^- \longrightarrow Ce^{3+} + RCOO^{\cdot}$

4.3.4　自由基的反应

1. 偶联反应

例　${}^{\cdot}CH_3 + {}^{\cdot}CH_3 \longrightarrow CH_3-CH_3$（链终止反应之一）

2. 取代反应

例 1　$\xrightarrow[hv]{Cl_2}$ Cl + HCl

例 2　+ NBS $\xrightarrow[CCl_4,\ \text{微量}HBr]{BPO}$ Br

例 3　+ NBS $\xrightarrow[\text{微量}HBr]{BPO}$ Br

3. 加成反应

例 1　$CH_3CH{=}CH_2 + HBr \xrightarrow{ROOR} CH_3CH_2CH_2Br$

例 2　$nCF_2{=}CF_2 \xrightarrow{ROOR} \text{-}\!\!(CF_2CF_2)\!\!\text{-}_n$

4. 重排反应

自由基的重排反应没有碳正离子那么普遍，原因之一是自由基的稳定性比相应的碳正离子要小，从而减少了它的重排机会。另一个原因是自由基极为活泼，一旦产生，便不停地进行后续反应，来不及重排。如果重排产生比较稳定的自由基，则自由基还是会重排的。常见的是 1,2-迁移重排。

（1）烷基自由基的 1,2-迁移重排

$H_3C-C(CH_3)_2-CH_2-C(CH_3)_2-CH_3 \xrightarrow{Br^{\cdot}} H_3C-C(CH_3)_2-\dot{C}H-C(CH_3)_2-CH_3 \xrightarrow[\text{迁移}]{\cdot CH_3}$

$$H_3C-\dot{C}(CH_3)-CH(CH_3)-C(CH_3)_2-CH_3 \xrightarrow{Br_2} H_3C-CBr(CH_3)-CH(CH_3)-C(CH_3)_2-CH_3 + Br\cdot$$

（2）烯基自由基的1,2-迁移重排

$$H_3C-C(CH_3)_2-CH{=}CH_2 \xrightarrow{-H\cdot} H_3C-C(\dot{C}H_2)(CH_3)-CH{=}CH_2 \xrightarrow[\text{迁移}]{\cdot CH{=}CH_2}$$

$$H_3C-\dot{C}(CH_3)-CH_2-CH{=}CH_2 \xrightarrow{H\cdot} H_3C-CH(CH_3)-CH_2-CH{=}CH_2$$

（3）芳基自由基的1,2-迁移重排

$$Ph_3C-O-O-CPh_3 \xrightarrow{\triangle} 2\,Ph_3C-O\cdot \xrightarrow[\text{迁移}]{} 2\,PhO-\dot{C}Ph_2$$

$$\xrightarrow{\text{偶联}} PhO-CPh_2-CPh_2-OPh$$

（4）卤原子的1,2-迁移重排

$$CCl_3-CH{=}CH_2 \xrightarrow{Br\cdot} CCl_3-\dot{C}H-CH_2Br \xrightarrow[\text{迁移}]{\cdot Cl} Cl_2\dot{C}-CHCl-CH_2Br$$

$$\xrightarrow{Br_2} Cl_2CBr-CHCl-CH_2Br + Br\cdot$$

4.3.5 离子自由基

离子自由基是指既带电荷又带孤电子的活泼中间体。带正电荷的称为正离子自由基，带负电荷的称为负离子自由基。一些常见的有机反应中涉及离子自由基中间体。

1. 嘧呐醇的制备

例 $$2CH_3-\overset{O}{\overset{\|}{C}}-CH_3 \xrightarrow{Mg-Hg} \xrightarrow{H_3^+O} H_3C-C(CH_3)(OH)-C(CH_3)(OH)-CH_3$$

反应机理涉及负离子自由基中间体：

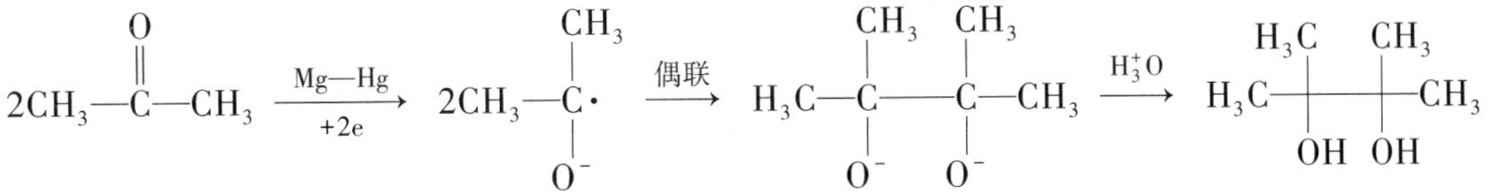

$$2CH_3-\overset{\overset{O}{\|}}{C}-CH_3 \xrightarrow[+2e]{Mg-Hg} 2CH_3-\overset{CH_3}{\underset{O^-}{C}}\cdot \xrightarrow{偶联} H_3C-\overset{CH_3}{\underset{O^-}{C}}-\overset{CH_3}{\underset{O^-}{C}}-CH_3 \xrightarrow{H_3^+O} H_3C-\overset{H_3C}{\underset{OH}{C}}-\overset{CH_3}{\underset{OH}{C}}-CH_3$$

2. 炔烃的化学还原

例 $R-C\equiv C-R \xrightarrow[NH_3(液)]{Na}$ (E)-RCH=CHR（H与R反式）

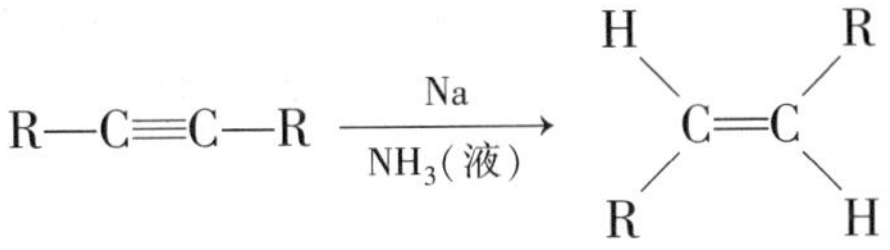

炔烃经化学还原得到反式烯烃，反应过程涉及负离子自由基、自由基和碳负离子三种活泼中间体：

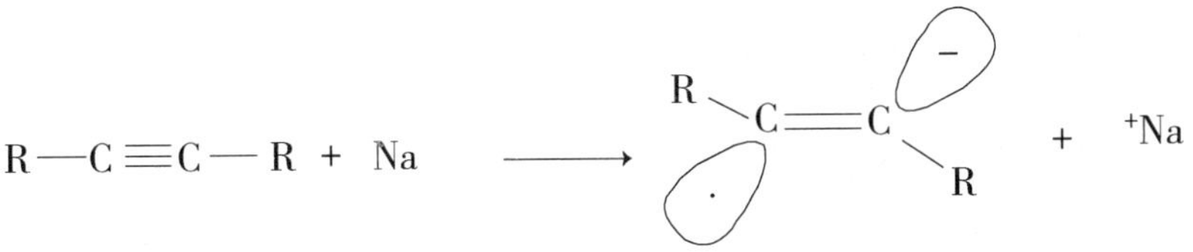

$R-C\equiv C-R + Na \longrightarrow$ 负离子自由基 $+ {}^+Na$

负离子自由基（强碱，处于反式更稳定）

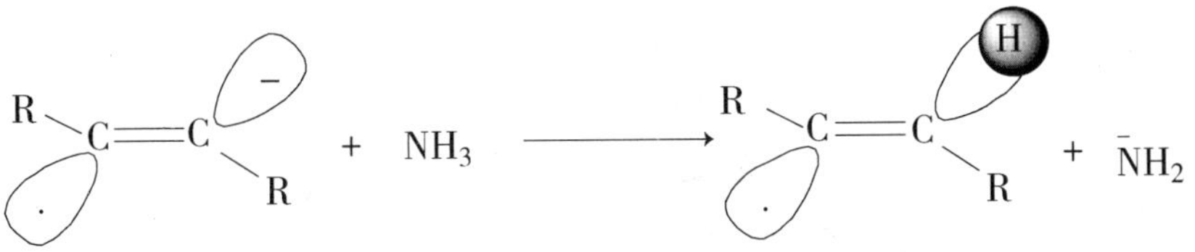

负离子自由基 $+ NH_3 \longrightarrow$ 乙烯基自由基 $+ \bar{N}H_2$

乙烯基自由基（2个R基处于反式更稳定）

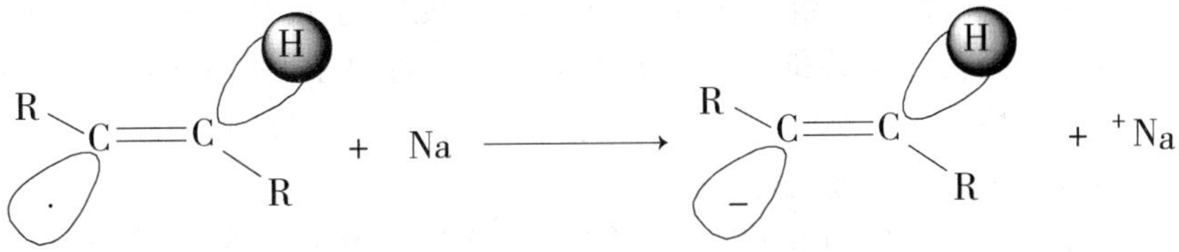

乙烯基自由基 $+ Na \longrightarrow$ 乙烯基负离子 $+ {}^+Na$

乙烯基负离子（强碱）

乙烯基负离子 $+ NH_3 \longrightarrow$ 反式烯烃 $+ {}^-NH_2$

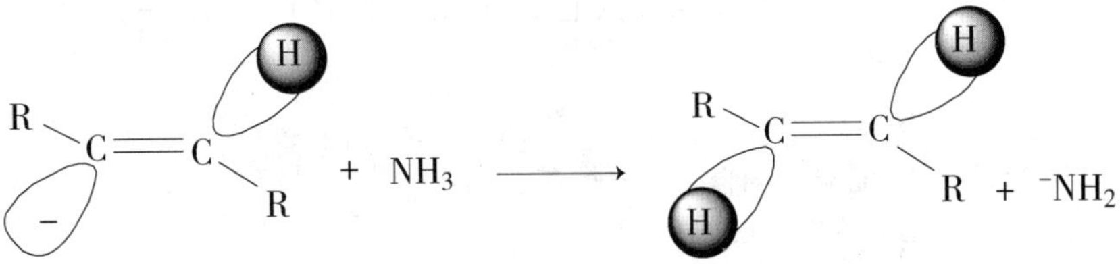

3. Birch 还原

芳烃经 Birch 还原得到非共轭的环己二烯衍生物，反应机理与炔烃的化学还原过程相似。

例 1 苯 $\xrightarrow[NH_3(液)]{Na}$ 1,4-环己二烯

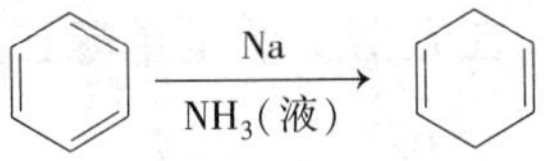

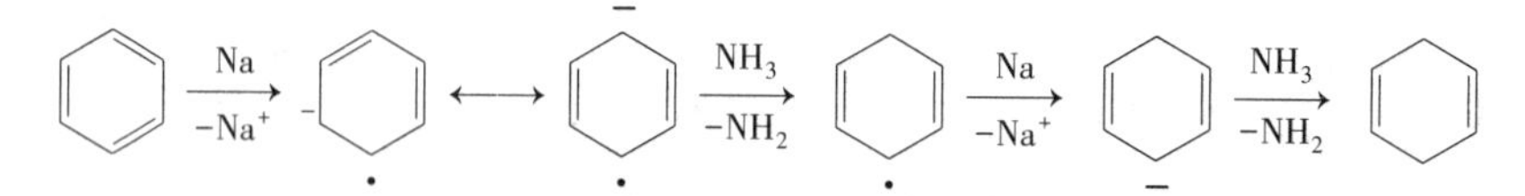

负离子自由基　　自由基　　负离子

由于电子-电子排斥作用，在中间体负离子自由基中，负离子与自由基应尽可能远离（即处于1,4位）才较稳定，因此苯经 Birch 还原形成非共轭的1,4-环己二烯，而不是共轭的1,3-环己二烯。

同样，由于反应过程中产生负离子自由基，芳环上连有拉电子基时，反应更易进行，且主要得到3-位取代的1,4-环己二烯。连有推电子基时，反应较难进行，且主要得到1-位取代的1,4-环己二烯。

例 2　$-CH_3$　$\xrightarrow[NH_3(液)]{Na}$　$-CH_3$

例 3　CO_2H　$\xrightarrow[NH_3(液)]{Na}$　CO_2H

例 4　$\xrightarrow[NH_3(液)]{Na}$

4.4　卡 宾

卡宾（carbene，又名碳烯）是亚甲基（：CH_2）及其衍生物的总称。卡宾是一个重要的有机反应中间体，它属于电中性的二价碳化合物，即卡宾的碳原子只有 6 个电子，属于缺电子物种，其中 4 个电子填充在 2 个共价键中，另外 2 个是非键电子。所有的卡宾都是非常活泼的，并能进行一些独特的化学反应。

目前已知的卡宾可分为以下几种：

① H_2C：，RHC：，R_2C：（R=烷基、芳基、烯基、炔基）。

② XHC：，RXC：，X_2C：（X=F、Cl、Br、I）。

③ YHC：,RYC：,ZYC：（Y 或 Z=其它原子团，如 RO—，RS—，NC—，—COOR，—COR 等）。

④ $R_2C{=}C$：，$R_2C{=}C{=}C$：（R=烷基，芳基）。

4.4.1　卡宾的结构

依据 2 个非键电子占据轨道的不同，卡宾存在两种可能的电子结构。

① 2 个电子占据同一轨道，自旋相反，具有反磁性。在光谱上看是单峰，故又称之为单线态或单重态卡宾（S），记为$^1CH_2$：或$^1CH_2$（⇅）。

② 2 个电子占据不同轨道，自旋平行，具有顺磁性，在光谱上看是三重峰，故又称三线态或三重态卡宾（T），记为$^3CH_2$：或$^3CH_2$（↑↑）。

单线态卡宾　　　　三线态卡宾

可见单线态卡宾的中心碳原子是 sp^2 杂化的，2 个非键电子占据同一个 sp^2 杂化轨道，p 轨道是空的，键角应为 120°。而三线态卡宾的中心碳原子是 sp 杂化，2 个非键电子分别处在 2 个 p 轨道中，键角应为 180°。

实验证明：单线态卡宾中，键角为 103°；三线态卡宾中，键角为 136°；三线态能量比单线态能量要低 33~38kJ/mol。

一般来说，二烷基卡宾($R_2C:$)的基态为三线态，二卤卡宾($X_2C:$)(X=F、Cl、Br)都为单线态，即取代基电负性越大，越有利于卡宾取单线态。

4.4.2　卡宾的产生

例 1　烯酮的分解

$$R_2C{=}C{=}O \xrightarrow[\text{或}\triangle]{h\nu} R_2C: + CO$$

例 2　重氮化合物的分解

$$R_2C{=}\overset{+}{N}{=}\overset{-}{\ddot{N}} \xrightarrow[\text{或}\triangle]{h\nu} R_2C: + N_2$$

例 3　α-卤代酸盐的热解　$Cl_3CCOONa \xrightarrow{150℃} Cl_2C: + CO_2 + NaCl$

例 4　砜基腙盐的分解

$$R_2C{=}N{-}\overset{-}{N}{-}SO_2Ar \xrightarrow[\text{或}\triangle]{h\nu} R_2C: + N_2 + ArSO_2^-$$

例 5　环氧乙烷的光解

$$\text{R}_2\text{C}\overset{\text{O}}{\frown}\text{CR}_2\ (\text{环氧乙烷}) \xrightarrow{h\nu} R_2C: + R_2C{=}O$$

例 6　二氮杂环丙烯的光解

$$R_2C{<}\,(N{=}N)\ (\text{二氮杂环丙烯}) \xrightarrow{h\nu} R_2C: + N_2$$

α-消除反应也是制备卡宾的一个简便方法：

例 7　$CHCl_3 + t\text{-}BuOK \xrightarrow{DMSO} Cl_2C: + t\text{-}BuOH + KCl$

例 8　$CH_3Cl + PhNa \longrightarrow H_2C: + C_6H_6 + NaCl$

例 9　$CCl_3COOCH_3 + KOH \longrightarrow Cl_2C: + CH_3OH + KCl + CO_2$

4.4.3 卡宾的反应

卡宾属于缺电子物种，因此卡宾的反应主要为亲电性反应。

亲电活性顺序大致为：$H_2C: > R_2C: > Ar_2C: > X_2C:$

卡宾的典型反应包括两大类。一类是与 π 键的环加成：

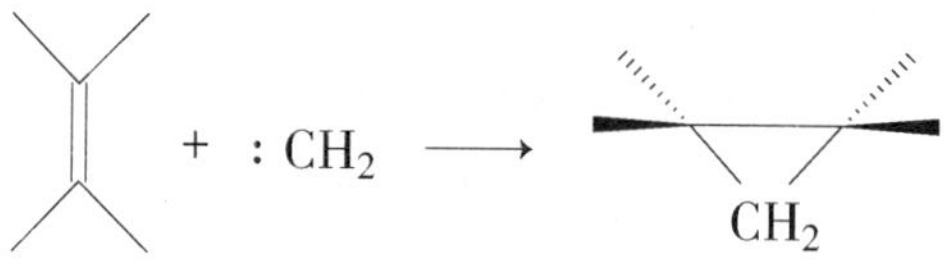

$$>C=C< + :CH_2 \longrightarrow \text{(cyclopropane)}\ CH_2$$

另一类是向 α-键反应(插入反应)：

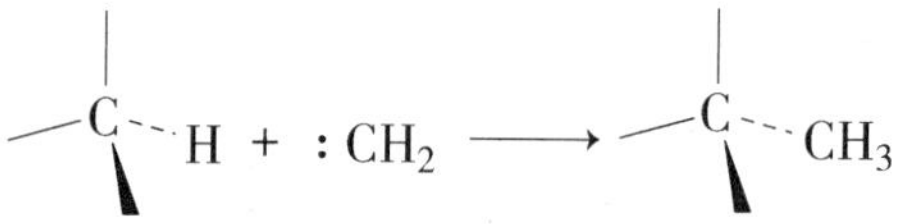

$$-C-H + :CH_2 \longrightarrow -C-CH_3$$

单线态与三线态卡宾均能进行这两类反应，有时还生成相同的产物，但它们的反应机理不同。三线态卡宾带有 2 个未配对电子，相当于一个双自由基，反应是分步进行的。而单线态卡宾中 2 个电子已配对，反应是以协同方式进行的。故多数情况下，卡宾以单线态参与反应。

1. 环加成反应

与烯烃的环加成反应是卡宾诸多反应中研究得最充分的反应。通常，卡宾与烯烃的反应总是形成环丙烷衍生物，单线态和三线态卡宾都是如此。但不同的是电子结构在立体化学方面显示出不同的反应特征。

单线态卡宾与烯烃的环加成反应中，烯烃的立体化学特征在产物环丙烷衍生物中保持不变，即单线态卡宾的环加成为**立体专一性反应**。如：

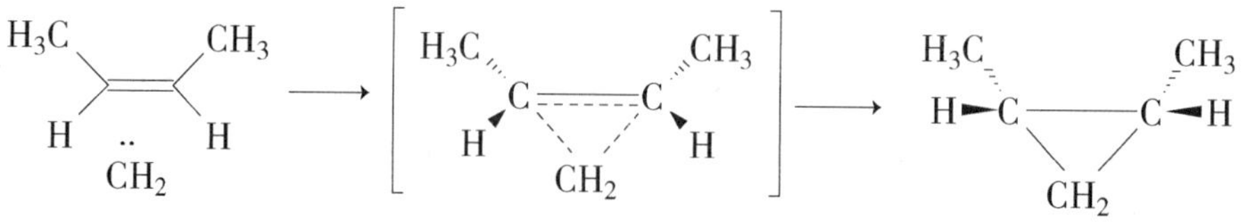

H_3C CH_3 / H H / $\ddot{C}H_2$ ⟶ [H_3C CH_3 / H C====C H / CH_2] ⟶ H_3C CH_3 / H—C——C—H / CH_2

（环状过渡态）　　（80%）

可见，单线态卡宾与烯烃的环加成反应经过环状过渡态，是一个协同过程。而三线态卡宾与顺-或反-2-丁烯加成均得到顺-或反-1,2-二甲基环丙烷的混合物：

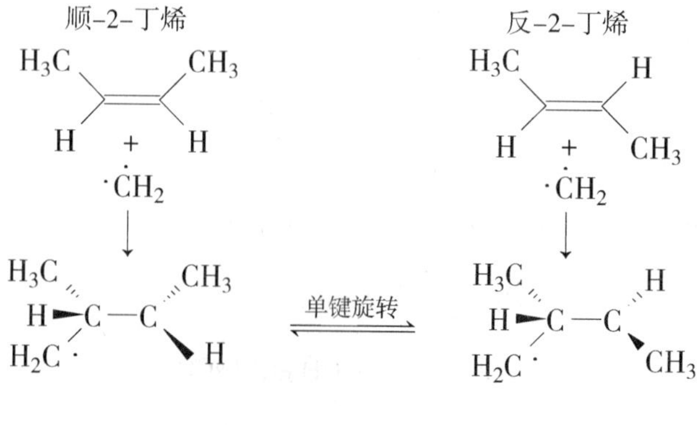

顺-2-丁烯　　反-2-丁烯

H_3C CH_3 / H + H / $\cdot\dot{C}H_2$ ↓ H_3C CH_3 / H—C—C / $H_2\dot{C}$ H

单键旋转 ⇌

H_3C H / H + CH_3 / $\cdot\dot{C}H_2$ ↓ H_3C H / H—C—C / $H_2\dot{C}$ CH_3

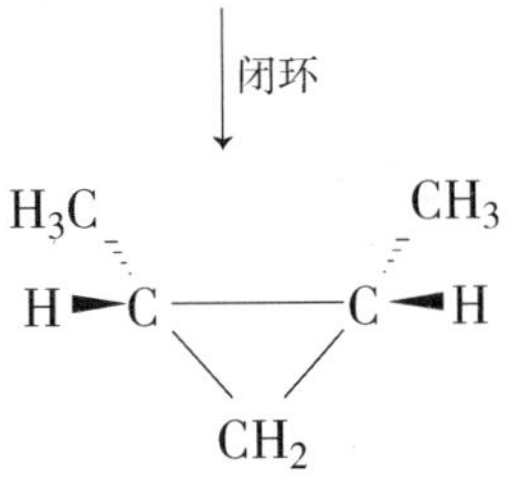

闭环

H_3C ... CH_3，H◀C—C◀H，CH_2

顺-1,2-二甲基环丙烷

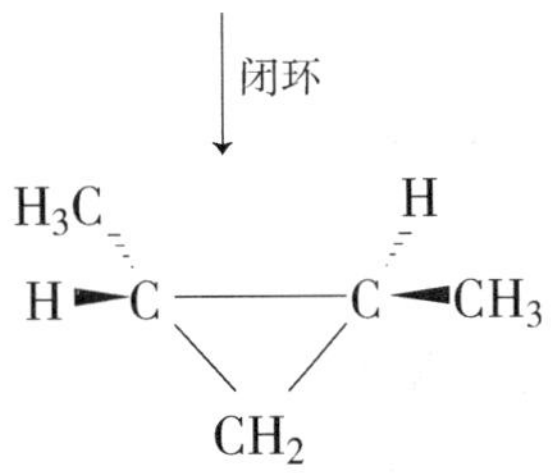

闭环

H_3C ... H，H◀C—C◀CH_3，CH_2

反-1,2-二甲基环丙烷

可见，三线态卡宾与烯烃的环加成反应是分步进行的。研究证明，**三线态双自由基的单键旋转要比闭环快**，因此三线态卡宾与烯烃环加成得到的往往是两种异构体的混合物，即三线态卡宾的环加成**不属于立体专一性反应**。

卡宾最重要的用途就是合成环丙烷衍生物，这是制备高张力环的重要方法。下面给出若干制备实例。

例 1 环己烯 + $:CCl_2$ ⟶ 7,7-二氯双环[4.1.0]庚烷（Cl, Cl）

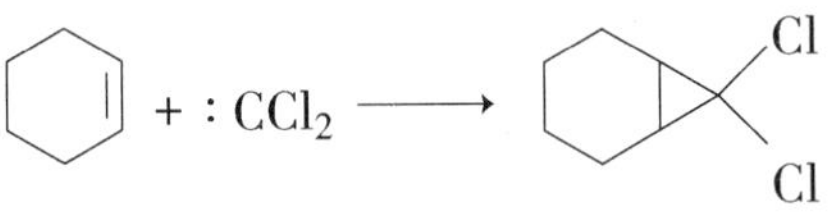

例 2 环庚三烯基—C(=O)—CH: ⟶ （O）

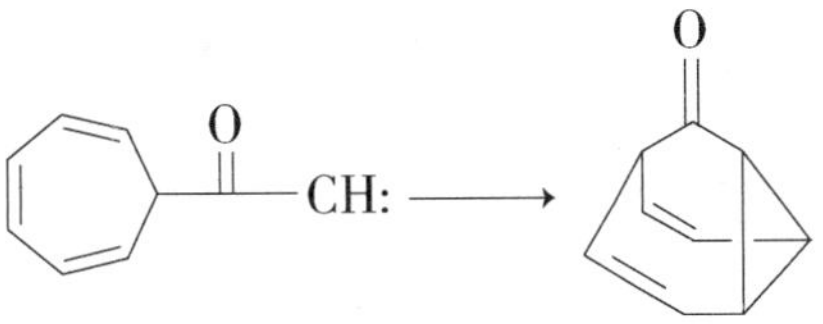

例 3 N_2HC—（N—$COOCH_3$，N—$COOCH_3$）⟶（N— $COOCH_3$，N— $COOCH_3$）

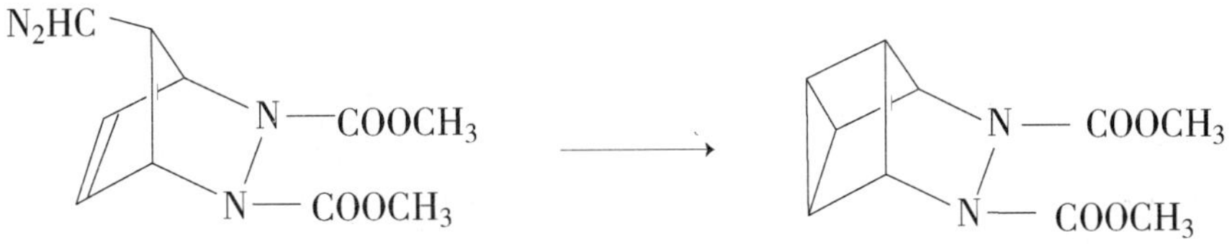

例 4 $(CH_3)_2C$ ═ $CHCH_2CH_2$(H₃C)C═C(H)$CH_2CH_2CH_2$—C(=O)—CHN_2 $\xrightarrow{h\nu}$ $(CH_3)_2C$ ═ $CHCH_2CH_2$—（H_3C，*，O）

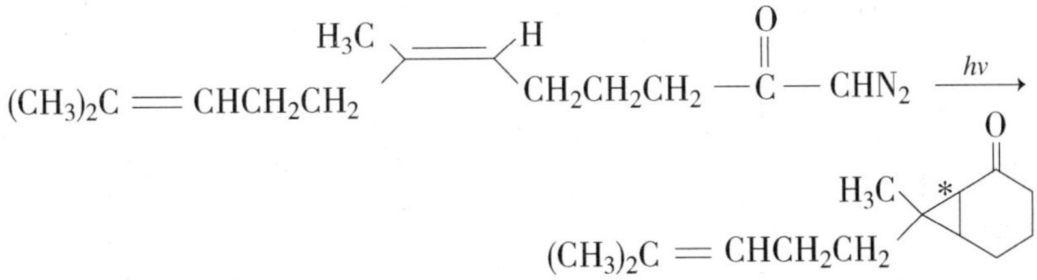

例 5 环辛烯 + $PhHgC(Br)_2$—$COOCH_3$ ⟶（$COOCH_3$，Br）+（Br，$COOCH_3$）

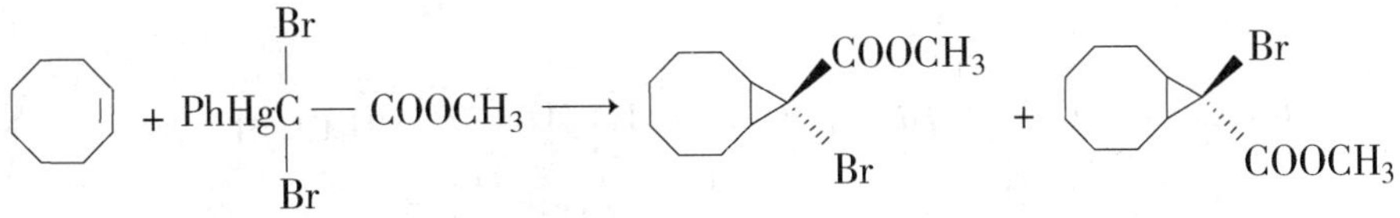

除 C ═C 双键外，卡宾还可与 C ═N，C ═P，N ═N， C≡C 等不饱和键加成。某些活泼卡宾甚至能与苯环加成。

例 6 苯 + CH_2N_2 $\xrightarrow{h\nu}$ 降蒈二烯 ⟶ 环庚三烯

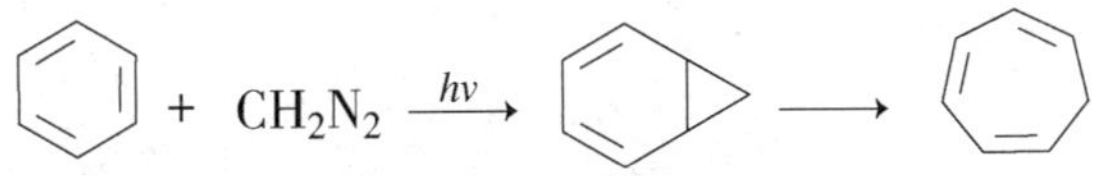

例 7 $C_6H_6 + C_2H_5O-\overset{O}{\overset{\|}{C}}-CHN_2 \xrightarrow{\triangle}$ (环庚三烯, H, COOEt)

例 8 $C_6H_6 + (N\equiv C)_2CN_2 \xrightarrow{80℃}$ (CN, CN)

2. 插入反应

单线态卡宾:

$$-\overset{|}{\underset{|}{C}}-H + :CH_2 \longrightarrow \left[-\overset{|}{\underset{|}{C}}\cdots\begin{matrix}CH_2\\ \vdots \\ H\end{matrix} \right] \longrightarrow -\overset{|}{\underset{|}{C}}-CH_2-H$$

三线态卡宾:

$$-\overset{|}{\underset{|}{C}}-H + \dot{\underset{\cdot}{C}}H_2 \longrightarrow \left[-\overset{|}{\underset{|}{C}}\cdot + \cdot CH_3 \right] \longrightarrow -\overset{|}{\underset{|}{C}}-CH_3$$

可见，单线态卡宾插入 C—H 键为协同过程，构型保持不变，而三线态卡宾插入 C—H 键为分步的双自由基过程，构型甚至结构均有可能改变。

例 1 $C_6H_5-\overset{CH_3}{\overset{|}{\underset{CH_3}{\underset{|}{C}}}}-CH: \longrightarrow$ (CH_3)

例 2 $(H_3C)_2C=CH_2 + :CH_2 \longrightarrow H_2C=C(CH_2CH_3)(CH_3)$

例 3

(H, H, H_3C, H, O, CH_3, O, O, CH_3) $\xrightarrow{:CD_2}$

(H, CD_2H, H_3C, H, O, CH_3, O, O, CH_3) + (H, H, H_3C, H, O, CH_2CD_2H, O, O, CH_3)

例 4 (环戊基)$-CH=NNH-SO_2Ar \xrightarrow{CH_3O^-}$

例 5 $\xrightarrow{CH_3O^-}$ (NNHTs)

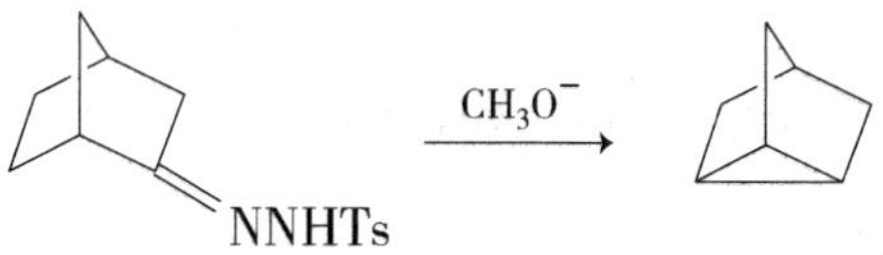

例 6 $\xrightarrow{CH_3O^-}$ ($NNHSO_2Ar$)

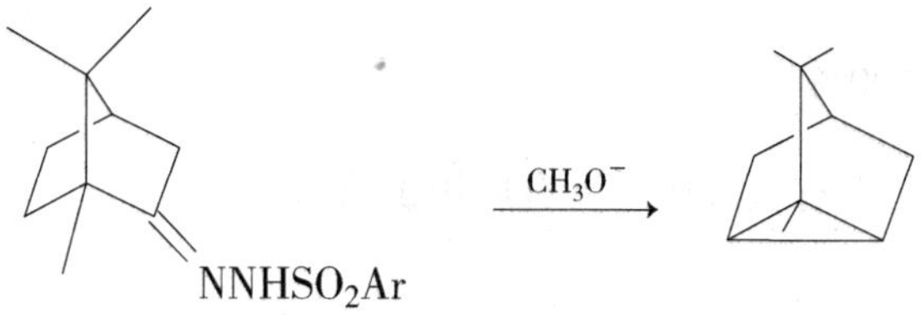

例 7 ($N-CH_3$, $NNHSO_2Ar$) $\xrightarrow[165℃]{CH_3O^-}$ ($N-CH_3$)

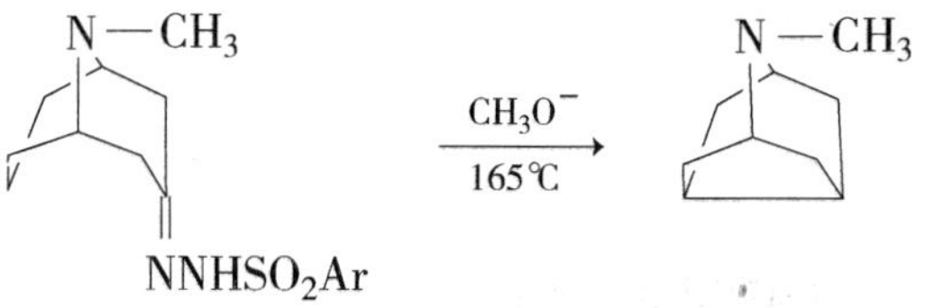

3. 重排反应

这是卡宾的一个典型反应，即经常发生分子内重排。与其它活泼中间体不同，单线态卡宾通过重排，可直接形成稳定的分子。

例 1 $(CH_3)_2CH-\ddot{C}H \longrightarrow (CH_3)_2C=CH_2 + H_3C-$环丙基

(63%)　(37%)

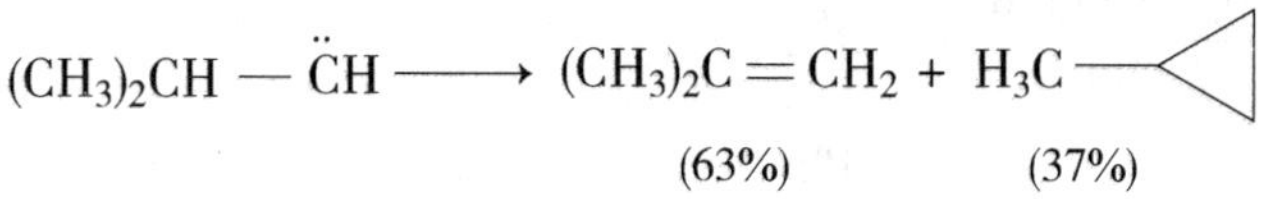

此处重排产物相当于分子内 C-H 键插入的产物，异丁烯相当于 α 位插入产物，甲基环丙烷相当于 β 位插入产物。单线态卡宾最常见的重排为 H 的迁移生成烯烃。

例 2 (CH_3)$=NNHSO_2Ar$ $\xrightarrow[180℃]{CH_3ONa}$ (CH_3) + (CH_3) +

（38%）　（16%）　（痕量）

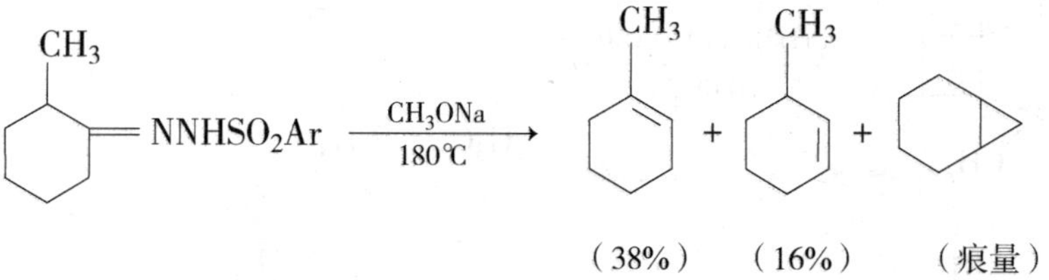

烷基或芳基的迁移也能生成稳定的卡宾重排物：

例 3

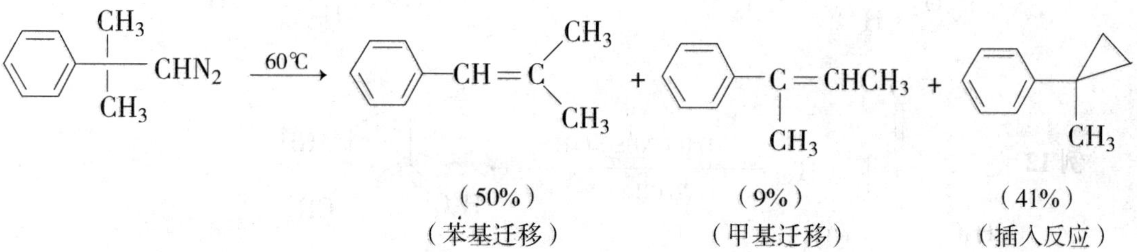

$C_6H_5C(CH_3)_2CHN_2 \xrightarrow{60℃} C_6H_5CH=C(CH_3)_2 + C_6H_5C(CH_3)=CHCH_3 +$ 1-甲基-1-苯基环丙烷（CH_3）

（50%）　（9%）　（41%）

（苯基迁移）　（甲基迁移）　（插入反应）

环状卡宾可进行各种可能的重排，产物取决于环的大小和反应条件。

例 4 环丙基$-\ddot{C}H \longrightarrow$ 环丁烯 $+ CH_2=CH-CH=CH_2 + CH_2=CH_2 + CH\equiv CH$

（约80%）　（约3%）　（约5%）　（约5%）

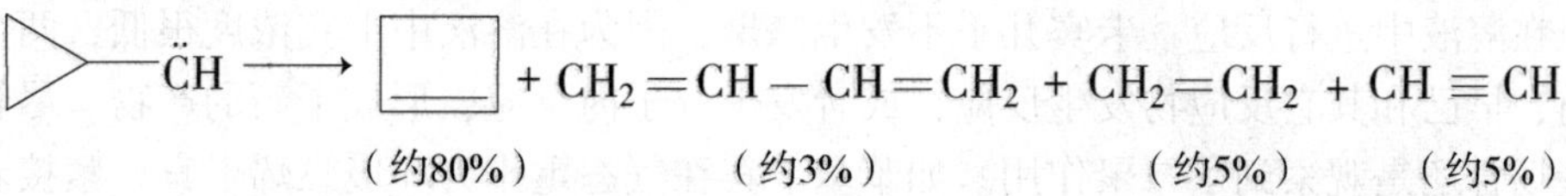

例 5 □: ⟶ ▷$=CH_2$ + □ + $CH_2=CH-CH=CH_2$

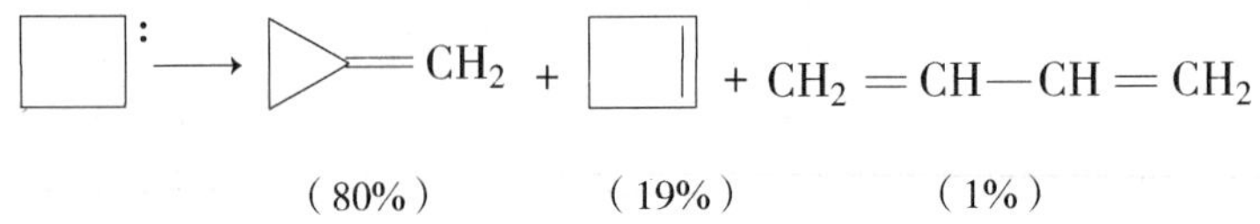

(80%)　　(19%)　　(1%)

例 6 ⬠: ⟶ ⬠ (100%)

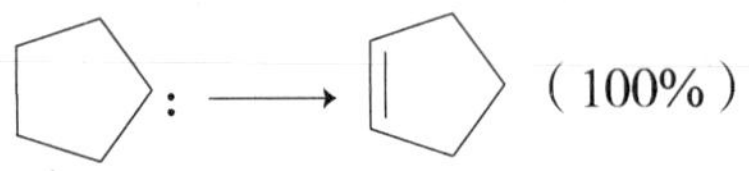

利用卡宾重排可将酮转化为烯，在有机合成上具有应用价值。

例 7 $RR'C=O + H_2NNHSO_2Ar \longrightarrow RR'C=NNHSO_2Ar \xrightarrow{强碱} RCH=CHR''$

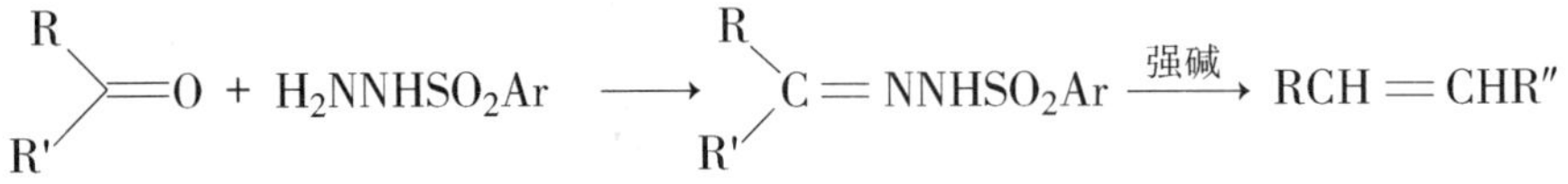

应用实例：

例 8 $t\text{-Bu}(H_3C)C=NNHSO_2Ar \xrightarrow{2BuLi} t\text{-BuCH}=CH_2$

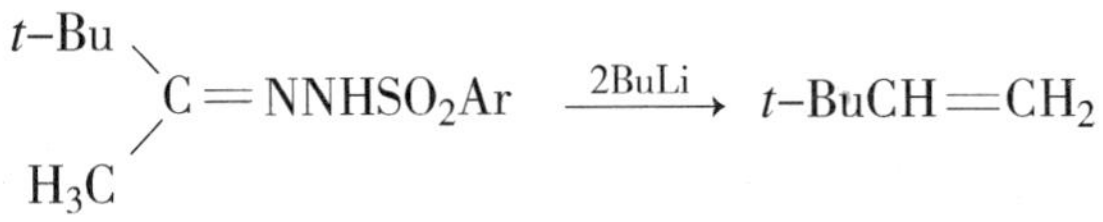

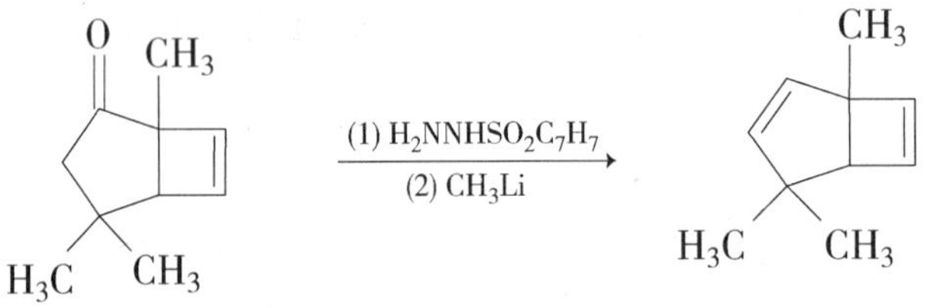

例 9 O，Ph，Ph $\xrightarrow[(2)\ CH_3Li]{(1)\ H_2NNHSO_2C_7H_7}$ Ph，Ph

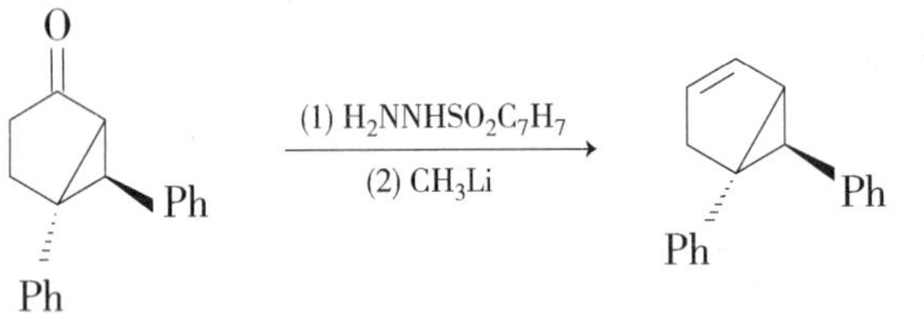

例 10 O，CH_3，H_3C，CH_3 $\xrightarrow[(2)\ CH_3Li]{(1)\ H_2NNHSO_2C_7H_7}$ CH_3，H_3C，CH_3

例 11 H，$=NNHSO_2C_7H_7$，O，O，H，CH_3 $\xrightarrow{CH_3Li}$ H，O，O，H，CH_3

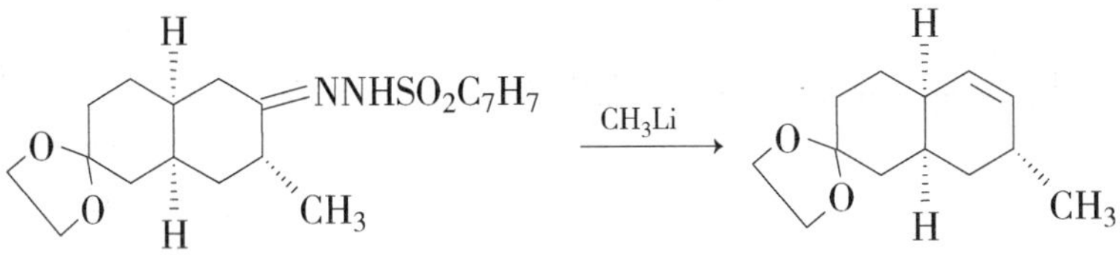

例 12 O，CH_3，H_3C，CH_3 $\xrightarrow[(2)\ CH_3Li]{(1)\ H_2NNHSO_2C_7H_7}$ CH_3，H_3C，CH_3

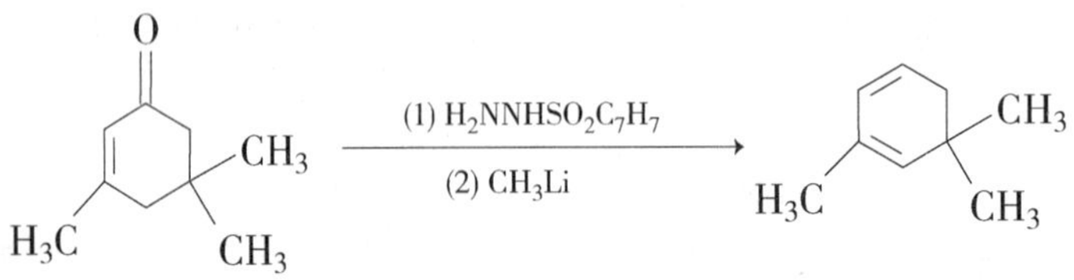

4. 二聚反应

在溶液中进行反应，卡宾几乎不发生二聚，因为在溶液中卡宾浓度很低，两个卡宾相遇以前，早已和其它反应物发生反应，或者发生分子内反应，形成了新的产物。尽管如此，在某些场合还是观察到了二聚作用。如苯基卡宾在气态重排为环庚三烯卡宾，紧接着发生二聚作用而稳定：

$$2\ C_6H_5\text{-}CHN_2 \xrightarrow{250℃} 2\ C_6H_5\text{-}\ddot{C}H \longrightarrow 2\ (\text{环庚三烯亚基}): \longrightarrow (C_7H_6)=(C_7H_6)$$

4.5 乃　春

乃春(Nitrene)又叫氮烯、氮宾、亚氮等，是卡宾的类似物。它包含着一个6个电子的二价N原子(R—$\ddot{N}$：)。卡宾的类似物中研究最多的是乃春。

由于乃春极为活泼，离析和捕获比较困难，目前对乃春还没有对卡宾了解得那么全面。研究比较多的只有几个系列，即**酰基乃春、芳基乃春及氨基乃春**等。

4.5.1 乃春的产生

乃春的产生方法与卡宾产生方法相似。

1. 光解和热解

产生乃春最常用的方法就是**叠氮化物的光解和热解**。

$$R—\ddot{N}=\overset{+}{N}=\ddot{N}^- \xrightarrow[\text{或}h\nu]{\triangle} R—\ddot{N}: + N_2\uparrow$$

例1 $(CH_3)_3CN_3 \xrightarrow[h\nu]{Ph_2CO} (CH_3)_3—C—\ddot{N}: + N_2\uparrow$

例2 $EtO—\overset{O}{\overset{\|}{C}}—N_3 \xrightarrow[\text{或}h\nu]{\triangle} EtO—\overset{O}{\overset{\|}{C}}—\ddot{N}: + N_2\uparrow$

异氰酸酯也能光解形成乃春：

例3 $C_6H_5—N=C=O \xrightarrow{h\nu} C_6H_5—\ddot{N}: + CO\uparrow$

2. α-消除反应

$$O_2N—C_6H_4—SO_2—O—\ddot{N}HCOOEt \xrightarrow[-EtOH]{EtO^-} O_2N—C_6H_4—SO_2—O—\bar{\ddot{N}}COOEt$$

$$\longrightarrow EtO—\overset{O}{\overset{\|}{C}}—\ddot{N}: + O_2N—C_6H_4—SO_3^-$$

3. 伯胺的氧化脱氢

$$\text{N-氨基咔唑}(N—NH_2) \xrightarrow{(CH_3COO)_4Pb} \text{咔唑}—N—\ddot{N}:$$

4. 硝基化合物的还原

硝基化合物与亚磷酸三乙酯共热，前者还原(脱氧)生成乃春，后者氧化生成磷酸三乙酯。

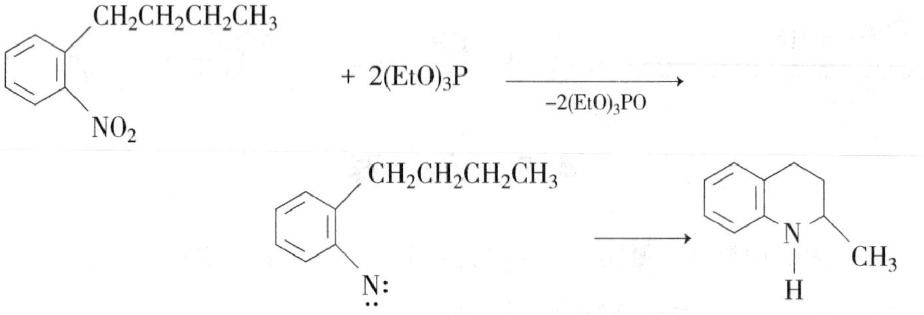

$$\text{o-}(CH_2CH_2CH_2CH_3)C_6H_4NO_2 + 2(EtO)_3P \xrightarrow{-2(EtO)_3PO} \text{o-}(CH_2CH_2CH_2CH_3)C_6H_4\ddot{N}: \longrightarrow \text{2-甲基四氢喹啉（N—H）}$$

(分子内插入反应)

4.5.2 乃春的反应

乃春的反应也和卡宾相似，很容易发生加成、插入、重排、夺氢、二聚和歧化反应，其中加成和插入是乃春的典型反应。

1. 加成反应

酰基乃春对烯类加成，形成氮杂环丙烷衍生物。

例 1

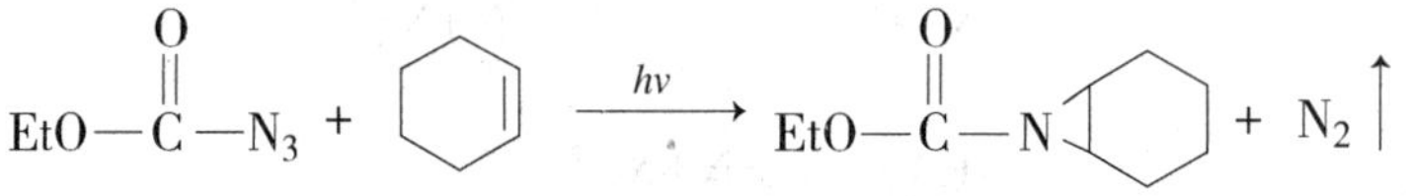

$$EtO—\overset{\overset{O}{\|}}{C}—N_3 + \text{环己烯} \xrightarrow{h\nu} EtO—\overset{\overset{O}{\|}}{C}—N\text{（7-氮杂双环[4.1.0]庚烷）} + N_2\uparrow$$

这是酰基乃春最常见的反应。如果与芳烃加成，将得到氮杂卓：

例 2

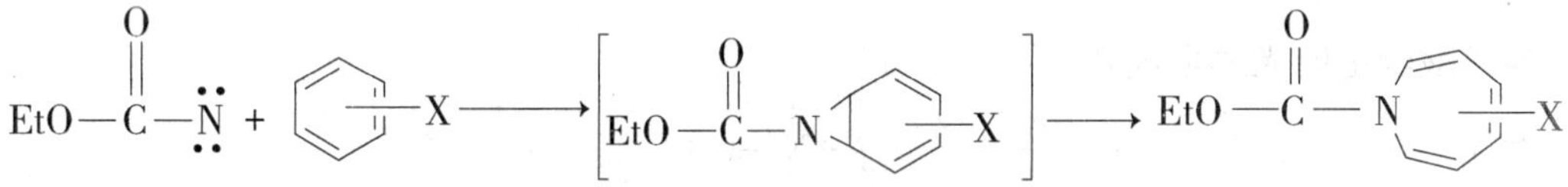

$$EtO—\overset{\overset{O}{\|}}{C}—\ddot{\underset{..}{N}} + C_6H_5X \longrightarrow \left[EtO—\overset{\overset{O}{\|}}{C}—N\text{（氮杂环丙烷并环己二烯）}—X\right] \longrightarrow EtO—\overset{\overset{O}{\|}}{C}—N\text{（氮杂卓）}—X$$

2. 插入反应

乃春，特别是酰基乃春或磺酰基乃春，可以插入 C—H 键和其它的键。

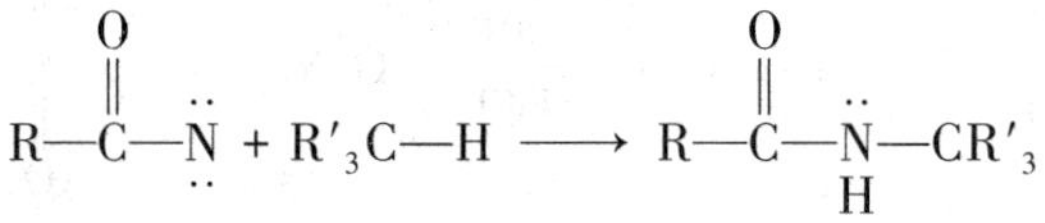

$$R—\overset{\overset{O}{\|}}{C}—\ddot{\underset{..}{N}} + R'_3C—H \longrightarrow R—\overset{\overset{O}{\|}}{C}—\underset{H}{\ddot{N}}—CR'_3$$

乃春进行分子内 C—H 键插入时，若为 α 位插入则形成亚胺，进一步水解可得羰基化合物；若为 δ 位插入则发生环化作用。

例 1

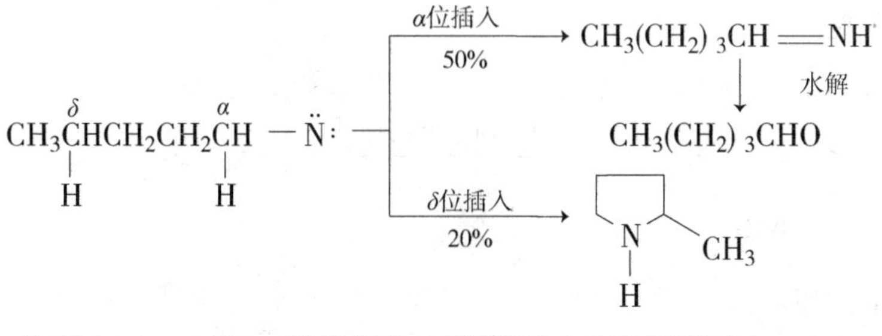

$$CH_3\underset{H}{\overset{\delta}{C}}HCH_2CH_2\underset{H}{\overset{\alpha}{C}}H—\ddot{N}: \xrightarrow[50\%]{\alpha\text{位插入}} CH_3(CH_2)_3CH═NH \xrightarrow{\text{水解}} CH_3(CH_2)_3CHO$$

$$CH_3\underset{H}{\overset{\delta}{C}}HCH_2CH_2\underset{H}{\overset{\alpha}{C}}H—\ddot{N}: \xrightarrow[20\%]{\delta\text{位插入}} \text{2-甲基吡咯烷（N—H）}$$

如果 α 位插入 C—Ph 键，则苯基将由碳原子迁移到氮原子上。

例 2 $Ph_3C-\ddot{N}: \longrightarrow Ph_2C=N-Ph$（实际上是迁移重排反应）

3. 重排反应

烷基乃春重排，形成Schiff base：

$$R-\underset{H}{\overset{H}{C}}N-\ddot{N}: \longrightarrow R-CH=\ddot{N}-H$$

酰基乃春重排，形成异氰酸酯，水解后得伯胺。

$$R-\overset{O}{\overset{\|}{C}}-\ddot{N}: \longrightarrow R-N=C=O \xrightarrow{H_2O} RNH_2$$

Hofmann 酰胺降解反应即是典型的酰基乃春重排。

例 1 完成反应：

$$C_5H_9-\underset{CH_3}{\overset{*}{C}H}-\underset{O}{\underset{\|}{C}}NH_2 \xrightarrow[\text{或}Br_2,\ NaOH]{NaOBr,\ NaOH} C_5H_9-\underset{CH_3}{\overset{*}{C}H}-NH_2 + CO_2$$

例 2 解释反应机理：

$$R-\overset{O}{\overset{\|}{C}}-NH_2 \xrightarrow[NaOH]{Br_2} R-N=C=O \xrightarrow{H_2O} RNH_2$$

反应机理：

$$R-\overset{O}{\overset{\|}{C}}-NH_2 + Br_2 \longrightarrow R-\overset{O}{\overset{\|}{C}}-NHBr \xrightarrow{OH^-} R-\overset{O}{\overset{\|}{C}}-\underline{N}^{-}-Br$$

$$\xrightarrow{-Br^-} \left[R-\overset{O}{\overset{\|}{C}}-\ddot{N}:\right] \longrightarrow R-N=C=O \xrightarrow{H_2O} \left[R-N=\overset{OH}{\overset{|}{C}}-OH\right]$$

$$\rightleftharpoons R-NH-\overset{O}{\overset{\|}{C}}-OH \xrightarrow{-CO_2} RNH_2$$

4. 夺氢反应

乃春可从烷烃夺取氢原子，生成自由基：

$$R-\ddot{N}: + R'-H \longrightarrow R-\dot{\underset{\cdot\cdot}{N}}-H + \cdot R'$$

5. 二聚反应

非取代乃春的一个主要反应就是二聚，形成二亚胺：

$$2H-\ddot{N}: \longrightarrow H-\ddot{N}=\ddot{N}-H$$

芳基乃春通过二聚作用则得到偶氮化合物：

$$2Ar-\ddot{N}: \longrightarrow Ar-\ddot{N}=\ddot{N}-Ar$$

6. 歧化反应

非取代乃春还可以发生歧化反应，形成热力学稳定的氮气和氢气：

$$2H-\ddot{N}: \longrightarrow N_2 + H_2$$

4.6 苯 炔

苯炔(benzyne)是许多芳族亲核取代反应中的中间体。例如，用强碱(如 KNH_2)处理不活泼芳卤，在生成正常取代产物的同时，也会得到所谓变位(*cine*)取代的异构产物。

问题的提出：先看几个反应实例。

例 1

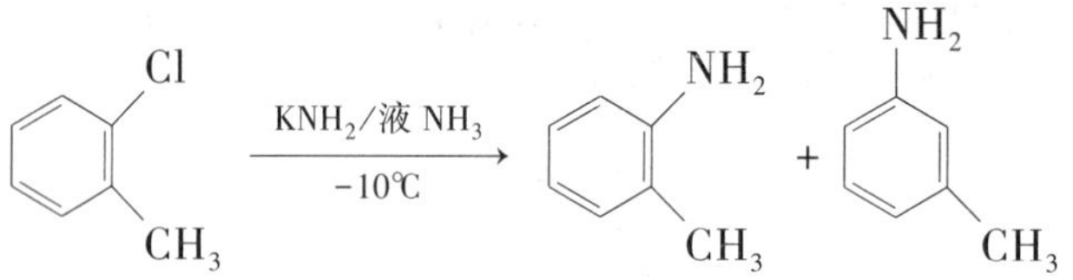

Cl, CH_3 $\xrightarrow[-10℃]{KNH_2/液\ NH_3}$ NH_2, CH_3 + NH_2, CH_3

例 2

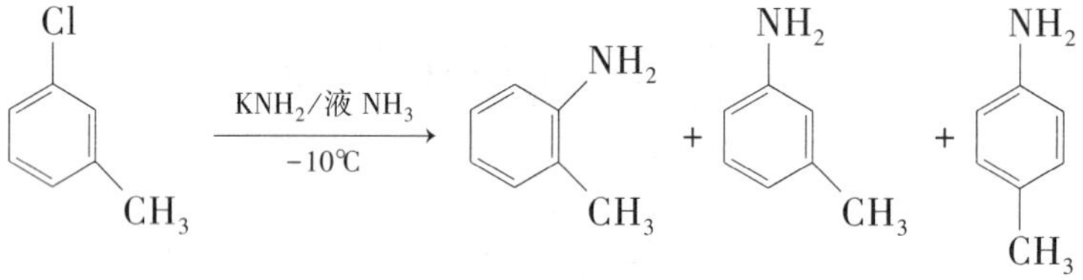

Cl, CH_3 $\xrightarrow[-10℃]{KNH_2/液\ NH_3}$ NH_2, CH_3 + NH_2, CH_3 + NH_2, CH_3

例 3

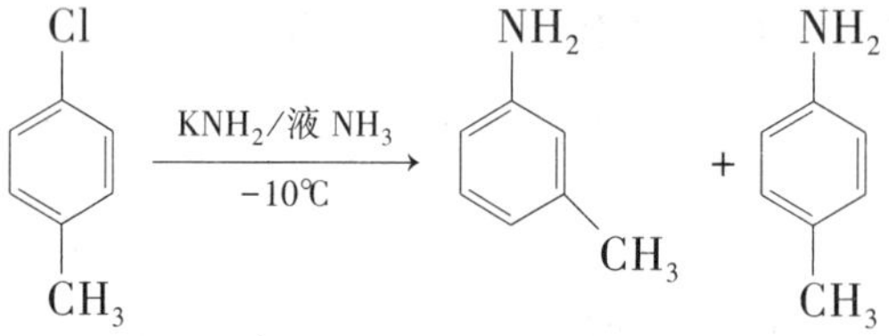

Cl, CH_3 $\xrightarrow[-10℃]{KNH_2/液\ NH_3}$ NH_2, CH_3 + NH_2, CH_3

特点分析：① 正常取代产物 + 变位取代产物。

② 变位取代产物中—NH_2均在原卤原子邻位。

新问题：当芳卤的两个邻位均有取代基时，能否发生类似的反应？

例 4

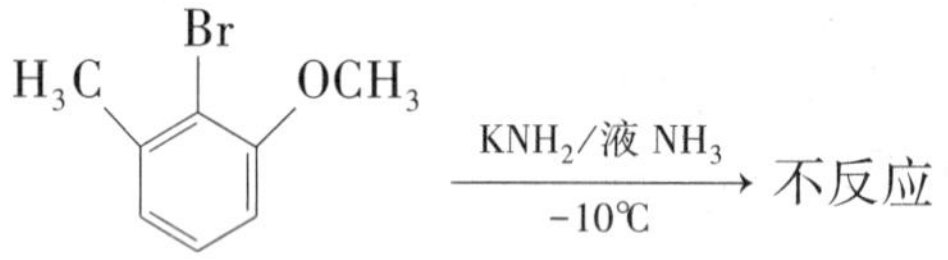

Br, H_3C, OCH_3 $\xrightarrow[-10℃]{KNH_2/液\ NH_3}$ 不反应

得到的推论：① 反应不是按普通的亲核取代反应进行。

② 一定有新的中间体存在，这就是苯炔(中间体)。

新问题的产生：① 苯炔中间体是如何产生的？

② 产生的苯炔中间体又是如何影响取代产物的？

4.6.1 苯炔的产生方法

芳卤用强碱处理，发生 β-消除反应，消去 HX 形成苯炔。

例 (Cl, H 邻位取代苯) $+PhLi \longrightarrow$ (苯炔) $+Cl^- +PhH+Li^+$

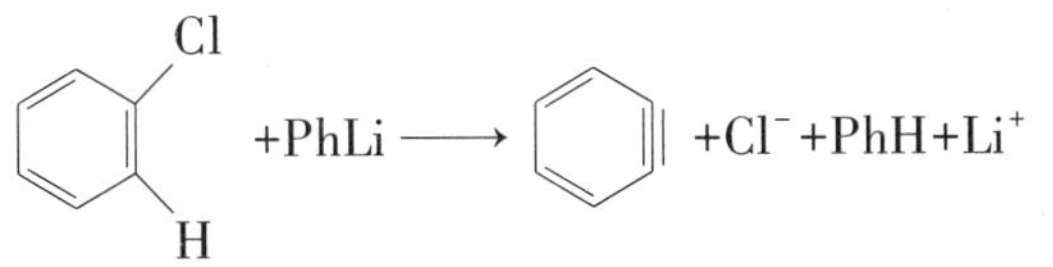

问题：HCl 是一步脱下来的还是分步脱下来的？如果是分步，哪个原子先脱？

用 RLi 在-30℃时处理芳卤，产率通常高。一般情况下(但不是用 KNH_2 作为碱)，芳氟比芳氯或芳碘容易被取代，这说明脱卤素是在快步骤里发生的，脱氢是慢步骤，为决定速率步骤，电负性大的氟增大了邻位氢的酸性，有利于氢原子的脱去。

苯炔生成机理：

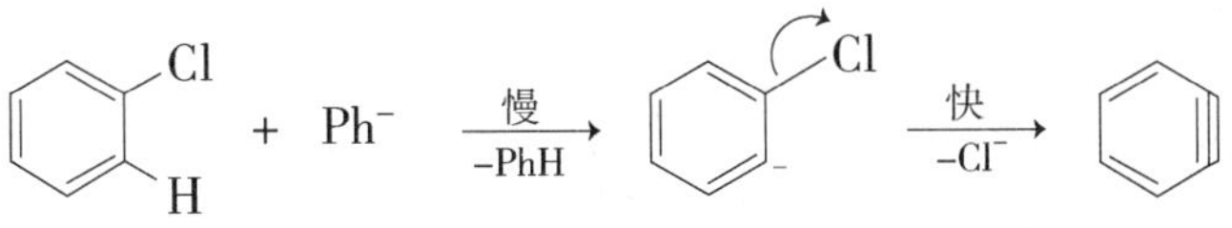

(Cl, H 邻位取代苯) $+\ Ph^-$ $\xrightarrow[-PhH]{慢}$ (邻氯苯负离子) $\xrightarrow[-Cl^-]{快}$ (苯炔)

如果苯环上有其它取代基，取代基对苯炔的生成将产生怎样的影响？生成的苯炔中间体又怎样进行加成？也即涉及苯炔的生成方向和加成方向。

在回答这个问题之前，需要先讨论苯炔的结构。因为结构对苯炔的生成与加成有影响，即结构决定性质。

4.6.2 苯炔的结构

经过理论计算和实验测定，对苯炔结构的认识如下：

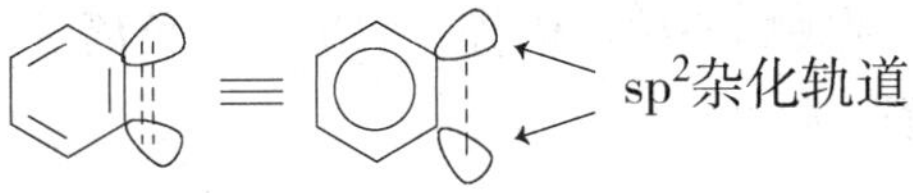

(苯炔结构示意) ≡ (苯炔结构示意) ← sp^2杂化轨道

苯炔的叁键由环内的环状大 π 键和环外 π 键构成。环外 π 键由两个碳原子的 sp^2杂化轨道侧面重叠而成。由于两个 sp^2杂化轨道对称轴并不平行，故重叠程度不及两个 p 轨道，因此环外 π 键远没有环内大 π 键稳定，极易打开。另外，两个 π 键所在的**平面互相垂直，相互之间并没有相互作用**。环外 π 键的不稳定性，表现为苯炔是非常活泼的中间体，很难离析，只能在极低温度下观测到它的光谱，或用活性捕捉剂截获。

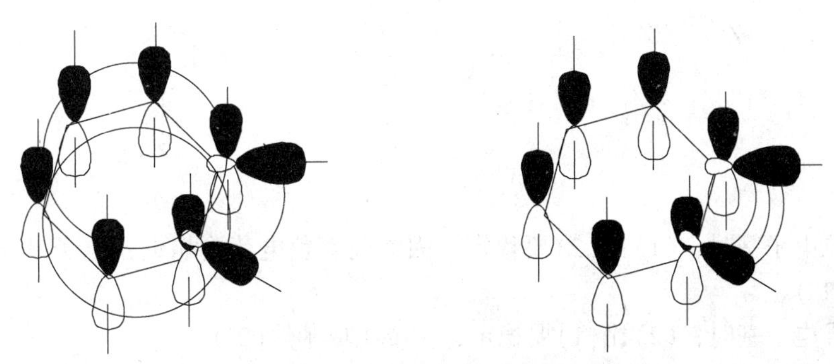

环状大 π 键与环外 π 键**互相垂直：只有诱导效应而无共轭效应。**

4.6.3 苯炔的生成方向及加成方向

1. 苯炔生成方向

当生成的苯炔没有对称性时，就产生苯炔的生成方向及加成方向问题。先讨论生成方向问题，以芳卤的氨解反应为例。

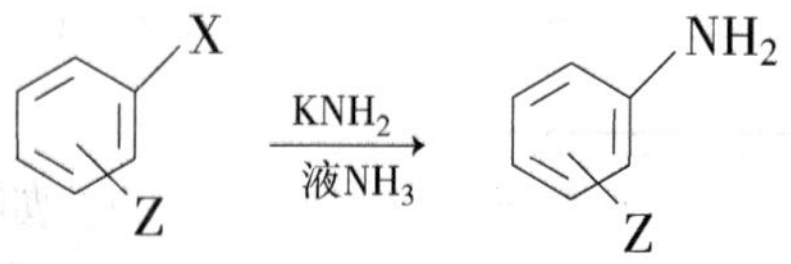

$\xrightarrow[\text{液}NH_3]{KNH_2}$

（1）

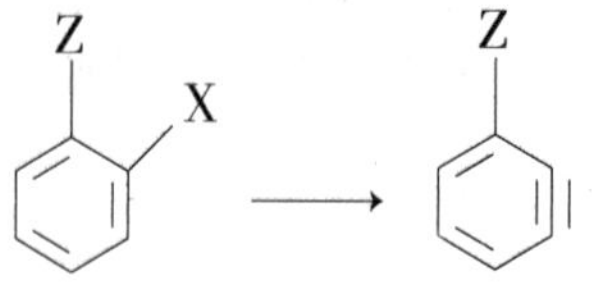

（2）

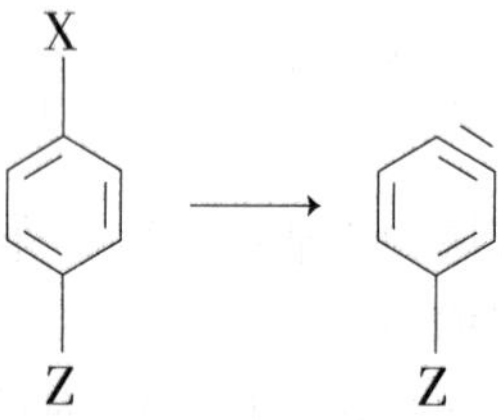

（3）

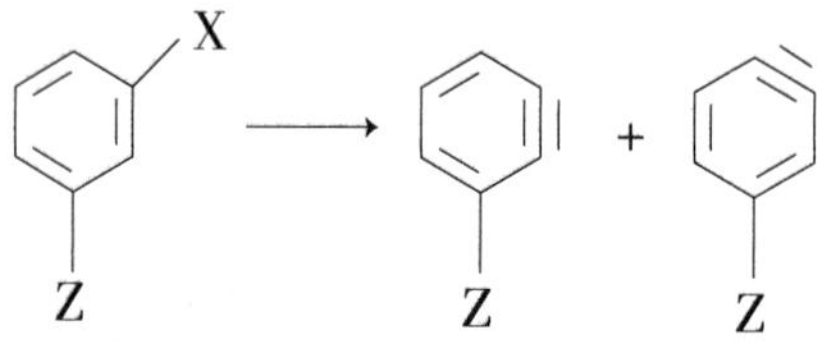

（3）中生成两种苯炔。到底哪一种占优势，取决于碳负离子的稳定性，而碳负离子的稳定性又与取代基的诱导效应有关。

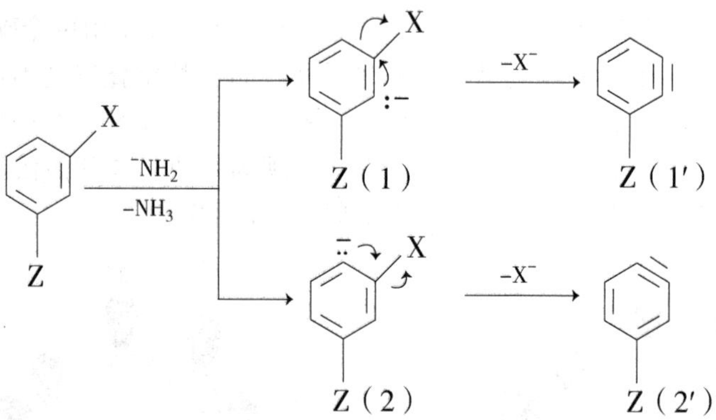

$\xrightarrow[-NH_3]{^-NH_2}$ Z (1) $\xrightarrow{-X^-}$ Z (1′)

Z (2) $\xrightarrow{-X^-}$ Z (2′)

讨论：

当 Z 为拉电子基时，(1) 比 (2) 要稳定，因为前者负电荷更靠近拉电子基 Z，相应的主要生成苯炔 (1′)。

当 Z 为推电子基时，(2) 比 (1) 要稳定，主要生成苯炔 (2′)。

2. 苯炔的加成方向

苯炔的加成方向也取决于取代基 Z 的诱导效应。当 Z 为拉电子基时，越靠近负电荷中心越稳定；当 Z 为推电子基时，越远离负电荷中心越稳定。

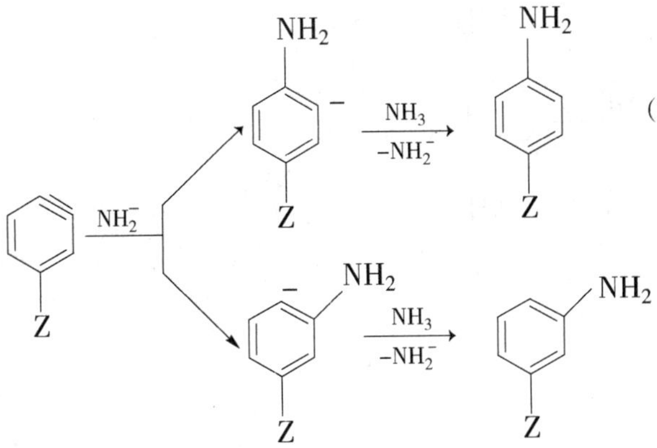

（Z为拉电子基时的优势产物）

（Z为推电子基时的优势产物）

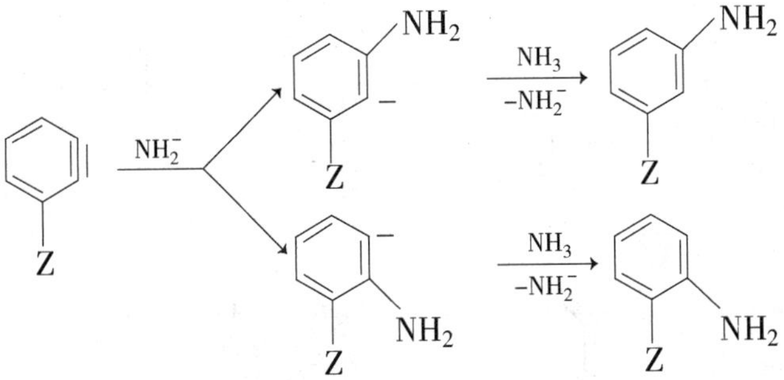

（Z为拉电子基时的优势产物）

（Z为推电子基时的优势产物）

例 1 (100%；—OCH_3为拉电子基)

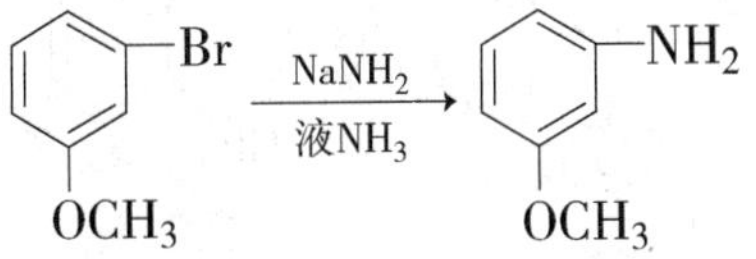

例 2 （68%） （32%） (—CH_3为推电子基)

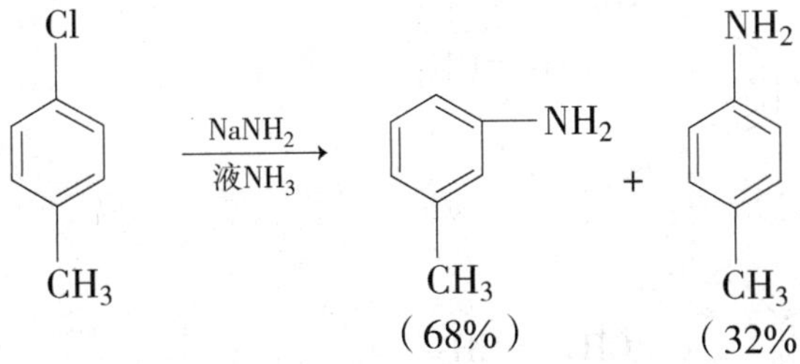

4.6.4 苯炔的反应

苯炔的反应总是涉及对“叁键”的加成，从而在产物中恢复芳香性。**苯炔既可进行亲核加成与亲电加成，也可进行协同的环加成。**

1. 亲核加成

例 1

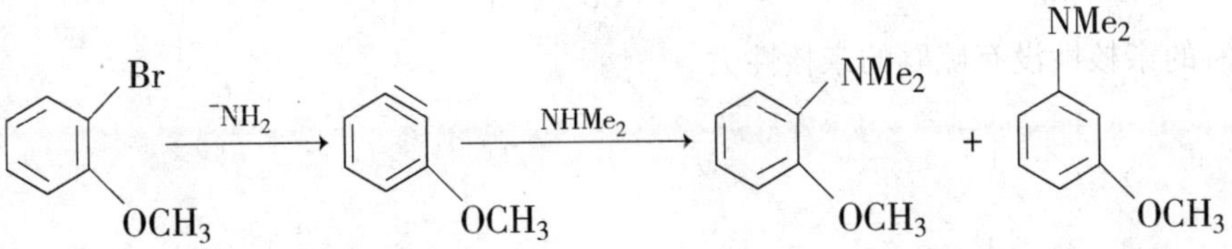

例 2

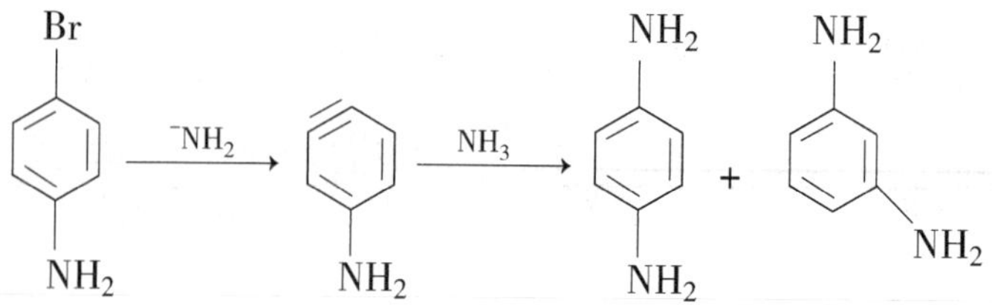

例 3

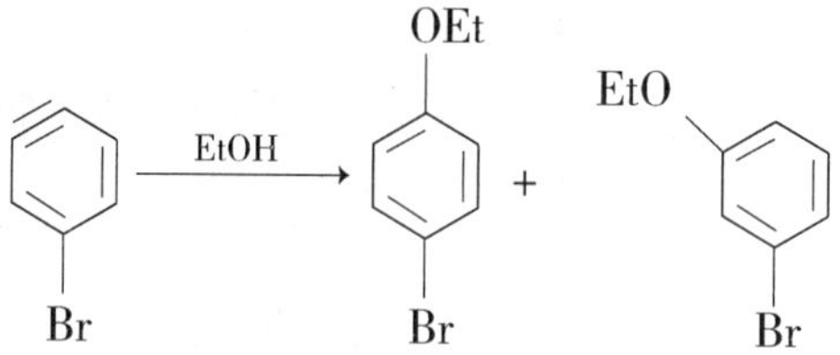

例 4

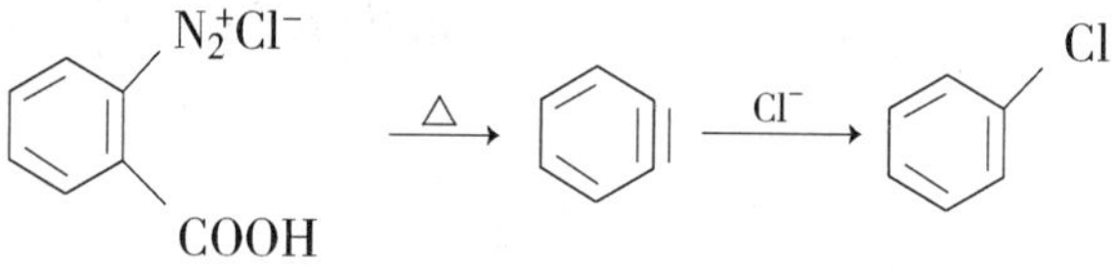

例 5

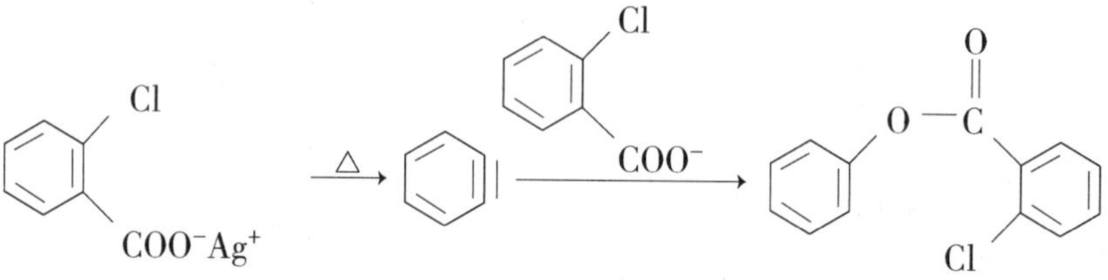

例 6

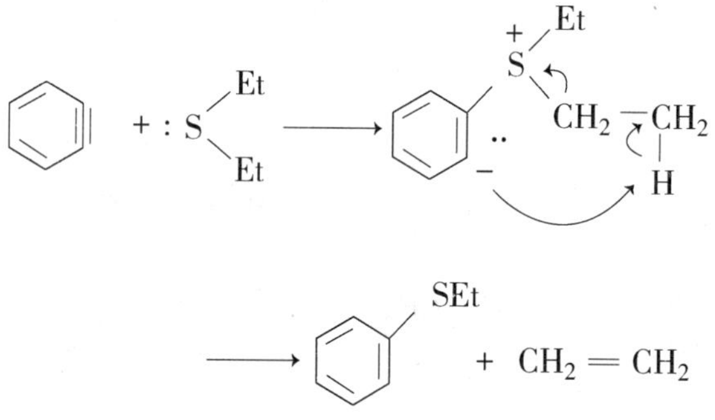

例 7

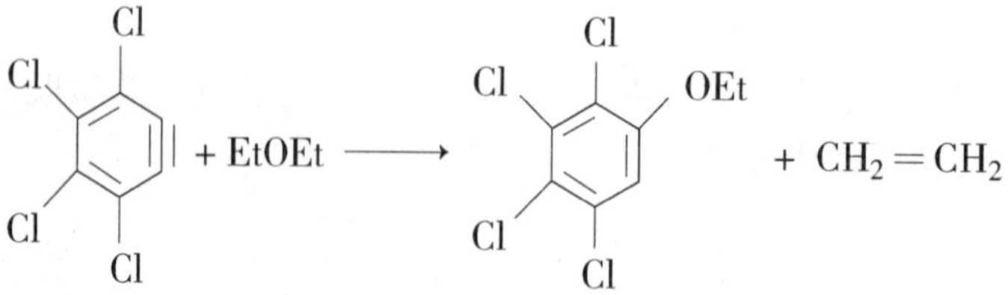

但醚的亲核性没有硫醚的亲核性大。

2. 亲电加成

例 1

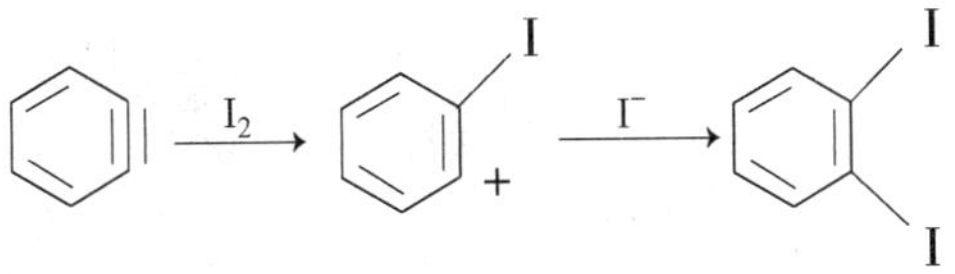

$\xrightarrow{I_2}$ $\xrightarrow{I^-}$

I I I

例 2

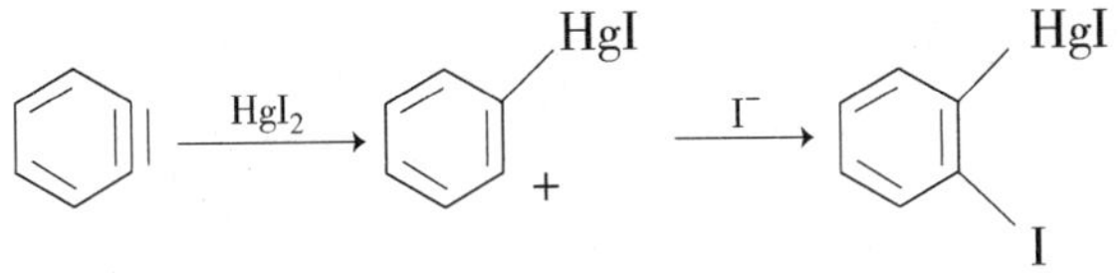

$\xrightarrow{HgI_2}$ $\xrightarrow{I^-}$

HgI HgI I

例 3

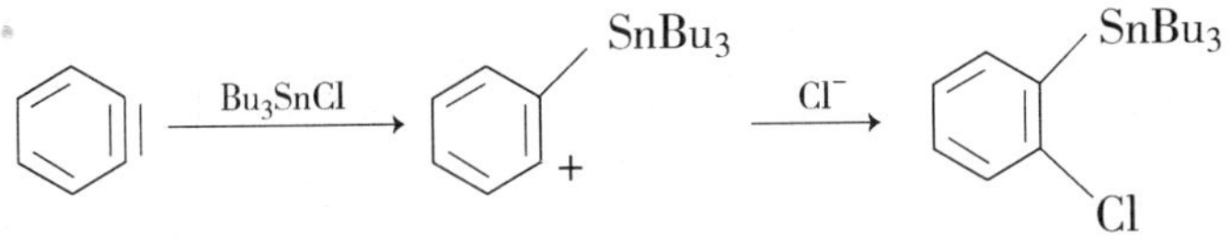

$\xrightarrow{Bu_3SnCl}$ $\xrightarrow{Cl^-}$

$SnBu_3$ $SnBu_3$ Cl

例 4

+ B(Et)(Et)(CH_2CH_3) ⟶ [Ph–B⁻(Et)(Et)–CH_2–CH_2–H] ⟶ Ph–$B(Et_2)$ + CH_2 ═ CH_2

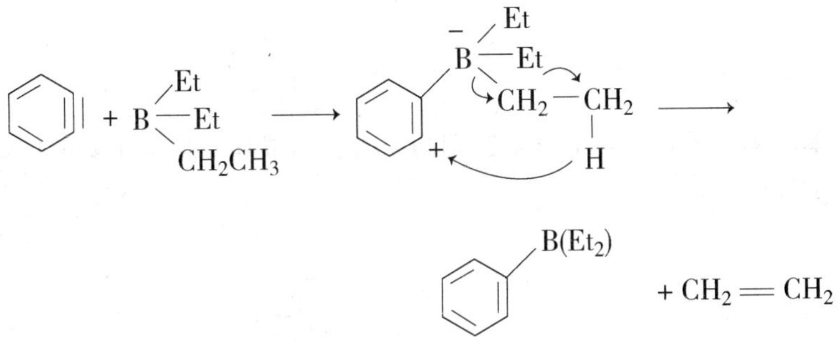

三烷基硼与苯炔加成时，如果有 β-H，则会脱去一个烷基形成烯烃。

3. 环加成

苯炔在气相可以二聚为联苯：

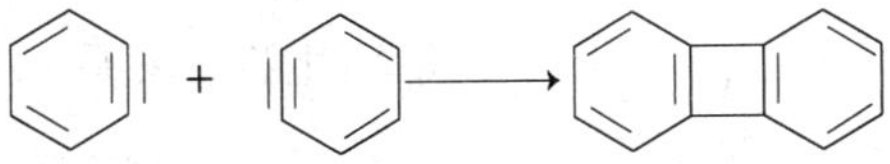

例 1 完成反应式：（南开大学 2002 年考研题）

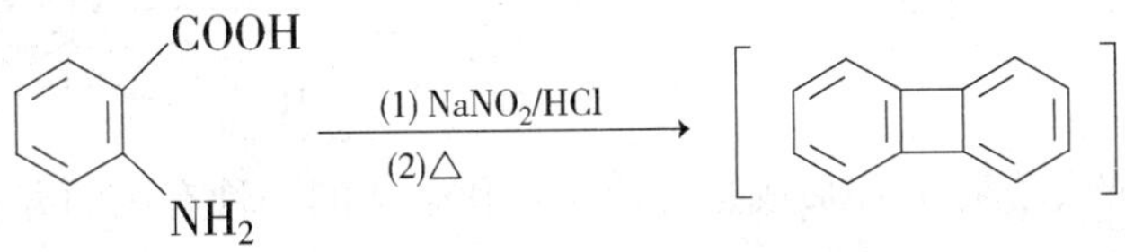

COOH

NH_2

$\xrightarrow[(2)\triangle]{(1)\ NaNO_2/HCl}$ [ ]

在 Diels-Alder 反应里，苯炔表现为高度活泼的亲双烯体，能与众多的双烯体发生环加成反应。

例 2

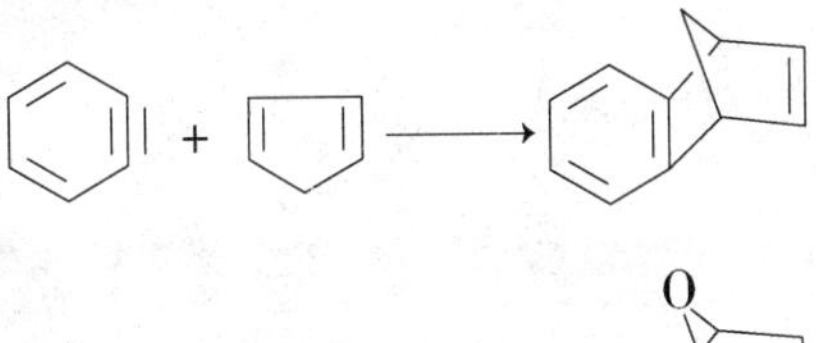

例 3

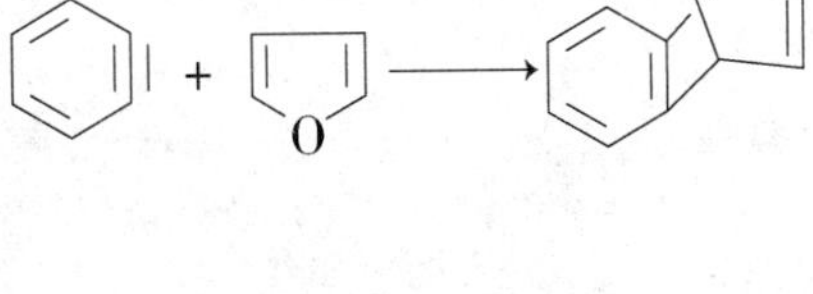

O

O

例 4

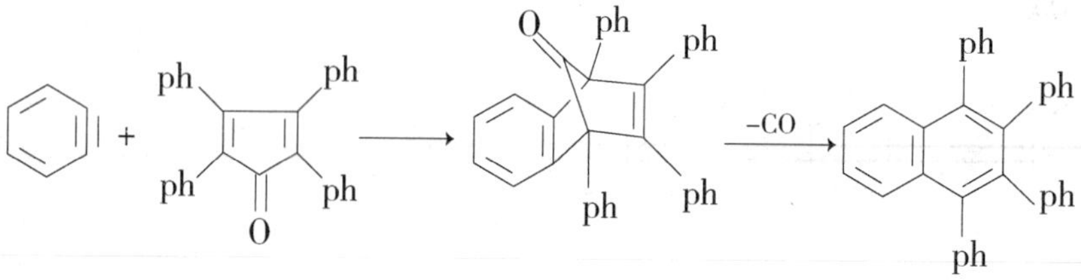

苯炔甚至能与苯、萘、蒽等芳烃进行环加成反应。

例 5

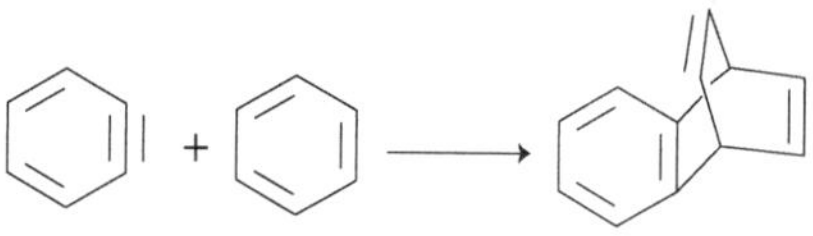

例 6

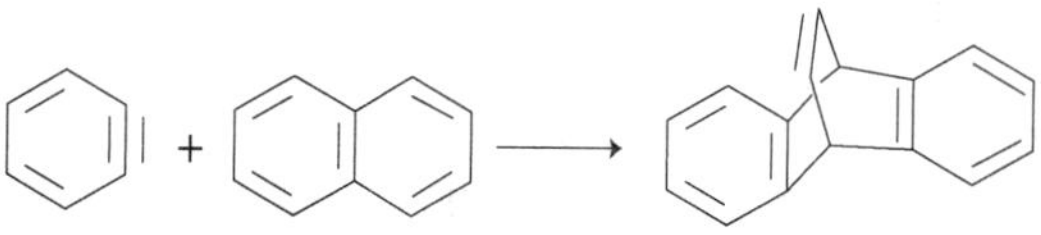

除 Diels-Alder 反应外，苯炔还可以进行其它形式的环加成反应。

例 7 + =CHCN —[8+2]环加成→

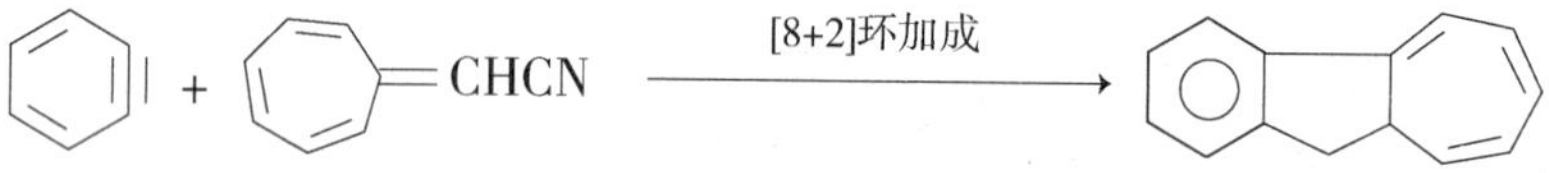

苯炔不能与简单的烯烃进行环加成反应，但与具有张力或连有供电子基的烯烃可以进行环加成反应生成环丁烯衍生物。

例 8 —[2+2]环加成→

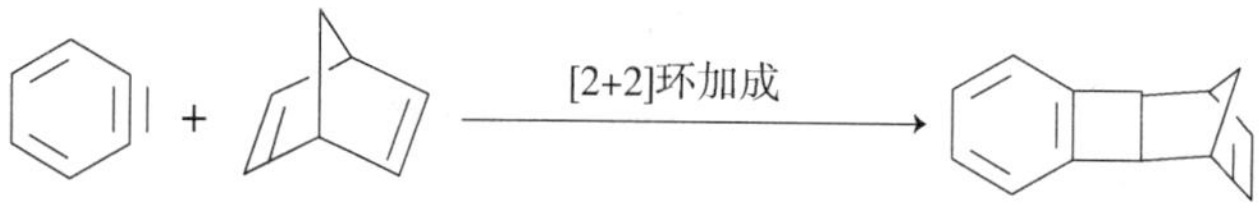

例 9 + $CH_3CH=CHOCH_3$ —[2+2]环加成→

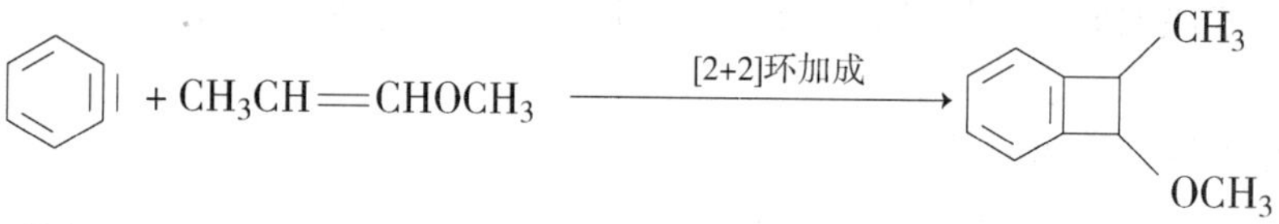

苯炔与炔烃可进行类似的反应生成环丁二烯衍生物，然后再发生二聚。

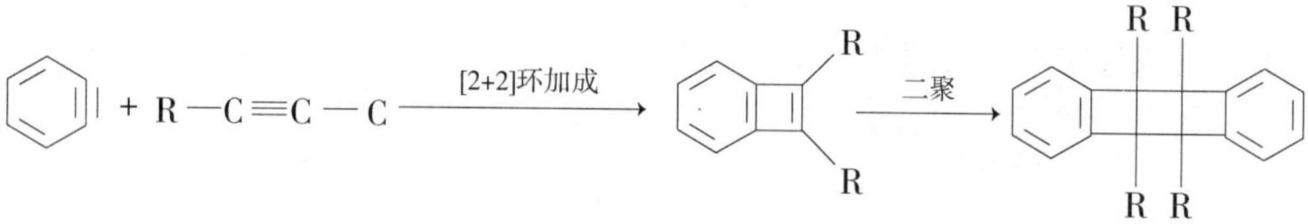

+ R—C≡C—C —[2+2]环加成→ —二聚→

苯炔与 1,3-偶极化合物的环加成是合成杂环化合物的一种有用的方法。

例 10

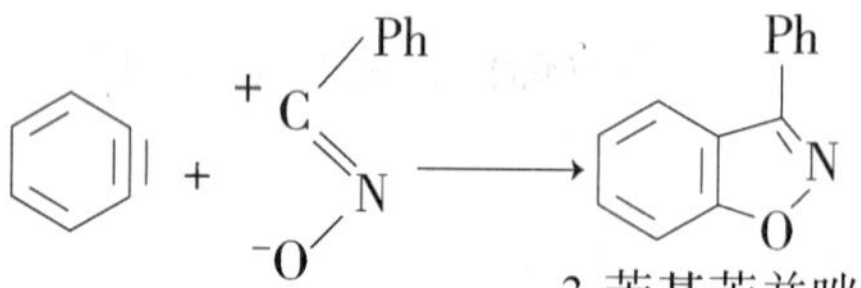

3-苯基苯并唑

例 11

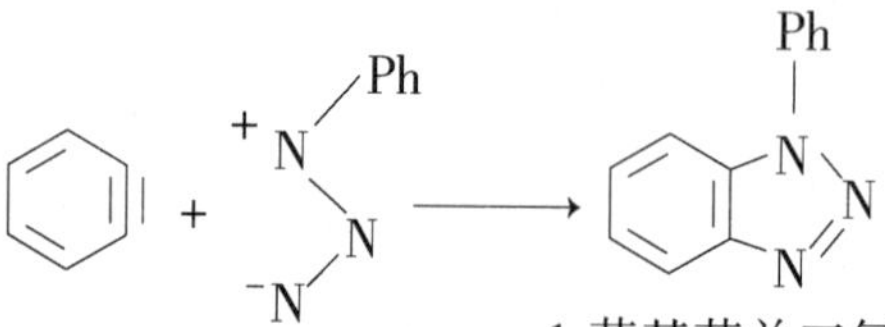

1-苯基苯并三氮唑

第 5 章　有机反应机理

有机反应历程(机理)是指从反应物到达产物的能量最低的合理途径。所谓“合理”就是指所经历的步骤都有已证实的先例，与已知的基本规则不相悖，而且要能符合和解释所有的实验事实，包括反应中的立体化学。

本章讲述各类有机反应的机理，包括取代、消除、加成以及氧化、还原等反应。

5.1　反应机理的推断

除了从产物得到启发以外，以下几方面通常可以为推断机理提供重要信息：

1. 动力学数据

根据动力学数据，我们可以知道速率与有关化合物浓度的关系。实验测得的反应总级数是在速率方程式中出现的各项浓度幂之和。对其中一个反应物来说，也可能是零级、整数级或非整数级。反应分子数是指在设想的决定速率的一步中形成过渡态时涉及的分子数目。反应级数与反应分子数并不一定都是同数值。

2. 中间体研究

因为中间体常常可以作为过渡态的模型，检测、离析和捕获到中间体就可为反应历程提供可靠的证据。

3. 立体化学判断

从反应物和产物分子的形成，可以推断键的形成和断裂的方向。

4. 同位素应用

同位素的化学本质是相同的，但质量越大，形成的键能越强，断裂也就越难。25℃时 C—H 键的断裂速率比 C—D 键约快 7 倍，即 $k_H/k_D=7$。如果在决定速率的一步中涉及 C—H 的断裂，则用它的 D 代物时，反应速率将减慢近 7 倍，此即称为初级同位素效应。另外，用标记试剂(如 $H_2{}^{18}O$)来反应，鉴定反应前后标记原子的分配，可以更有效地推测反应的途径。

5.2　饱和碳原子上的亲核取代机理(S_N)

5.2.1　反应机理及类型

底物 R—L 中的 $C^{\delta+}—L^{\delta-}$ 极性键可被亲核试剂 Nu^- 取代而生成 R—Nu。从机理看，可能有两种极限情况：

S_N1 反应：$R—L \xrightleftharpoons{慢} R^+ + L^-$

$$R^+ + Nu^- \xrightarrow{快} R—Nu(二步反应)$$

S_N2 反应：$Nu^- + R-L \rightleftharpoons [\overset{\delta-}{Nu}\cdots R\cdots\overset{\delta-}{L}] \longrightarrow RNu + L^-$（一步反应）

可以看出，对于 S_N1，反应速率 $= k_1[RL]$；而对 S_N2，反应速率 $= k_2[RL][Nu^-]$。反应的能量曲线图如下：

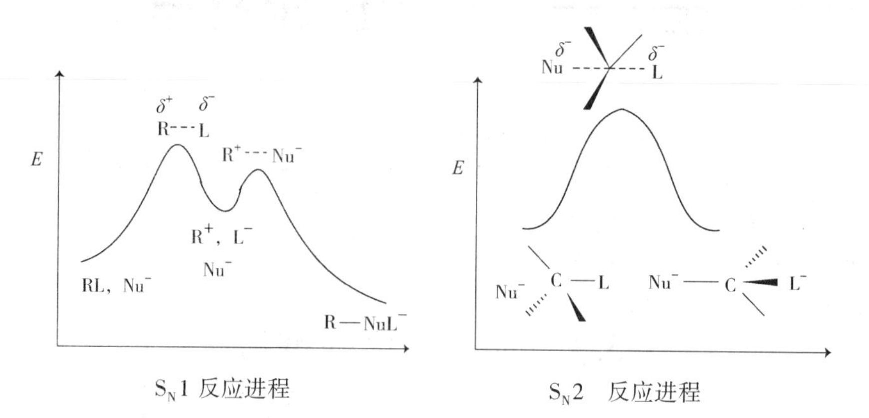

S_N1 反应进程　　S_N2　反应进程

两者在立体化学上的差别是：S_N1 反应的产物是外消旋体；而 S_N2 则是构型的翻转（注意：不能根据旋光符号是否改变来证明构型是否翻转）。两者都有消除反应与之竞争。

5.2.2　影响取代反应的因素讨论

1. 底物结构的影响

S_N1 反应因经碳正离子中间体，故还有重排反应。影响其反应速率的因素如下：

对 S_N1，L 所在的碳原子上连有推电子诱导或共轭效应的基团时，对反应有利（可帮助分散正电荷）；基团的体积大时也有利于反应（成 C^+ 时可相对地解除了拥挤）。因而卤代烃对于 S_N1 反应的活性顺序如下：

烯丙型，苄基型 $> 3° > 2° > 1° > CH_3X >> C=C—X$

对 S_N2，过渡态的中心碳原子是正电性的五价碳，位阻影响很大，因而 α-、β-位上有体积大的基团时对反应极为不利。故卤代烃对于 S_N2 反应的活性顺序是：

苄基型，烯丙型 $> CH_3X > 1° > 2° > 3° >> C=C—X$

2. 离去基团 L 的影响

L 的可极化性大，L^- 碱性弱和易被溶剂化者，对 S_N1 反应和 S_N2 反应皆有利，其离去活性顺序是：

$$—OSO_2R > —I > —Br > -Cl > —ONO_2 > —F > —OAc > —NR_2$$

对于—OH、—OR、—NH_2 等难离去基团，常需要先使其质子化成为易离去的 H_2O、HOR、NH_3 后才可离去。

3. 亲核试剂 Nu^- 的影响

对 S_N1 反应，其反应速率与 Nu^- 的浓度无关；而进行 S_N2 反应时，$[Nu^-]$ 直接影响反应速率。试剂的中心原子体积大，易极化，溶剂化弱者，则亲核能力强。Nu^- 的亲核能力和浓度可能改变机理的类型，强和浓的试剂使反应有利于按 S_N2 机理进行。

4. 溶剂的影响

比较起始物和过渡态的电荷分散情况，可以预料溶剂极性对反应速率的影响。如果过渡态中的电荷较起始物集中或增加，则提高溶剂极性有利于反应过程能量的降低，即增大溶剂极性有利于反应进行。例如，S_N1 反应，$R—L \to [R^{\delta+} \cdots L^{\delta-}]$，溶剂极性增大将大大加速反应。

对于 S_N2 反应，按试剂和底物的电荷情况有如下四种类型：

(1) $Nu^- + R—L \longrightarrow [\overset{\delta-}{Nu}\cdots R \cdots \overset{\delta-}{L}] \longrightarrow NuR + L^-$

例 $^-OH + CH_3Br \longrightarrow CH_3OH + Br^-$

(2) $Nu: + R—L \longrightarrow [\overset{\delta-}{Nu}\cdots R \cdots \overset{\delta-}{L}] \longrightarrow \overset{+}{N}uR + L^-$

例 $Me_3N + MeBr \longrightarrow Me_4N^+ + Br^-$

(3) $Nu: + R—\overset{+}{L} \longrightarrow [Nu \cdots \overset{+}{R} \cdots L] \longrightarrow NuR + L^+$

例 $PhN_2^+ + H_2O \longrightarrow PhOH + N_2 + H^+$

(4) $Nu^- + R^+—L \longrightarrow [\overset{\delta+}{Nu}\cdots R \cdots \overset{\delta-}{L}] \longrightarrow NuR + L$

例 $I^- + C_4H_9O^+H_2 \longrightarrow C_4H_9I + H_2O$

改变溶剂极性对于(1)、(3)、(4)皆影响不大，但增加溶剂极性对于(2)将大大加速反应。改用极性很大的溶剂时(如在 HCOOH 中反应)，有可能使该反应由原来的 S_N2 历程变为 S_N1 历程。将质子性溶剂换成非质子性溶剂，有可能使原来的 S_N1 历程变为 S_N2 历程进行。

在所有影响因素中，最根本的是取决于底物的结构。所以：**易成稳定的碳正离子的3°卤代物极易倾向于单分子反应规律，1°卤代物则大大倾向于双分子反应，2°卤代物常常以双分子反应为主。**

5.2.3 紧密离子对理论

实际上，对于 R—L 的 S_N反应，S_N1 和 S_N2 两种历程对反应都有贡献。另外，在按 S_N1 历程反应时也未必完全外消旋化，而常有构型翻转。这可能是由于离子对 R^+L^-不大疏松，L 起着一定的屏蔽作用，妨碍着 Nu^-从一方面进攻。特别是当溶剂极性强和溶剂化能力强时，使 R^+L^-易生成；或 R^+很活泼，一生成就立即和 Nu^-反应；或试剂浓度大和亲核性强而急于进攻时，构型翻转的比例皆增加。

$$R—L \rightleftharpoons R^+L^- \rightleftharpoons R^+ \| X^- \rightleftharpoons R^+L^-$$

紧密离子对　　溶剂分割离子对　　溶剂化离子

在有邻基参与时，立体化学可能反常。

$$Et_3\ddot{N} + CH_2{=}CH—\underset{CH_3}{\overset{H}{C}}—Cl \longrightarrow Et_3\overset{+}{N}—CH_2—CH{=}CH—CH_3 + Cl^-$$

对于醇类，1°醇的取代一般以 S_N2 历程为主；3°、2°醇则以 S_N1 为主，但与 PCl_3、PCl_5 等卤化物反应时，第一步是生成酯，而后是 Cl^-进攻的 S_N2 反应，即：

$$\rangle C—OH \xrightarrow[-HCl]{PCl_5} \rangle C—O—PCl_4 \xrightarrow[S_N2]{Cl^-} Cl—C\langle + POCl_3$$

三溴化磷作为亲核试剂常见于此类考题中，其特点是无重排反应和构型翻转。

5.2.4 仲醇发生亲核取代反应的特殊性

对于仲醇，随着反应条件的不同，在立体化学上表现出其特殊性。

仲醇和 $SOCl_2$的反应在速率上是二级的，但产物的立体化学随着反应条件而异。在苯、醚等溶剂中是构型保持的：

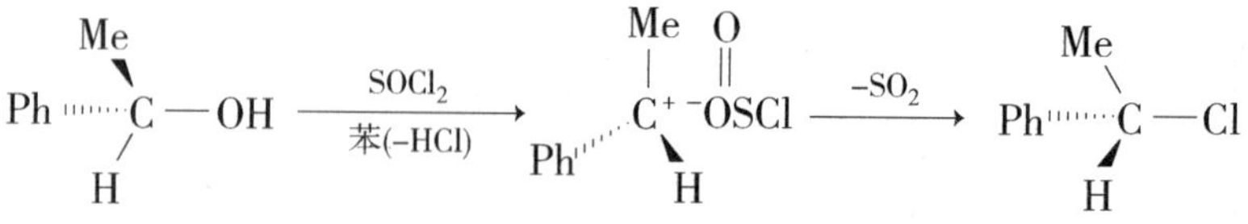

（离子对）

在吡啶中，得到构型翻转的产物；因吡啶和 HCl 中的 H^+结合，使 Cl^-可从背面进攻：

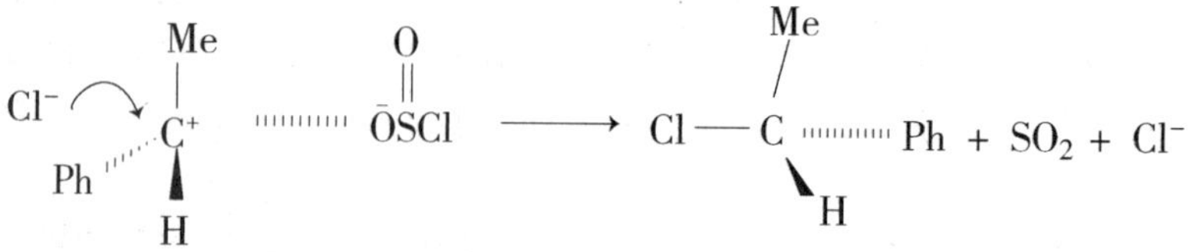

在二氧六环中，得到构型保持的产物。这是由于溶剂参与反应，使之发生了两次构型翻转：

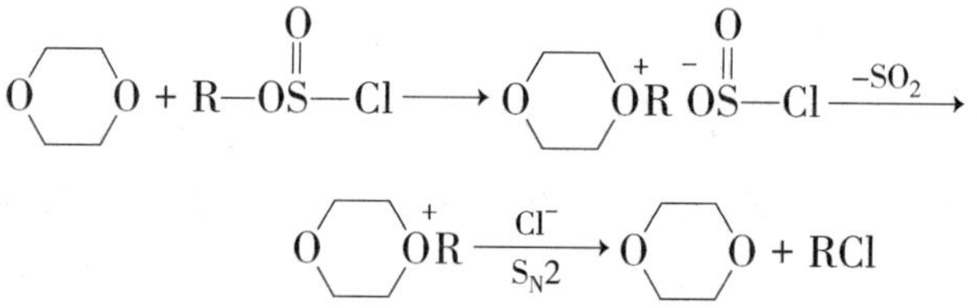

环氧化合物的开环也是亲核取代反应。在强酸性条件下开环，有较多的 S_N1 活性，Nu^-进攻在最易承担正电荷的碳上（即碳原子是 3°> 2°> 1°）。

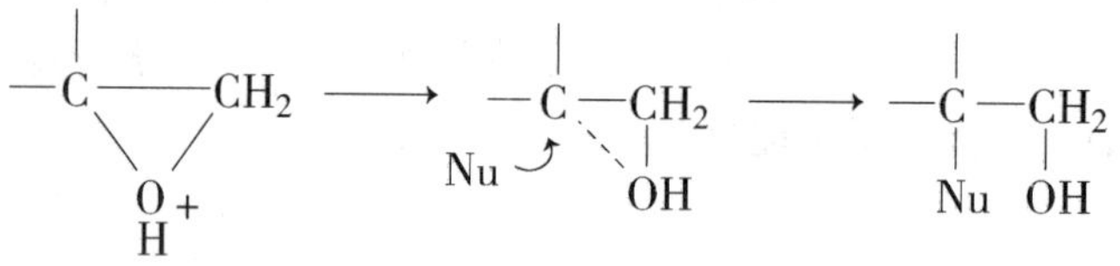

在碱性或中性条件下开环，有 S_N2 性质，Nu^-进攻位阻小的碳原子：

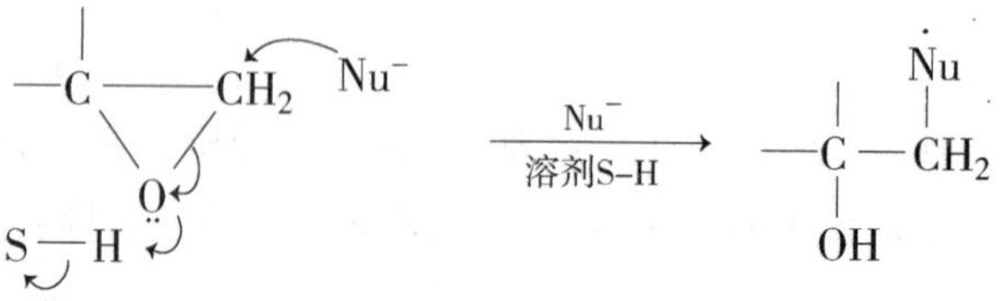

例 H / H_3C 环氧丙烷 —— H_3^+O → (质子化环氧，$H_2\ddot{O}$ 进攻) $\xrightarrow{-H^+}$ H, CH_2OH, C, H_3C, OH （S）

—— OH^- → (:OH^- 进攻) $\xrightarrow[-OH^-]{+H_2O}$ H, OH, C, H_3C, CH_2OH（R）

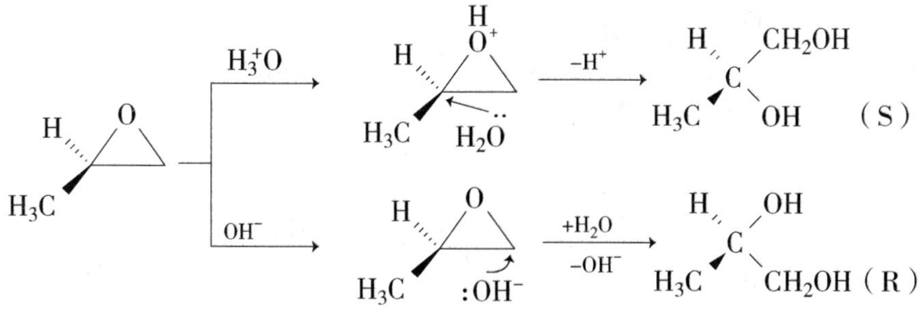

5.2.5 考研试题实例

例 1 完成反应(此题考查反应活性中心位置，但不考查立体化学)：

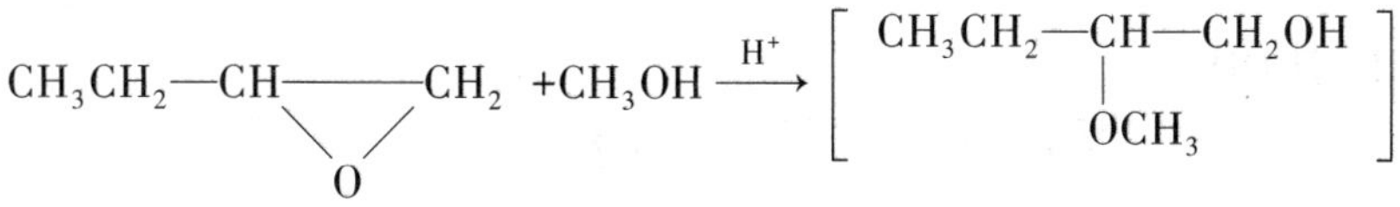

$$CH_3CH_2—\underset{\diagdown O \diagup}{CH—CH_2} + CH_3OH \xrightarrow{H^+} \left[CH_3CH_2—\underset{OCH_3}{\underset{|}{CH}}—CH_2OH \right]$$

例 2 完成反应(此题底物分子存在对称面，只考查立体化学)：

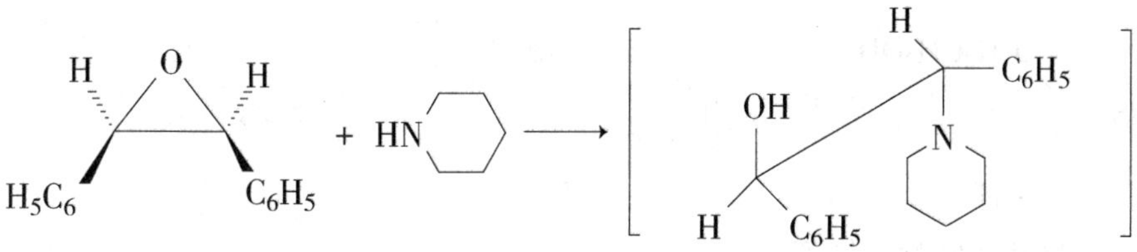

H, O, H, H_5C_6, C_6H_5 + HN(哌啶) ⟶ [H, C_6H_5, N(哌啶), OH, H, C_6H_5]

外消旋体

例 3 完成反应：

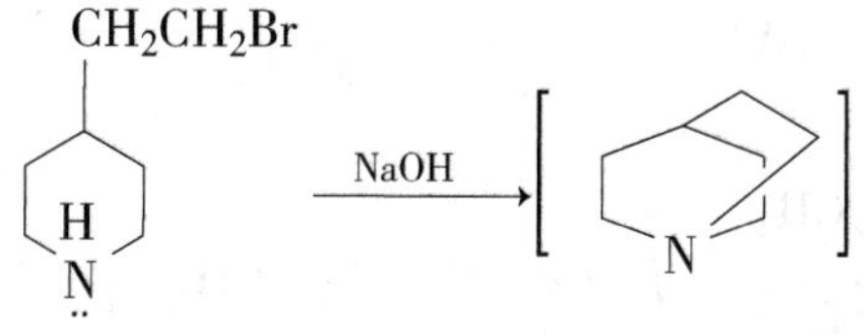

CH_2CH_2Br（4-位取代哌啶，H N̈） $\xrightarrow{NaOH}$ [奎宁环 N] （分子内亲核取代）

例 4 完成反应(此题关键是判断反应机理，丙酮与碘化物组合是 S_N2 特征)：

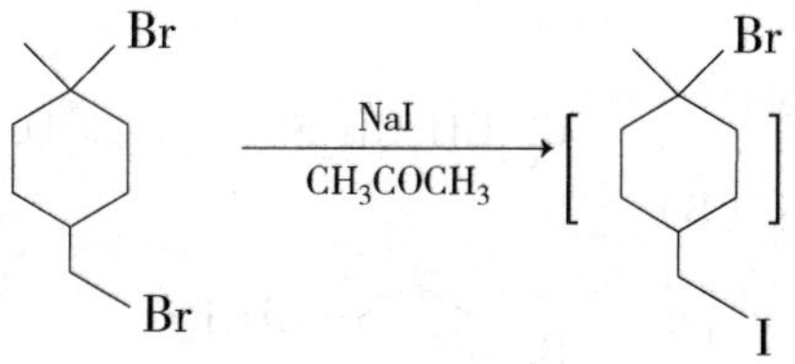

Br（1-甲基-1-溴-4-溴甲基环己烷）Br $\xrightarrow[CH_3COCH_3]{NaI}$ [Br … I] （S_N2，位阻越小，越易反应）

例 5 完成反应(考查反应活性中心判断)：

$$CH_3CH_2\underset{\diagdown O \diagup}{CH—CH_2} \xrightarrow{[CH_3ONa/CH_3OH]} \left[CH_3CH_2\underset{OH}{\underset{|}{CH}}—CH_2OCH_3 \right]$$

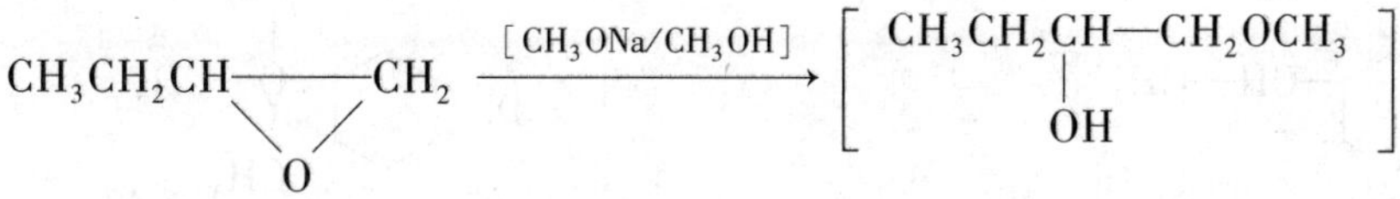

例 6 完成反应(此题既考查反应活性中心判断，又考查反应的立体化学)：

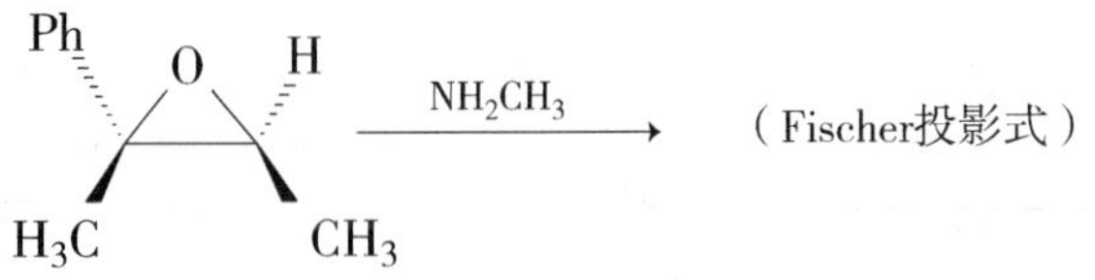

Ph O H H_3C CH_3 $\xrightarrow{NH_2CH_3}$（Fischer投影式）

解：Ph O H H_3C CH_3 $\xrightarrow{NH_2CH_3}$ OH H CH_3 Ph CH_3 $NHCH_3$ $\longrightarrow$ CH_3 H_3CHN H Ph OH CH_3

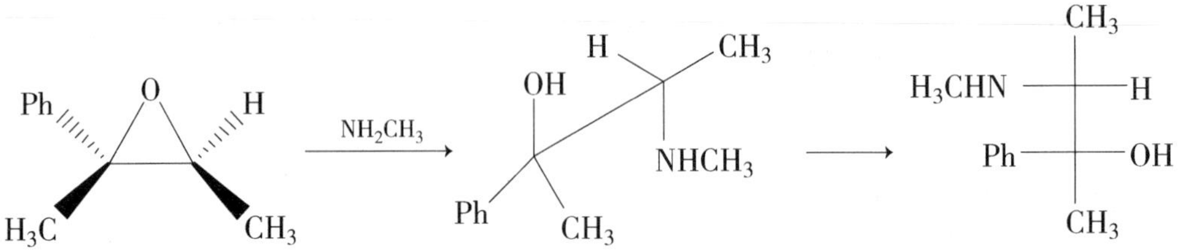

例 7　完成反应：

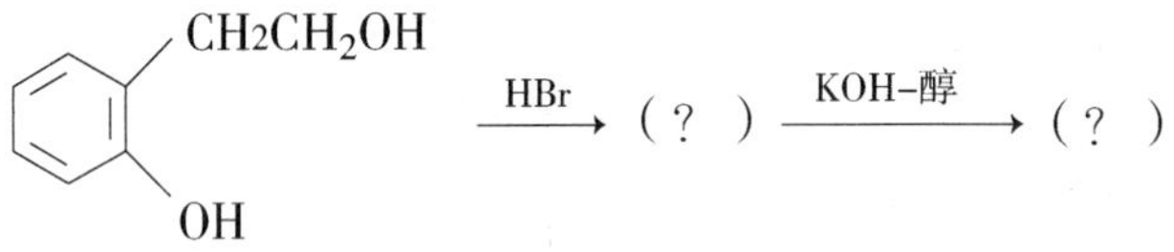

CH_2CH_2OH OH $\xrightarrow{HBr}$（？）$\xrightarrow{KOH-醇}$（？）

解：

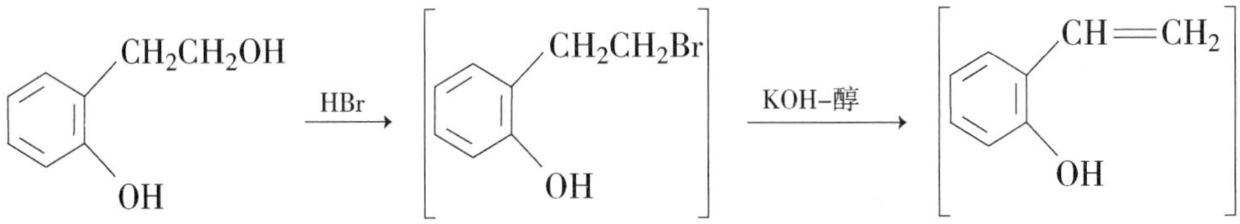

CH_2CH_2OH OH $\xrightarrow{HBr}$ [CH_2CH_2Br OH] $\xrightarrow{KOH-醇}$ [$CH=CH_2$ OH]

例 8　亲核性强弱顺序排列：

CH_3COO^-　　O^-　　^-OH　　$CH_3CH_2O^-$

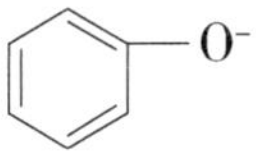

例 9　进行 S_N1 反应速率最快的是：（A）

A.  CH_2Cl　B. 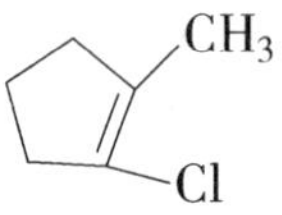 CH_3 Cl　C. 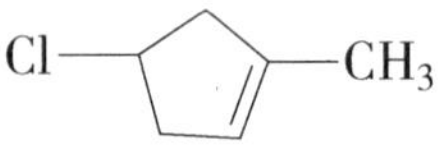 Cl CH_3　D. 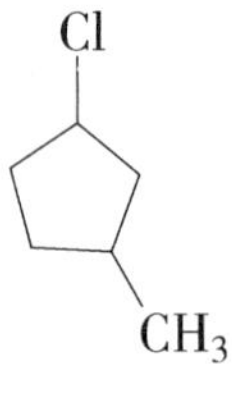 Cl CH_3

例 10　亲核性最强的是：（C）

A. $CH_3—COO^-$　　B. $CH_3—CH_2O^-$　　C. $CH_3CH_2S^-$　　D. F^-

例 11　发生 S_N2 反应时，速率最大的是：（B）

A. 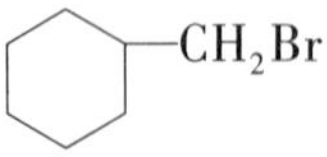 CH_2Br　　B. 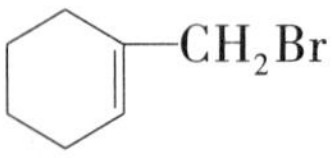 CH_2Br

C. 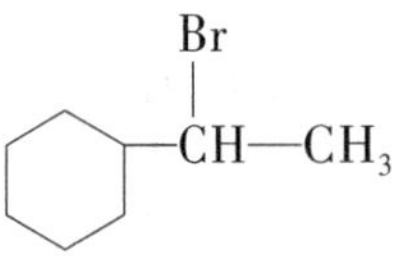 Br $CH—CH_3$　　D. 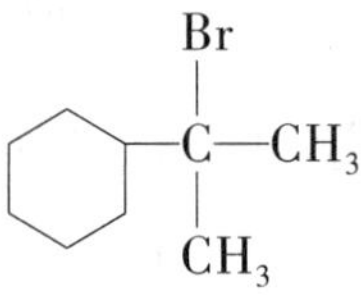 Br $C—CH_3$ CH_3

例 12　完成反应：

$$C_6H_5-\underset{\diagdown O \diagup}{CH-CH_2} \xrightarrow{HBr} \left[C_6H_5-\underset{Br}{\underset{|}{CH}}-CH_2OH \right]$$

例 13　下列化合物中与硝酸银/乙醇溶液反应最快的是：(A)

A．$CH_3C_6H_4CH_2Cl$　　B. $O_2NC_6H_4CH_2Cl$　　C. $CH_3C_6H_4Cl$　　D. $O_2NC_6H_4Cl$

例 14　下列负离子中哪个碱性最强：(C)

A. $CH_3CH_2CH_2COO^-$　　B. $(CH_3)_2CHCH_2O^-$　　C. Me_3CO^-　　D. HO^-

例 15　完成反应：

Ph H H₃C OH → ( ) → Ph H H₃C Cl

( ) → Ph H H₃C Cl + Ph Cl H₃C H

[**仲醇和 $SOCl_2$**的反应在**苯**、**醚**等溶剂中是**构型保持**，在**吡啶**中，得到构型翻转的产物，在**二氧六环**中，得到**构型保持**的产物；而在强酸性条件下发生 S_N1 反应，可得一对对映体，即外消旋产物]。

例 16　下列卤代烃按 S_N2 反应速率最慢的是：(A)

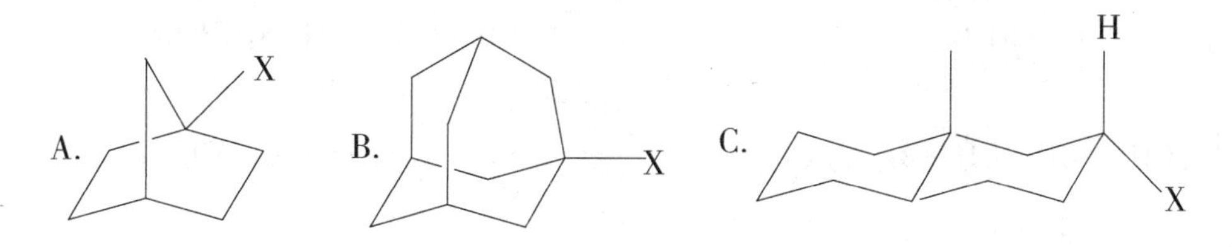

5.2.6　习题

1. 下列卤代烃按 S_N1 反应速率最慢的是：(D)

A. (环己基溴) Br　　B. Br　　C. Br　　D. H_3CBr

2. 完成反应，如有立体化学问题请注明；若不反应，用 NR 表示。

Cl (环戊基) $\xrightarrow[H_3CCOCH_3]{KI}$ [I (环戊基)]

3. 完成反应，如有立体化学问题请注明；若不反应，用 NR 表示。

Cl Me $\xrightarrow[\text{MeOH}]{\text{KI}}$ [I Me]

4. 完成反应，如有立体化学问题请注明；若不反应，用 NR 表示。

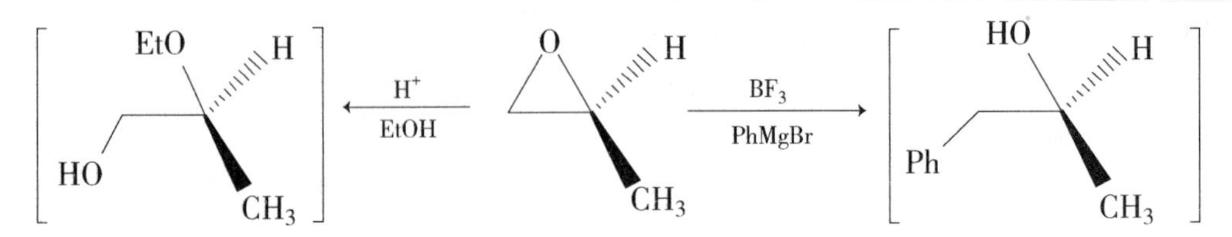

5. 下列负离子中，亲核性最弱的是：（B）

A. O_2N— —O^-　　B. O_2N— —O^- —NO_2　　C. H_3C— —O^-

D. Cl— —O^-

6. 下列负离子作为离去基团，最容易离去的是：（B）

A. $CH_3SO_3^-$　　B. $CF_3SO_3^-$　　C. CH_3COO^-　　D. CN^-

7. 完成反应：

H_3C H_3C O $\xrightarrow{CH_3O^-, CH_3OH}$ [H_3C H_3C OCH_3 OH]

8. $(CH_3)_3CCH_2OH$ 在 HBr 水溶液中形成的主要产物是：（D；S_N1 机理）

A. $(CH_3)_3C-CH_2Br$　　B. $(CH_3)_2CHCH_2CH_2Br$

C. $CH_3-CH(CH_3)-CH(CH_3)-Br$　　D. $CH_3-CBr(CH_3)-CH_2CH_3$

9. 写出反应的主要产物，或所需反应条件及原料或试剂。

H_3C ONa Cl ＋ O ⟶ [H_3C O O]

10. 写出反应的主要产物，或所需反应条件及原料或试剂。

Ph H D OH → $\xrightarrow{SOCl_2}$ [Ph H Cl D；构型保持]

$\xrightarrow{SOCl_2, Py}$ [Ph H Cl D；构型翻转]

11. 写出反应的主要产物，或所需反应条件及原料或试剂。

(1) $LiAlH_4$
(2) H_3O^+

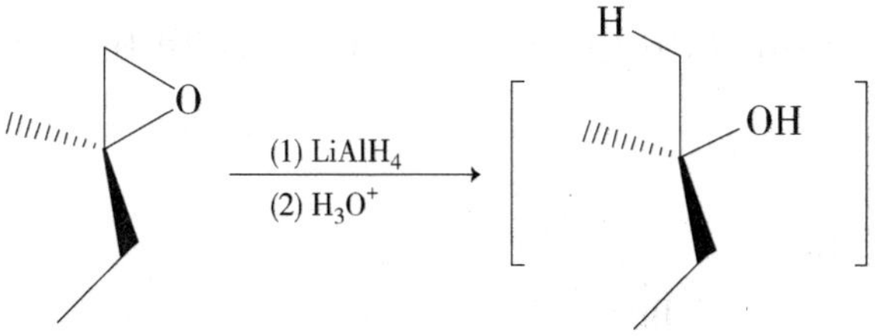

12. 写出反应的主要产物，或所需反应条件及原料或试剂。

CH_2OH TsCl △ Cl^-

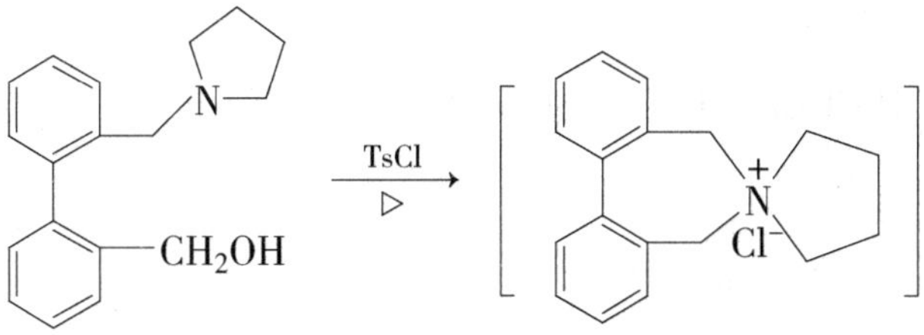

13. 按 S_N1 反应，下列化合物的反应活性顺序应是：(B)

a. 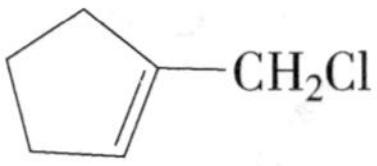 CH_2Cl b. 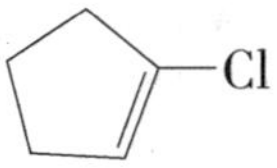 Cl c. 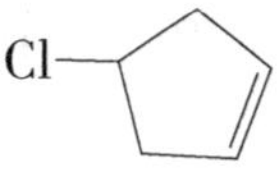 Cl d. 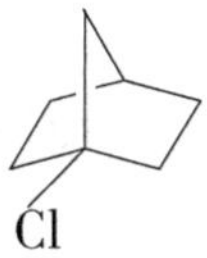 Cl

A. a>b>c>d　　B. a>c>b>d　　C. c>a>b>d　　D. c>b>a>d

14. 哪一个氯代烃与 $AgNO_3$/EtOH 反应最快(B；S_N1)

A. 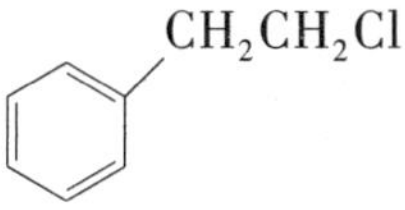 CH_2CH_2Cl　　B. 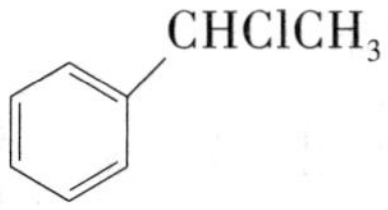 $CHClCH_3$　　C. 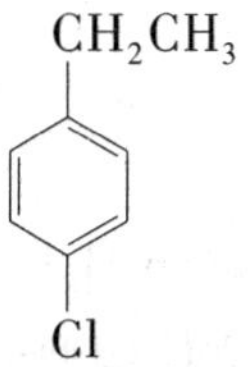 CH_2CH_3 Cl　　D. 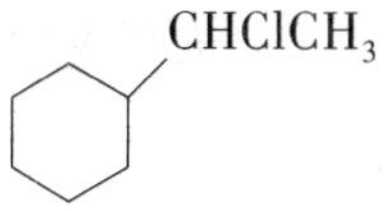 $CHClCH_3$

15. 在下面四种情况下，使 2-溴丁烷主要发生 S_N2 反应的条件是：(B)

A. H_2O　　B. NaI 的丙酮溶液　　C. $AgNO_3$-EtOH　　D. EtONa+EtOH

16. 完成反应：

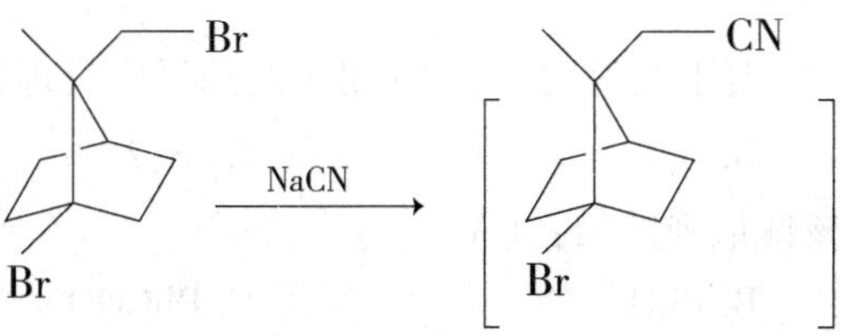

Br Br NaCN CN Br

17. 卤代烷与 NaOH 在水和乙醇混合溶液中反应，属于 S_N2 反应历程的特征是：(B)

A. 重排反应　　B. 产物构型发生瓦尔登反转

C. 增加 NaOH 浓度对反应速率无影响　　D. 叔卤代烷反应速率快于伯卤代烷

18. 按与 $AgNO_3$-酒精(S_N1)反应活性顺序排列下列化合物，并说明理由。

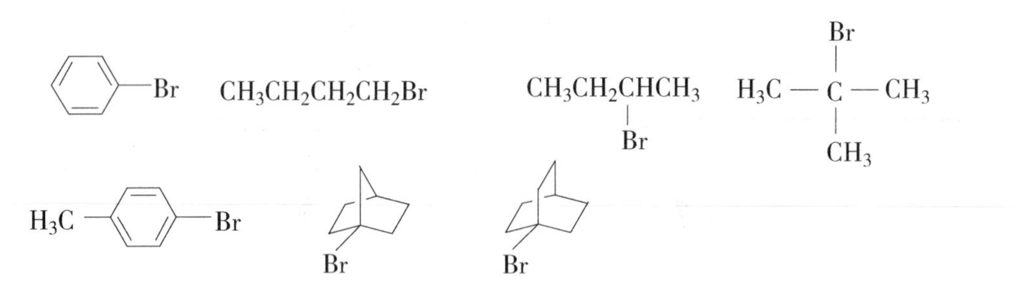

解：

$$(CH_3)_3C-Br > CH_3CH_2CHBrCH_3 > CH_3(CH_2)_3Br > H_3C-C_6H_4-Br > C_6H_5-Br > \text{(桥头溴代双环化合物)} > \text{(桥头溴代双环化合物)}$$

依据碳正离子稳定性大小而得序。

19. 完成反应，如有立体构型请注意写出。

$$CH_3(H_3CH_2C)(H)C-Br + HS^- \xrightarrow[CH_3OH]{50℃} [\ HS-C(CH_3)(CH_2CH_3)(H)\ ]$$

20. 完成反应，如有立体构型请注意写出。

$$C_6H_5-OCH_2CH_3 \xrightarrow[1\text{当量}]{HI\text{溶液}} [\ C_6H_5-OH + ICH_2CH_3\ ]$$

21. 完成反应，如有立体构型请注意写出。

$$o\text{-}(CH=CHBr)C_6H_4CH_2Br \xrightarrow{NaOH} [\ o\text{-}(CH=CHBr)C_6H_4CH_2OH\ ]$$

22. 完成反应，如有立体构型请注意写出。

$$(H_3C)_2C(O)CH_2 + CH_3CH_2O^- \xrightarrow{CH_3CH_2OH} [\ (H_3C)_2C(OH)CH_2OCH_2CH_3\ ]$$

23. 用 HBr 处理(*R*)-2-溴丁烷得到(*S*)-2-溴丁烷的反应机理是：(C)

A. S_N1　　B. E1　　C. S_N2　　D. E2

24. 下列负离子中亲核性最强的是：(A)

A. $CH_3CH_2O^-$　　B. PhO^-　　C. $PhCOO^-$

25. 下列化合物与 $AgNO_3/C_2H_5OH$ 反应，活性最高的是：(B)

A. $C_6H_5-CHBrCH_3$　　B. $CH_3O-C_6H_4-CHBrCH_3$　　C. $CH_3O-C_6H_4-CH_2CH_2Br$

26. 下列化合物在 $NaOH/H_2O$ 中反应，反应速率最快的是：(A；加成-消除机理)

A. $O_2N-C_6H_4-Cl$　　B. $CH_3O-C_6H_4-Cl$　　C. C_6H_5-Cl

27. 下列化合物与硝酸银的乙醇溶液发生 S_N1 反应，速率最快的是：(B)

A. C_6H_5—Br　　B. C_6H_5—$CHBrCH_3$　　C. C_6H_5—CH_2CH_2Br

28. 下列化合物与 C_2H_5ONa 反应，活性最高的是：(C；加成-消除机理)

A. Me—C_6H_4—Br　　B. C_6H_5—Br　　C. O_2N—C_6H_4—Br

29. 将下列化合物按与硝酸银/乙醇溶液反应速率由快到慢排序(A，D，C，B)

A. $CH_2=CHCH_2Cl$　　B. $CH_3CH=CH—Cl$

C. $CH_3CH_2CH_2Cl$　　D. CH_2CHCH_3（Cl 连在 CH 上）

30. 完成反应式(加成-消除机理)：

$$O_2N\text{—}C_6H_2Cl_3 \xrightarrow[CH_3OH]{NaOCH_3} \left[O_2N\text{—}C_6H_2Cl_2\text{—}OCH_3 \right]$$

31. 下列叙述中符合 S_N1 反应特征的是(有可能一个或多个正确答案)：(A，C)

A. 反应产物可外消旋化　　B. 反应一步完成

C. 可有重排产物生成　　D. 反应速率取决于亲核试剂浓度

32. 回答问题

2-丁醇 —NaBr→ 不反应；—HBr→ 2-溴丁烷

对上述现象的解释中，下列哪一条是不正确的？(B)

A. 碱性：$H_2O < HO^-$　　B. NaBr 和 HBr 中 Br^-的亲核性不同

C. H^+能促使醇羟基离去，而 Na^+不能

D. 亲核取代反应中，碱性较弱的基团易于离去

33. （间位 CH_2Br 取代的）C_6H_4—$CH=CHBr$ + NaCN ⟶前面所述反应主要生成：(B)

A. C_6H_4(间位 CH_2Br)—$CH=CHCN$

B. C_6H_4(间位 CH_2CN)—$CH=CHBr$

C. C_6H_4(间位 CH_2Br)—$CH(CN)CH_2Br$

D. NC—C_6H_3(CH_2Br)—$CH=CHBr$

34. 2-溴丁烷在丙酮中与 NaI 反应，生成物的构型应为：(B)

A. 构型保持不变　　B. 构型改变　　C. 内消旋化　　D. 外消旋化

35. 完成反应并写出反应机理：

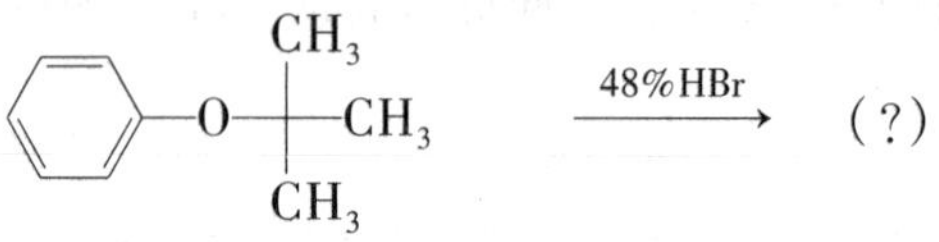

$$C_6H_5-O-C(CH_3)_3 \xrightarrow{48\%HBr} (?)$$

解：

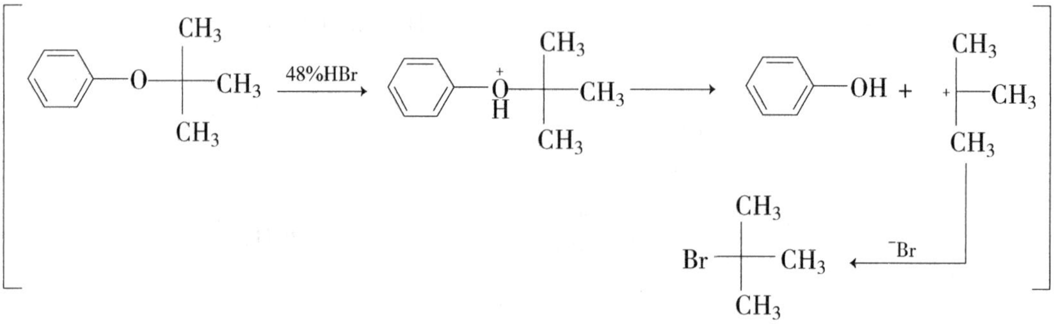

$$C_6H_5-O-C(CH_3)_3 \xrightarrow{48\%HBr} C_6H_5-\overset{+}{O}H-C(CH_3)_3 \longrightarrow C_6H_5-OH + {}^{+}C(CH_3)_3$$

$${}^{+}C(CH_3)_3 \xrightarrow{^{-}Br} Br-C(CH_3)_3$$

36. 写出反应机理：

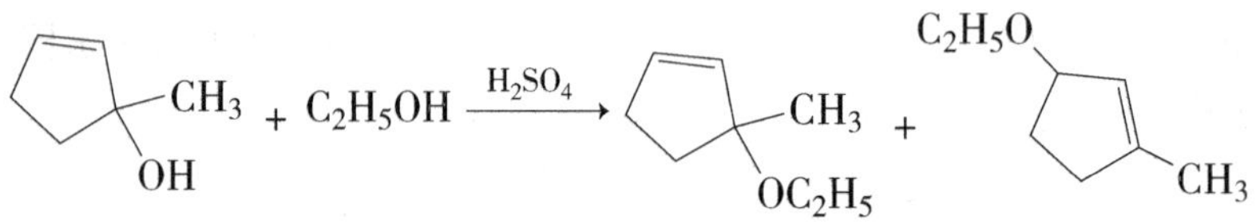

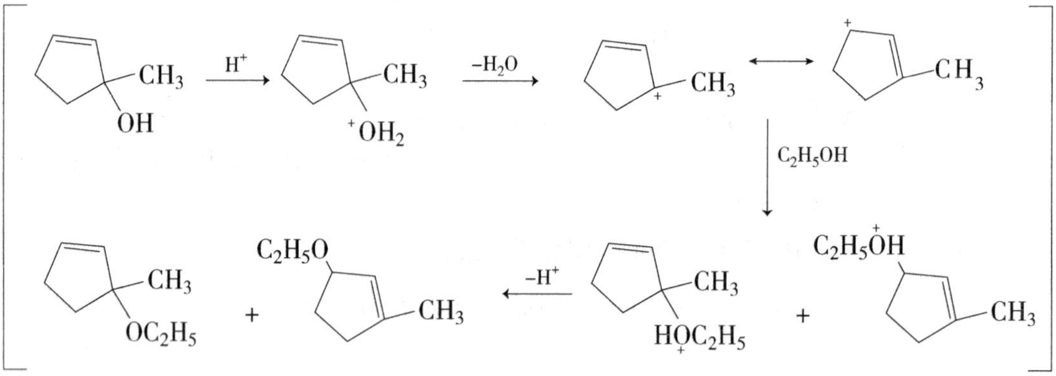

1-甲基-2-环戊烯-1-醇 + $C_2H_5OH \xrightarrow{H_2SO_4}$ 1-乙氧基-1-甲基-2-环戊烯 + 3-乙氧基-1-甲基环戊烯

1-甲基-2-环戊烯-1-醇 $\xrightarrow{H^+}$ 质子化醇（$^{+}OH_2$） $\xrightarrow{-H_2O}$ 烯丙基碳正离子 $\longleftrightarrow$ 共振碳正离子

$\xrightarrow{C_2H_5OH}$ 1-甲基-1-($HO^{+}C_2H_5$)-2-环戊烯 + 3-($C_2H_5\overset{+}{O}H$)-1-甲基环戊烯 $\xrightarrow{-H^+}$ 1-乙氧基(OC_2H_5)-1-甲基-2-环戊烯 + 3-乙氧基(C_2H_5O)-1-甲基环戊烯

37. 写出反应机理：

环丙基-$CH(Cl)CH_3 \xrightarrow[H_2O]{Ag^+}$ 环丙基-$CH(OH)CH_3$ + 2-甲基环丁醇 + $CH_3CH=CHCH_2CH_2OH$

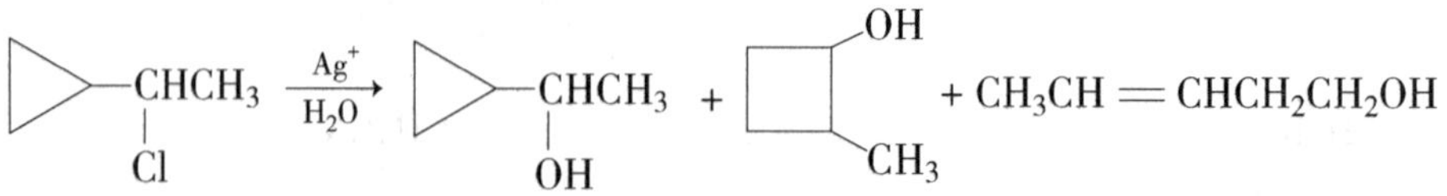

解：

$$\left[\begin{array}{l} \triangleright\text{-}\underset{\displaystyle Cl}{CHCH_3} \xrightarrow[-AgCl\downarrow]{Ag^+} \triangleright\text{-}\overset{+}{C}HCH_3 \xrightarrow{\text{扩环重排}} \text{(cyclobutyl cation, } CH_3\text{)} \xrightarrow{H_2O} \text{(}^+OH_2\text{, } CH_3\text{ cyclobutane)} \xrightarrow{-H^+} \text{(OH, } CH_3\text{ cyclobutane)} \\ \downarrow \\ {}^+\text{⌐}\overset{-}{\ }\overset{+}{C}HCH_3 \equiv {}^+\text{⌐}=CHCH_3 \xrightarrow{H_2O} {}^+OH_2CH_2CH=CHCH_3 \xrightarrow{-H^+} CH_3CH=CHCH_2CH_2OH \end{array}\right]$$

38. 写出反应机理：

$$(CH_3)_2CH\underset{\displaystyle OH}{C}HCH_3 \xrightarrow{HBr} (CH_3)_2\underset{\displaystyle Br}{C}CH_2CH_3$$

解：

$$\left[\begin{array}{l} (CH_3)_2CH\underset{\displaystyle OH}{C}HCH_3 \xrightarrow{H^+} (CH_3)_2CH\underset{\displaystyle {}^+OH_2}{C}HCH_3 \xrightarrow{-H_2O} (CH_3)_2CH\overset{+}{C}HCH_3 \\ \xrightarrow{\text{氢迁移重排}} (CH_3)_2\overset{+}{C}CH_2CH_3 \xrightarrow{^-Br} (CH_3)_2\overset{\displaystyle Br}{C}CH_2CH_3 \end{array}\right]$$

5.3 消除反应机理(E)

5.3.1 1,2-消除(β-消除)反应

$$-\overset{\displaystyle H}{\underset{|}{C}}-\underset{\displaystyle L}{\overset{|}{C}}- \xrightarrow{:B} \rangle C=C\langle + HL\text{（L：X，OTs，}^+OH_2\text{，}^+NR_3\text{等）}$$

按C—H 和C—L 断裂的先后，可能有三种不同的历程：

E2 $$B^- \curvearrowright -\overset{\displaystyle H}{\underset{|}{C}}-\underset{\displaystyle L}{\overset{|}{C}}- \longrightarrow \left[-\overset{\displaystyle \overset{\delta^-}{B}\cdots H}{\underset{|}{C}}\cdots\underset{\displaystyle L^{\delta^-}}{\overset{|}{C}}-\right] \longrightarrow \rangle C=C\langle$$

（一步反应，速率=k[RL][B$^-$]，双分子反应）

E1 $$-\overset{\displaystyle H}{\underset{|}{C}}-\underset{\displaystyle L}{\overset{|}{C}}- \xrightarrow{\text{慢}} -\overset{\displaystyle H \curvearrowleft B^-}{\underset{|}{C}}-\overset{|}{\underset{+}{C}}- \xrightarrow{\text{快}} -\underset{|}{C}=\overset{|}{C}-$$

（二步反应，C$^+$ 中间体，速率=k[RL]，单分子反应）

$$\text{E1}_{\text{CB}} \quad B^- + H-\overset{|}{C}-\overset{|}{\underset{L}{C}}- \xrightarrow[\text{或快}]{\text{慢}} -\overset{-}{C}-\overset{|}{\underset{L}{C}}- \xrightarrow[\text{或慢}]{\text{快}} -\overset{|}{C}=\underset{|}{C}-$$

（二步反应，C^-中间体，速率$=k[RL][B^-]$）

特征分析：

① 立体化学要求上，E2 要消去的 H 与 L 呈**反式共平面构象**。

② E2 历程中有同位素效应（$k_H/k_D = 2\sim8$）。

③ E1 历程没有同位素效应（因 L 为离去基）。

④ $E1_{CB}$历程时，当控制步骤为第一步时，有同位素效应；当控制步骤为第二步时，无同位素效应（断裂的是 C—L 键）。

从每种历程的中间体或过渡态，可预料影响、决定历程的诸因素：

① 因 E2 历程的过渡态有烯烃性质，有利于使烯烃稳定的因素，皆有利于反应按 E2 历程进行。

② E1 历程的过渡态有 C^+性质，能使 C^+稳定的因素则有利于反应按 E1 历程进行。

因而从卤代烃的结构来说，反应无论按 E2、E1 进行，都是 3°> 2° > 1°。

③ $E1_{CB}$的过渡态有 C^-性质，一般只有当生成的 C^-稳定性较大，β-H 的酸性强（如 β-碳上有强拉电子基），L 难离去（如 F）时才发生。

就 L 的性质来说，L^-碱性弱（它的共轭酸酸性强），C—L 键能低，可极化性大，皆有利于反应按 E2 或 E1 历程进行，如—OSO_2R，—$^+OH_2$，—X（I>Br>Cl）。F 难离去，反应常按 $E1_{CB}$历程进行。

B 的碱性强有利于按 E2 或 $E1_{CB}$历程反应。用较弱的碱，有利于按 E1 历程进行。

常用碱的强度是：$H_2N^- > t\text{-BuO}^- > EtO^- > HO^- > CH_3COO^-$。

在极性非质子溶剂中有利于按 E2 历程反应；在高极性溶剂中有利于按 E1 或 $E1_{CB}$历程反应。

β-H 的酸性强有利于按 E2 或 $E1_{CB}$历程反应。

消除取向：E2 和 E1 皆以**Saytzeff 取向**（生成多取代的烯烃）为主。当有很大的位阻时（如碱 B 的体积大，离去的 H 或 L 有位阻或生成的产物有位阻），或 L 是难离去基，使过渡态有一些 C^-性质时，**Hofmann 取向**（生成取代基最少的烯烃）的比例增加。**季铵盐按最有利的构象消除**。这时**立体因素比电子因素**更重要，得到**Hofmann** 取向的产物。

消除反应（E）与亲核取代（S_N）反应常为互相竞争的反应。

1,2-消除反应历程最常见的是 E2，$E1_{CB}$的例子最少。如下面几例 $E1_{CB}$：

例 1 $X_2CH—CF_3 \xrightarrow{OH^-} X_2C=CF_2$

例 2 $PhSO_2CH_2CH_2OSMe \xrightarrow{OH^-} PhSO_2CH=CH_2$

例 3 $C_6H_5Cl \xrightarrow{^-NH_2} [\text{苯炔}]$

例 4 O_2N、CH_3OOC、H、Ph 取代环己烷 $\xrightarrow{-OH}$ O_2N、CH_3OOC、Ph 碳负离子 $\longrightarrow$ O_2N、Ph 取代环己烯

其它的1,2-消除如：1,2-二溴化合物用Zn、Mg、Fe^{2+}消除溴(或在丙酮中用I^-催化消除)，乙烯型卤化物用强碱$^-NH_2$消去HX成炔等皆为E2历程。

5.3.2 1,1-消除(α-消除)反应

1,1-消除发生的条件：α-碳上要有**强拉电子基**以使H的酸性增加从而使C^-稳定；最好无β-H；碱越强越有利于反应进行。

例 $HO^- \quad H—CCl_3 \xrightarrow{快} {}^-CCl_3 \xrightarrow[-Cl^-]{慢} [:CCl_2]$

$v=k[CHCl_3][OH^-]$

$^-CCl_3$的稳定不单是因Cl的拉电子诱导效应，而是因负电荷可离域到Cl的d轨道中，因而生成$^-CX_3$的易度是：**CHI_3> $CHBr_3$> $CHCl_3$>> CHF_3**，但控制步骤是第二步。**:CX_2**的稳定性取决于**X**为共轭提供p电子的能力，而提供此种能力的次序是**F> Cl > Br > I**，故由**CHF_2Cl**、**CHF_2Br**、**CHF_2I**皆可得到**:CF_2**。

5.3.3 热消除反应

热消除反应的速率=k[反应物]，反应中有**环状过渡态**形成，故而在**立体化学上有顺式立体选择性**。各类反应物的热消除难度次序如下：

胺氧化物 < 黄原酸酯 < 碳酸酯 < 芳香酸酯 < 脂肪酸酯

胺氧化物	黄原酸酯	碳酸酯	芳香酸酯	脂肪酸酯
(烯烃+R_2NOH)	(烯烃+COS+RSH)	(烯，CO_2+ROH)	(烯，ArCOOH)	(烯，RCOOH)

类似的环状消除还有丙酸酯和β-酮酸酯等的脱羧反应：

产物：(CO_2，>C=C(OH)(OH) $\xrightarrow{H_2O}$ >C=C=O)(CO_2，>C=C(OH)—R $\longrightarrow$ >CH—C(=O)—R)

热消除反应又称为**Cope**消除，其**立体化学是顺式消除**。

5.3.4 考研试题实例

例 1 完成反应：

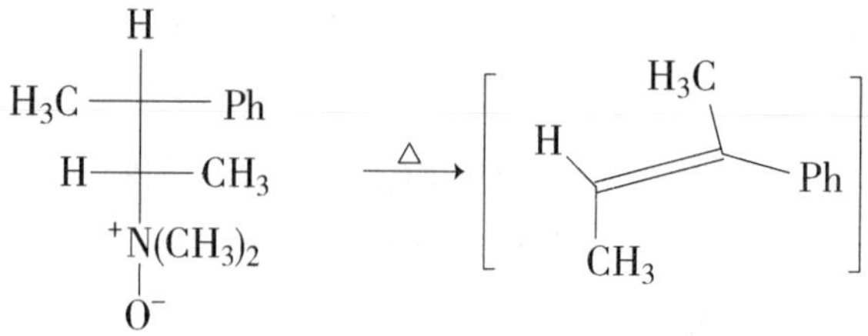

Cope 消除，立体化学为顺式消除。这里用到了构型表示式之间的相互转变，属于基本技能要求。

例 2 完成反应：

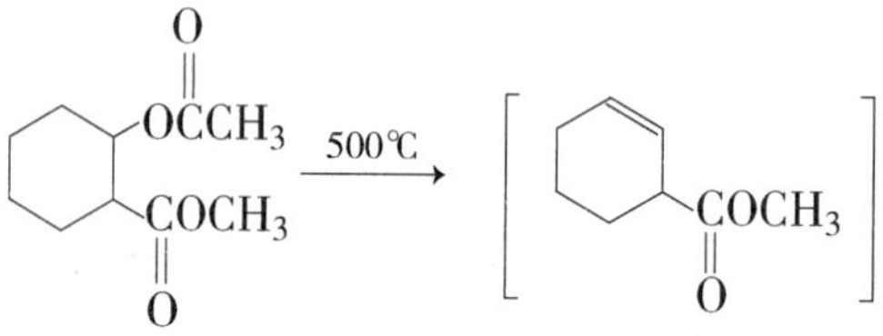

此为羧酸酯的顺式热消除，环外的两个基团处于顺式，而热消除的立体化学是顺式消除，因而产物只能是**Hofmann** 烯烃。

例 3 完成反应：

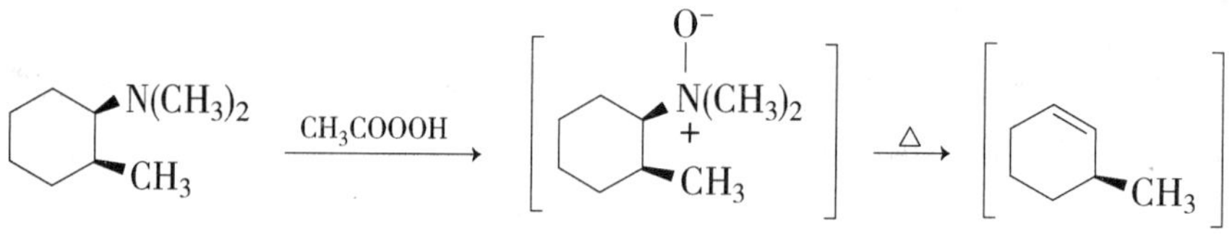

此为叔胺先经过氧酸氧化得氮氧化物，再经加热进行顺式热消除，环外的两个基团处于顺式，而热消除的立体化学是顺式消除，因而产物只能是**Hofmann** 烯烃。

例 4 完成反应：

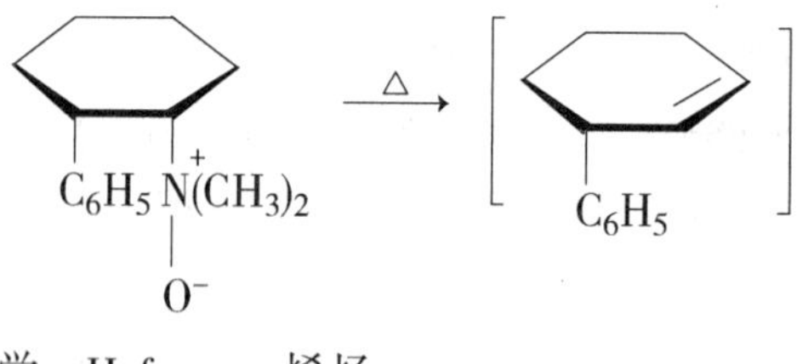

Cope 热消除，顺式立体化学，Hofamann 烯烃。

例 5 完成反应：

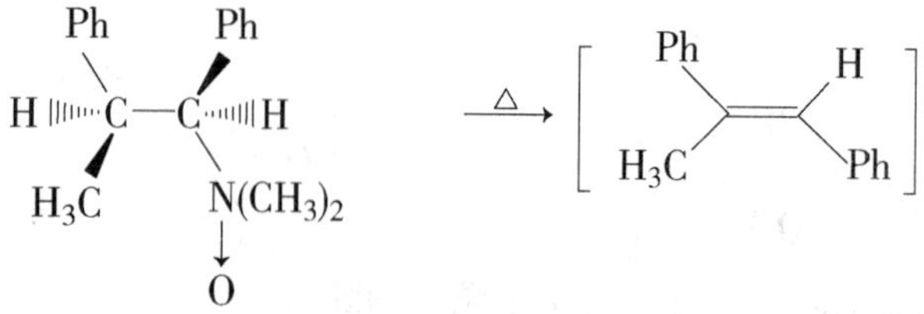

解：

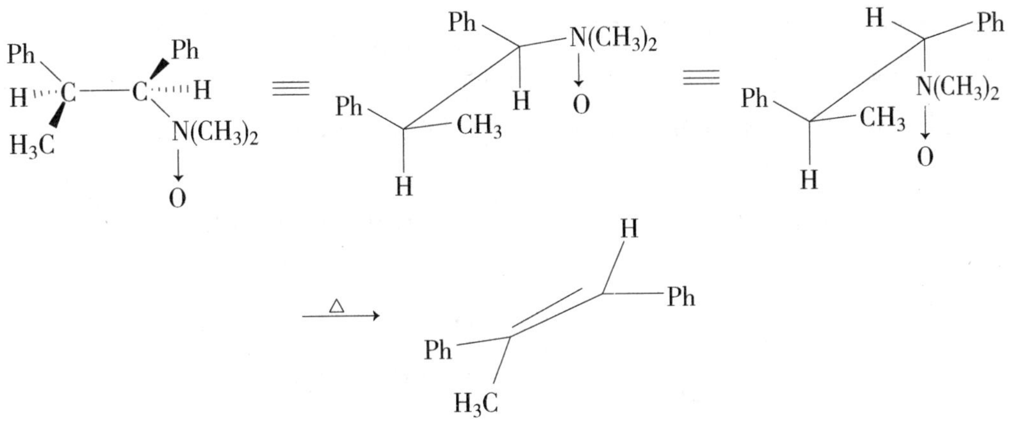

$$\xrightarrow{\triangle}$$

例 6　（?）$+OH^- \xrightarrow{C_2H_5OH}$ $(H_3C)(C_2H_5)C{=}C(CH_3)(H)$ $+Br^- +H_2O$

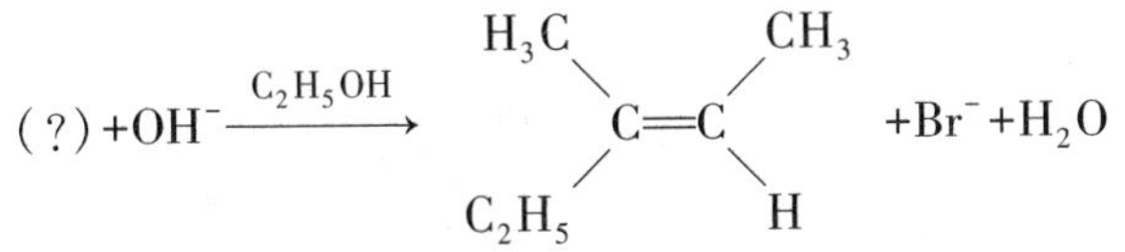

解：

$$\xrightarrow{OH^-/EtOH} (H_3C)(H_5C_2)C{=}C(CH_3)(H) + Br^- + H_2O$$

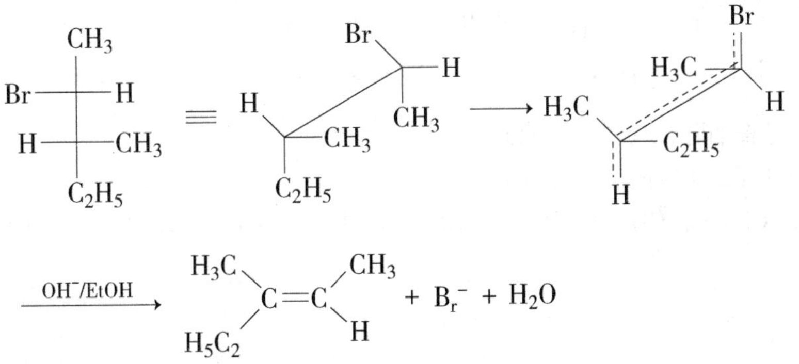

此题利用不同构型表示式间的相互转变以及消除反应的立体化学倒推而得反应物构型，并用费歇尔投影式表示。

例 7　完成反应：

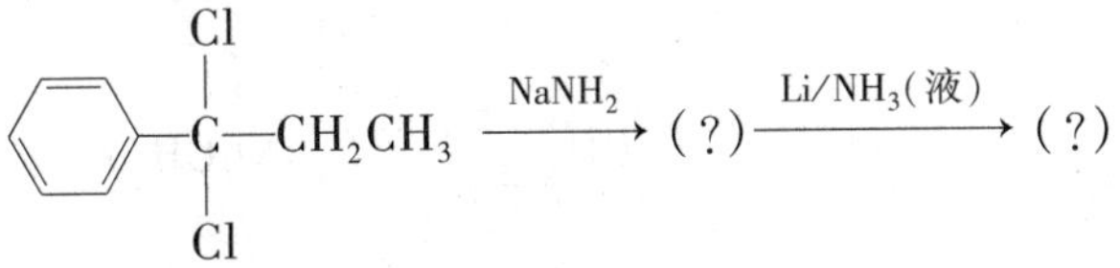

$$C_6H_5-CCl_2-CH_2CH_3 \xrightarrow{NaNH_2} (?) \xrightarrow{Li/NH_3(液)} (?)$$

解：$C_6H_5-CCl_2-CH_2CH_3 \xrightarrow{NaNH_2} [C_6H_5-C{\equiv}C-CH_3] \xrightarrow{Li/NH_3(液)} [C_6H_5CH{=}CHCH_3]$

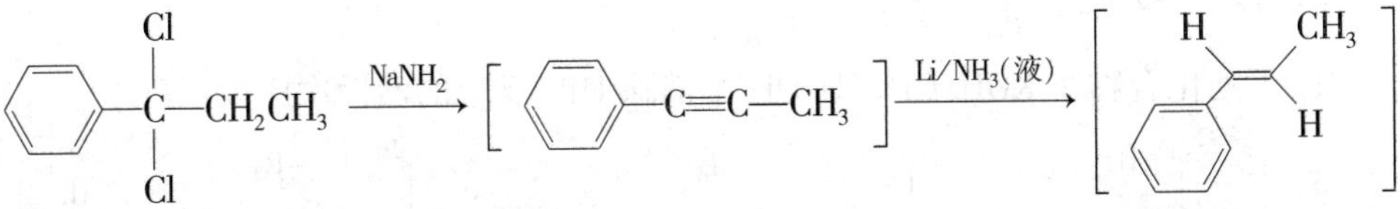

例 8　完成反应：

$$\xrightarrow{^-OH/ROH}$$

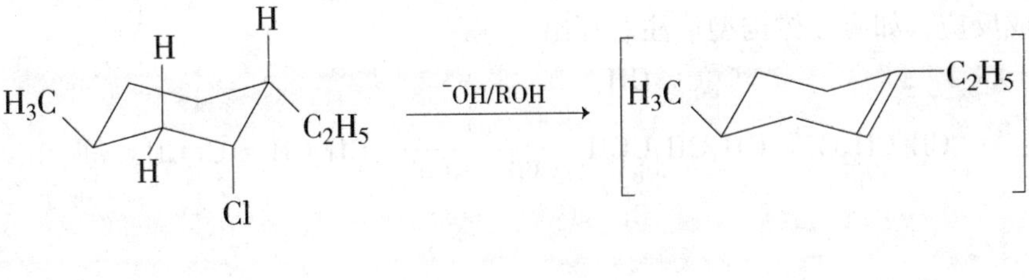

此题既符合立体化学，又符合消除取向；是一比较简单的考题。

例 9　（?）$\xrightarrow[CH_3CH_2OH]{OH^-}$ $C_6H_5—C≡C—CH_3$ $\xrightarrow[HgSO_4/H_2SO_4]{H_2O}$（?）

解：中间产物为炔，由此推断底物为二卤代物；后一反应属于炔烃与水的亲核加成反应，直接得烯醇，异构化后得酮，并且羰基与苯环共轭。所以有：

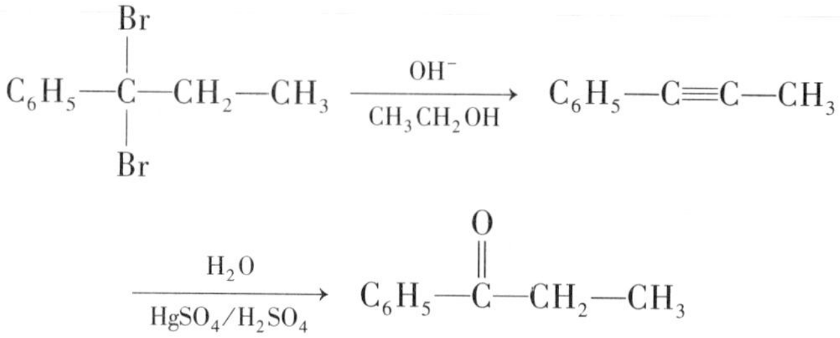

$$C_6H_5—CBr_2—CH_2—CH_3 \xrightarrow[CH_3CH_2OH]{OH^-} C_6H_5—C≡C—CH_3$$

$$\xrightarrow[HgSO_4/H_2SO_4]{H_2O} C_6H_5—\overset{O}{\overset{\|}{C}}—CH_2—CH_3$$

例 10　完成反应：

C_6H_5（上），H_3C—, —H，Br—, —H，C_6H_5（下）$\xrightarrow[EtOH]{EtONa}$ [Ph, CH_3, Ph, H]

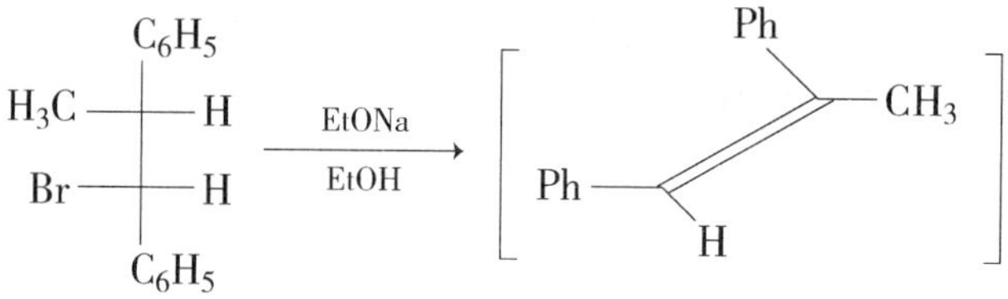

此题主要考查消除反应的立体化学。

例 11　发生 E2 反应的活性排序：

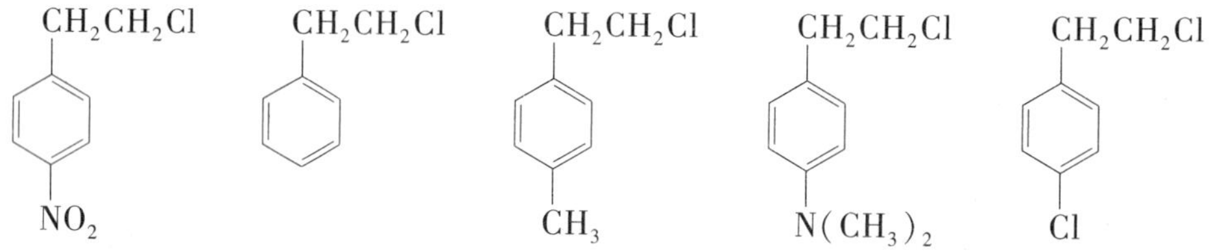

CH_2CH_2Cl 苯环对位 NO_2；CH_2CH_2Cl 苯；CH_2CH_2Cl 苯环对位 CH_3；CH_2CH_2Cl 苯环对位 $N(CH_3)_2$；CH_2CH_2Cl 苯环对位 Cl

解：CH_2CH_2Cl（对位 NO_2）> CH_2CH_2Cl（对位 Cl）> CH_2CH_2Cl（苯）> CH_2CH_2Cl（对位 CH_3）> CH_2CH_2Cl（对位 $N(CH_3)_2$）

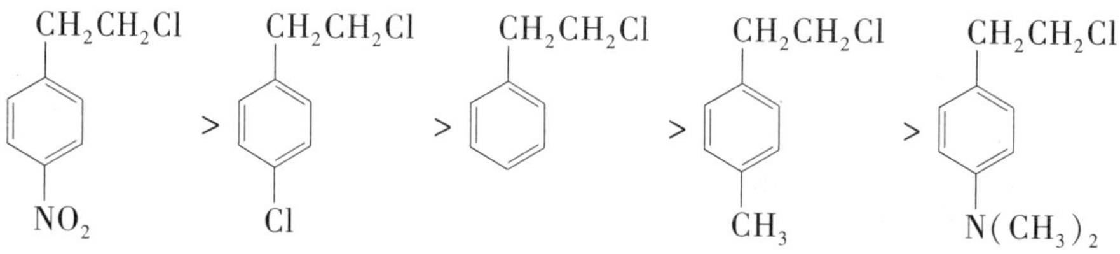

5.3.5　习题

1. 下列化合物在 KOH/CH_3CH_2OH 中消除 HBr 反应的活性次序为：（C）

a. 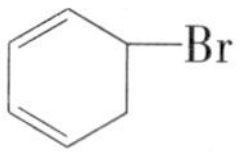 —Br　　b. 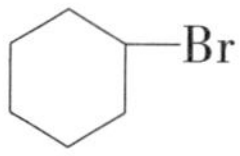 —Br　　c. 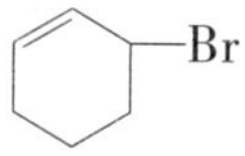 —Br　　d. 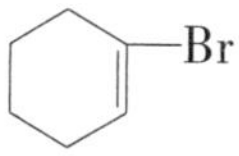 —Br

A. d>a>c>d　　B. d>c>a>b　　C. a>c>b>d　　D. a>c>d>b

2. 完成反应，如有立体构型请注意写出。

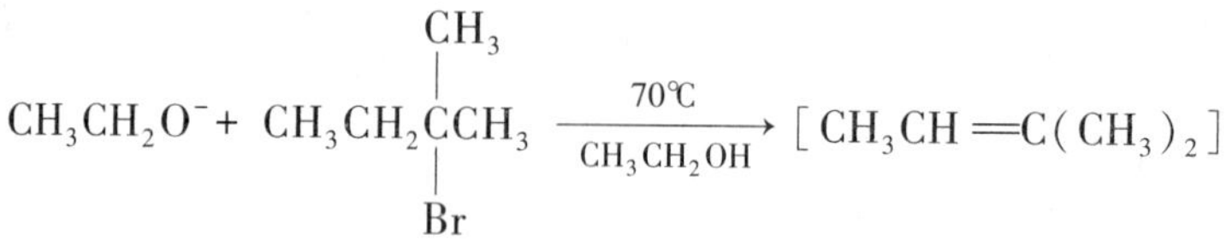

$$CH_3CH_2O^- + CH_3CH_2\underset{Br}{\overset{CH_3}{C}}CH_3 \xrightarrow[CH_3CH_2OH]{70℃} [CH_3CH═C(CH_3)_2]$$

3. 完成下列反应：

$$\begin{array}{c} Ph \\ H-\!\!\!+\!\!\!-D \\ H-\!\!\!+\!\!\!-OCOCH_3 \\ Ph \end{array} \xrightarrow[\text{高温}]{\triangle} \left[\text{(D)(Ph)C=C(H)(Ph)} \right]$$

4. 下面反应的主要产物是：（A）

$$CH_3CH_2C(CH_3)_2-OH \xrightarrow{50\%H_2SO_4} (?)$$

A. $CH_3CH{=}C(CH_3)_2$　　B. $CH_3CH_2-C(CH_3)_2-OSO_3H$

C. $CH_3CH_2-C(CH_3)_2-O-C(CH_3)_2-CH_2CH_3$　　D. $CH_3CH_2C(CH_3){=}CH_2$

5. 下列醇在酸催化下的脱水反应活性大小顺序正确的是：（D）

a. $CH_3-CH(CH_3)-CH_2CH_2OH$　　b. $CH_3-C(CH_3)(OH)-CH_2CH_3$　　c. $CH_3-CH(CH_3)-CH(OH)-CH_3$

A. a>b>c　　B. b>a>c　　C. c>b>a　　D. b>c>a

6. 完成反应，如有立体化学请注明。

$$\text{2-甲基溴代环己烷} \xrightarrow[\text{乙醇，}\triangle]{KOH} [\text{1-甲基环己烯}]$$

7. $CH_3CHClCHClCH_2CH_3$在叔丁醇钾的叔丁醇溶液中消除 HCl，主要产物是：（A）

A. $(H_3C)(Cl)C{=}C(CH_2CH_3)(H)$（$H_3C$与$CH_2CH_3$同侧）　　B. $(H_3C)(Cl)C{=}C(H)(CH_2CH_3)$（$H_3C$与H同侧）　　C. $CH_2{=}CHCHClCH_2CH_3$

8. 下列卤代烃按 E1 反应速率最快的是：（C）

A. $p\text{-}NO_2C_6H_4CHClCH_3$（$CH_3CHCl$，对位 NO_2）　　B. $p\text{-}ClC_6H_4CHClCH_3$（$CH_3CHCl$，对位 Cl）　　C. $p\text{-}CH_3C_6H_4CHClCH_3$（$CH_3CHCl$，对位 CH_3）　　D. $C_6H_5CHClCH_3$（CH_3CHCl）

9. 推测$(CH_3)_3CCH_2Br+AgNO_3 \xrightarrow{H_2O,\ C_2H_5OH}$ $(CH_3)_2C(OH)CH_2CH_3$ + $(CH_3)_2C(OC_2H_5)CH_2CH_3$ + $(CH_3)_2C{=}CHCH_3$ 的反应机理。

解：

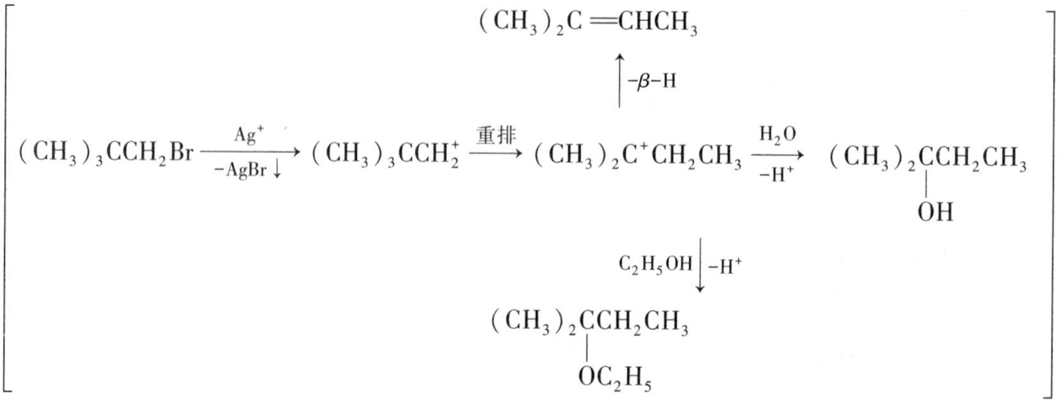

$$(CH_3)_3CCH_2Br \xrightarrow[-AgBr\downarrow]{Ag^+} (CH_3)_3CCH_2^+ \xrightarrow{重排} (CH_3)_2C^+CH_2CH_3 \xrightarrow[-H^+]{H_2O} (CH_3)_2C(OH)CH_2CH_3$$

$$(CH_3)_2C^+CH_2CH_3 \xrightarrow{-\beta\text{-}H} (CH_3)_2C{=}CHCH_3$$

$$(CH_3)_2C^+CH_2CH_3 \xrightarrow[-H^+]{C_2H_5OH} (CH_3)_2C(OC_2H_5)CH_2CH_3$$

10. 下列卤代烃在 KOH/C_2H_5OH 溶液中按 E2 消除反应，活性次序是：（B）

a. 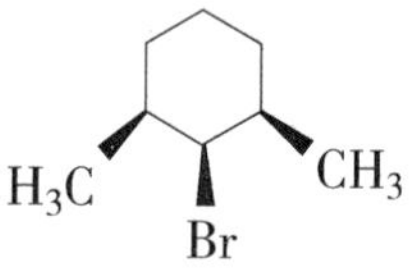 b. 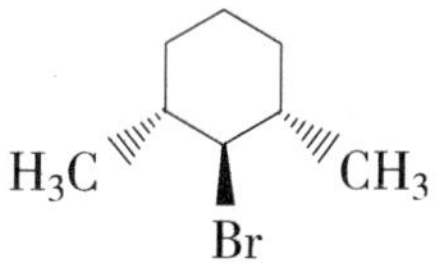 c.

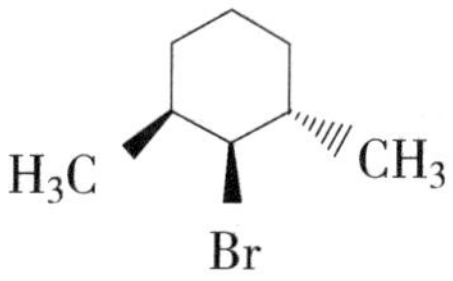

H_3C CH_3 Br　H_3C CH_3 Br　H_3C CH_3 Br

A. a > b > c　　B. a > c > b　　C. b > c > a

11. 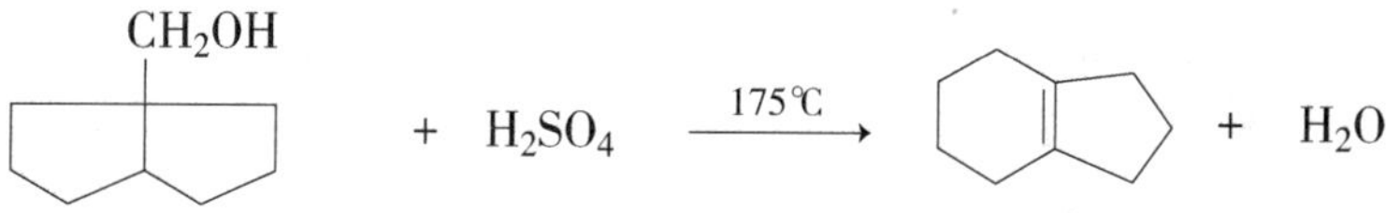 CH_2OH + H_2SO_4 $\xrightarrow{175℃}$ + H_2O

在上述反应中，不会出现下列哪种中间体？（C）

A. 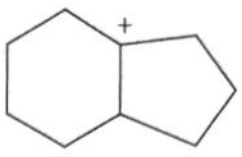　B. 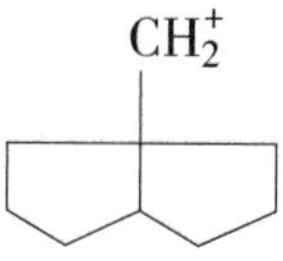 CH_2^+　C. 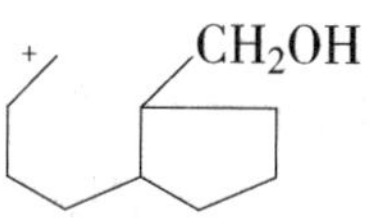 $^+$ CH_2OH　D. 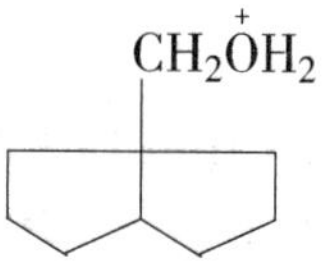 $CH_2\overset{+}{O}H_2$

12. 下列卤代烃在 $NaOC_2H_5/C_2H_5OH$ 溶液中消除卤化氢反应哪个较快？（A）

A. 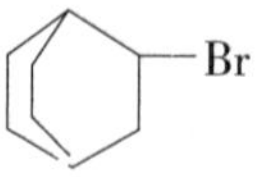 —Br　　B. 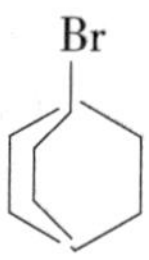 Br

13. 下列各反应式如有错，请写上正确答案，如没错，则打钩。

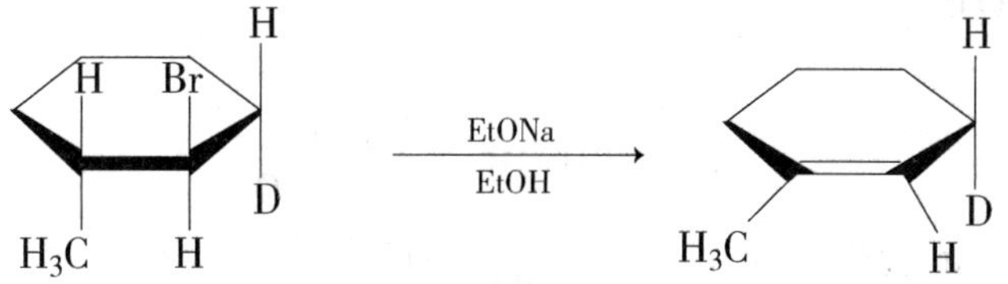

H H Br D H_3C H $\xrightarrow[EtOH]{EtONa}$ H H_3C D H

解：此题错误，不符合立体化学要求；正确的应该是：

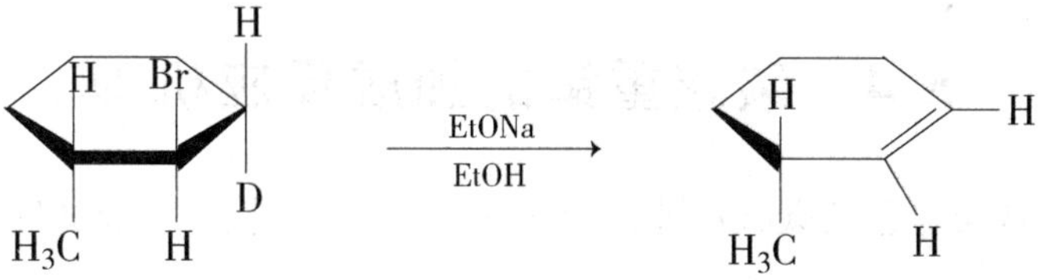

H H Br D H_3C H $\xrightarrow[EtOH]{EtONa}$ H H H_3C H

14. 预料下述反应的主要产物，并提出合理的、分步的反应机理。

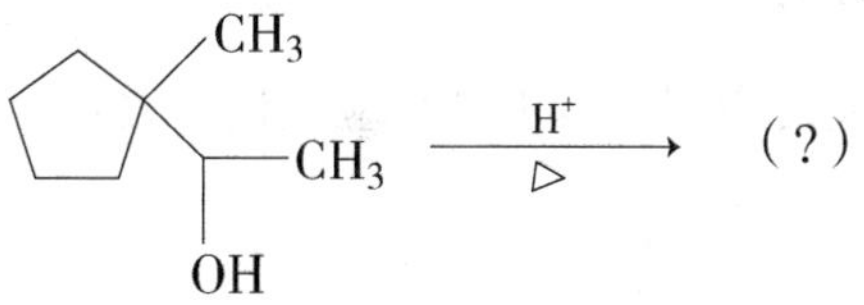

CH_3 CH_3 OH $\xrightarrow[\triangle]{H^+}$ （？）

解： CH_3 CH_3 OH $\xrightarrow[\triangle]{H^+}$ CH_3 CH_3 $^+OH_2$ $\xrightarrow{-H_2O}$ CH_3 + CH_3

$\xrightarrow{1,2-迁移重排}$ CH_3 + CH_3 $\xrightarrow{-H^+}$ CH_3 CH_3

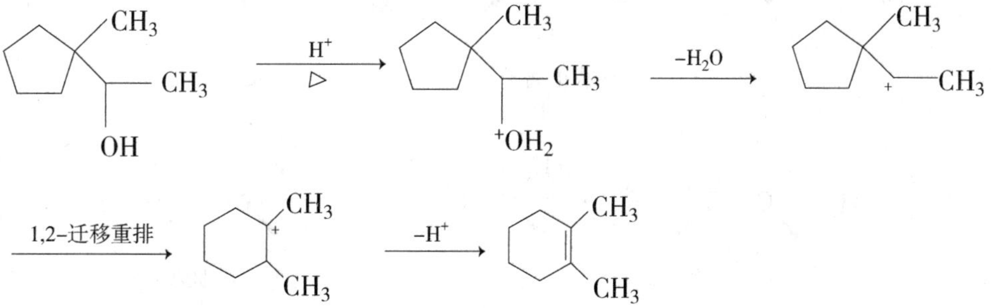

15. 写出反应机理：

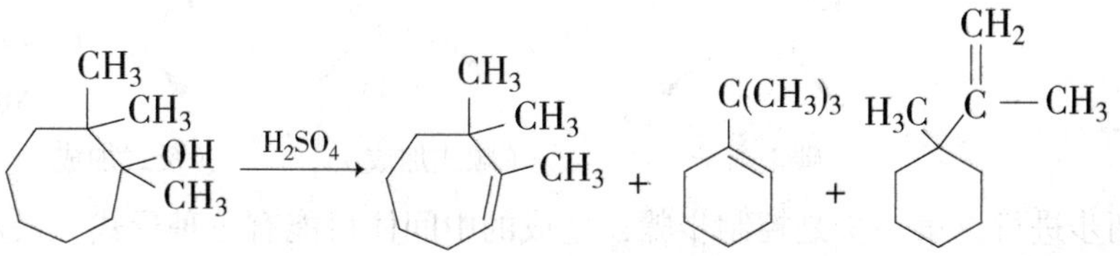

CH_3 CH_3 OH CH_3 $\xrightarrow{H_2SO_4}$ CH_3 CH_3 CH_3 + $C(CH_3)_3$ + CH_2 H_3C C — CH_3

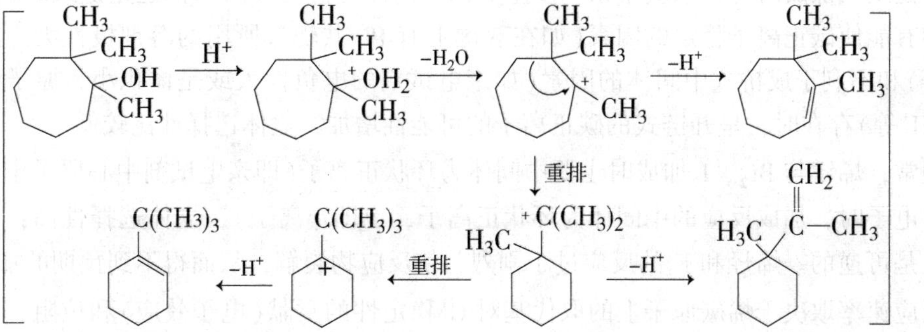

CH_3 CH_3 OH CH_3 $\xrightarrow{H^+}$ CH_3 CH_3 $^+OH_2$ CH_3 $\xrightarrow{-H_2O}$ CH_3 CH_3 + CH_3 $\xrightarrow{-H^+}$ CH_3 CH_3 CH_3

重排

$C(CH_3)_3$ $\xleftarrow{-H^+}$ $C(CH_3)_3$ + $\xleftarrow{重排}$ H_3C $^+C(CH_3)_2$ $\xrightarrow{-H^+}$ CH_2 H_3C C—CH_3

16. 写出反应机理：

$$\text{(2-四氢呋喃基)}CH_2OH \xrightarrow{H^+} \text{3,4-二氢-2H-吡喃}$$

$$\left[\ CH_2OH \xrightarrow{H^+} CH_2\overset{+}{O}H_2 \xrightarrow{-H_2O} CH_2^+ \longrightarrow {}^+ \xrightarrow{-H^+} \ \right]$$

5.4　碳碳重键的加成反应机理

碳碳重键的加成反应包括碳碳双键、碳碳三键的加成反应，涉及的反应种类较多，考核的知识点也就较多。

5.4.1　烯键的亲电加成

亲电试剂对烯键加成反应的历程可以下列反应式概括之：

C＝C $\xrightarrow[\text{慢}]{NuE}$ C—C（E，+）$\xrightarrow{Nu^-}$ Nu—C—C—E + E—C—C—Nu

环状正离子　　（反式加成）

或　C＝C $\xrightarrow[\text{慢}]{NuE}$ E—C—C$^+$（Nu^-）⟶ E—C—C—Nu

（顺式加成）

E—C—C$^+$ $\xrightarrow{Nu^-}$ E—C—C—Nu + E—C—C—Nu

碳正离子　　（顺式加成）　　（反式加成）

反应分两步进行，第一步是控制步骤，生成的中间体可能有三种形式。最后产物是顺式加成还是反式加成所得，取决于第一步生成的中间体是桥式(环状)的还是链式的碳正离子。

如有能使碳正离子稳定的因素(如在双键上有 Ph 共轭、所用的溶剂极性大、溶剂化能力强等)和不利于成桥式中间体的因素(如亲电试剂的电负性大或是体积小、原子半径小的 Cl^+或 H^+等)存在时，呈开链式的碳正离子的可能性增加，立体选择性比较低。

通常，烯键与 Br_2、I_2加成时主要中间体为环状正离子(即亲电试剂中心原子半径大、带有孤对电子时，加成反应的中间体为环状正离子，也即鎓离子)，立体选择性高；但 I_2难加成，且是可逆的。烯烃和 F_2的反应过于剧烈，使反应物裂解，从而得不到预期的加成产物。

反应速率取决于烯碳原子上的取代基对 C^+稳定性的贡献(电子效应)和位阻，因而烯烃的活性顺序为：

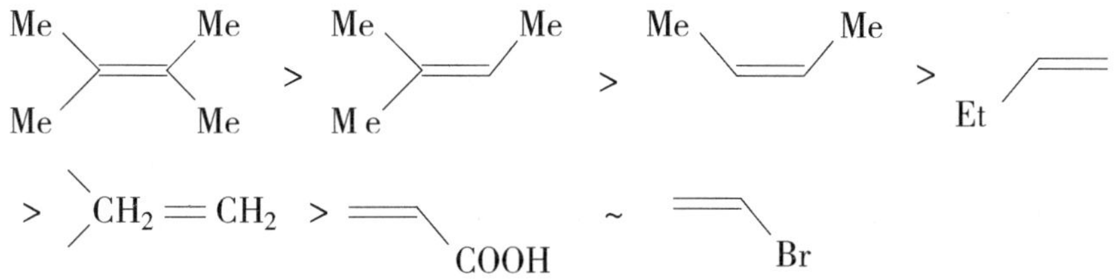

Me₂C=CMe₂ > Me₂C=CHMe > (Z)-MeCH=CHMe > EtCH=CH₂ > $CH_2=CH_2$ > $CH_2=CH-COOH$ ~ $CH_2=CH-Br$

上述活性顺序的确立，主要是烷基推电子效应增大 π 键电子云密度而使之增强了亲核性，或者说增大了对亲电试剂的吸引力。因此，双键碳原子上连有烷基越多，亲电加成反应活性就越高。

不对称试剂（如 BrCl，ICl，IBr，HOBr 或 Br_2/H_2O，HX，H_2O/H^+，ROH/H^+，$RCOOH/H^+$，HOCl 或 Cl_2/H_2O）与不对称烯烃的加成取向取决于反应的第一步，总是优先生成较稳定的碳正离子，因而 E^+对下列反应物的加成方向是：

$$CH_3O-CH=CH_2 \xrightarrow{E^+} CH_3O-\overset{+}{C}H-CH_2E \longleftrightarrow CH_3\overset{+}{O}=CH-CH_2E$$

$$Cl-CH=CH_2 \xrightarrow{E^+} Cl-\overset{+}{C}H-CH_2E \longleftrightarrow \overset{+}{Cl}=CH-CH_2E$$

$$CF_3-CH=CH_2 \xrightarrow{E^+} CF_3-CHE-CH_2^+$$

$$O_2N-CH=CH_2 \xrightarrow{E^+} O_2N-CHE-\overset{+}{C}H_2$$

后三者的反应速率都比乙烯慢得多，因强拉电子效应使双键电子云密度降低而钝化。由于在第二步时，体系中存在的任何亲核试剂和溶剂都可竞争着进攻带正电荷的碳原子，因而可能得到各种相应的产物。

烯烃的加水还可通过**硼氢化-氧化和羟汞化-脱汞反应**完成：

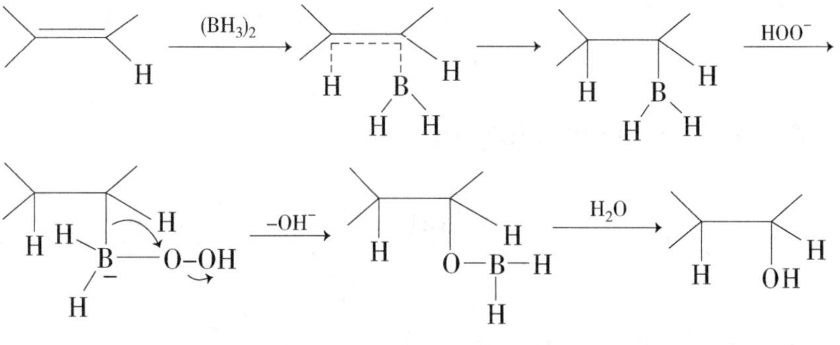

$(BH_3)_2$ → … → HOO^- → … → $-OH^-$ → … → H_2O → …

顺式加 H—OH，同步进行，不发生碳架重排，反 Markovnikov 规则。

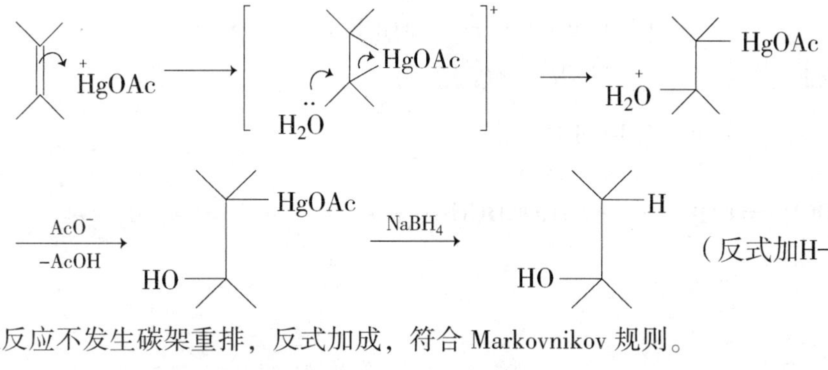

$\overset{+}{H}gOAc$ → [… HgOAc，$H_2\ddot{O}$]$^+$ → $H_2\overset{+}{O}$ … HgOAc

$\xrightarrow[-AcOH]{AcO^-}$ HO … HgOAc $\xrightarrow{NaBH_4}$ HO … H（反式加H—OH）

此反应不发生碳架重排，反式加成，符合 Markovnikov 规则。

烯烃的氧化(如用$KMnO_4$，RCOOOH，O_3等)也会有亲电加成的过程：

$KMnO_4$:

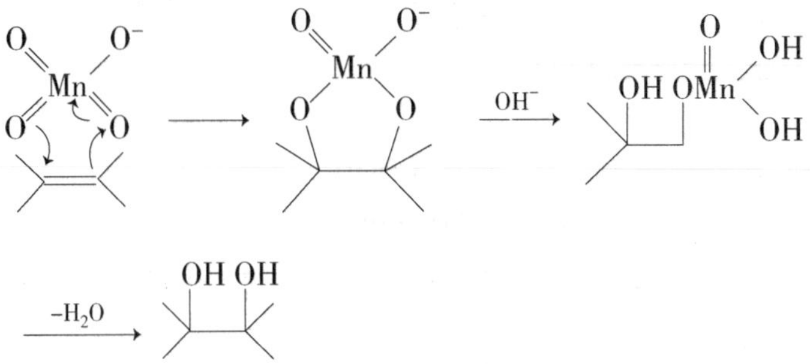

过氧酸：

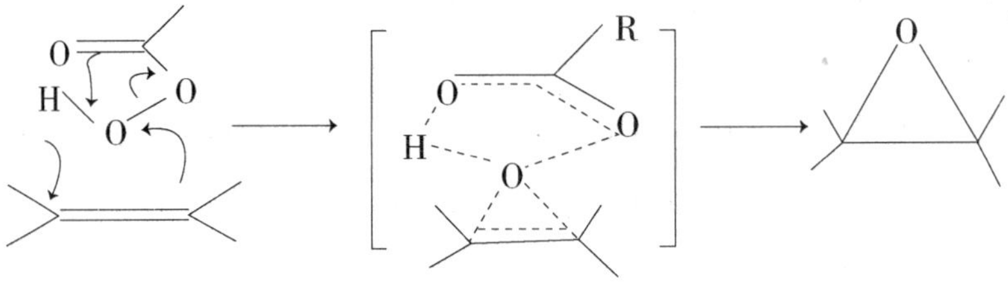

O_3:

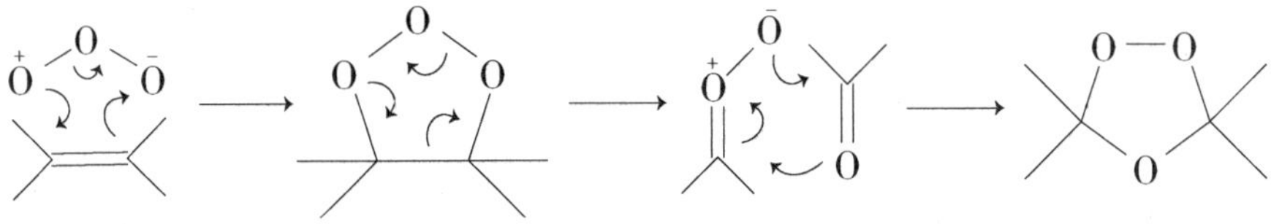

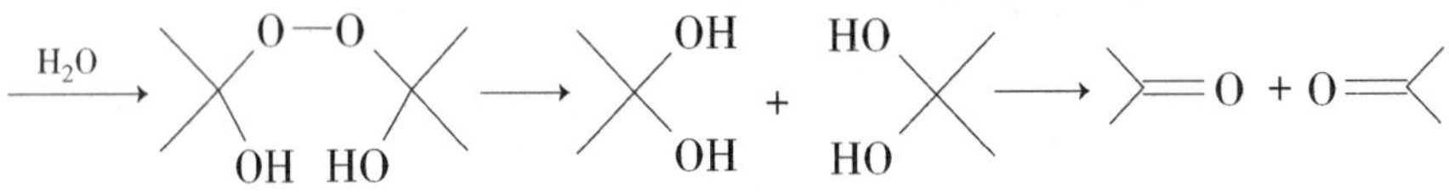

5.4.2 烯烃亲电加成反应应用实例

例 1 $CF_3CH=CHCH_3 \xrightarrow{HBr} \left(CF_3CH_2-\underset{\displaystyle Br}{\underset{|}{C}}HCH_3 \right)$ 生成稳定的C^+

例 2 $CH_2=CHCl \xrightarrow{HCl} CH_3CHCl_2$（主）

$CH_2=CHCl \xrightarrow{H^+}$ $CH_3\overset{+}{C}HCl$（主） $\longleftrightarrow$ $CH_3CH=\overset{+}{Cl}$；$\overset{+}{C}H_2CH_2Cl$（次）

例 3 $CH_3OCH=CH_2 \xrightarrow{HCl} CH_3O\underset{\displaystyle Cl}{\underset{|}{C}}HCH_3$（主）

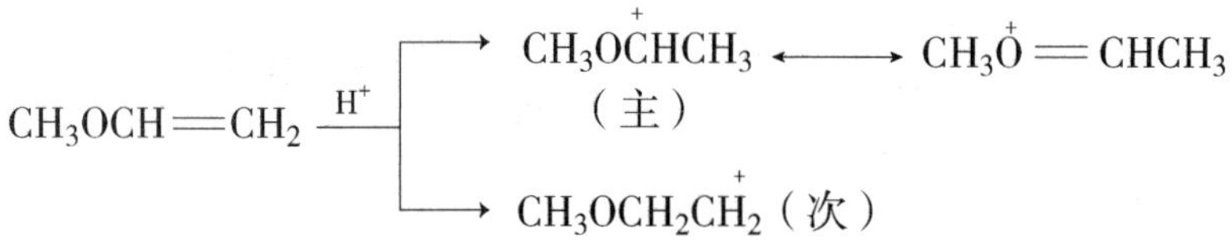

$$CH_3OCH=CH_2 \xrightarrow{H^+} \begin{cases} CH_3O\overset{+}{C}HCH_3 \longleftrightarrow CH_3\overset{+}{O}=CHCH_3 \\ \quad（主） \\ CH_3OCH_2\overset{+}{C}H_2（次） \end{cases}$$

例 4 $CF_3CH=CH_2 \xrightarrow{HCl} CF_3CH_2CH_2Cl$（主）

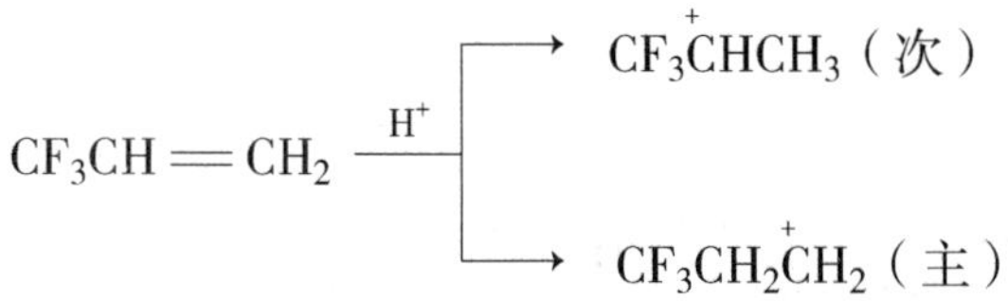

$$CF_3CH=CH_2 \xrightarrow{H^+} \begin{cases} CF_3\overset{+}{C}HCH_3（次） \\ CF_3CH_2\overset{+}{C}H_2（主） \end{cases}$$

由于 CF_3基团强烈的拉电子效应，使 $CF_3CH_2{}^+CH_2$ 比 $CF_3{}^+CHCH_3$稳定，取向受诱导效应控制。同样由于 CF_3基团的拉电子作用，使 $CF_3CH_2{}^+CH_2$ 的稳定性大大低于 $CH_3{}^+CH_2$，其活性受诱导效应控制。

例 5 $C_6H_5-CH=CHCH_3 \xrightarrow{H^+} \begin{cases} C_6H_5-\overset{+}{C}HCH_2CH_3（主） \\ C_6H_5-CH_2\overset{+}{C}HCH_3（次） \end{cases}$

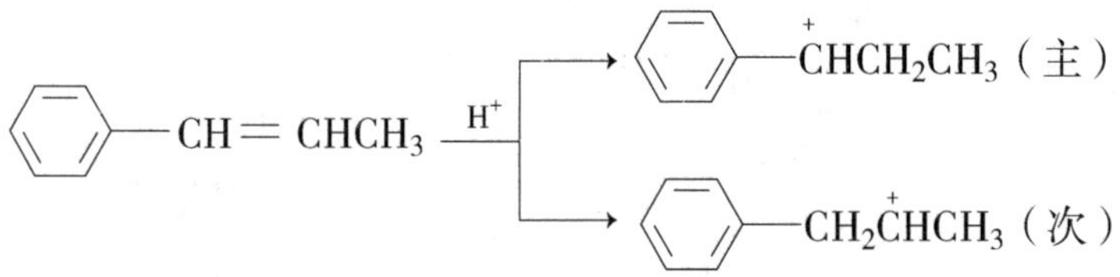

虽然反应形成的两种碳正离子都是仲碳正离子，但苄基碳正离子中苯环上的 π 电子离域到与之邻近碳的空 p 轨道中，形成 p-π 共轭体系，稳定了碳正离子。烯丙基碳正离子与此类似，它们都是十分稳定的碳正离子。由于苯环 π 电子的共轭效应，大大稳定了苄基碳正离子，稳定性大大增高，其活性受共轭效应控制。

例 6 完成反应：

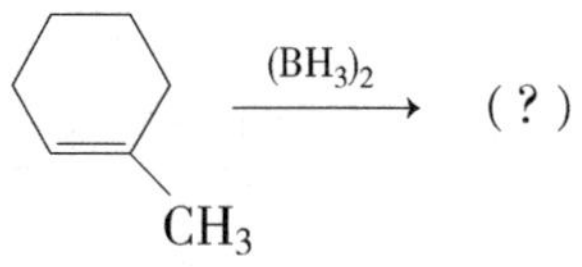

CH_3 $\xrightarrow{(BH_3)_2}$ （？）

解：CH_3 $\xrightarrow{(BH_3)_2}$ HO CH_3 + HO CH_3

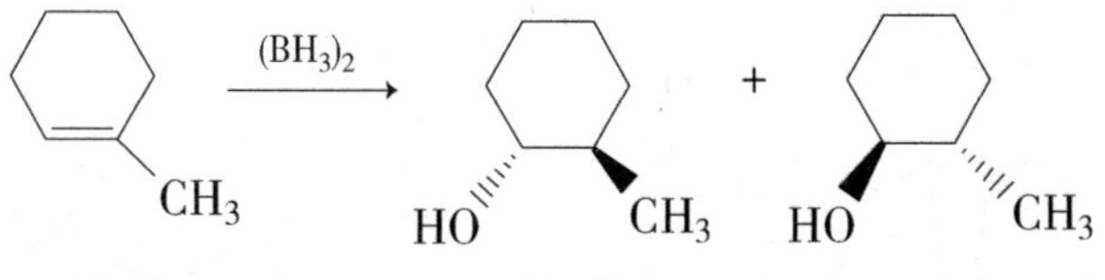

例 7 解释化学反应历程：

α-蒎烯在 HCl 作用下生成 2-α-氯菠：

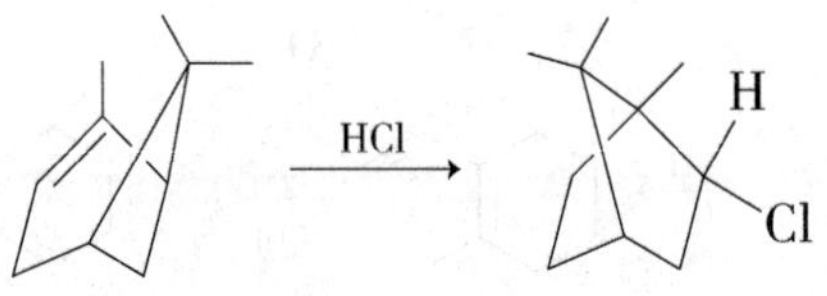

$\xrightarrow{HCl}$ H Cl

解：H$^+$ → 迁移 → Cl^- → (H, Cl)

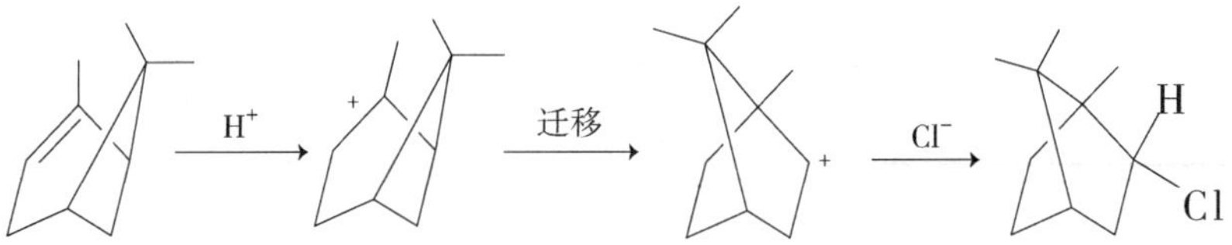

例 8 完成反应：$H_3C(H)C=C(H)CH_3$ + Br_2 ⟶ （？）

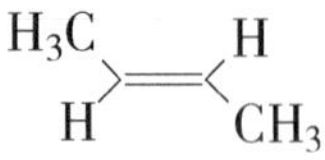

解：

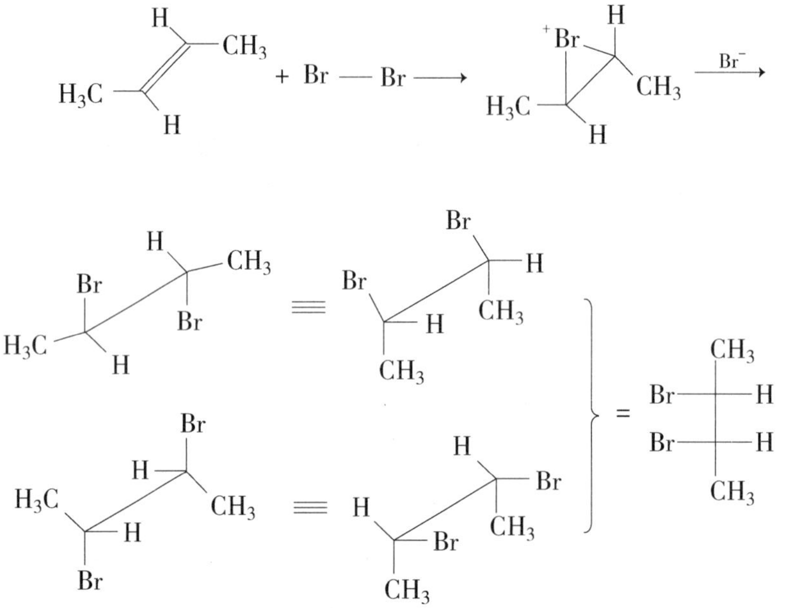

H_3C–CH=CH–CH_3 + Br—Br ⟶ ^+Br(环溴鎓离子, H, CH_3, H_3C, H) $\xrightarrow{Br^-}$

(Br, H, CH_3, H_3C, Br, H) ≡ (Br, H, CH_3, Br, H, CH_3)

(Br, H, H_3C, CH_3, H, Br) ≡ (H, Br, H, CH_3, Br, CH_3)

= CH_3, Br—C—H, Br—C—H, CH_3

例 9 解释反应机理：

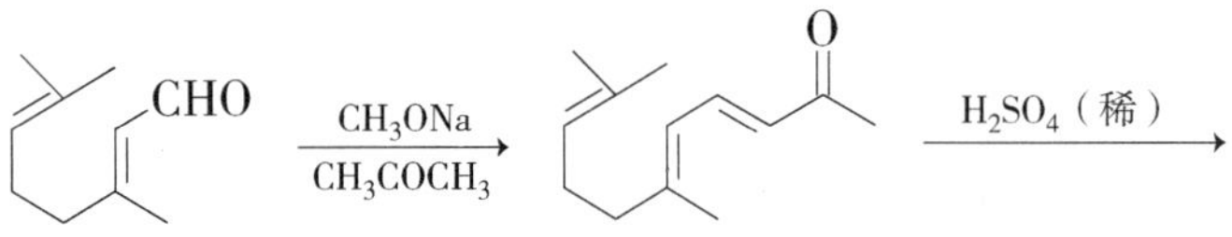

CHO $\xrightarrow[CH_3COCH_3]{CH_3ONa}$ (O) $\xrightarrow{H_2SO_4（稀）}$

(O) + (O)

（主要）β–紫罗兰酮　　α–紫罗兰酮

解：⟶ (O, +) $\xrightarrow{-H^+}$ (O) 　(O, +)

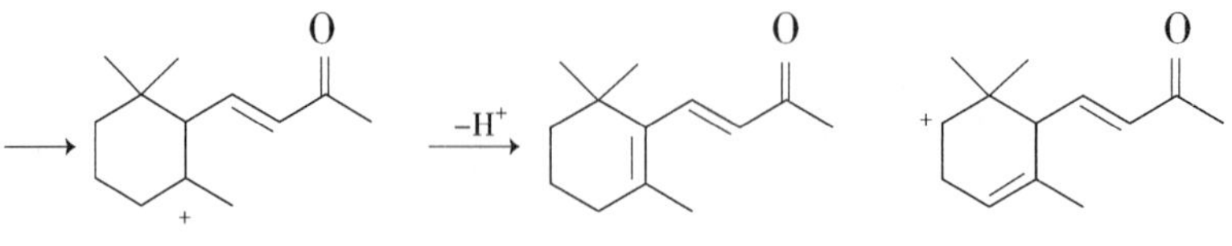

在本反应中“羟醛缩合”历程省略。

例 10 写出反应历程：

(1) 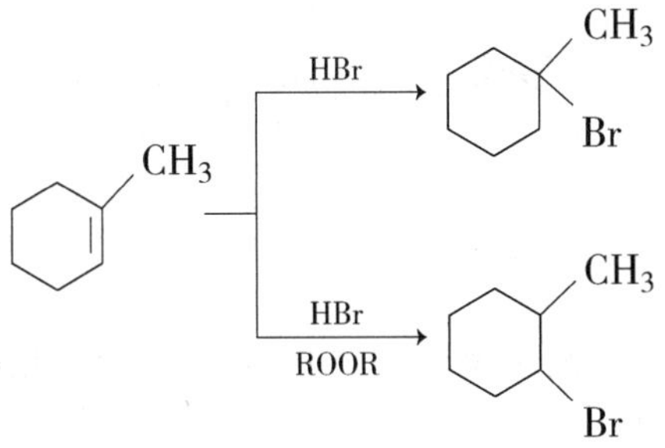 1-甲基环己烯 $\xrightarrow{HBr}$ 1-甲基-1-溴环己烷（CH_3，Br）

1-甲基环己烯 $\xrightarrow[ROOR]{HBr}$ 2-甲基-1-溴环己烷（CH_3，Br）

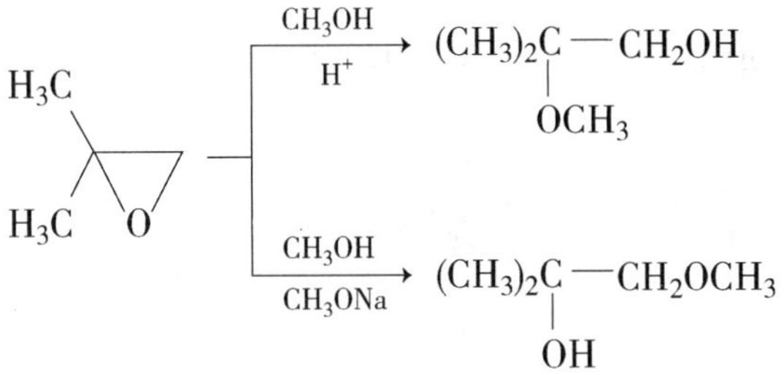

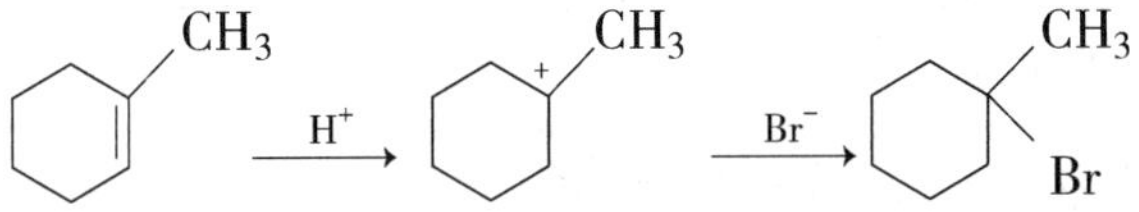

(2) $(H_3C)_2C$（环氧乙烷，O）$\xrightarrow[H^+]{CH_3OH}$ $(CH_3)_2C(OCH_3)—CH_2OH$

$(H_3C)_2C$（环氧乙烷，O）$\xrightarrow[CH_3ONa]{CH_3OH}$ $(CH_3)_2C(OH)—CH_2OCH_3$

解：1-甲基环己烯（CH_3）$\xrightarrow{H^+}$ 1-甲基环己基碳正离子（$^+$，CH_3）$\xrightarrow{Br^-}$ 1-甲基-1-溴环己烷（CH_3，Br）

$ROOR \xrightarrow{hv} 2RO\cdot \quad \cdot RO + HBr \longrightarrow ROH + \dot{Br}$

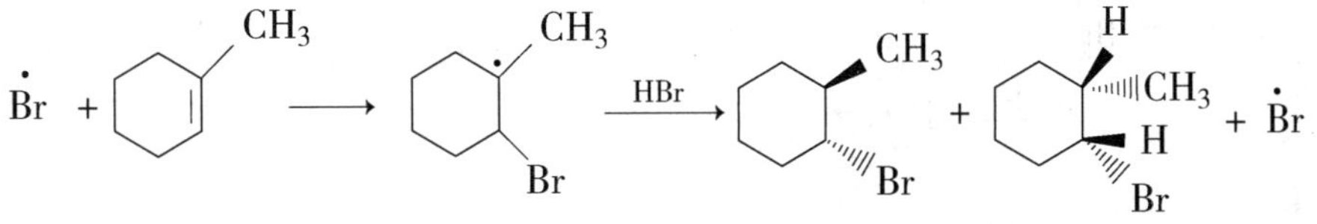

$\dot{Br}$ + 1-甲基环己烯（CH_3）$\longrightarrow$ 自由基中间体（$\cdot$，CH_3，Br）$\xrightarrow{HBr}$ 反式产物（CH_3，Br）+ 产物（H，CH_3，H，Br）+ $\dot{Br}$

解：

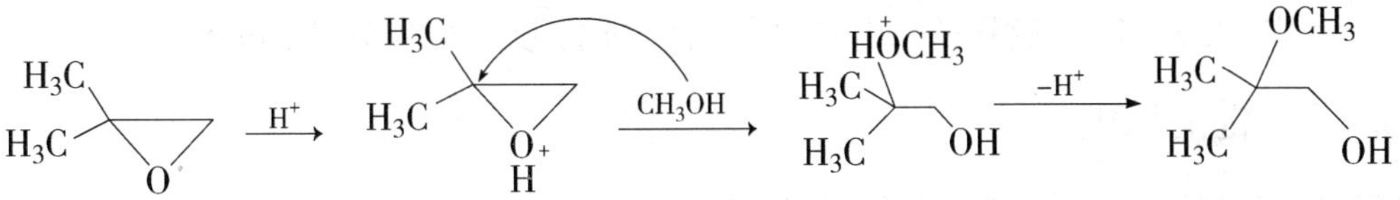

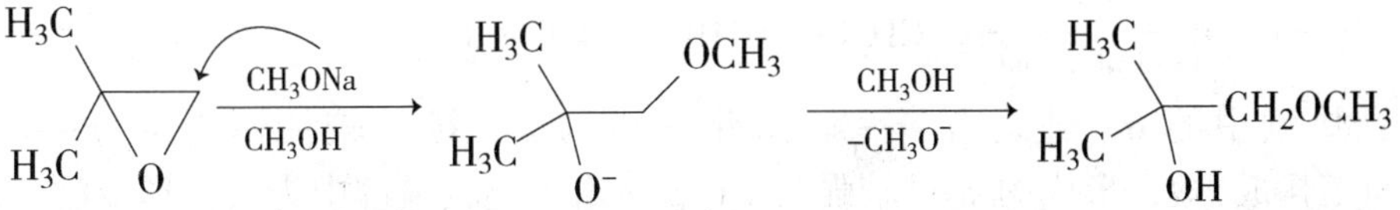

H_3C，H_3C（环氧化合物，O）$\xrightarrow{H^+}$ H_3C，H_3C（质子化环氧，O^+，H）$\xrightarrow{CH_3OH}$ $H\overset{+}{O}CH_3$，H_3C，H_3C，OH $\xrightarrow{-H^+}$ OCH_3，H_3C，H_3C，OH

H_3C，H_3C（环氧化合物，O）$\xrightarrow[CH_3OH]{CH_3ONa}$ H_3C，OCH_3，H_3C，O^- $\xrightarrow[-CH_3O^-]{CH_3OH}$ H_3C，H_3C，CH_2OCH_3，OH

例 11 写出反应机理：

1-甲基-1-乙烯基环戊烷（H_3C，$CH=CH_2$）$\xrightarrow[H_2SO_4]{H_2O}$ 1,2-二甲基环己醇（H_3C，OH，CH_3）

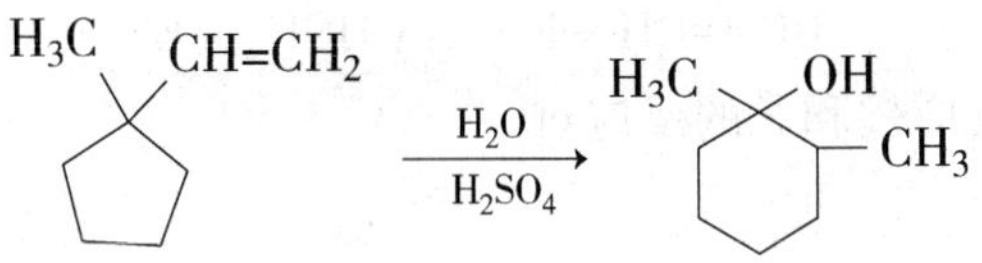

解：

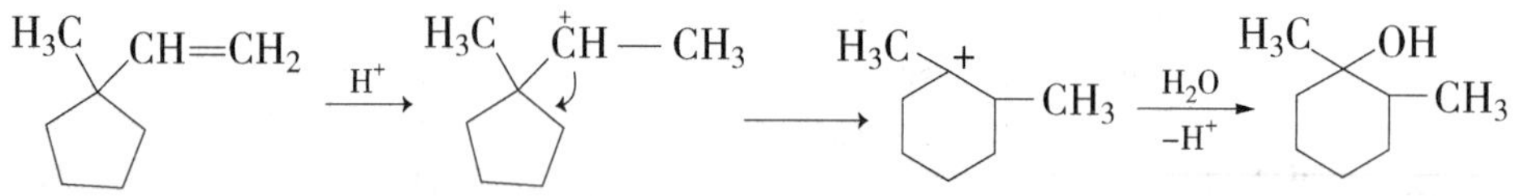

5.4.3 自由基加成(指对烯键)

某些试剂(如 HBr)对烯键的加成可按自由基或离子型两种方式进行。在气相或非极性溶剂和引发剂等条件下，有利于按自由基历程反应。

① Cl_2在自由基反应条件下($h\nu$ 或 300℃)是 α-氯代为主。

② Br_2对烯键易加成，但反应是可逆的，故可用它来进行催化异构化反应，例如：

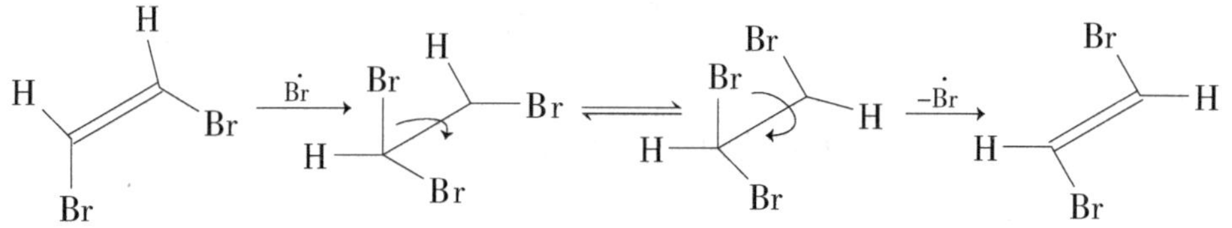

③ HBr 在自由基反应条件下，以反式加成为主(也可能是经桥式中间体)。加成取向可用优先生成最稳定的自由基来预测。例如：

$$RO—OR(引发剂)\longrightarrow 2R\dot{O}\xrightarrow{HBr} ROH+\dot{B}r$$

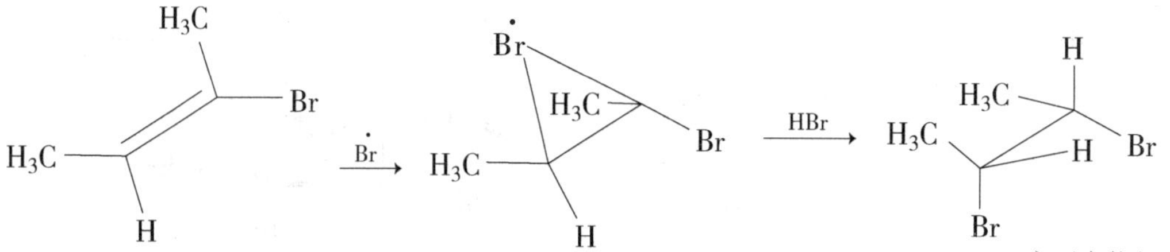

(主要产物)

从 $X^{\cdot}+CH_2{=}CH_2$和 $XCH_2^{\cdot}+HX$ 这两步反应的 ΔH 计算可知，只有**HBr** 在这两步反应中皆放热，因而其它**HX** 都没有这样的自由基加成，故**“过氧化物”效应只对 HBr 有效**。

5.4.4 炔键的加成

炔键和烯键相似，能进行亲电加成，但**比烯键难**。例：

$$CH_2=CH—C\equiv C—R \xrightarrow[CCl_4,\ -8℃]{Br_2} CH_2Br—CHBr—C\equiv C—R$$

因为：第一，炔键中的 σ-键是由 sp-sp 杂化轨道构成，键长较烯键中的 σ-键(由 sp^2-sp^2杂化轨道构成)短，形成的 π 键较强(两个 p 轨道重叠较烯键中为大，形成柱状电子云)；第二，炔碳的电负性也比烯碳大，不易给出电子；第三，从 $RC\equiv CH$ 和 $RCH=CH_2$与 E^+反应形成的中间体碳正离子的稳定性来看，稳定性是：

$$R\overset{+}{C}=CH—E < R\overset{+}{C}HCH_2—E$$

这也表明 E^+和炔的反应较和烯的反应难。

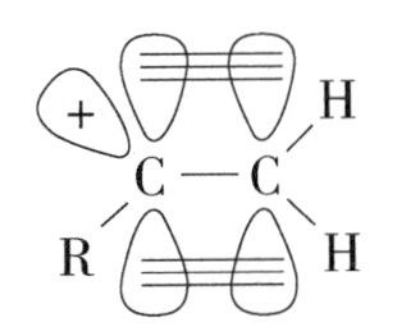

$$\overset{R}{\underset{H}{}}\overset{+}{C}-CH_2E$$

π键所在平面与带正电荷的 sp^2 杂化轨道垂直　　　　正电荷处在空 p 轨道上

炔键和 E^+ 加成的规律与烯相似，即**反式加成为主**。例：

$$HOOC-C\equiv C-COOH \xrightarrow{Br_2} (E)\text{-}HOOC(Br)C=C(Br)COOH + (Z)\text{-}Br(HOOC)C=C(Br)COOH$$

炔的亲核加成较烯容易，强亲核试剂可直接加成；弱亲核试剂，如 H_2O_2、ROH、HCN 等要 Hg^{2+} 催化才可进行。例：

$$HC\equiv CH \xrightarrow{Hg^{2+}} \left[\overset{Hg^+}{\underset{H}{}}C=\overset{+}{C}-H \longleftrightarrow H-\overset{+}{C}=C\overset{Hg^+}{\underset{H}{}} \right]$$

$$\xrightarrow{H_2O} \overset{H}{\underset{H_2\overset{+}{O}}{}}C=C\overset{Hg^+}{\underset{H}{}} \xrightarrow{-H^+} \overset{H}{\underset{HO}{}}C=C\overset{Hg^+}{\underset{H}{}} \xrightarrow{H^+} \overset{H}{\underset{H\overset{+}{O}}{}}C-CH_2-Hg^+$$

$$\xrightarrow{-Hg^{2+}} \overset{H}{\underset{HO}{}}C=CH_2 \xrightarrow{H^+} \overset{H}{\underset{H\overset{+}{O}}{}}C-CH_3 \xrightarrow{-H^+} \overset{H}{\underset{O}{}}C-CH_3$$

炔键的氢化速率较烯键慢，在 Lindlar 催化剂[Pd 在 $CaCO_3$ 上，并用 $Pb(OAc)_2$ 使其部分中毒，也有喹啉使其部分中毒]或 P-2 催化剂(Ni_2B)存在下氢化可得**顺式烯烃**。

在液氨中用活泼金属钠或锂，部分氢化可得**反式烯烃**。

5.4.5　亲电加成反应考研试题实例

例 1　完成反应：

$$CF_3CH=CHCH_3+HOCl \longrightarrow [\,CF_3CH(Cl)CH(OH)CH_3\,]$$

例 2　完成反应：

$$CH_2=CH-C(CH_3)=CH_2 + HOCl \longrightarrow (\quad ?\quad) + (\quad ?\quad)$$

$$\left[HOH_2C-CH=C(CH_3)-CH_2Cl + H_2C=CH-C(OH)(CH_3)-CH_2Cl \right]$$

例 3 完成反应：

$CH_3CH_2CH{=}CHCH_2CH{=}CHCF_3+Br_2(1mol)\longrightarrow[CH_3CH_2CHBrCHBrCH_2CH{=}CHCF_3]$

例 4 完成反应：

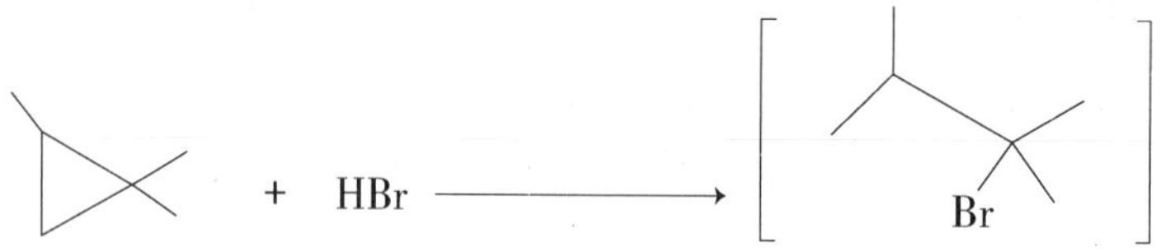

+ HBr ⟶ [ ]

Br

例 5 完成反应：

$H_3C-C_6H_4-CH{=}CH-C_6H_4-NO_2 \xrightarrow{HBr} [H_3C-C_6H_4-CHBrCH_2-C_6H_4-NO_2]$

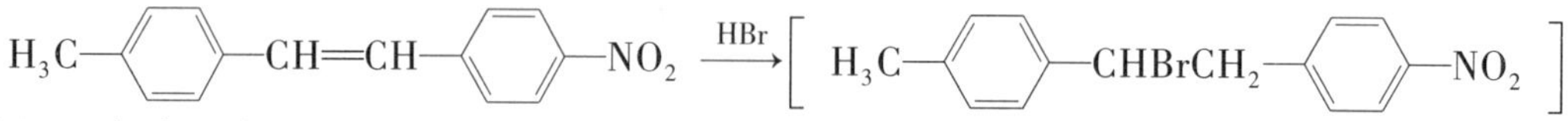

例 6 完成反应：

$CH_2{=}CH-C(CH_3){=}CH_2 + HCl \rightarrow (\quad ? \quad) + (\quad ? \quad)$

$[CH_2{=}CH-CCl(CH_3)-CH_3 + ClCH_2CH{=}C(CH_3)_2]$

例 7 完成反应：

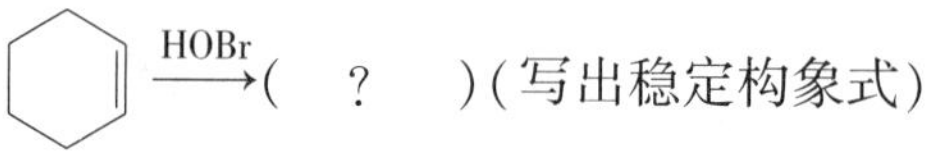

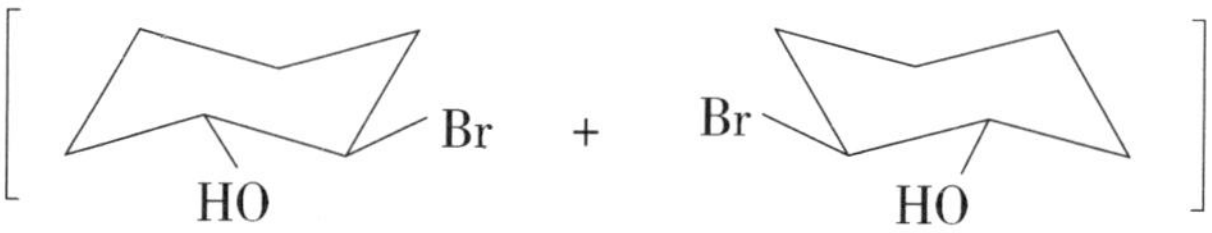

$\xrightarrow{HOBr}$(?)(写出稳定构象式)

[Br HO + Br HO]

例 8 写出下列反应机理：

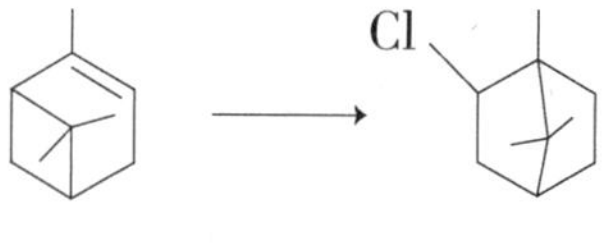

Cl

解：

$\xrightarrow{H^+}$ + H ⟶ + $\xrightarrow{Cl^-}$ Cl

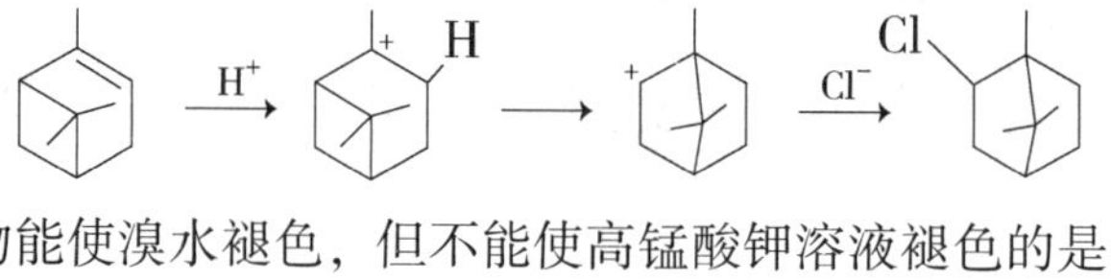

例 9 下列化合物能使溴水褪色，但不能使高锰酸钾溶液褪色的是：(D)

A. 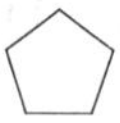 B.  C.  D.

例 10 环己烯与稀、冷高锰酸钾溶液反应的主要产物的稳定构象为：(A)

A. 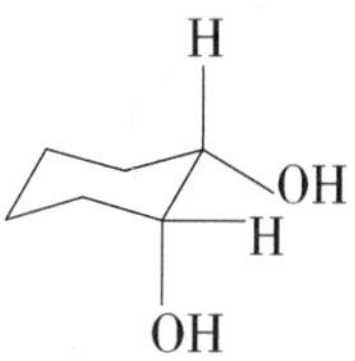 H OH H OH B. 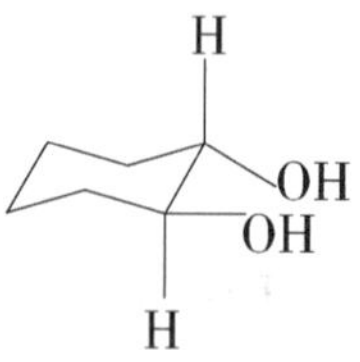 H OH OH H C. 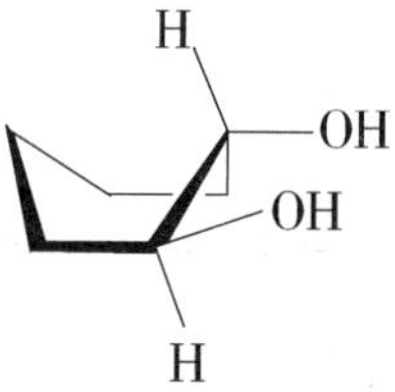 H OH OH H D. 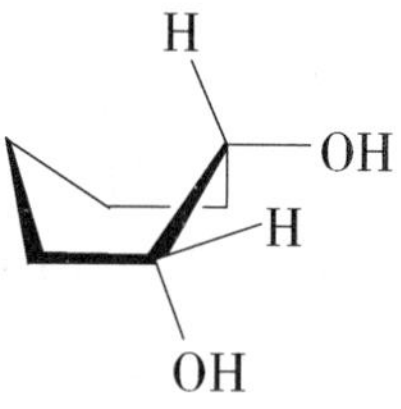 H OH H OH

例 11　完成下列反应式：

$$t\text{-Bu}\cdots\text{(环己烯)} + Br_2 \longrightarrow \left[\ t\text{-Bu}\text{—(椅式环己烷)—Br, Br}\ \right]$$

例 12　完成反应：

$$\text{(2-甲基-1,3-丁二烯)} + 2HBr \longrightarrow \left[\ (CH_3)_2CBr{-}CH_2CH_2Br\ \right]$$

例 13　完成反应：

$$\text{(环己烯)} \xrightarrow[H_2O]{Br_2} \left[\ \text{Br, OH 取代环己烷} + \text{Br, OH 取代环己烷}\ \right]$$

例 14　亲核反应、亲电反应最主要的区别是：（C）

A. 反应的立体化学不同　　　　B. 反应的动力学不同

C. 反应要进攻的活性中心的电荷不同　　D. 反应的热力学不同

例 15　$CH_2{=}\underset{\displaystyle R}{\underset{|}{C}}OR' \xrightarrow[H^+]{H_2O}$　产物为：（A）

A. $CH_3COR+R'OH$　　　　B. $CH_3COR'+ROH$

C. $H_3C{-}\overset{\displaystyle H}{\overset{|}{\underset{\displaystyle R}{\underset{|}{C}}}}{-}OR'$　　　　D. $\overset{\displaystyle HO}{\overset{|}{CH_2}}{-}\overset{\displaystyle H}{\overset{|}{\underset{\displaystyle R}{\underset{|}{C}}}}{-}OR'$

例 16　由环戊烯转化为反-1,2-环戊二醇应采用的试剂为：（D）

A. $KMnO_4$，H_2O　　　　B. (1)O_3；(2)$Zn+H_2O$

C. (1)$(BH_3)_2$；(2)H_2O，OH^-　　D. (1)CH_3COOOH，CH_3COOH；(2)OH^-

5.5　对羰基的亲核加成反应机理

5.5.1　亲核加成反应机理

亲核试剂可对极性的羰基加成，反应分两步进行：

$$R_1R_2C{=}O\ \ Nu^- \xrightarrow{\text{慢}} \begin{cases} R_1R_2C(Nu){-}O^- \xrightarrow[E^+]{\text{快}} R_1R_2C(Nu){-}OE \\ R_1R_2C(O^-){-}Nu \xrightarrow{\text{快}} R_1R_2C(OE){-}Nu \end{cases}$$

由于达到过渡态时羰基碳的杂化态是由 sp^2 变为 sp^3，即变得拥挤，因而结构的空间效应对反应性将有很大的影响，故反应活性顺序是：

$$\mathrm{H_2C{=}O} > \mathrm{RHC{=}O} > \mathrm{RR'C{=}O}$$

羰基碳的正电性大也有利于反应。从电子效应看，上述羰基碳的正电性也是这个顺序。对于对位取代的苯甲醛，因基团的电子效应，活性顺序为：

$$\mathrm{OHC{-}C_6H_4{-}NO_2} > \mathrm{OHC{-}C_6H_4{-}H} > \mathrm{OHC{-}C_6H_4{-}OMe}$$

试剂 HCN、H_2O、ROH、RSH、$NaHSO_3$、RNH_2 等对羰基加成是可逆的，H^-($LiAlH_4$，$NaBH_4$ 等)和 RMgX 等对羰基的加成是不可逆的。一般影响反应速率的因素，也以同样的方式影响平衡位置(平衡常数 K)。另外 K 也受试剂体积的影响，体积大，不利于反应。**$NaHSO_3$**因体积大，只能对醛、脂肪族醛、甲基酮及一些环酮加成。反应过程如下所示：

$$HSO_3^- \xrightarrow{OH^-} H_2O + :S(=O)(O^-)_2 \quad ; \quad \mathrm{>C{=}O} + {}^-O{-}\ddot{S}(=O){-}O^- \longrightarrow \mathrm{>C(O^-){-}S(=O)_2{-}O^-} \xrightarrow{H_2O} \mathrm{>C(OH){-}S(=O)_2{-}ONa}$$

K(平衡常数)还受 C—Nu 键强的影响，因而和 HCN、RNH_2、ROH 加成达到平衡时产物的浓度大小次序是：C—CN>C—NHR>C—OR

酸或碱对平衡反应有催化作用。酸存在时可增加羰基碳的正电性，从而有利于 Nu^-的进攻，但大量的酸也可使 Nu^-失去活性：

$$\mathrm{>C{=}O} \xrightleftharpoons{H^+} \left[\mathrm{>C{=}\overset{+}{O}H} \longleftrightarrow \mathrm{>\overset{+}{C}{-}OH}\right], \quad Nu^- \xrightleftharpoons{H^+} HNu$$

在碱存在时，可加强亲核试剂的强度，但不能使羰基碳正电性加强。特别是碱性过强时，羰基的 α-H 将被夺去，从而导致一系列碳负离子的副反应。

$$HNu \xrightleftharpoons{B^-} Nu^- + HB$$

因此这些可逆的加成反应都有一个**最佳的 pH 值**。

HCN 的加成要用微量碱催化，—CN 体积大，和芳酮，甚至对 $ArCOCH_3$也不反应；和芳醛反应时有偶姻反应与之竞争：

$$\mathrm{ArCHO} \xrightleftharpoons{CN^-} \mathrm{Ar{-}C(O^-)(CN){-}H} \rightleftharpoons \mathrm{Ar{-}\ddot{C}^-(OH)(CN)} + \mathrm{O{=}C(H){-}Ar} \rightleftharpoons \mathrm{Ar{-}C(OH)(CN){-}C(O^-)(H){-}Ar}$$

$$\rightleftharpoons \mathrm{Ar{-}C(O^-)(CN){-}C(OH)(H){-}Ar} \rightleftharpoons \mathrm{Ar{-}C(=O){-}C(OH)(H){-}Ar} + CN^-$$

H_2O 对羰基的加成一般不能分离出产物 α-二醇，只有当形成产物可以克服底物中原来存在的很大的不稳定因素时才有可能。

例如，下列二个化合物中的羰基处都有很大的偶极-偶极相互作用，和 H_2O 加成后可使之得到缓解，故它们的水合物是稳定的。

$$\text{茚三酮} \xrightarrow{H_2O} \text{(2,2-二羟基茚-1,3-二酮)} \qquad Cl_3CCHO \xrightarrow{H_2O} Cl_3CCH(OH)_2$$

ROH 和羰基的加成物比它加水时的产物稳定，一般可分离到缩醛，醛基上有强拉电子基时还可分离到半缩醛。例如：

$$Br_3CCHO \xrightarrow{H^+} Br_3CCH{=}\overset{+}{O}H \xrightarrow{HOEt} Br_3CCH(OH)OEt \text{（可分离）}$$

$$\xrightarrow{H^+} Br_3CCH(\overset{+}{O}H_2)OEt \xrightarrow{\text{慢}} Br_3C\overset{+}{C}HOEt \xrightarrow{HOEt} Br_3CCH(\overset{+}{H}OEt)OEt \xrightarrow{-H^+} Br_3CCH(OEt)_2$$

缩醛是醚型化合物，故对碱稳定，在酸水溶液中加热可分解为原来的醛。酮和醇难反应，为得到缩醛可用酮和原酸酯 $HC(OEt)_3/NH_4Cl$ 或邻二醇/H^+(成环缩酮)或 RSH/H^+ 等反应(成缩硫酮)。

$$HC(OEt)_3 \xrightarrow[-EtOH]{H^+} H\overset{+}{C}(OEt)_2 \xrightarrow{R_2C{=}O} R_2C{=}\overset{+}{O}-CH(OEt)_2$$

$$\xrightarrow{EtOH} R_2C(OCH(OEt)_2)(\overset{+}{H}OEt) \longrightarrow R_2C(\overset{+}{O}HCH(OEt)_2)(OEt) \xrightarrow{-HOCH(OEt)_2}$$

$$R_2C{=}\overset{+}{O}Et \xrightarrow{EtOH} R_2C(OEt)(\overset{+}{H}OEt) \xrightarrow{-H^+} R_2C(OEt)_2$$

氨及其衍生物NH_2G(G 为 OH、$NHCONH_2$、NHPh、R 等)对羰基的加成产物可随即进行**消除反应**。在酸性较强的介质中，加成是(限速)控制步骤；在介质的酸性较弱时，消除是控制步骤。介质酸性较强可使亲核试剂中毒，酸性较弱可增强试剂亲核性。

$$R_2C{=}O + \ddot{N}H_2G \underset{}{\overset{\text{加成}}{\rightleftharpoons}} R_2C(O^-)(\overset{+}{N}H_2G) \rightleftharpoons R_2C(OH)(NHG) \overset{H^+}{\rightleftharpoons} R_2C(\overset{+}{O}H_2)(NHG) \underset{-H_2O}{\overset{\text{消除}}{\rightleftharpoons}} R_2C{=}\overset{+}{N}HG \overset{-H^+}{\rightleftharpoons} R_2C{=}NG$$

氨及其衍生物与羰基化合物的缩合反应通常在酸催化下进行，反应机理可表达为：

$$>C=O \xrightleftharpoons{H^+} >C=O^+H \xrightleftharpoons{H_2NB} >C(OH)(N^+H_2B) \rightleftharpoons >C(O^+H_2)(\ddot{N}HB) \xrightleftharpoons{-H_2O} >C=N^+(H)B \xrightleftharpoons{-H^+} >C=N-B$$

式中，B 可以是 H、R、Ar、OH、NH_2、NHR、NHAr、$NHCONH_2$等。

问题讨论：催化剂酸的强度对反应的影响情况？

$$\ddot{N}H_2B \ + \ H^+ \rightleftharpoons \ N^+H_3B$$

羟胺与丙酮的缩合反应中，pH＝5 时，反应速率最大。

例：为什么醛、酮和氨的衍生物的反应在微酸性（pH≈3～5）才有最大速率？

从上面的问题讨论中可知，催化剂酸虽能通过与羰基氧形成配位键而加剧羰基的极化，增强羰基碳的正电性，即是增强了羰基碳的亲电性，但同时酸也可与氨及其衍生物形成铵盐，即有氮正离子生成，这样等于反应物中毒而不能与羰基化合物进行缩合。因此，控制反应介质的酸性强弱尤为重要，既能起到催化羰基化合物的作用，又不使氨及其衍生物中毒是最为理想的状态，这就需要找到一个适宜的 pH 值，这个值为 3～5。

含有负氢离子的金属氢化物可与羰基化合物发生加成氢化反应，H^- 可由 $LiAlH_4$/醚，$NaBH_4/H_2O$ 或 ROH 来提供：

$$>C=O + H-AlH_3 \xrightleftharpoons{加成} >C(H)-O\bar{A}lH_3 \rightarrow \rightarrow \rightarrow \left[>C(H)-O\right]_4\bar{A}l \xrightarrow{ROH} \left[>C(H)-OH\right]_4$$

此外，可和醛、酮加成的碳负离子有：**$RC\equiv CH/NaNH_2$，RCH_2CHO 或 RCH_2COCH_2R/OH^-（羟醛缩合），RCH_2NO_2/OH^- 或 RCH_2NO_2/EtO^-，$CH_2(COOEt)_2$/胺（Knoevenege 反应），$CH_2(COOEt)_2$/EtNa（Stobbe 反应），$(RCH_2CO)_2O/RCH_2COOK$（Perkin 反应**，通常只和芳醛反应）等。这些反应的机理符合通式，也常随即发生消除反应（消除 H_2O）。

Ylid 可和羰基加成，如Wittig 反应：

$$O=C< + Ph_3P^+-\bar{C}< \longrightarrow {}^-O-C<,\ Ph_3P^+-C< \longrightarrow O-C<,\ Ph_3P-C< \longrightarrow Ph_3P=O + >C=C<$$

和羰基相似的碳-氮叁键（C≡N）也可进行类似的亲核加成，例如：

$$R-C\equiv N + R'MgX \longrightarrow R-C(R')=\overset{-\ +}{N}MgX \xrightarrow{H_2O} R-C(R')=O$$

腈还可和 NH_3/NH_4Cl 反应得到 $R-C(NH_2)=NH\cdot HCl$，和 $R'OH/H^+$反应得到 $R-C(OR')=\overset{+}{N}H_2$（亚胺醚），和 H_2O/H^+或 OH^-加热反应得到酰胺。

$$R-C(OH)=NH \longrightarrow R-C(=O)-NH_2$$

5.5.2 羰基加成反应的立体化学

1. 对手性脂肪酮的加成(克拉姆规则)

羰基直接与手性碳原子相连时，Nu 的进攻方向主要取决于邻位手性碳原子上各原子(团)体积的相对大小。

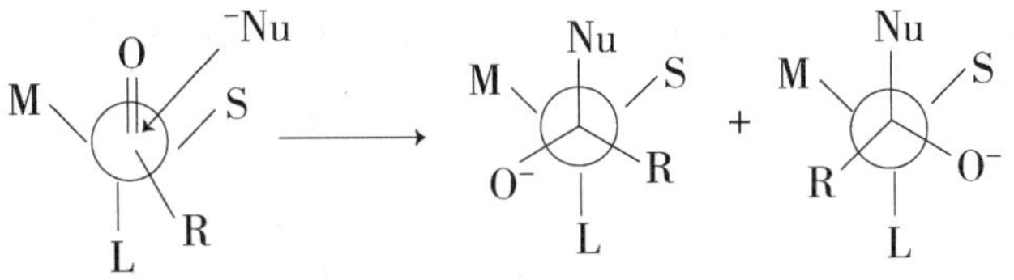

反应物(构象式)　　　优势构象产物

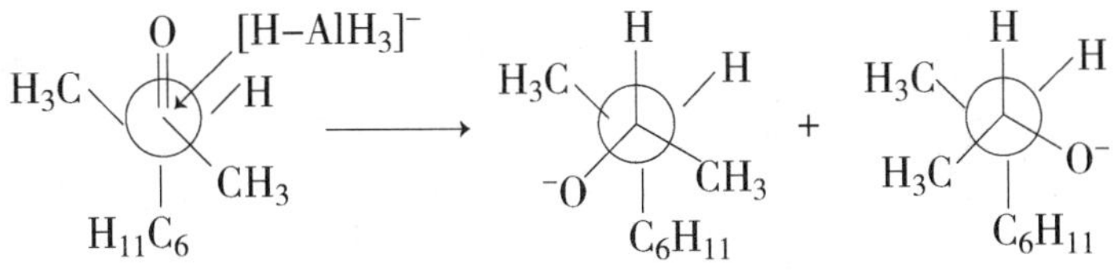

(72%)　　　(28%)

2. 反应物为脂环酮的加成

脂环酮的羰基嵌在环内，环上所连基团空间位阻的大小明显地影响着 Nu 的进攻方向。

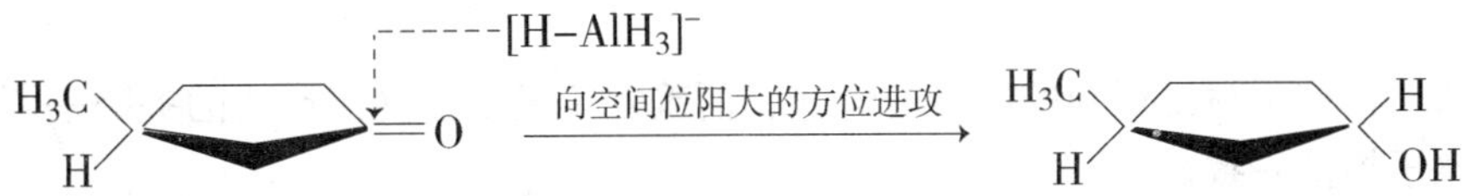

向空间位阻大的方位进攻

反-3-甲基环戊醇(40%)

向空间位阻小的方位进攻

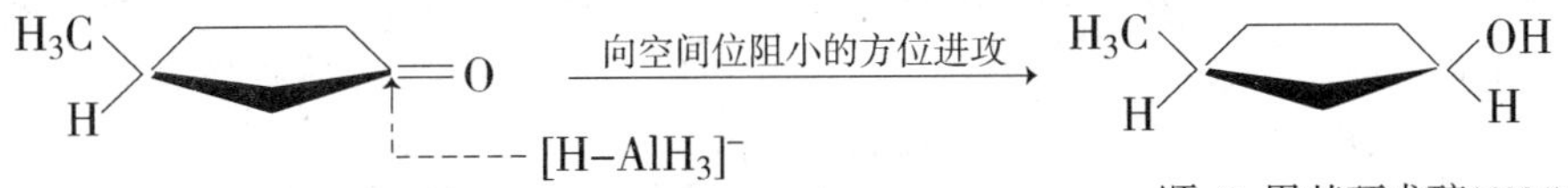

顺-3-甲基环戊醇(60%)

根据取代基体积的大小变化，也即位阻大小的变化，产物比例随之变化。取代基体积越大，反式产物比例越低，顺式产物比例越高。

3. Nu 体积大小对加成方向的影响

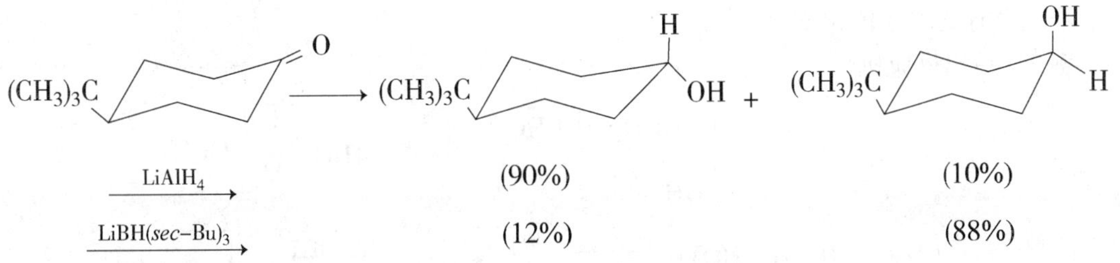

$\xrightarrow{LiAlH_4}$	(90%)	(10%)
$\xrightarrow{LiBH(sec\text{-}Bu)_3}$	(12%)	(88%)

位阻较小时主要考虑产物的稳定性，位阻较大时主要考虑反应活性。

5.5.3 考研试题实例

例 1 按亲核加成反应活性由大到小排列正确的是：(A)

a. Ph−$COCH_3$ b. CH_3COCH_3 c. CH_3CHO d. F_3C—CHO

A. d>c>b>a B. b>a>c>d C. a>b>c>d D. c>d>b>a

例 2 a. $C_6H_5COCH_3$ b. CH_3CHO c. $C_2H_5CH_2COCH_3$

上述各化合物与 HCN 发生亲核加成反应的活性次序为：(B)

A. a>c>b B. b>c>a C. c>a>b D. b>a>c

例 3 完成反应：

$$PhCHO+HCHO \xrightarrow{50\%NaOH} [PhCH_2OH+HCOOH]$$

例 4 完成反应：

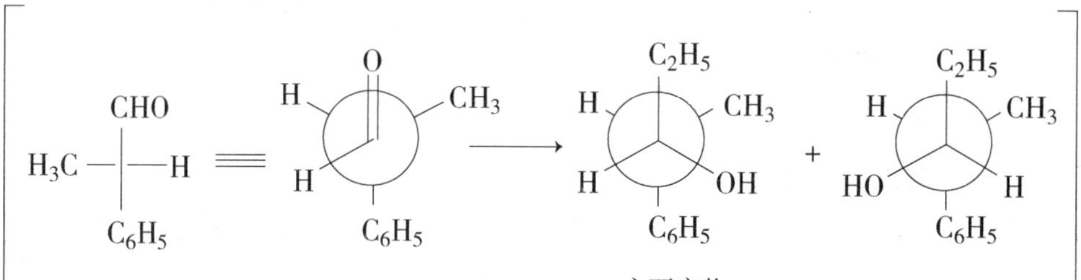

(Fischer projection: CHO top, H_3C left, H right, C_6H_5 bottom) + C_2H_5MgBr ⟶ (?)

[Fischer projection ≡ Newman projection (O, CH_3, H, H, C_6H_5) ⟶ Newman projection (C_2H_5, CH_3, OH, C_6H_5, H, H) + Newman projection (C_2H_5, CH_3, H, C_6H_5, HO, H)]

主要产物

解题的关键在于写出正确的纽曼投影式，而确定正确的纽曼投影式的关键是两种投影式中手性碳原子构型一致。

例 5 下列化合物中亲核加成反应活性最强的是：(B)

A. CH_3CH_2CHO B. CCl_3CH_2CHO C. CH_3COCH_3 D. $C_6H_5COCH_3$

例 6 完成反应：

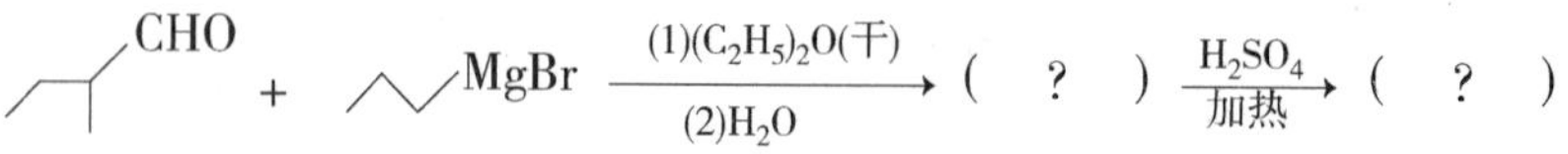

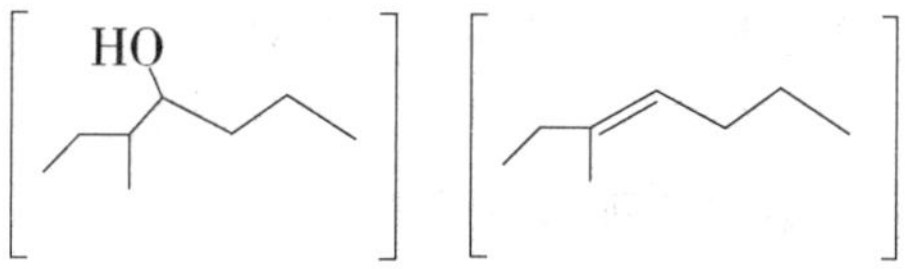

(2-methylbutanal skeleton)CHO + (propyl)MgBr $\xrightarrow[(2)H_2O]{(1)(C_2H_5)_2O(干)}$ (?) $\xrightarrow[加热]{H_2SO_4}$ (?)

[HO-substituted alcohol skeleton] [alkene skeleton]

本题没有要求立体化学。

例 7 写出反应机理：

$CH_3CH(OH)CH_2CH_2CHO \xrightarrow[CH_3OH]{H^+}$ H_3C-(tetrahydrofuran ring, O)-OCH_3

$\xrightarrow{H^+}$ $CH_3CH(OH)CH_2CH_2CHO+H$ ⟶ H_3C-(ring, $\overset{+}{O}$H)-OH ⟶ H_3C-(ring, O)-$\overset{+}{O}H_2$

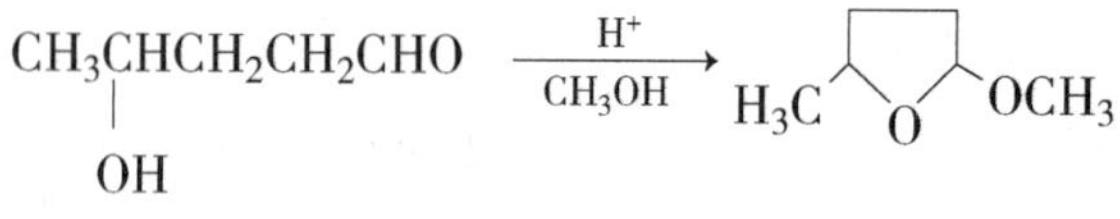

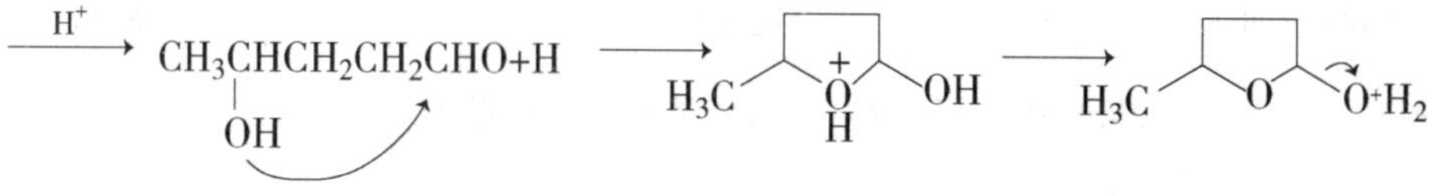

$\xrightarrow{-H_2O}$ H_3C–(2-methyl-dihydrofuran oxonium, $\overset{+}{O}$) $\xrightarrow{CH_3OH}$ H_3C–(tetrahydrofuran)–$\overset{+}{O}(H)CH_3$ $\xrightarrow{H^+}$ H_3C–(tetrahydrofuran)–OCH_3

例 8 完成反应，如有立体化学问题也应注明。

4-CH_3-4-$(H_3C)_3C$-cyclohexanone $\xrightarrow[(2)H_2O]{(1)LiAlH_4}$ [4-CH_3-4-$(H_3C)_3C$-cyclohexanol (OH, H)]

例 9 完成反应式：

$$Ph_3P+(CH_3)_2CHI \longrightarrow (\quad ? \quad) \xrightarrow[(2)CH_3CH_2CHO]{(1)n\text{-}BuLi} (\quad ? \quad)$$

$$\left[(CH_3)_2CH—\overset{+}{P}(Ph)_3I^-\right]\left[(CH_3)_2C=CHCH_2CH_3\right]$$

例 10 完成反应：

$$CH_3CHO \xrightarrow[HCN]{NH_3} (\quad ? \quad) \xrightarrow[H_2O]{H^+} (\quad ? \quad)$$

$$\left[CH_3\overset{O^-}{\overset{|}{C}}HCN\ NH_4^+\right]\left[CH_3\overset{OH}{\overset{|}{C}}HCN\right]$$

例 11 完成反应(Reformatsky 反应)：

cyclohexanone $\xrightarrow[(2)H^+/H_2O]{(1)ZnBrCH_2COOC_2H_5}$ [1-HO-1-$CH_2COOC_2H_5$-cyclohexane]

例 12 完成反应(Mannich 反应)：

$C_6H_5COCH_3$ $\xrightarrow[HN(CH_3)_2]{HCHO}$ [$C_6H_5COCH_2CH_2N(CH_3)_2$]

例 13 完成反应(Baeyer-Villiger 氧化)：

2-CH_3-cyclohexanone $\xrightarrow{CH_3CO_3H}$ [7-CH_3-oxepan-2-one]

例 14 完成反应：

$$C_2H_5Br+Mg \xrightarrow{(C_2H_5)_2O} (\quad ? \quad) \xrightarrow[(2)H_3^+O]{(1)CH_3COCH_3} (\quad ? \quad)$$

$$\left[C_2H_5MgBr\right]\left[H_5C_2—\underset{CH_3}{\overset{CH_3}{C}}—OH\right]$$

例 15 完成反应：

$$CH_3COCH_3+H_2NNHC_6H_5 \longrightarrow \left[(H_3C)_2C=NNHC_6H_5\right]$$

例 16　完成反应：

$$CH_3CH_2CHO \xrightarrow{OH^-/H_2O} \left[\begin{array}{c} CH_3CH_2CH{=}CCHO \\ \quad\quad\quad\quad | \\ \quad\quad\quad\quad CH_3 \end{array} \right]$$

OH^-/H_2O 代表稀溶液，为发生羟醛缩合反应的条件。

例 17　完成反应，如有立体化学也应注明。

$$\text{2-甲基环己酮} + H_2C{=}CH{-}\overset{O}{\overset{\|}{C}}{-}CH_3 \xrightarrow[EtOH]{KOH} [\ \ ]$$

O, CH_3, CH_3, O

例 18　完成反应：

$$\xrightarrow{PhCO_3H} (\ ?\ ) \xrightarrow{(CH_3)_2NH} (\ ?\ )$$

O, O, O, OH, O, $N(CH_3)_2$

例 19　完成反应：

$$CH_3{-}C{\equiv}C{-}CO_2C_2H_5 \xrightarrow[Lindlar]{H_2} (\quad ?\quad) \xrightarrow[hv]{CH_2N_2} (\quad ?\quad) \xrightarrow[(2)\,Br_2/OH^-]{(1)\,NH_3} (\quad ?\quad)$$

H_3C, $COOC_2H_5$, H, H；H_3C, $COOC_2H_5$, H, H；H_3C, NH_2, H, H

氢化还原的立体化学为顺式；重氮甲烷发生光解产生卡宾，紧接着与烯烃发生加成反应而形成三元环，属于单线态卡宾的反应；后面的反应先是酯的氨解生成酰胺，而后酰胺发生霍夫曼酰胺降解反应生成胺。此题中涉及五个反应，属于较难的题。

例 20　简要回答问题：(R)-2-甲基-3-丁酮酸乙酯用 $NaBH_4$进行还原，产物经柱色谱分离得到 2 种产物。(1)写出此 2 种产物的 Fischer 投影式；(2)判断哪种产物为主要产物；(3)此二异构体互为什么异构体关系？

COOEt, H, CH_3, O, CH_3 = O, H, CH_3, CH_3, COOEt $\xrightarrow{NaBH_4}$ H, H, CH_3, H_3C, OH, COOEt + H, H, CH_3, HO, CH_3, COOEt

优势构象（主要产物）

二者关系为非对映体关系。

例 21　写出反应历程：

$$C_6H_5CHO + H_2C{=}CH{-}\overset{O}{\overset{\|}{C}}{-}CH_3 \underset{}{\overset{CN^-}{\rightleftharpoons}} C_6H_5\overset{O}{\overset{\|}{C}}CH_2CH_2\overset{O}{\overset{\|}{C}}CH_3$$

解：

$$C_6H_5CHO \underset{}{\overset{CN^-}{\rightleftharpoons}} C_6H_5C(O^-)(H)(CN) \rightleftharpoons C_6H_5C^{\ominus}(OH)(CN) \xrightleftharpoons{H_2C=CH-\overset{O}{\overset{\|}{C}}-CH_3}$$

$$C_6H_5C(OH)(CN)-CH_2-CH=C(O^-)-CH_3 \rightleftharpoons C_6H_5C(O^-)(CN)-CH_2-CH=C(OH)-CH_3$$

$$\overset{CN^-}{\rightleftharpoons} C_6H_5\overset{O}{\overset{\|}{C}}CH_2CH_2\overset{O}{\overset{\|}{C}}CH_3$$

例 22 下列各化合物中，适合用于进行 Cannizzaro 反应的是：(B)

a. C_2H_5CHO　　b. C_6H_5CHO　　c. $(CH_3)_3CCHO$　　d. 环己基-CHO

A. a，b　　B. b，c　　C. c，d　　D. a，d

例 23 下列各化合物中，既不发生碘仿反应，也不与亚硫酸氢钠加成的是：(C)

A. $(CH_3)_3CCHO$　　B. $CH_3CHOHC_2H_5$　　C. $(C_2H_5)_2CO$　　D. $CH_3COC_2H_5$

例 24 a. $C_6H_5COCH_3$　　b. CH_3CHO　　c. $C_2H_5CH_2COCH_3$

上述各化合物与 HCN 发生亲核加成反应的活性次序为：(B)

A. a>c>b　　B. b>c>a　　C. c>a>b　　D. b>a>c

例 25 完成反应：

$$CH_3CH_2CHO \xrightarrow{(\ ?\ )} (\ ?\ ) \xrightarrow{(\ ?\ )} CH_3CH_2COCl \xrightarrow[AlCl_3]{C_6H_6}$$

$$C_6H_5COCH_2CH_3 \xrightarrow{NH_2NH_2} (\ ?\ )$$

[氧化剂] [CH_3CH_2COOH] [$SOCl_2$] [$C_6H_5CH_2CH_2CH_3$]

例 26 完成反应：

$$OHC-C_6H_4-CH(CH_3)_2 + 2CH_3OH \xrightarrow{干\ HCl} (\ ?\ ) \xrightarrow[H^+]{NaCr_2O_7} (\ ?\ ) \xrightarrow[H^+]{H_2O} (\ ?\ )$$

[$(H_3CO)_2CH-C_6H_4-CH(CH_3)_2$] [$(H_3CO)_2CH-C_6H_4-COOH$] [$OHC-C_6H_4-COOH$]

例 27 下列化合物分别与 HCN 反应的活性大小(B>A>C)

A. $C_6H_5COCH_3$　　B. $CH_3CH_2COCH_3$（键线式）　　C. $(CH_3)_2CHCOCH(CH_3)_2$（键线式）

例 28 下列化合物与 $NaHSO_3$ 反应的活性顺序是：（B）

a. $C_6H_{11}-COCH_3$　　b. CH_3COCH_3　　c. CH_3CH_2CHO　　d. $C_6H_5-COCH_3$

A. b>c>a>d　　B. c>b>a>d　　C. d>b>a>c　　D. c>a>b>d

例 29 完成反应：

$$C_6H_5-CHO + C_6H_5-COCH_3 \xrightarrow{OH^-/H_2O} [\,C_6H_5-COCH{=}CH-C_6H_5\,]$$

例 30 完成反应：

$$\text{环戊酮}{=}O + HOCH_2CH_2OH \xrightarrow{\text{干 HCl}} [\,\text{环戊烷螺-1,3-二氧戊环}\,]$$

例 31 完成反应：

$$C_6H_5-CHO \xrightarrow[40\%NaOH]{HCHO} [\,C_6H_5-CH_2OH \ +HCOOH\,]$$

例 32 完成反应：

$$C_6H_5-CHO \xrightarrow[5\%NaOH]{CH_3CHO} [\,C_6H_5-CH{=}CHCHO\,]$$

例 33 完成反应：

$$C_6H_6 + (HCHO)_n + HCl \xrightarrow{\text{干 } ZnCl_2} (\ ?\ ) \xrightarrow[\text{干}(CH_3CH_2)_2O]{Mg} (\ ?\ )$$

$$\xrightarrow[(2)H^+,\ H_2O]{(1)CH_3COCH_3} (\ ?\ ) \xrightarrow{(CH_3CO)_2O} (\ ?\ )$$

$$[\,C_6H_5-CH_2Cl\,][\,C_6H_5-CH_2MgCl\,][\,C_6H_5-CH_2-C(CH_3)_2-OH\,][\,C_6H_5-CH{=}C(CH_3)_2\,]$$

例 34 完成反应：

$$CH_3COCH_3 \xrightarrow[OH^-]{HCN} (\ ?\ ) \xrightarrow[\text{浓}H_2SO_4,\ \triangle]{CH_3OH} (\ ?\ )$$

$$[\,(H_3C)_2C(OH)CN\,]\quad[\,H_2C{=}C(CH_3)COOCH_3\,]$$

例 35 完成反应：

$$CH_3COCH_2CH_3 \xrightarrow[NaOH]{Br_2} [\,CHCl_3+CH_3CH_2COONa\,]$$

例 36 完成反应[Mannich 反应]：

$$C_6H_5-COCH_3 + PhCHO + \text{四氢吡咯}(NH) \xrightarrow{HCl} [\,C_6H_5-COCH_2CH(Ph)-N(\text{四氢吡咯基})\cdot HCl\,]$$

例 37 完成反应[Wittig 反应]：

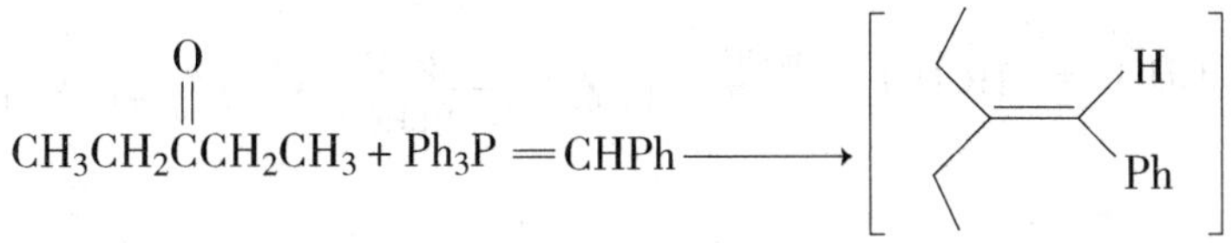

$$CH_3CH_2\overset{\overset{O}{\|}}{C}CH_2CH_3 + Ph_3P{=}CHPh \longrightarrow \left[(CH_3CH_2)_2C{=}CH(Ph) \right]$$

例 38 完成反应[Perkin 反应]：

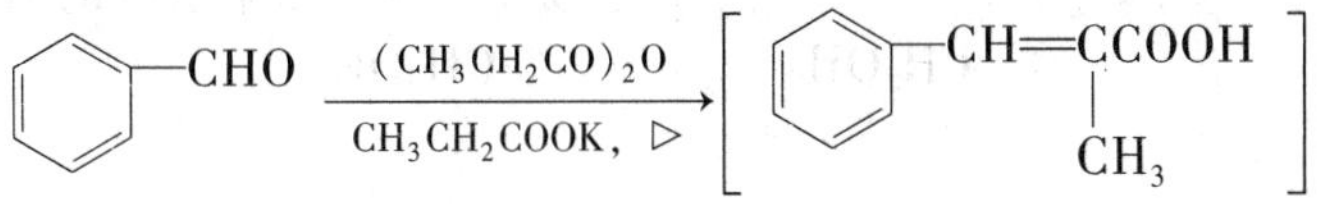

$$C_6H_5CHO \xrightarrow[CH_3CH_2COOK,\ \triangle]{(CH_3CH_2CO)_2O} \left[C_6H_5CH{=}\underset{\underset{CH_3}{|}}{C}COOH \right]$$

例 39 写出下列反应的反应机理：

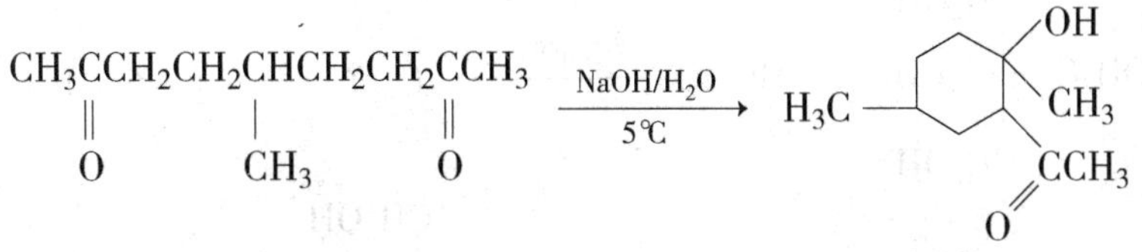

$$CH_3\underset{\underset{O}{\|}}{C}CH_2CH_2\underset{\underset{CH_3}{|}}{C}HCH_2CH_2\underset{\underset{O}{\|}}{C}CH_3 \xrightarrow[5℃]{NaOH/H_2O} H_3C\text{—}(\text{环己烷, 含 OH, }CH_3\text{ 与 }\underset{\underset{O}{\|}}{C}CH_3)$$

解：

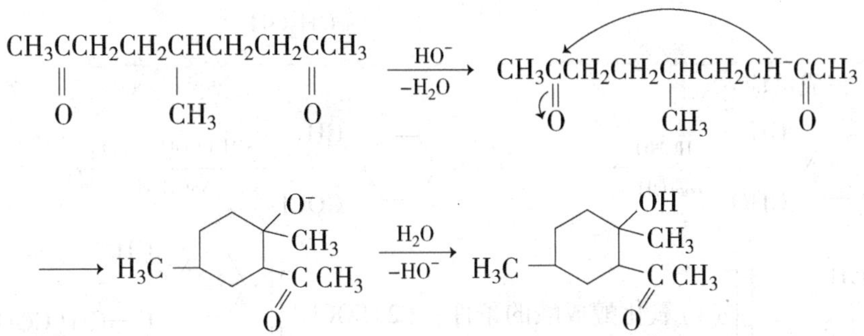

$$CH_3\underset{\underset{O}{\|}}{C}CH_2CH_2\underset{\underset{CH_3}{|}}{C}HCH_2CH_2\underset{\underset{O}{\|}}{C}CH_3 \xrightarrow[-H_2O]{HO^-} CH_3\underset{\underset{O}{\|}}{C}CH_2CH_2\underset{\underset{CH_3}{|}}{C}HCH_2CH^-\underset{\underset{O}{\|}}{C}CH_3$$

$$\longrightarrow H_3C\text{—}(\text{环己烷, 含 }O^-\text{, }CH_3\text{, }\underset{\underset{O}{\|}}{C}\ CH_3) \xrightarrow[-HO^-]{H_2O} H_3C\text{—}(\text{环己烷, 含 OH, }CH_3\text{, }\underset{\underset{O}{\|}}{C}\ CH_3)$$

例 40 写出下列反应的反应机理：

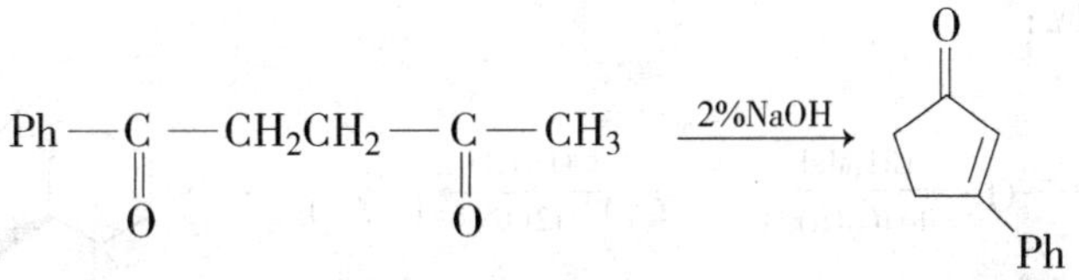

$$Ph\text{—}\underset{\underset{O}{\|}}{C}\text{—}CH_2CH_2\text{—}\underset{\underset{O}{\|}}{C}\text{—}CH_3 \xrightarrow{2\%NaOH} (\text{3-Ph-环戊-2-烯-1-酮})$$

解：

$$Ph\text{—}\underset{\underset{O}{\|}}{C}\text{—}CH_2CH_2\text{—}\underset{\underset{O}{\|}}{C}\text{—}CH_3 \xrightarrow[-H_2O]{HO^-} Ph\text{—}\underset{\underset{O}{\|}}{C}\text{—}CH_2CH_2\text{—}\underset{\underset{O}{\|}}{C}\text{—}CH_2^- \longrightarrow (\text{环戊酮, 3-位含 }O^-\text{ 与 Ph})$$

$$\xrightarrow[-HO^-]{-H_2O} (\text{环戊酮, 3-位含 OH 与 Ph}) \xrightarrow{-H_2O} (\text{3-Ph-环戊-2-烯-1-酮})$$

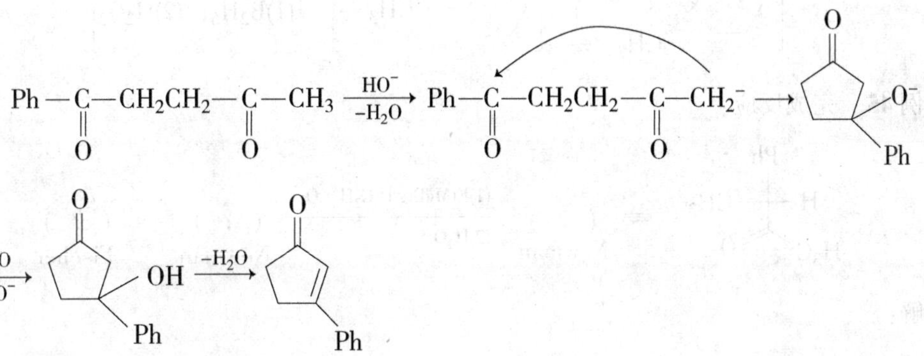

例 41 完成反应［先羟醛缩合、后 Cannizzaro 反应］：

$$\text{环戊基}-CHO + HCHO \xrightarrow{\text{稀}OH^-} (\ ?\ ) \xrightarrow[HCHO]{\text{浓}OH^-} (\ ?\ ) + (\ ?\ )$$

［1-(羟甲基)环戊烷甲醛：环戊烷同一碳上连 CHO 和 CH_2OH］［1,1-二(羟甲基)环戊烷：环戊烷同一碳上连两个 CH_2OH + $HCOO^-(HCOOH)$］

例 42 完成反应：

$$HOH_2C-C(CH_2OH)_2-CHO + HCHO \xrightarrow{\text{浓}NaOH} (\ ?\ ) + (\ ?\ )$$

［$HOH_2C-C(CH_2OH)_2-CH_2OH$ + $HCOOH$］

例 43 完成反应：

$$\text{1-甲基环己烷甲醛 (CH}_3\text{, CHO)} \xrightarrow[cons\,OH^-]{HCHO} (\ ?\ ) \xrightarrow{(?)} \text{1-甲基环己烷甲酰氯 (CH}_3\text{, COCl)} \xrightarrow[NaOC_2H_5]{CH_2(COOC_2H_5)_2} (\ ?\ )$$

［1-甲基-1-(羟甲基)环己烷：环己烷同一碳上连 CH_3 和 CH_2OH］［(1)氧化醇成酸的条件；(2)$SOCl_2$］［环己烷同一碳上连 CH_3 和 $C(=O)-CH(COOC_2H_5)_2$］

例 44 完成反应：

$$\text{环己酮} \xrightarrow[dry(C_2H_5)_2O]{CH_3MgI} (\ ?\ ) \xrightarrow[(2)\ \triangle]{(1)H_3^+O} (\ ?\ ) \xrightarrow{(\ ?\ )} \text{2-甲基环己醇 (OH 为虚楔键，CH}_3\text{ 为实楔键)}$$

［环己烷同一碳上连 OMgI 和 CH_3］［1-甲基环己烯 (CH_3)］［(1)B_2H_6；(2)H_2O_2］

例 45 完成反应：

$$\text{费歇尔投影式：竖线上端 Ph，下端 }C(=O)CH_3\text{；横线左端 H，右端 }CH_3 = \underset{Newman}{(\ ?\ )} \xrightarrow[(2)H_2O]{(1)EtMgBr,\text{干}(C_2H_5)_2O} \underset{Newman}{(\ ?\ )} = \underset{Fischer}{(\ ?\ )}$$

解：

$$\text{(S)-3-苯基-2-丁酮} \xrightarrow[\text{(2)}H_2O]{\text{(1)EtMgBr, 干}(C_2H_5)_2O} \text{优势构象产物} + \text{(本题摒弃产物)}$$

(*S*)-3-苯基-2-丁酮　　　　优势构象产物　　　　（本题摒弃产物）

Fischer

例 46　完成反应：

$$\text{(邻-}OCH_3\text{)}C_6H_4CH{=}CHCOCH_3 \xrightarrow[NaOH]{I_2} (\ ?\ ) \xrightarrow{HI} (\ ?\ ) \xrightarrow{(\ ?\ )} \text{4-碘-3,4-二氢香豆素}$$

[(邻-OCH_3)$C_6H_4CH=CHCOOH$] [(邻-OH)$C_6H_4CHICH_2COOH$] [H_2SO_4]

例 47　写出反应机理：

$$CH_3COCH_2CH_2COCH_3 \xrightarrow{NaOH} \text{3-甲基-2-环戊烯酮}$$

解：

$$CH_3COCH_2CH_2COCH_3 \xrightarrow[-H_2O]{HO^-} CH_3COCH_2CH_2COCH_2^- \longrightarrow \text{3-氧负离子-3-甲基环戊酮}$$

$$\xrightarrow[-HO^-]{H_2O} \text{3-羟基-3-甲基环戊酮} \xrightarrow{-H_2O} \text{3-甲基-2-环戊烯酮}$$

此题为分子内的羟醛缩合。

例 48　写出反应机理：

$$\text{环己酮} + HN(CH_3)_2 \longrightarrow \text{1-环己烯基-}N(CH_3)_2$$

解：

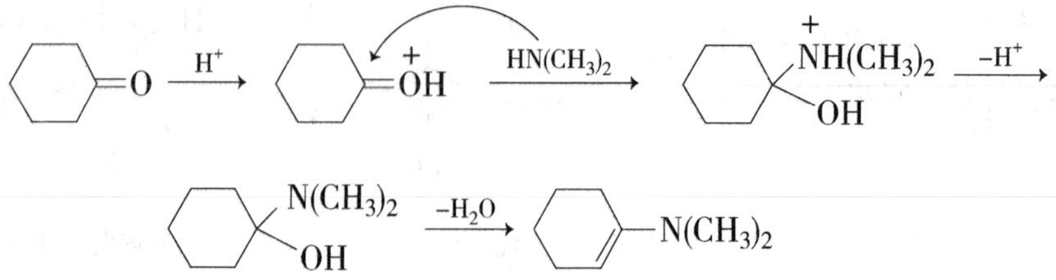
O
H+
+
OH
HN(CH3)2
+
NH(CH3)2
OH
-H+
N(CH3)2
OH
-H2O
N(CH3)2

生成的产物为“烯胺”，在有机合成中有重要用途。

例 49 写出反应机理：

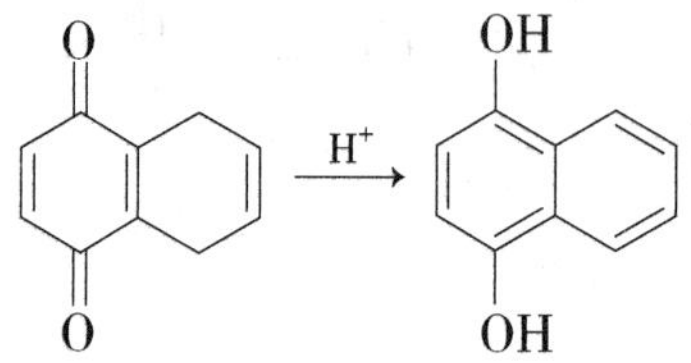
O
O
H+
OH
OH

解：

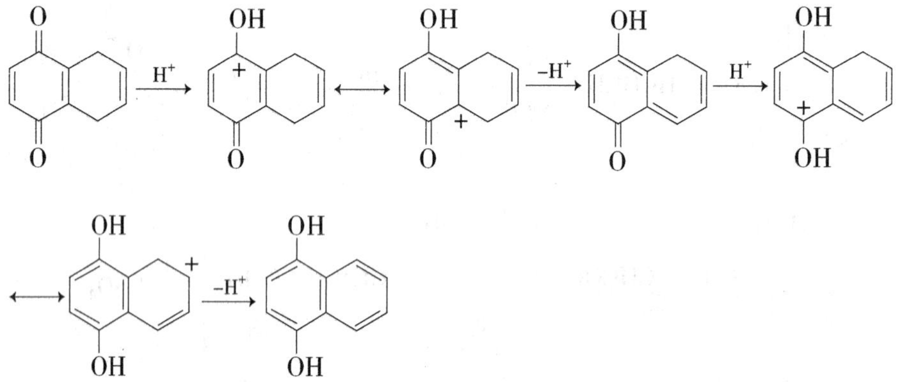
O
O
H+
OH
+
O
OH
O
+
-H+
OH
O
H+
OH
+
OH
OH
+
OH
-H+
OH
OH

例 50 写出反应机理：

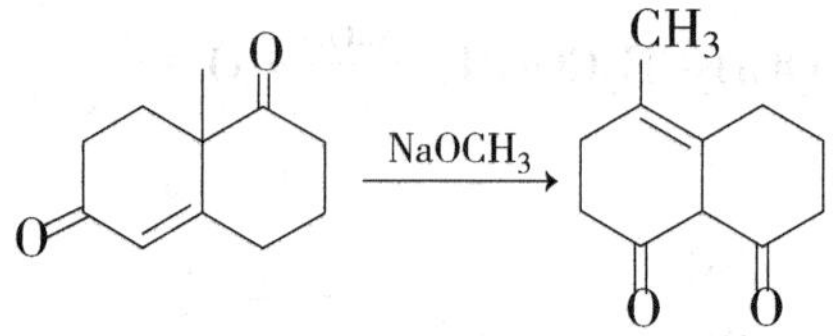
O
O
NaOCH3
CH3
O
O

解：

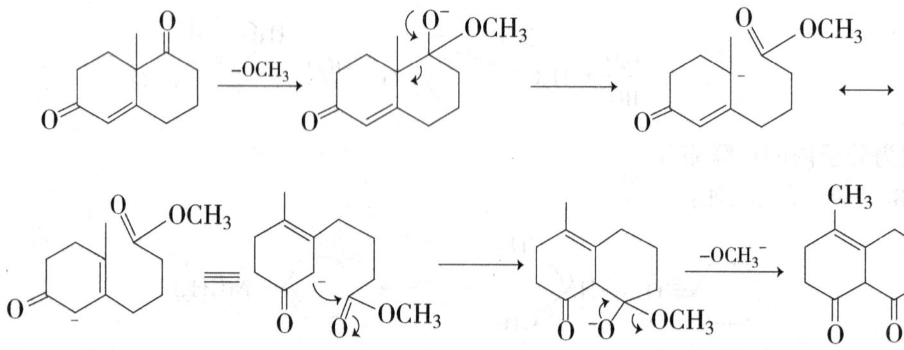
O
O
-OCH3
O-
OCH3
O
O
OCH3
O
O
OCH3
O
O
OCH3
O
O
-O
OCH3
O
-OCH3-
CH3
O
O

此题属于 Claisen 酯缩合反应的应用，难度较大。先逆反应加成开环，再正反应缩合成环。

5.6 羧酸衍生物的取代反应机理

5.6.1 反应机理

亲核试剂 Nu^- 对羧酸衍生物的取代是**加成-消除**机理：

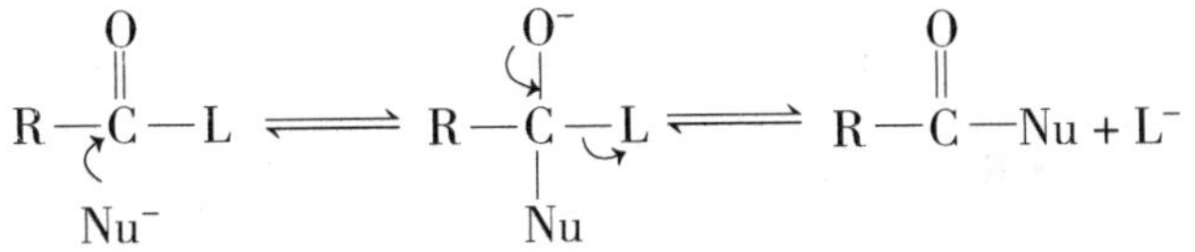

$$R-\overset{O}{\overset{\|}{C}}-L + Nu^- \rightleftharpoons R-\overset{O^-}{\overset{|}{\underset{Nu}{\underset{|}{C}}}}-L \rightleftharpoons R-\overset{O}{\overset{\|}{C}}-Nu + L^- \quad (L=Cl,\ OR,\ NH_2,\ O\overset{O}{\overset{\|}{C}}R)$$

1. 反应活性

反应活性取决于：

（1）酰基碳原子的正电性

R 和 L 的吸电子性，如 R 为 CF_3 时有利，L 的电负性可由共振结构 $R-\overset{O}{\overset{\|}{C}}-\ddot{L} \longleftrightarrow R-\overset{O^-}{\overset{|}{C}}=L^+$ 的贡献看出。L^+承担正电荷的能力次序为 $Cl^+<O^+<N^+$；L 的电负性越大，承担正电荷的能力越弱，反应活性越大。

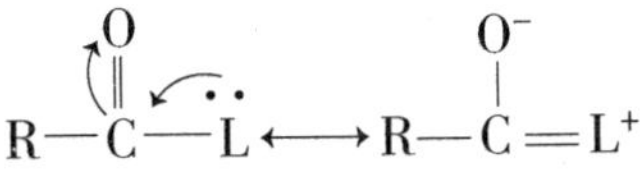

（2）L 的离去能力

L^-的碱性次序为：$Cl^-<^-OCOR'<^-OR'<^-NH_2<^-NR'_2$，而 L^-的离去能力正好与之相反。

上述二项均说明，羧酸衍生物对取代反应的活性顺序是：

$$R-\overset{O}{\overset{\|}{C}}-Cl > R-\overset{O}{\overset{\|}{C}}-OCOR' > R-\overset{O}{\overset{\|}{C}}-OR' \gg R-\overset{O}{\overset{\|}{C}}-NH_2 > R-\overset{O}{\overset{\|}{C}}-NR'_2$$

（3）空间效应

由于过渡态中的酰基碳是由 sp^2变为 sp^3，故对空间效应特别敏感。R、L、^-Nu 的体积大时都不利于反应。例如，酯的水解速率是：

$$CH_3COOR>CH_3CH_2COOR>(CH_3)_2CHCOOR>(CH_3)_3C-COOR$$

$$RCOOCH_3>RCOOCH_2CH_3>RCOOCH(CH_3)_2>RCOOC(CH_3)_3$$

由于 Cl 易离去，因而酰氯和 H_2O 、ROH 反应时也可能通过类似于 S_N1 型的反应（如果酰基正离子很稳定）：

$$R-\overset{O}{\overset{\|}{C}}-Cl \xrightarrow{-Cl^-} R-\overset{+}{C}=O \xrightarrow{R'OH} R-\overset{O}{\overset{\|}{C}}-\overset{+}{\underset{H}{\underset{|}{O}}}R' \xrightarrow{-H^+} R-\overset{O}{\overset{\|}{C}}-OR'$$

是否经过这种历程取决于溶剂的极性和对离子的溶剂化能力，以及反应物的结构。酸酐的反应和酰卤相似。

2. 酯的水解

酯的水解：有酸（A）或碱（B）催化两种，有单分子（1）或双分子（2）反应，有酰氧（AC）

键断裂或烷氧(AL)键断裂，综合标记为 $B_{AC}2$，$A_{AC}2$，$A_{AL}1$ 和 $A_{AL}2$，$B_{AC}1$ 等，但最常见的是 $B_{AC}2$，$A_{AC}2$。

$$B_{AC}2:\quad R-\overset{\overset{\displaystyle O}{\|}}{C}-{}^{18}OEt \xrightarrow{OH^-} R-\underset{\underset{\displaystyle OH}{|}}{\overset{\overset{\displaystyle O^-}{|}}{C}}\,\vdots\,{}^{18}OEt \longrightarrow R-\underset{\underset{\displaystyle OH}{|}}{\overset{\overset{\displaystyle O}{\|}}{C}} + {}^{18}\bar{O}Et$$

$$\longrightarrow R-\overset{\overset{\displaystyle O}{\|}}{C}-O^- + H^{18}OEt$$

$$A_{AC}2:\quad R-\overset{\overset{\displaystyle O}{\|}}{C}-{}^{18}OEt \xrightarrow{H^+} R-\overset{\overset{\displaystyle {}^+OH}{\|}}{C}-{}^{18}OEt \xrightarrow{H_2O} R-\underset{\underset{\displaystyle {}^+OH_2}{|}}{\overset{\overset{\displaystyle OH}{|}}{C}}-{}^{18}OEt$$

$$\longrightarrow R-\underset{\underset{\displaystyle OH}{|}}{\overset{\overset{\displaystyle OH}{|}}{C}}\,\vdots\,{}^{18}\overset{+}{O}(H)Et \longrightarrow R-\overset{\overset{\displaystyle \overset{+}{O}H}{\|}}{C}-OH + H^{18}OEt$$

$$\downarrow$$

$$R-\overset{\overset{\displaystyle O}{\|}}{C}-OH + H^+$$

当酯中醇的部分可成为稳定的 C^+ 时，则按 $A_{AL}1$ 历程进行：

$$A_{AL}1:\quad R-\overset{\overset{\displaystyle O}{\|}}{C}-{}^{18}OCMe_3 \xrightarrow{H^+} R-\overset{\overset{\displaystyle {}^+OH}{\|}}{C}-{}^{18}O\,\vdots\,CMe_3 \longrightarrow R-\overset{\overset{\displaystyle OH}{|}}{C}={}^{18}O + {}^+CMe_3$$

$${}^+CMe_3 \xrightarrow{H_2O} H_2O^+-CMe_3 \xrightarrow{-H^+} HO-CMe_3$$

相应的酯化反应(王积涛版《有机化学》，南开大学出版社)：

$$RCOOH + (CH_3)_3CO^{18}H \overset{H^+}{\rightleftharpoons} RCOOC(CH_3)_3 + H_2O^{18}$$

酯化反应机理：

$$(CH_3)_3CO^{18}H \overset{H^+}{\rightleftharpoons} (CH_3)_3C\underset{+}{O}{}^{18}H_2 \overset{-H_2O^{18}}{\rightleftharpoons} (CH_3)_3C^+$$

$$(CH_3)_3C^+ + R-\overset{\overset{\displaystyle O}{\|}}{C}-\ddot{O}H \rightleftharpoons R-\overset{\overset{\displaystyle O}{\|}}{C}-\underset{+}{\overset{H}{O}}C(CH_3)_3 \overset{-H^+}{\rightleftharpoons} R-\overset{\overset{\displaystyle O}{\|}}{C}-OC(CH_3)_3$$

按照可逆反应，酯的水解反应机理应为($A_{AL}1$)：

$$R-\overset{\overset{\displaystyle O}{\|}}{C}-{}^{18}OC(CH_3)_3 \overset{H^+}{\rightleftharpoons} R-\overset{\overset{\displaystyle O}{\|}}{C}-{}^{18}\underset{H}{\overset{+}{O}}C(CH_3)_3 \rightleftharpoons (CH_3)_3C^+ + R-\overset{\overset{\displaystyle O}{\|}}{C}-{}^{18}OH$$

$$(CH_3)_3C^+ \overset{H_2O}{\rightleftharpoons} (CH_3)_3C-\overset{+}{O}H_2 \overset{-H^+}{\rightleftharpoons} (CH_3)_3C-OH$$

这与上面所述 $A_{AL}1$ 并不完全相同，但二者都源于同一本有机化学教材；从酸碱性强弱角度看，后者是正确的机理。

当酯中酸的部分有很大位阻时，水解以 $A_{AC}1$ 历程进行：

$$(CH_3)_3C-\overset{O}{\overset{\|}{C}}-OEt \xrightarrow{H^+} (CH_3)_3C-\overset{O}{\overset{\|}{C}}-\overset{H}{\overset{+}{O}}Et \xrightarrow{-EtOH} (CH_3)_3C-\overset{O}{\overset{\|}{C}}{}^+ \xrightarrow[-H^+]{H_2O} (CH_3)_3C-\overset{O}{\overset{\|}{C}}-OH$$

酯化是水解的逆过程，因而位阻大的酸，如2,4,6-三甲基苯甲酸，难以在通常条件下酯化，其酯也难以水解；而是要先溶于浓硫酸，使之成 $ArC^+{=}O$ 而后再和醇或水反应方可，机理（$A_{AC}1$）如下：

$$H_3C-C_6H_2(CH_3)_2-COOH \xrightleftharpoons{H^+} H_3C-C_6H_2(CH_3)_2-CO\overset{+}{O}H_2 \xrightleftharpoons{-H_2O} H_3C-C_6H_2(CH_3)_2-\overset{+}{C}{=}O$$

$$H_3C-C_6H_2(CH_3)_2-\overset{+}{C}{=}O + R\ddot{O}H \rightleftharpoons H_3C-C_6H_2(CH_3)_2-CO\overset{+}{O}(H)R \xrightleftharpoons{-H^+} H_3C-C_6H_2(CH_3)_2-COOR$$

3. 酰胺的水解

酰胺的水解需要 H^+ 或 OH^- 催化并加热才能进行。碱催化时，离去的是强碱 H_2N^-，只是由于产物酸根负离子有很大的共轭稳定化作用才使平衡右移。

$$R-\overset{O}{\overset{\|}{C}}-NH_2 \xrightarrow{OH^-} R-\underset{OH}{\overset{O^-}{C}}-NH_2 \longrightarrow R-\overset{O}{\overset{\|}{C}}-OH + {}^-NH_2$$

$$\longrightarrow \left[R-\overset{O}{\overset{\|}{C}}-O^- \longleftrightarrow R-\overset{O^-}{\overset{|}{C}}{=}O \right] + NH_3$$

Claisen **酯缩合**：酮和酯的碳负离子可对酯进行加成-消除反应，得到1,3-二羰基化合物，如：

$$\underset{R}{CH_2}\overset{O}{\overset{\|}{C}}-OEt \xrightleftharpoons{NaOEt} \left[{}^-\underset{R}{CH}\overset{O}{\overset{\|}{C}}-OEt \longleftrightarrow \underset{R}{CH}{=}\overset{O^-}{\overset{|}{C}}-OEt \right]$$

$$\xrightleftharpoons{RCH_2COOEt} RCH_2\underset{RCHCOOEt}{\overset{O^-}{C}}-OEt \rightleftharpoons RCH_2\overset{O}{\overset{\|}{C}}-\underset{R}{CH}\overset{O}{\overset{\|}{C}}-OEt \xrightleftharpoons{NaOEt} RCH_2\overset{O}{\overset{\|}{C}}-\underset{R}{C^-}-\overset{O}{\overset{\|}{C}}-OEt$$

前面三步的平衡都是偏向左方，只是最后一步，因生成稳定的碳负离子，才使平衡向生成产物的方向移动。

醛在此条件下主要得到的是**羟醛缩合产物**。

5.6.2 应用实例

例 1 写出反应机理：

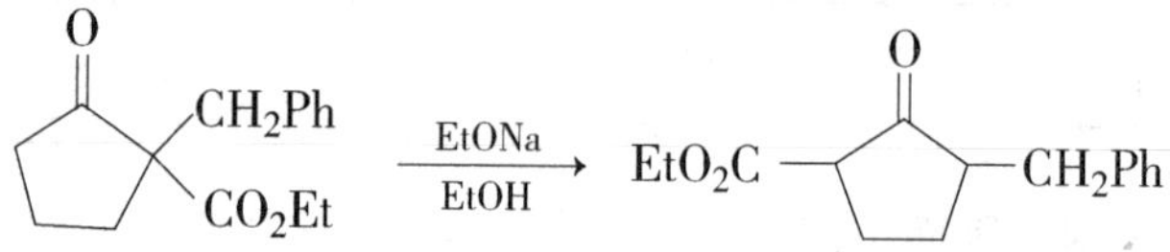

解：

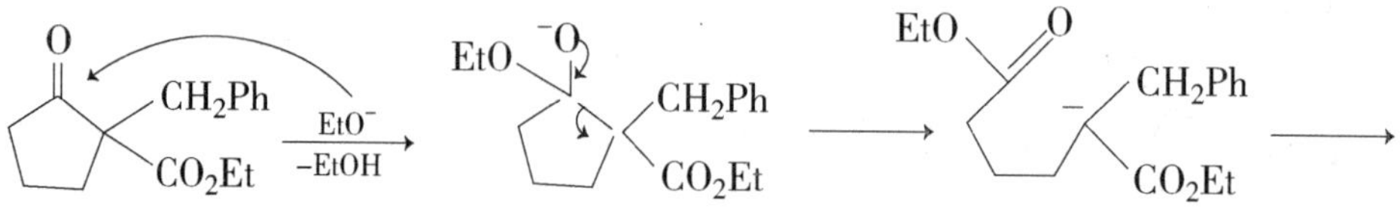

（Claisen酯缩合的逆反应）

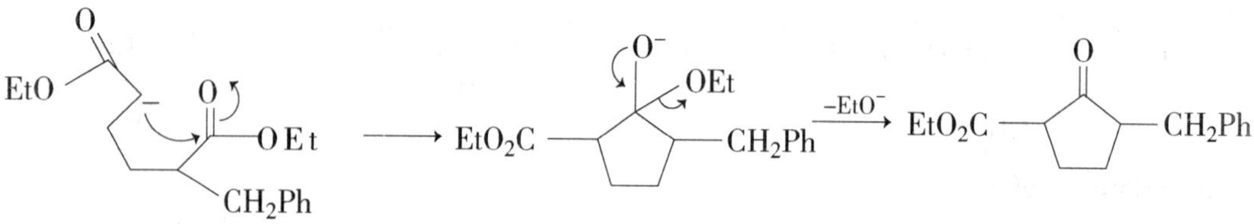

（Claisen酯缩合的正反应）

例 2 写出反应机理(Favorskii 重排)：

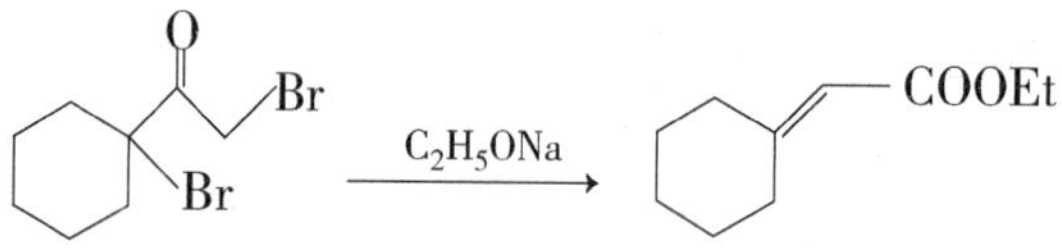

解：

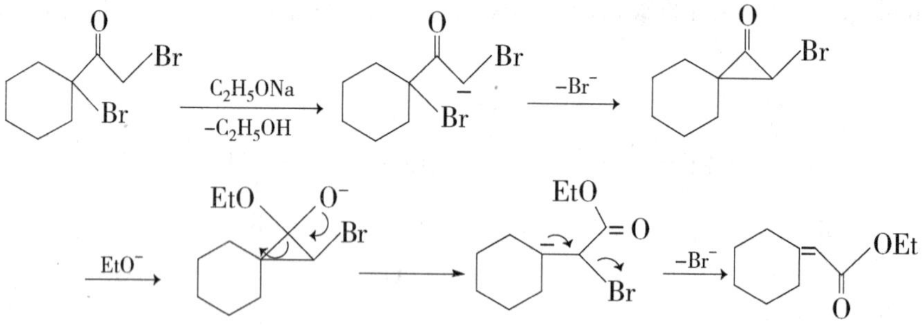

例 3 完成反应：

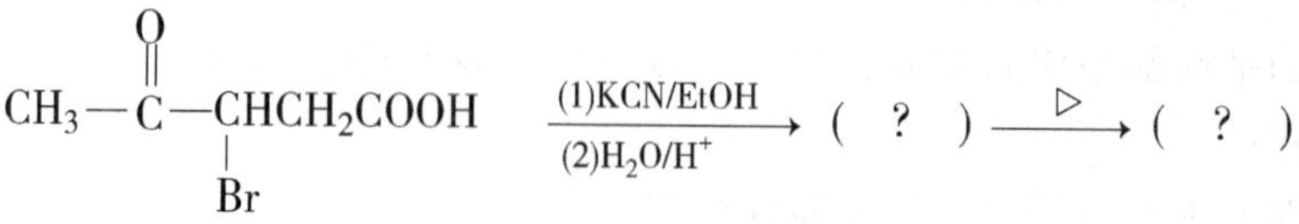

$$CH_3-\overset{\overset{\displaystyle O}{\|}}{C}-\underset{\underset{\displaystyle Br}{|}}{C}HCH_2COOH \xrightarrow[(2)H_2O/H^+]{(1)KCN/EtOH} (\ ?\ ) \xrightarrow{\triangle} (\ ?\ )$$

解：

$$CH_3-\overset{\overset{O}{\|}}{C}-\underset{\underset{Br}{|}}{C}HCH_2COOH \xrightarrow[(2)H_2O/H^+]{(1)KCN/EtOH} HOOC\,CH_2CH_2CH_2COOH \xrightarrow{\triangle}$$

第一步为 Favorskii 重排，第二步为二元羧酸的热分解反应。

例 4 完成反应：

$$C_6H_5COOC_2H_5 + CH_3COOC_2H_5 \xrightarrow{EtONa} \left[C_6H_5-\overset{\overset{O}{\|}}{C}-CH_2-\overset{\overset{O}{\|}}{C}-OEt \right]$$

例 5 完成反应(Pertin 反应)：

$$-CHO + (CH_3CO)_2O \xrightarrow{CH_3COOK} \left[-CH=CH-\overset{\overset{O}{\|}}{C}-OH \right]$$

例 6 完成反应，如有立体化学也应注明(Robinson 缩环反应)。

$$+ H_2C=CH-\overset{\overset{O}{\|}}{C}-CH_3 \xrightarrow[EtOH]{EtONa} (\quad ? \quad)$$

解：

$$CH_3 + O \xrightarrow{EtONa} CH_3 \quad O \quad O \xrightarrow{EtONa} CH_3 \quad O \quad OH$$

$$\xrightarrow{-H_2O} CH_3 \quad O$$

例 7 完成反应，如有立体化学也应注明(分子内的 Claisen 酯缩合反应)。

$$\begin{matrix}CH_2COOEt\\CH_2COOEt\end{matrix} \xrightarrow[(2)H_3^+O]{(1)C_2H_5ONa/C_2H_5OH} (\quad ? \quad) \xrightarrow[(2)\,(\ ?\ )]{(1)\,(\ ?\ )} =O$$

解：

$$\begin{matrix}CH_2COOEt\\CH_2COOEt\end{matrix} \xrightarrow[(2)H_3^+O]{(1)C_2H_5ONa/C_2H_5OH} COOEt \; =O \xrightarrow[(2)H^+,H_2O \quad (3)\triangle]{(1)OH^-,H_2O} =O$$

例 8 完成反应：

$$H\text{-}N \quad =O \quad O= \quad O \xrightarrow{LiAlH_4} (\ ?\ )$$

解：氢化铝锂还原酰胺成胺。

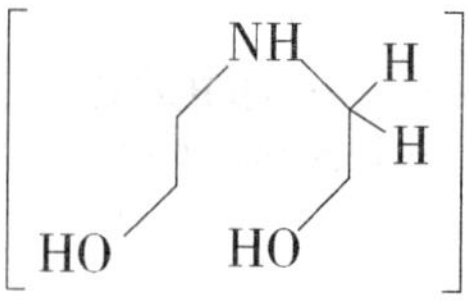

[NH, H, H, HO, HO]

例 **9**　完成反应：

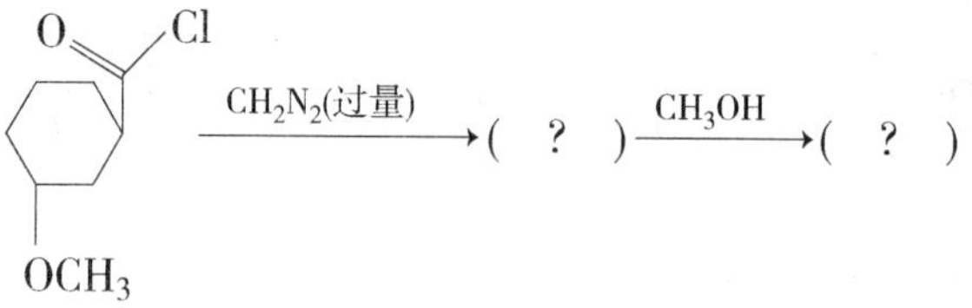

O, Cl, OCH_3 $\xrightarrow{CH_2N_2(\text{过量})}(\quad ?\quad)\xrightarrow{CH_3OH}(\quad ?\quad)$

解：Arndt-Eister 反应。

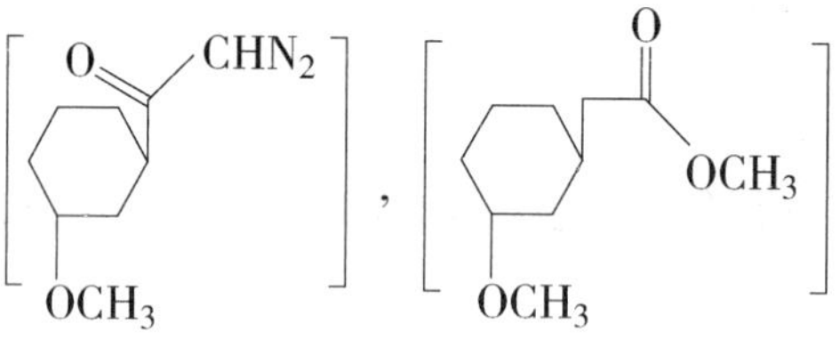

[O, CHN_2, OCH_3]，[O, OCH_3, OCH_3]

例 **10**　完成反应：

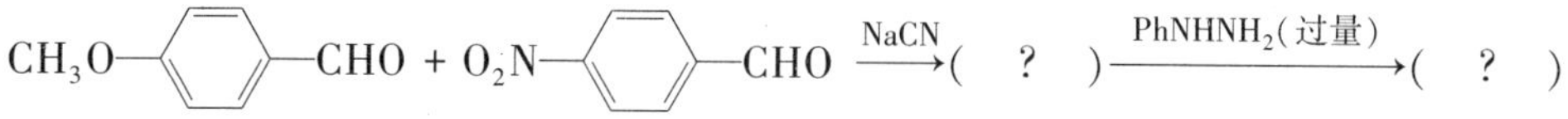

$$CH_3O-C_6H_4-CHO + O_2N-C_6H_4-CHO \xrightarrow{NaCN}(\quad ?\quad)\xrightarrow{PhNHNH_2(\text{过量})}(\quad ?\quad)$$

解：

$$\left[\ CH_3O-C_6H_4-\overset{O}{\overset{\|}{C}}-\overset{OH}{\overset{|}{C}}-C_6H_4-NO_2\ \right],\ \left[\ CH_3O-C_6H_4-C(=NNHPh)-C(=NNHPh)-C_6H_4-NO_2\ \right]$$

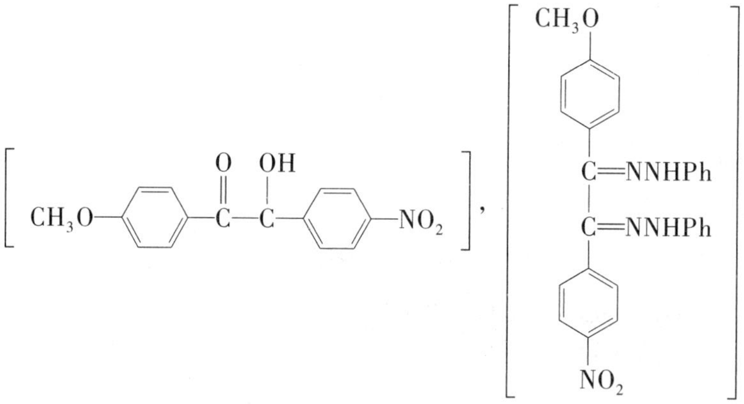

（羟基连在有拉电子基的环一边）

例 **11**　完成反应：

$$CH_3CH_2CH_2CH_2COOH+SOCl_2 \longrightarrow [\ CH_3CH_2CH_2CH_2COCl\ ]$$

例 **12**　完成反应：

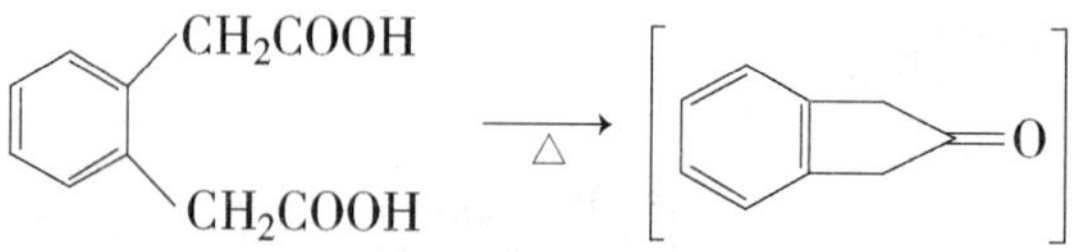

CH_2COOH, CH_2COOH $\xrightarrow{\triangle}$ [O]

例 **13**　完成反应：

$$\begin{array}{l} CH_2CH_2COOC_2H_5 \\ | \\ CH_2CH_2COOC_2H_5 \end{array} \xrightarrow{C_2H_5ONa} \left[\text{2-乙氧羰基环戊酮（环戊酮-2-COOEt）} \right]$$

例 14　完成反应：

$$\text{2-丙基-2-羧基环戊酮（2-}CH_2CH_2CH_3\text{, 2-COOH）} \xrightarrow{\triangle} \left[\text{2-丙基环戊酮（2-}CH_2CH_2CH_3\text{）} \right]$$

例 15　完成反应：

$$\text{邻苯二甲酸酐} \xrightarrow[H^+]{CH_3OH} (\quad ? \quad) \xrightarrow{SOCl_2} (\quad ? \quad) \xrightarrow[OH^-]{C_6H_5OH} (\quad ? \quad)$$

解：

$$\text{邻苯二甲酸酐} \xrightarrow[H^+]{CH_3OH} C_6H_4(COOCH_3)(COOH) \xrightarrow{SOCl_2} C_6H_4(COOCH_3)(COCl) \xrightarrow[OH^-]{C_6H_5OH} C_6H_4(COOCH_3)(COOC_6H_5)$$

例 16　完成反应：

$$(CH_3CO)_2O + H_2NCH_2CH_2OH \xrightarrow{1mol\ HCl} (\quad ? \quad) \xrightarrow{K_2CO_3} (\quad ? \quad)$$

解：

$[CH_3COOCH_2CH_2NH_3{}^+Cl^-]$，$[CH_3COOCH_2CH_2NH_2]$

例 17　完成反应（**Michael** 加成反应）：

$$PhCH=CH\overset{O}{\overset{\|}{C}}Ph + CH_2(COOC_2H_5)_2 \xrightarrow{\text{哌啶 N—H}} \left[Ph\overset{O}{\overset{\|}{C}}CH=C(Ph)CH(COOC_2H_5)_2 \right]$$

例 18　完成反应：

$$\text{糠醛（呋喃-2-CHO）} + CH_3COCH_2COOC_2H_5 \xrightarrow{\text{哌啶 N-H}} \left[\text{呋喃-2-}CH=C(\overset{O}{\overset{\|}{C}}CH_3)(COOC_2H_5) \right]$$

例 19　完成反应：

$$2PhCH_2COOC_2H_5 \xrightarrow{C_2H_5ONa} \left[PhCH_2CO\underset{Ph}{\underset{|}{C}H}COOC_2H_5 \right]$$

5.6.3 习题

1. 完成反应：

$$PhCOOC_2H_5+CH_3COCH_3 \xrightarrow{C_2H_5ONa} [PhCOCH_2COCH_3]$$

2. 完成反应：

$$PhCOCH_2CH_3+HCHO+(C_2H_5)_2NH \longrightarrow [PhCOCH(CH_3)CH_2N(C_2H_5)_2]$$

3. 完成反应：

$$CH_3CH{=}CHCOCH_3 + CH_3COCH_2COOC_2H_5 \xrightarrow{C_2H_5ONa} (?) \xrightarrow{C_2H_5ONa} (?)$$

$[CH_3COCH_2CH(CH_3)CH(COCH_3)COOC_2H_5]$ $[$3,5-二甲基-2-乙氧羰基环己-3-烯酮（环己烯酮，$COOC_2H_5$）$]$

4. 完成反应：

$$C_6H_5COOC_2H_5 + CH_3COOC_2H_5 \xrightarrow[(2)H^+,\ H_2O]{(1)C_2H_5ONa,\ \triangle} [C_6H_5COCH_2COOC_2H_5]$$

5. 完成反应：

$$PhCOOC_2H_5+C_6H_5MgBr(\text{过量}) \xrightarrow[(2)NH_4Cl/H_2O]{(1)(CH_3CH_2)_2O,\ C_6H_6,\ \text{回流}} [Ph-C(C_6H_5)_2-OH]$$

6. 完成反应：

$$\text{2-乙氧羰基环戊酮} + CH_2{=}CHCCH_2CH_3(\text{C=O}) \xrightarrow[(2)C_2H_5OH]{(1)C_2H_5ONa} [\text{2-}(C_2H_5OOC)\text{-2-}(CH_2CH_2COCH_2CH_3)\text{环戊酮}]$$

7. 完成反应：

$$EtOOC(CH_2)_4COOEt \xrightarrow[(2)HOAc]{(1)EtONa} [\text{2-}COOC_2H_5\text{环戊酮}]$$

8. 完成反应：

$$CH_3CH_2COOH + Br_2 \xrightarrow{P} (\ ?\ ) \xrightarrow[\text{浓}H_2SO_4]{CH_3OH} (\ ?\ ) \xrightarrow[C_6H_5CH_3,\ \text{回流}]{\text{环戊酮},\ Zn} (\ ?\ ) \xrightarrow{H^+,\ H_2O} (\ ?\ )$$

$[CH_3CH(Br)COOH]$ $[CH_3CH(Br)COOCH_3]$ $[CH_3CH(COOCH_3)\text{-C}_5H_8\text{-OZnBr}]$ $[CH_3CH(COOCH_3)\text{-C}_5H_8\text{-OH}]$

9. 完成反应：

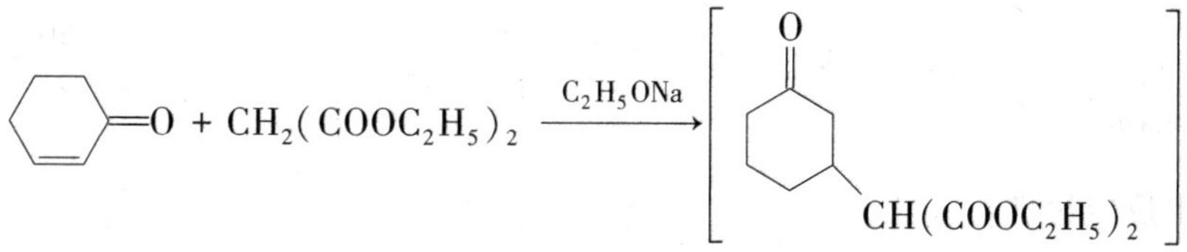

=O + $CH_2(COOC_2H_5)_2$ $\xrightarrow{C_2H_5ONa}$ [O, $CH(COOC_2H_5)_2$]

10. 完成反应：

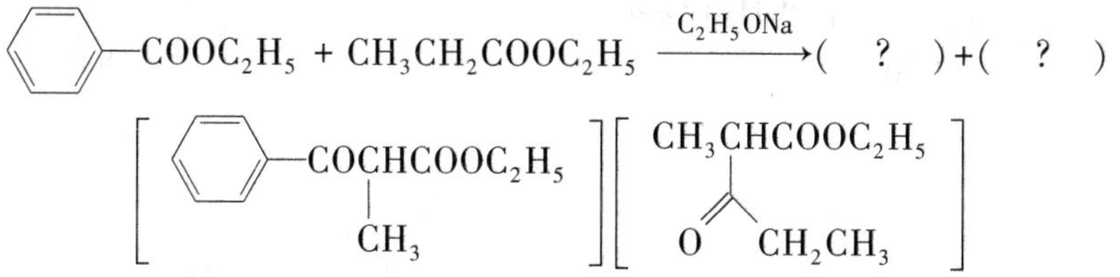

—$COOC_2H_5$ + $CH_3CH_2COOC_2H_5$ $\xrightarrow{C_2H_5ONa}$ (?) + (?)

[—$COCHCOOC_2H_5$ (CH_3)] [$CH_3CHCOOC_2H_5$ (O, CH_2CH_3)]

11. 完成反应：

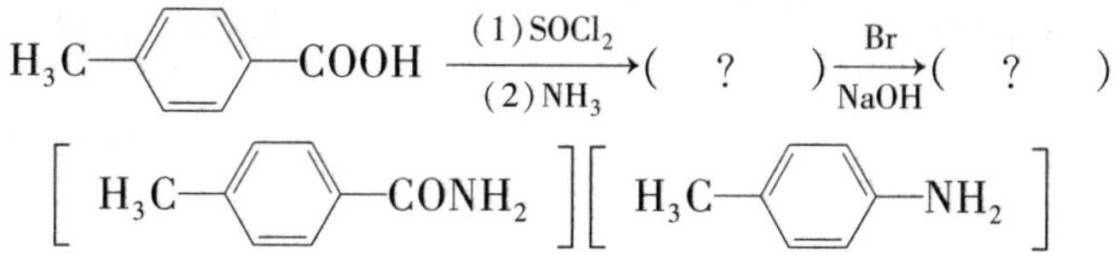

H_3C— —COOH $\xrightarrow[(2)NH_3]{(1)SOCl_2}$ (?) $\xrightarrow[NaOH]{Br}$ (?)

[H_3C— —$CONH_2$] [H_3C— —NH_2]

12. 完成反应：

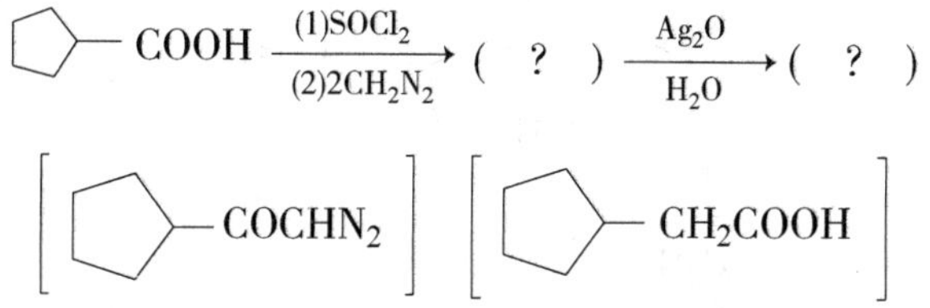

COOH $\xrightarrow[(2)2CH_2N_2]{(1)SOCl_2}$ (?) $\xrightarrow[H_2O]{Ag_2O}$ (?)

[$COCHN_2$] [CH_2COOH]

13. 完成反应：

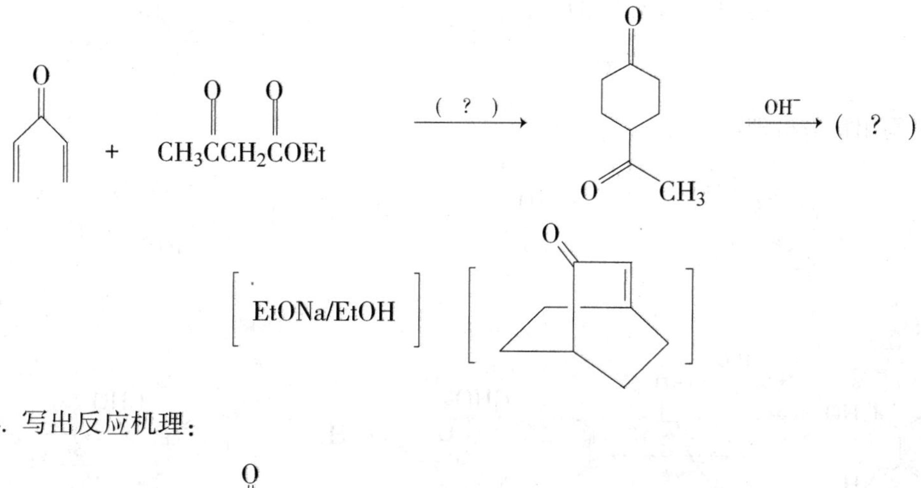

O + CH_3CCH_2COEt (O, O) $\xrightarrow{(\ ?\ )}$ O, O, CH_3 $\xrightarrow{OH^-}$ (?)

[EtONa/EtOH] [O]

14. 写出反应机理：

O, Br $\xrightarrow{NaOEt/Et_2O}$ COOEt

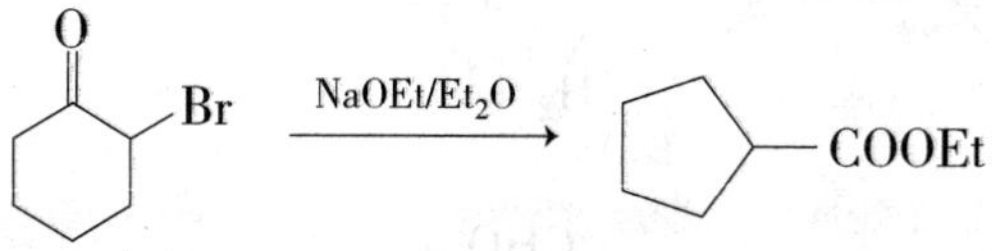

解：

O Br $\xrightarrow[-EtOH]{EtO^-}$ $^-$ O Br $\xrightarrow{-Br^-}$ O $\xrightarrow{EtO^-}$ O^- OEt $\longrightarrow$ $^-$ O OEt $\xrightarrow[-EtO^-]{EtOH}$ COOEt

15. 写出反应机理：

OH CHO + $CH_2(COOEt)_2$ $\xrightarrow{NaOC_2H_5}$ O O COOEt

解：

$CH_2(COOEt)_2$ $\xrightarrow[-C_2H_5OH]{-OC_2H_5}$ $^-CH(COOEt)_2$ $\xrightarrow{\text{OH, CHO}}$ OH CH O^- $CH(COOEt)_2$ $\longrightarrow$

O^- CH OH $CH(COOEt)_2$ $\equiv$ O^- O C_2H_5 O O C_2H_5 OH O $\xrightarrow{-H_2O}$ O^- O C_2H_5 O O C_2H_5 O

$\longrightarrow$ O O C_2H_5 O^- O C_2H_5 O $\xrightarrow{-C_2H_5O^-}$ O O O C_2H_5 O

16. 写出反应机理：

CHO NH_2 + H_2C O O $\longrightarrow$ $\xrightarrow[\triangle]{OH^-}$ $COCH_3$ N OH

解：

CHO NH_2 H_2C O O $\longrightarrow$ CHO $\overset{+}{N}H_2$ O CH_2 O^- $\longrightarrow$ CHO $\overset{+}{N}H_2$ O CH_2 O^-

$\longrightarrow$ CHO $\overset{+}{N}H_2$ ^-O CH_2 O $\longrightarrow$ CHO NH HO CH_2 O $\xrightarrow{\text{异构化}}$ CHO NH O CH_3 O

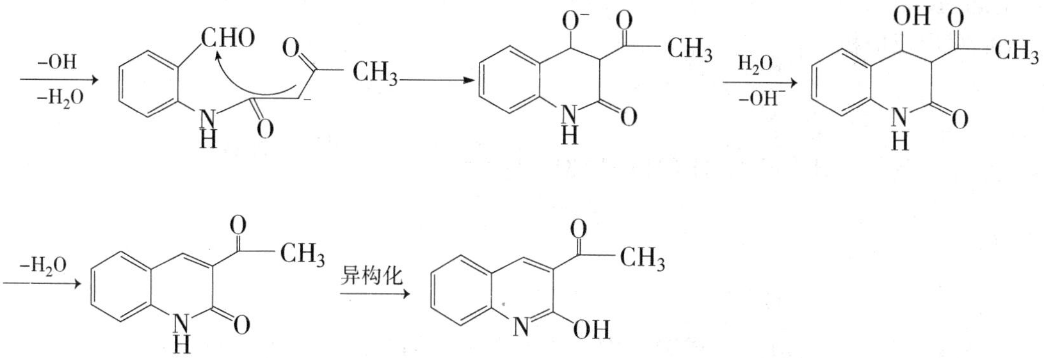

$\xrightarrow[-H_2O]{-OH}$ CHO, N H, O, O, CH_3 $\longrightarrow$ O^-, O, CH_3, N H, O $\xrightarrow[-OH^-]{H_2O}$ OH, O, CH_3, N H, O

$\xrightarrow{-H_2O}$ O, CH_3, N H, O $\xrightarrow{异构化}$ O, CH_3, N, OH

17. 写出反应机理：

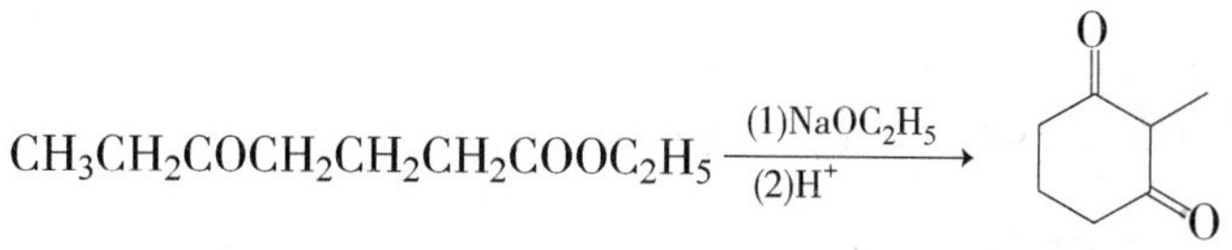

$$CH_3CH_2COCH_2CH_2CH_2COOC_2H_5 \xrightarrow[(2)H^+]{(1)NaOC_2H_5}$$ O, O

解：

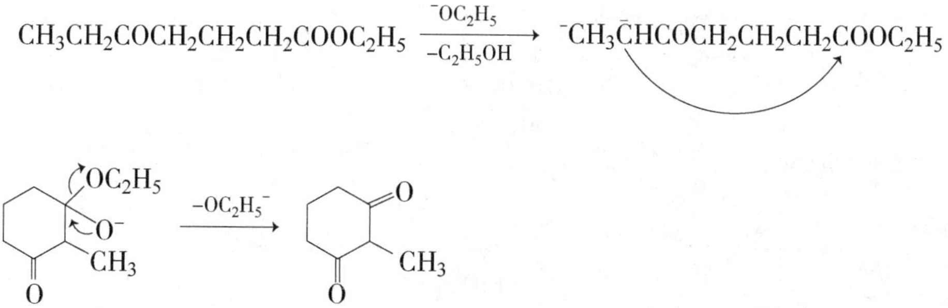

$$CH_3CH_2COCH_2CH_2CH_2COOC_2H_5 \xrightarrow[-C_2H_5OH]{^-OC_2H_5} {}^-CH_3\bar{C}HCOCH_2CH_2CH_2COOC_2H_5$$

$\longrightarrow$ OC_2H_5, O^-, CH_3, O $\xrightarrow{-OC_2H_5^-}$ O, CH_3, O

18. 写出反应机理

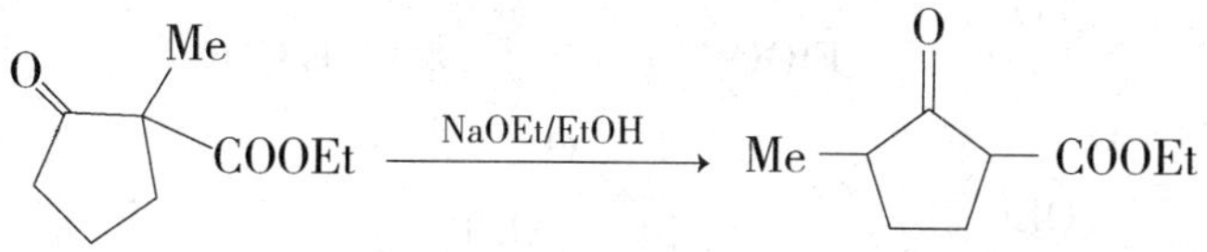

O, Me, COOEt $\xrightarrow{NaOEt/EtOH}$ O, Me, COOEt

解：

O, Me, COOEt $\xrightarrow{^-OEt}$ ^-O, OEt, Me, COOEt $\longrightarrow$ OEt, Me, O, $^-$COOEt $\longrightarrow$

OEt, Me, O, COOEt $\equiv$ EtOOC, O, OEt, CH_3 $\longrightarrow$ EtOOC, ^-O, OEt, CH_3

$\xrightarrow{-^-OEt}$ EtOOC, O, CH_3

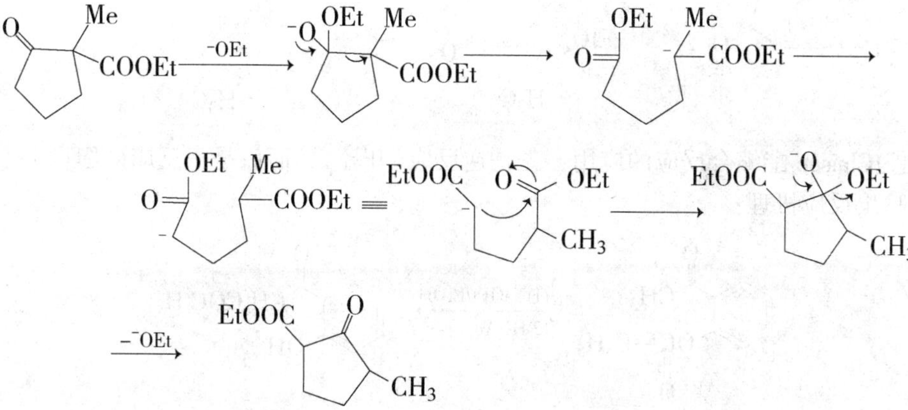

此题为Claisen酯缩合反应的应用，先是逆反应（开环），而后是正反应（关环）。

19. 写出反应机理：

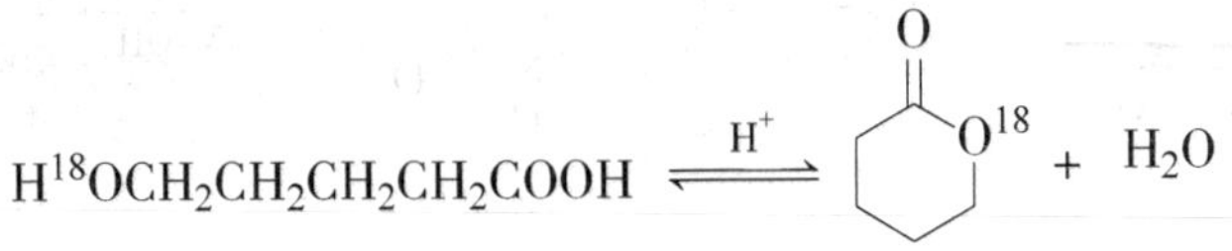

$$H^{18}OCH_2CH_2CH_2CH_2COOH \xrightleftharpoons{H^+} \text{(内酯，环氧为}O^{18}\text{)} + H_2O$$

解：

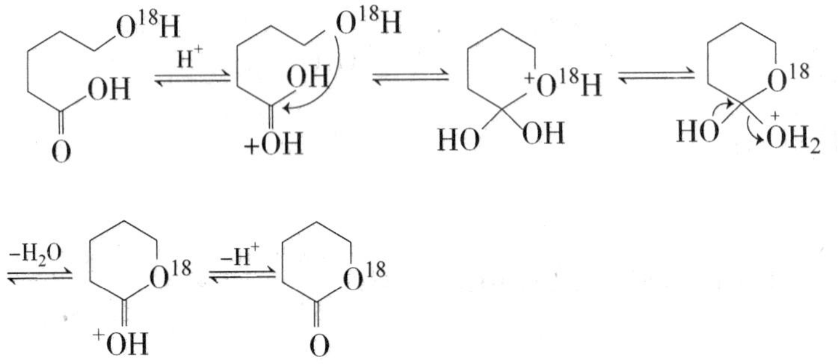

20. 写出反应机理：

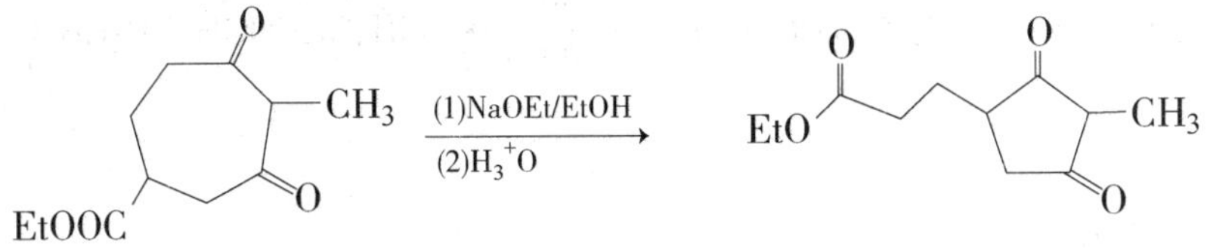

(1)NaOEt/EtOH

(2)H_3^+O

解：

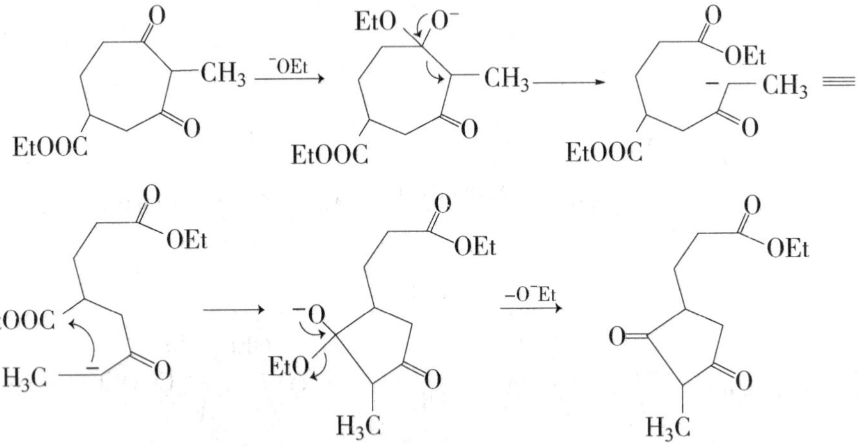

^-OEt

$-O^-Et$

此题为Claisen酯缩合反应的应用，先是逆反应（开环），而后是正反应（关环）。

21. 写出反应机理：

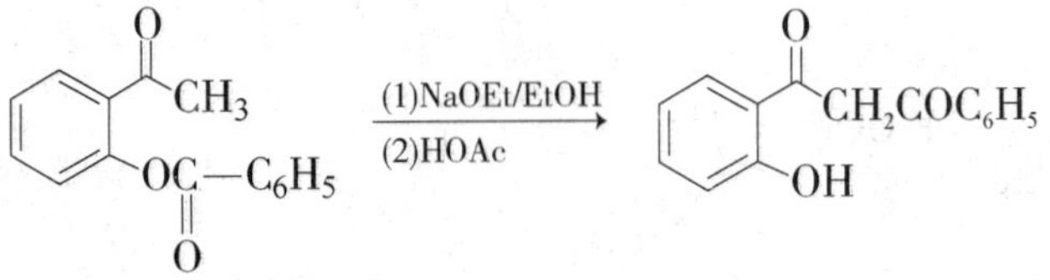

(1)NaOEt/EtOH

(2)HOAc

解：

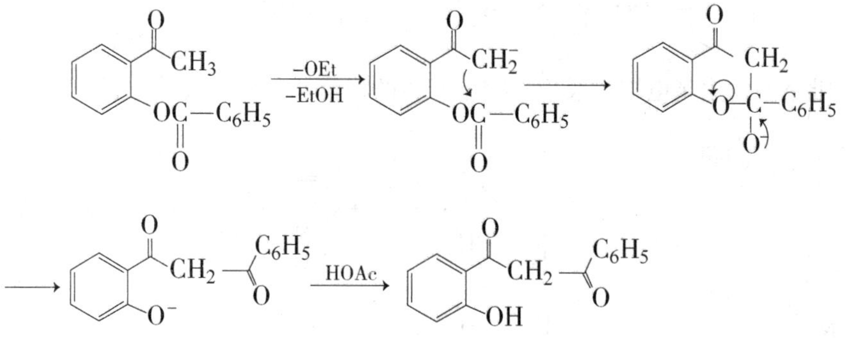

分子内的亲核取代反应(加成-消除机理)，同时也是羧酸衍生物的取代反应。

5.7 芳环上的取代反应机理

包括芳香杂环在内的芳环上的取代反应有两种，即亲电取代和亲核取代，而芳环上的亲核取代依据中间体的不同又可分为两种，可以说有三种不同的取代反应机理。

5.7.1 芳香族亲电取代反应机理(加成-消除)

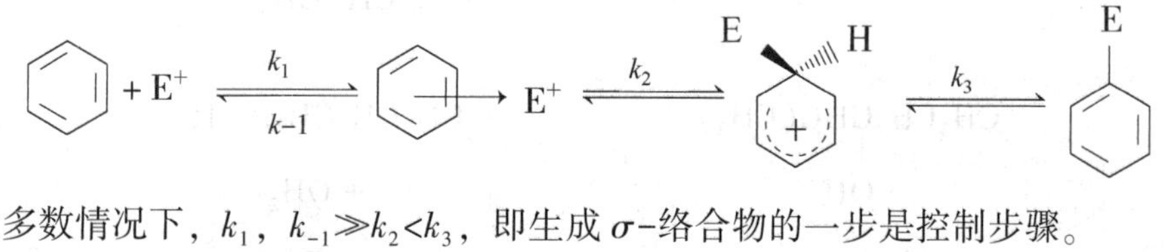

在大多数情况下，k_1，$k_{-1} \gg k_2 < k_3$，即生成 σ-络合物的一步是控制步骤。

当环上已有取代基时，即 Ar—G，G 的电子效应决定着环的活化或钝化，以及邻、对位产物和间位产物的比例。

第一类定位基的强度顺序：

—O^-，—NR_2，—OH，—OCH_3，—NHXOR，—CH_3，—C_2H_5，—$CH(CH_3)_2$，$C(CH_3)_3$，—Ar。

第二类定位基的强度顺序：

—$^+NR_3$，—NO_2，—CF_3，—CN，—SO_3H，—CHO，—COR，—COOH，—COOR，—$CONH_2$。

第三类定位基(弱致钝，邻对位定位效应)：

—CH_2Cl，—F，—Cl，—Br，—I，—NO。

用比较反应中间体的稳定性来解释各类定位基对苯环的钝化或活化以及邻、对位或间位定位效应，引入共振论方法便于解释(具体方法略)。

考研实例：

例 1 完成反应，如有立体化学问题也应注明。

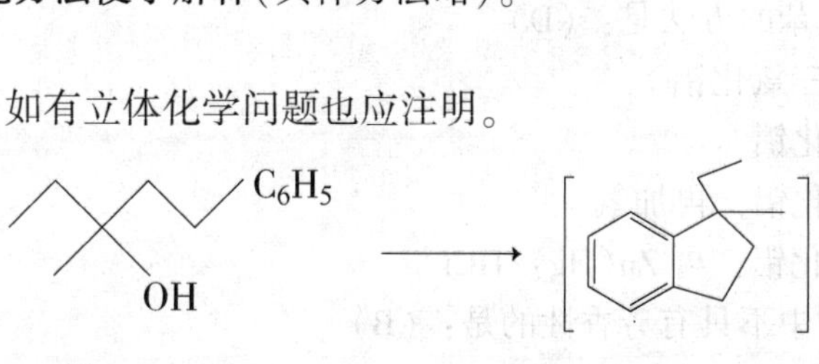

例 2 完成反应，如有立体化学问题也应注明。

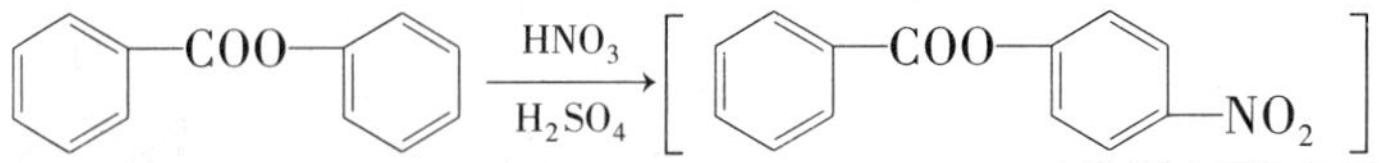

$$C_6H_5-COO-C_6H_5 \xrightarrow[H_2SO_4]{HNO_3} [\,C_6H_5-COO-C_6H_4-NO_2\,]$$

例 3 吡咯易发生亲电取代反应，用中间体的稳定性判断取代的位置。

解：

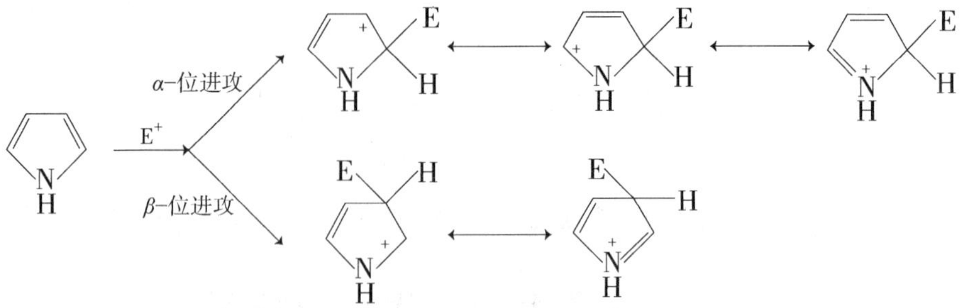

E^+

α-位进攻

β-位进攻

N H, E, H, N H, E, H, N H, E, H

E, H, N H, E, H, N H

根据共振极限式的多少可以确定取代的位置是 α-位即 2-位。

例 4 写出反应历程：

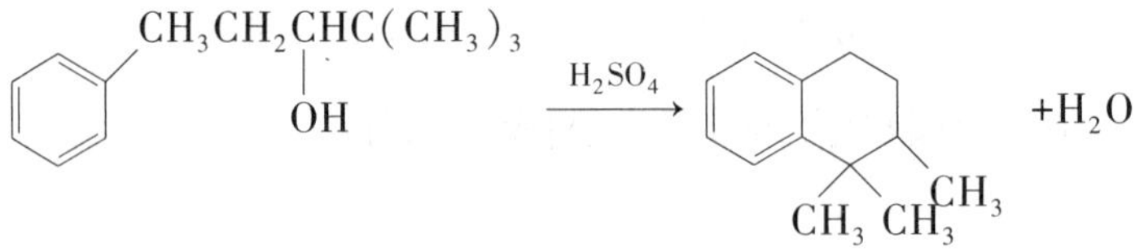

$$C_6H_5CH_2CH_2CH(OH)C(CH_3)_3 \xrightarrow{H_2SO_4} (CH_3, CH_3, CH_3) + H_2O$$

解：

$$C_6H_5CH_2CH_2CH(OH)C(CH_3)_3 \xrightarrow{H^+} C_6H_5CH_2CH_2CH(\overset{+}{O}H_2)C(CH_3)_3 \xrightarrow{-H_2O}$$

$$C_6H_5CH_2CH_2\overset{+}{C}HC(CH_3)_3 \xrightarrow{重排} C_6H_5CH_2CH_2CH(CH_3)\overset{+}{C}H(CH_3)_2 \longrightarrow$$

$$(H_3C, CH_3, CH_3) \xrightarrow{-H^+} (H_3C, CH_3, CH_3)$$

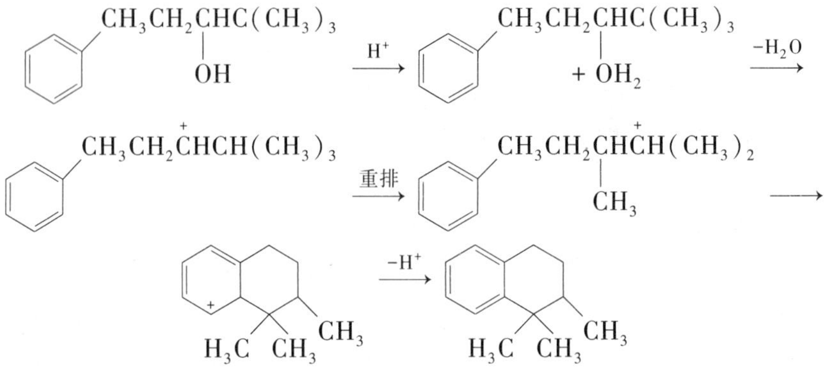

生成碳正离子后发生重排，再发生苯环上的亲电取代反应。

例 5 完成反应：

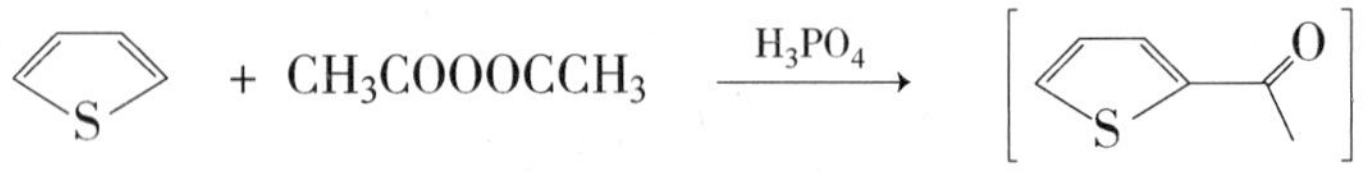

$$\text{S} + CH_3COOOCCH_3 \xrightarrow{H_3PO_4} [\,\text{S, O}\,]$$

噻吩的乙酰化反应，在 2-位上进行。

例 6 制备正烷基苯的方法是：(D)

A. 苯/伯卤代烃/三氯化铝

B. 苯/酰卤/三氯化铝

C. 苯/酰卤/三氯化铝，再加氢

D. 苯/酰卤/三氯化铝，再 Zn(Hg)/HCl

例 7 下列化合物中不具有芳香性的是：(B)

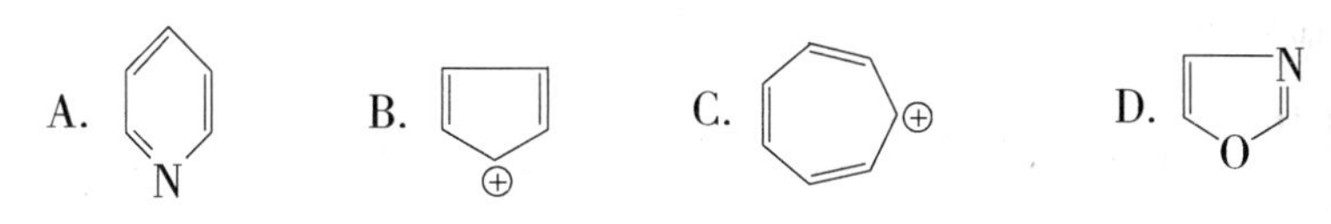

例 8 完成反应：

$$\text{C}_6\text{H}_5-C(CH_3)_3 \xrightarrow[AlCl_3]{(CH_3CO)_2O} (\quad ? \quad) \xrightarrow[I_2]{NaOH} (\quad ? \quad) + (\quad ? \quad)$$

[$(H_3C)_3C-C_6H_4-COCH_3$][$(H_3C)_3C-C_6H_4-COOH$][$CHCl_3$]

例 9 下列芳烃亲电取代反应活性最大的是：（D）

A. 萘　B. 苯　C. 吡啶　D. 呋喃

例 10 完成反应：

$$C_6H_6 + \text{丁二酸酐} \xrightarrow[\triangle]{AlCl_3} (\quad ? \quad) \xrightarrow[\triangle]{Zn-Hg/HCl} (\quad ? \quad) \xrightarrow{SOCl_2} (\quad ? \quad) \xrightarrow{AlCl_3} (\quad ? \quad)$$

[$C_6H_5COCH_2CH_2COOH$] [$C_6H_5CH_2CH_2CH_2COOH$] [$C_6H_5CH_2CH_2CH_2COCl$] [α-四氢萘酮]

例 11 比较下列化合物与 Cl_2/Fe 进行亲电取代反应活性顺序(由大到小排列)：(A>B>C)

A. $C_6H_5OCH_3$　B. $O_2N-C_6H_4-CH_2-C_6H_5$　C. 邻苯二甲酸

例 12 下列化合物具有芳香性的应是：（B）

A.　B.　C. −　D. +

例 13 萘进行磺化反应可生成 α-萘磺酸和 β-萘磺酸 ：［D］

A. α-萘磺酸为热力学控制产物

B. 升高反应温度有利于 α-萘磺酸产率提高

C. 延长反应时间有利于 α-萘磺酸产率提高

D. β-萘磺酸为热力学控制产物

例 14 完成反应：

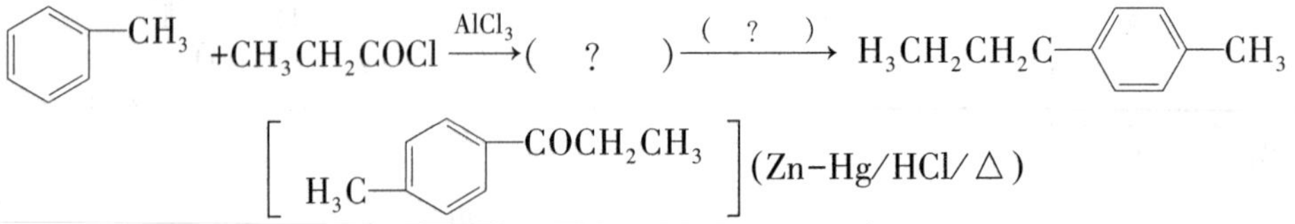

$C_6H_5CH_3 + CH_3CH_2COCl \xrightarrow{AlCl_3} (\ ?\ ) \xrightarrow{(\ ?\ )} H_3CH_2CH_2C-C_6H_4-CH_3$

$[H_3C-C_6H_4-COCH_2CH_3]$ (Zn-Hg/HCl/△)

傅-克酰基化反应的特点是无重排反应发生。

例 15 下列化合物或离子有芳香性的是：(A，C)

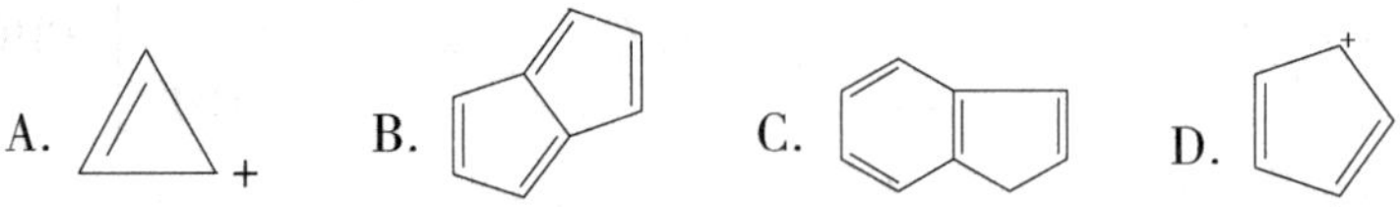

A. B. C. D.

例 16 完成反应：

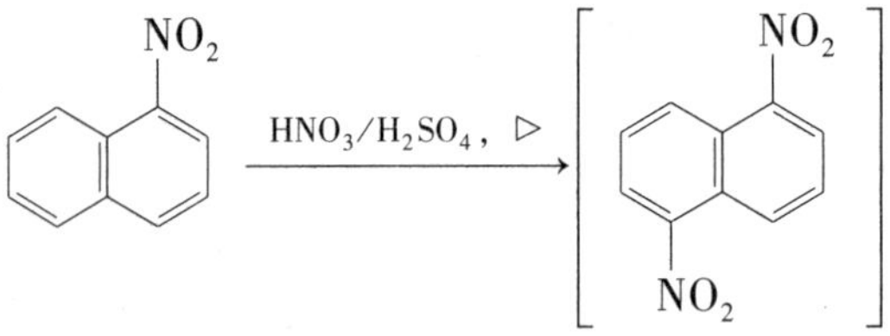

$\xrightarrow{HNO_3/H_2SO_4,\ \triangle}$

NO_2 NO_2 NO_2

硝基有钝化作用，硝化反应发生在另一环上，即 5-位。

例 17 完成反应：

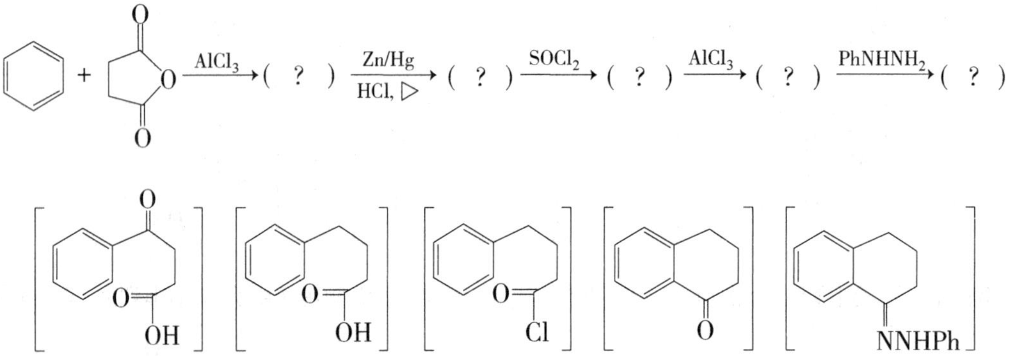

$+ \xrightarrow{AlCl_3} (\ ?\ ) \xrightarrow[HCl,\ \triangle]{Zn/Hg} (\ ?\ ) \xrightarrow{SOCl_2} (\ ?\ ) \xrightarrow{AlCl_3} (\ ?\ ) \xrightarrow{PhNHNH_2} (\ ?\ )$

O O O

[O OH] [O OH] [O Cl] [O] [NNHPh]

最后产物是苯腙。

例 18 完成反应。

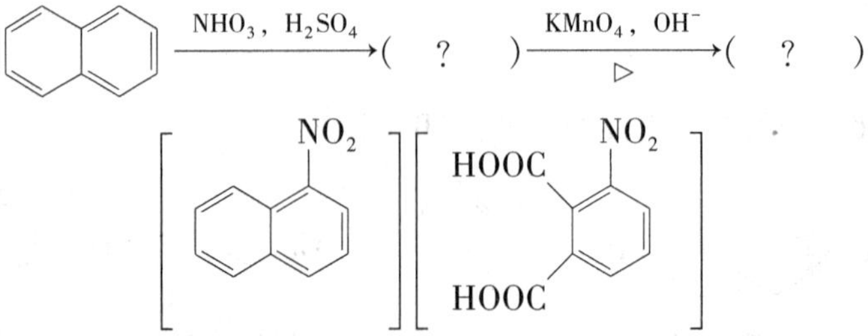

$\xrightarrow{NHO_3,\ H_2SO_4} (\ ?\ ) \xrightarrow[\triangle]{KMnO_4,\ OH^-} (\ ?\ )$

$[NO_2]$ $[HOOC\ \ NO_2\ \ HOOC]$

例 19 下列化合物有芳香性的是：(D)

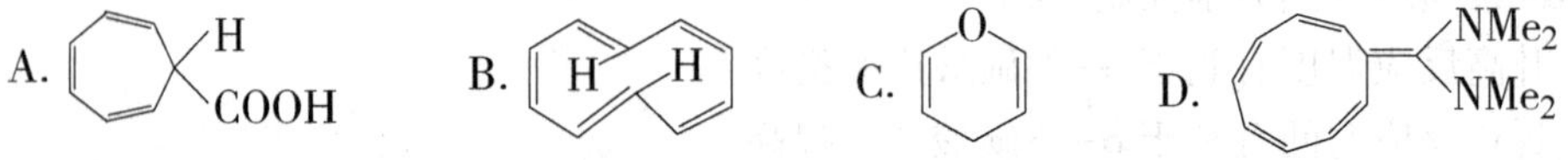

A. H COOH B. H H C. O D. NMe_2 NMe_2

例 20 下列化合物没有芳香性的是：(B)

A. 　　B. 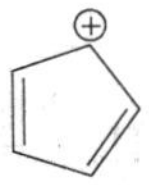　　C. 　　D.

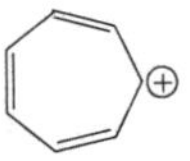

例 21　完成反应：

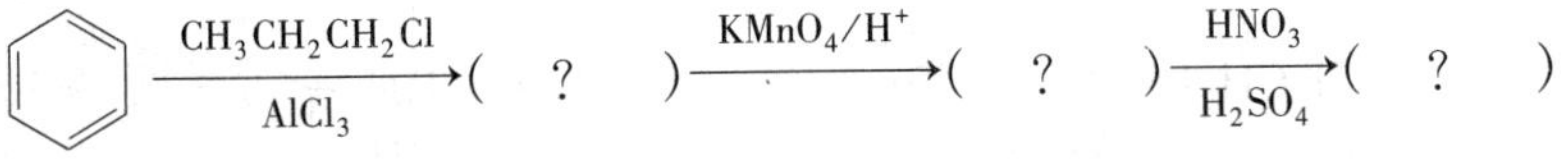

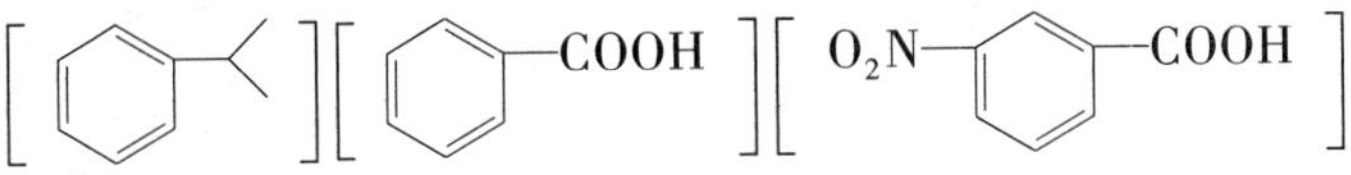

$$\xrightarrow[AlCl_3]{CH_3CH_2CH_2Cl}(\quad ?\quad)\xrightarrow{KMnO_4/H^+}(\quad ?\quad)\xrightarrow[H_2SO_4]{HNO_3}(\quad ?\quad)$$

[ ] [—COOH] [O_2N— —COOH]

例 22　完成反应：

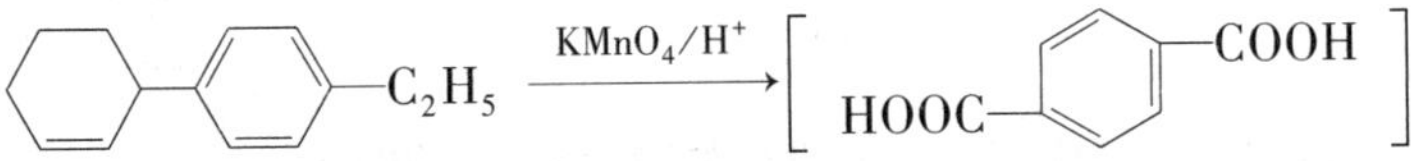

$$—C_2H_5 \xrightarrow{KMnO_4/H^+}$$ [HOOC— —COOH]

例 23　完成反应：

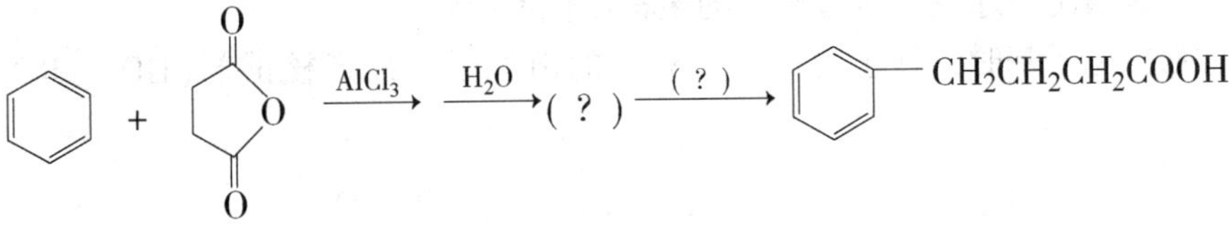

$$+ \quad \xrightarrow{AlCl_3}\xrightarrow{H_2O}(\ ?\ )\xrightarrow{(\ ?\ )} —CH_2CH_2CH_2COOH$$

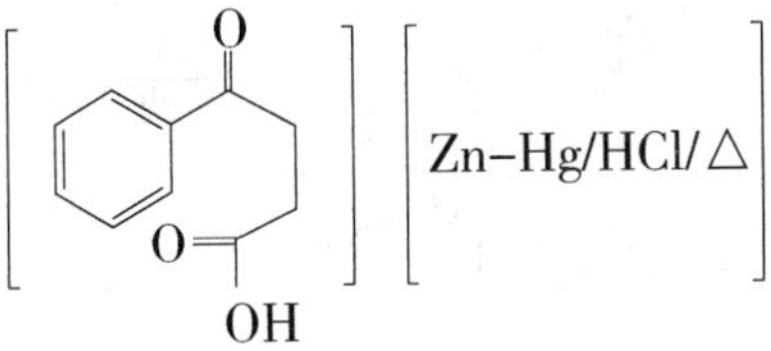

O　O　O

[O　O　OH] [Zn-Hg/HCl/△]

例 24　完成反应：

$$—CH_2CH{=}CH_2 \xrightarrow[\triangle]{KMnO_4}$$ [—COOH]

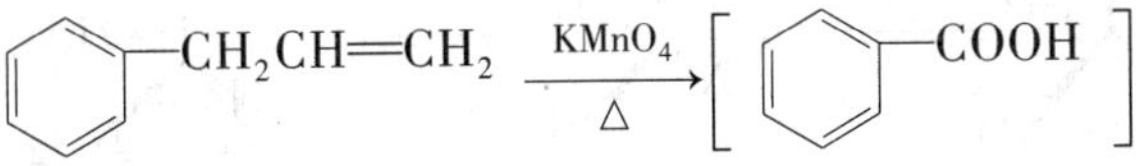

例 25　Birch 还原可用于下列哪种反应：（C）

A. 炔烃部分还原成顺式烯烃　　B. 将酰氯还原成醛

C. 将芳烃还原为非共轭二烯烃　　D. 将酰胺还原成胺

例 26　完成反应：

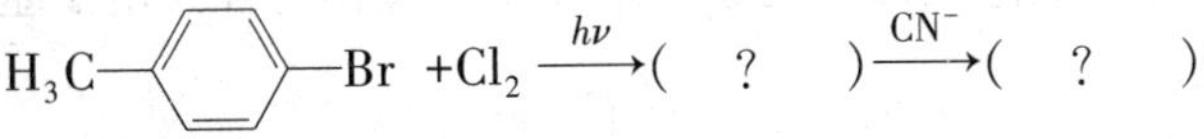

$$H_3C— —Br \ +Cl_2 \xrightarrow{h\nu}(\quad ?\quad)\xrightarrow{CN^-}(\quad ?\quad)$$

[ClH_2C— —Br] [NC—H_2C— —Br]

例 27　写出反应机理：

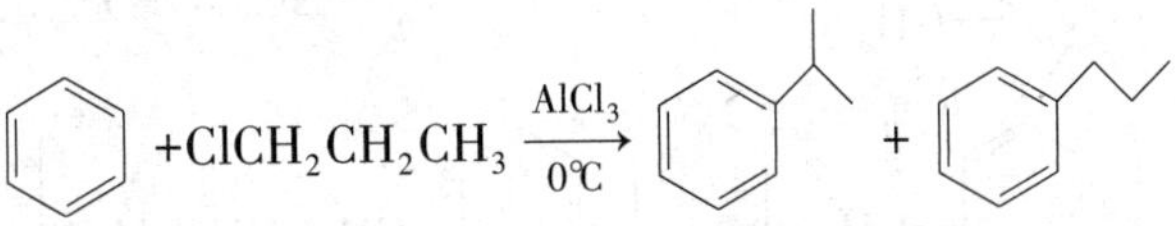

$$+ClCH_2CH_2CH_3 \xrightarrow[0℃]{AlCl_3} \quad + $$

解：

解：

$$ClCH_2CH_2CH_3 \xrightarrow[0℃]{AlCl_3} {}^+CH_2CH_2CH_3 \xrightarrow{重排} CH_3{}^+CHCH_3$$

$H_3CH_2CH_2C$—，H—，+ $\xrightarrow{-H^+}$ $H_3CH_2CH_2C$—

$(H_3C)_2HC$—，H—，+ $\xrightarrow{-H^+}$ $(H_3C)_2HC$—

5.7.2 芳香族亲核取代反应机理(亲核加成-消除)

问题：什么情况下才发生芳香环上的亲核取代反应?

环上有**强拉电子基**时，处于它的邻、对位的卤原子易被亲核试剂(HO^-，RO^-，H_2N^-，HS^-等)取代，例如：

O，N，O，L $\xrightarrow[慢]{Nu^-}$ O，N，O^-，L，Nu $\xrightarrow[快]{-L^-}$ O，N，O，Nu

例：

N $\xrightarrow{^-NH_2}$ N，H，NH_2 ⇌ N，H，NH_2 ⇌ N，H，NH_2 $\xrightarrow[-H_2]{NH_3}$ N，NH_2

拉电子基的活化效果如下：$—N_2{}^+$>—NO>$—NO_2$>—CN，但如因位阻而不能和苯环共平面时则失去活化作用。**反应速率表明**，芳卤的活性顺序是：X：F≫Cl>Br>I。**X** 的电负性越大，则越有利于第一步中Nu^-的进攻(控制步骤)。

在这类反应中，芳环上硝基出现的频率最多；硝基作为强拉电子基作用的是它的邻、对位，又以对位为常见。

考研试题实例：

例 1 完成反应，如有立体化学也应注明。

N，CH_3 $\xrightarrow{CH_3I}$(?) $\xrightarrow[\triangle]{C_6H_5CHO}$(?)

[N，CH_3，I^-，CH_3] [N，$CH=CHC_6H_5$，I^-，CH_3]

例 2　完成反应：

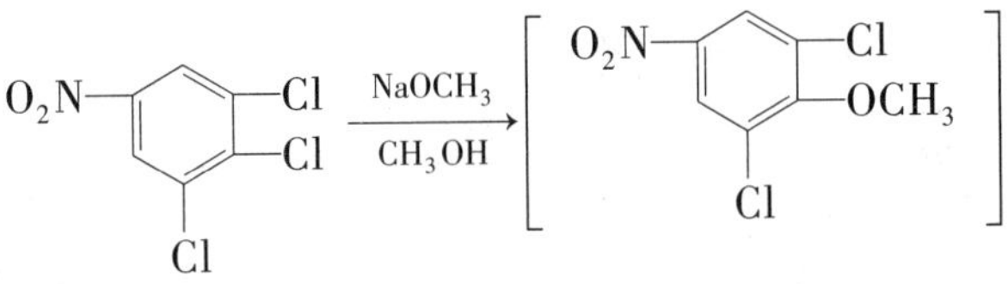

O_2N—(苯环，Cl，Cl，Cl) $\xrightarrow[CH_3OH]{NaOCH_3}$ [O_2N—(苯环，Cl，OCH_3，Cl)]

例 3　关于反应：

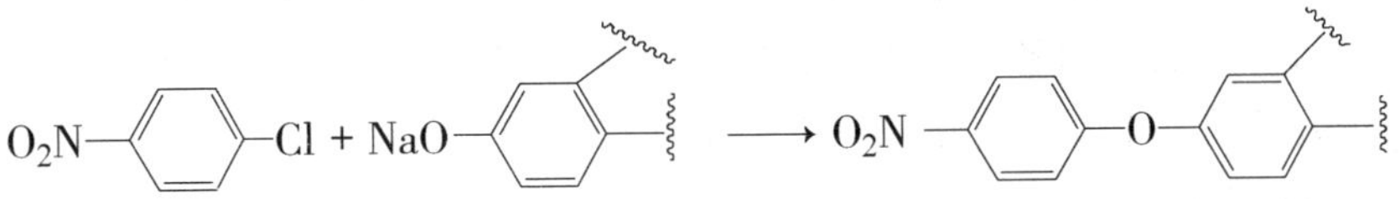

O_2N—(苯环)—Cl + NaO—(苯环) ⟶ O_2N—(苯环)—O—(苯环)

下列说法正确的是：（B）

A. 这是一个芳香族亲电取代反应

B. 这是一个芳香族亲核取代反应

C. 这是一个亲电加成反应

D. 这是一个亲核加成反应

例 4　写出下列反应的主要产物，注意表示必要的立体构型。

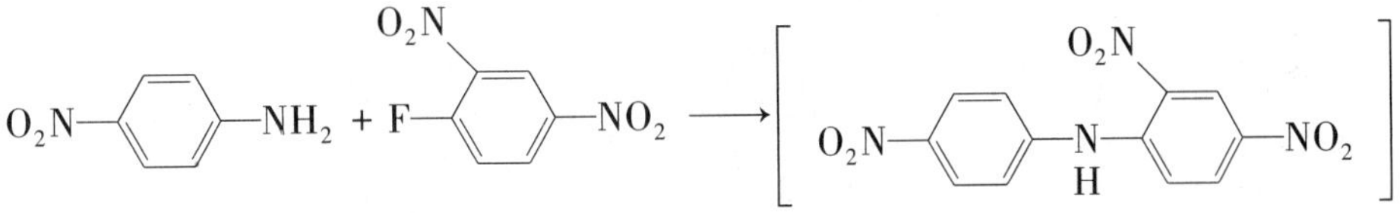

O_2N—(苯环)—NH_2 + F—(苯环，O_2N)—NO_2 ⟶ [O_2N—(苯环)—N(H)—(苯环，O_2N)—NO_2]

例 5　完成反应：

O_2N—(苯环，NO_2)—Cl + (苯环)—ONa ⟶ [O_2N—(苯环，NO_2)—O—(苯环)]

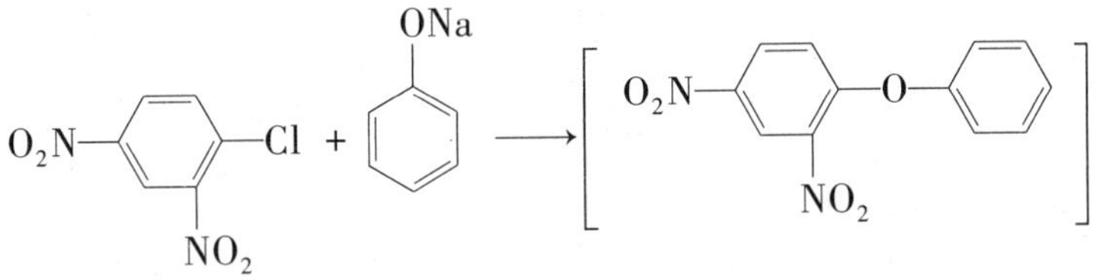

例 6　完成反应，写出主要产物或必要的试剂。

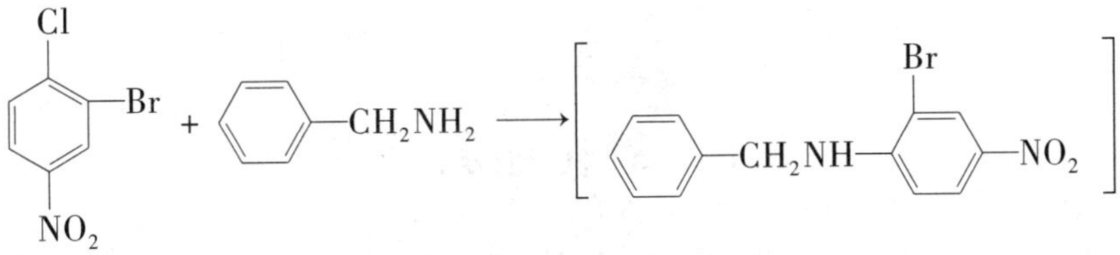

Cl—(苯环，Br，NO_2) + (苯环)—CH_2NH_2 ⟶ [(苯环)—CH_2NH—(苯环，Br)—NO_2]

例 7　完成反应：

Cl—(苯环，NO_2)—Cl + (苯环)—OH $\xrightarrow[\triangle]{K_2CO_3,\ DMF}$ [Cl—(苯环，NO_2)—O—(苯环)]

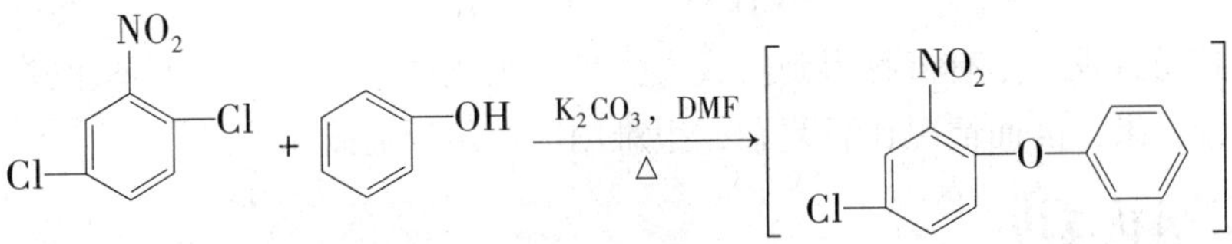

5.7.3　经苯炔历程的取代反应机理（消除–加成）

卤代芳烃在强碱作用下，先消去 HX 成苯炔，而后 Nu^-（H_2N^-、R^-、Ar^-、RO^-等）可在两个炔碳位置上加成。例如：

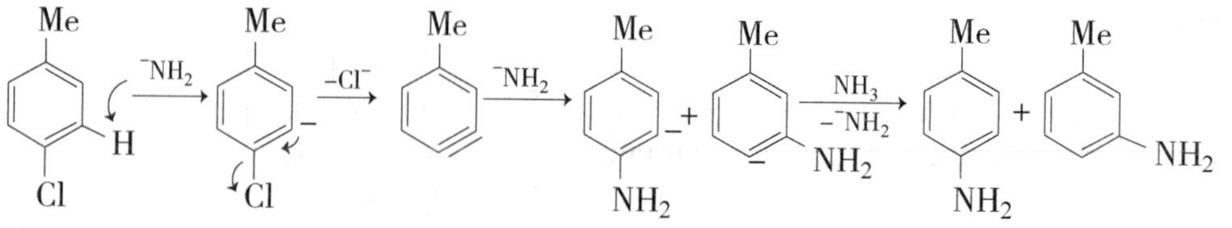

(38%)　(62%)

在这类反应中，要注意消除方向和加成方向，以判断主要产物。根据苯炔的结构，环状大 π 键与炔键互相垂直，两者之间不存在共轭关系，因此只有诱导效应而无共轭效应。越是稳定的碳负离子越易生成，由此可判断苯炔的生成方向和加成方向。这类考题比较少见。

例 1　回答问题：

反应 $C_6H_5\overset{*}{C}l$ $+NaNH_2 \xrightarrow{NH_3(液)}$ 的产物是：(D)

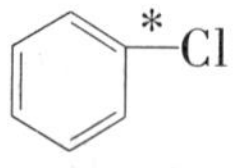

A. 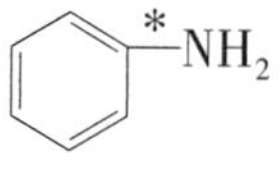 $C_6H_5\overset{*}{-}NH_2$

B. *-NH_2

C. *-Cl，NH_2

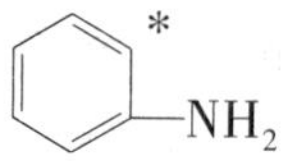

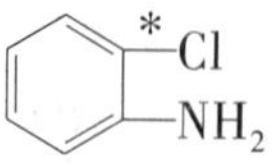

D. 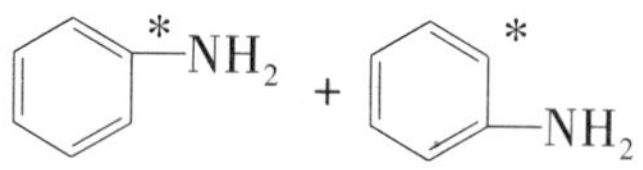 *NH_2 + *-NH_2
(50%)　(50%)

例 2　完成反应：

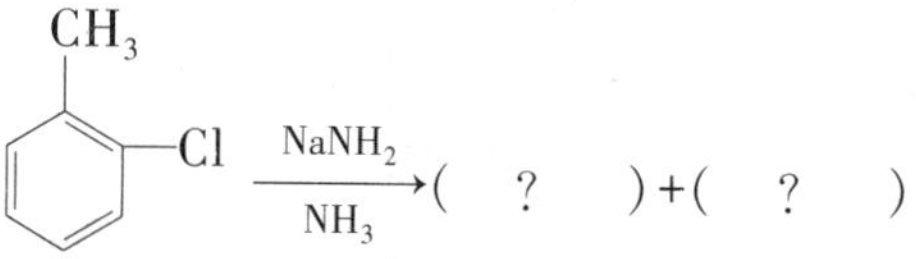

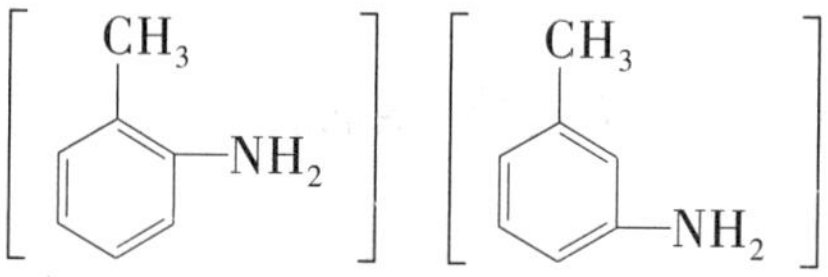

CH_3，Cl $\xrightarrow[NH_3]{NaNH_2}$ (　?　) + (　?　)

[CH_3，NH_2]　[CH_3，NH_2]

5.8　氧化还原反应

在有机化学中，氧化一般是指有机物得到氧或失去氢，例如：

$$—CH_3 \longrightarrow —CH_2OH \longrightarrow —CHO \longrightarrow —COOH$$

还原即其逆过程，是有机物得到氢或失去氧。氧化还原反应实际上是加成、消除、重排等反应的综合结果，因而情况比较复杂，很难用一个历程通式来表达。

5.8.1　氧化反应

常用的氧化剂有：高价金属化合物（$KMnO_4$，MnO_2，H_2CrO_4，CrO_3，$Pb(OAc)_4$，PbO_2，Fe^{3+}等）；含氧酸及其酐（HNO_3，HIO_4，HOX，SeO_2等）；过氧化物（RCOOOH，H_2O_2）；单质（Cl_2，Br_2）。

氧化产物常随反应条件如溶剂、温度等而异。通常使氧化的易度是：

$$RH \ll ROH < RNH_2 < RCHO;\ C—C < C \equiv C < C = C;$$

$$-\overset{|}{\underset{|}{C}}H < -\underset{|}{C}H_2 < -CH_3 \ll -\overset{|}{\underset{|}{C}}HOH < -CH_2OH$$

C—H 键一般较难氧化，除非碳上有 C ═C、C ═O 或 OH 基团存在。

例 1　$CH_2{=}CHCH_3 \longrightarrow CH_2{=}CHCHO$($O_2$，CuO/△；$CrO_3$/吡啶)

例 2　Ar—CH_3→ Ar—CHO(CrO_3/乙酐，因使醛呈二乙酯形式 $ArCH(OCOCH_3)_2$而避免继续氧化；MnO_2/H_2SO_4；杂环上的 CH_3可用 SeO_2氧化成 CHO)。

例 3　Ar—R→ArCOOH($Na_2Cr_2O_7/H_2SO_4$、$KMnO_4/OH^-$、HNO_3等。环上的 OH、NH_2要保护)。

例 4　—$COCH_3$→—COOH(X_2/OH^-或 NaOX)的机理是：

$$-\overset{O}{\overset{\|}{C}}-CH_3 \xrightarrow[-H_2O]{^-OH} -\overset{O^-}{\overset{|}{C}}=CH_2 \xrightarrow{X-X} -\overset{O}{\overset{\|}{C}}-CH_2X \xrightarrow{重} \xrightarrow{复}$$

$$-\overset{O}{\overset{\|}{C}}-CX_3 \xrightarrow{^-OH} -\overset{OH}{\overset{|}{\underset{O^-}{\underset{|}{C}}}}-CX_3 \longrightarrow -\overset{OH}{\overset{|}{\underset{O}{\underset{\|}{C}}}} + {}^-CX_3 \longrightarrow -\overset{O^-}{\overset{|}{\underset{O}{\underset{\|}{C}}}} + CHX_3$$

$C-\overset{OH}{\overset{|}{C}}HCH_3$ 也可以发生上述反应，因易被氧化成甲基酮。

例 5　环醇、环酮可被氧化成 α，ω-二元酸(HNO_3/V_2O_5)。

例 6　环己烷、环己醇衍生物可用脱氢剂脱氢而芳构化。

例 7　酮可被有机过氧酸氧化成酯(Baeyer-Villiger 反应)。

例 8　酮可被二氧化硒(SeO_2)氧化成邻二酮。

$$-\underset{O}{\underset{\|}{C}}-CH_2- \xrightarrow{SeO_2} -\underset{O}{\underset{\|}{C}}-\underset{O}{\underset{\|}{C}}-$$

例 9　醇被氧化成醛或酮($Na_2Cr_2O_7/H_2SO_4$；SeO_2及 $KMnO_4/OH^-$。产物是醛时要及时蒸出以免继续被氧化，用 CrO_3/吡啶或去氢剂 Cu、Ag、ZnO 效果较好)。

$$-CH_2OH(-\overset{|}{C}HOH) \longrightarrow -CHO(-\overset{|}{C}{=}O)$$

例 10　—CH_2OH(—CHO)→ COOH(H_2CrO_4，HNO_3，$KMnO_4/OH^-$。X_2/OH^-可使糖中的 CHO 氧化成酸，也可用 Tollenes 试剂 $Ag(NH_3)_2^+$或 Fehling 试剂，Cu^{2+}为氧化剂)。

例 11　邻二醇可被高碘酸或四乙酸铅氧化，碳碳键断裂而生产羰基化合物。

$$-\overset{OH}{\overset{|}{\underset{|}{C}}}-\overset{OH}{\overset{|}{\underset{|}{C}}}- \longrightarrow -\underset{|}{C}{=}O + O{=}\overset{|}{C}- \quad (-\overset{OH}{\overset{|}{\underset{|}{C}}}-\overset{O}{\overset{\|}{\underset{|}{C}}}- \text{也能发生相似反应})$$

例 12　酚、胺→醌(H_2CrO_4，Ag_2O，H_2O_2及 O_2/V_2O_5；稠环化合物和萘、蒽、菲等易被氧化成相应的醌)。

例 13　C ═C 双键被氧化成为邻二醇(稀、冷高锰酸钾)；被氧化成为环氧乙烷衍生物

(有机过氧酸)；被氧化成为 C ═O+C ═O 即羰基化合物(O_3，H_2O/Zn)。

考研试题实例：

例 1 完成反应：

$$C_6H_5CH_2OH \xrightarrow[CH_2Cl_2]{CrO_3/C_5H_5N} (\quad ? \quad) \xrightarrow[OH^-]{CH_3CH_2CHO} (\quad ? \quad)$$

$[C_6H_5CHO]$ $[C_6H_5CH{=}C(CH_3)CHO]$

例 2 完成反应：

$$CH_3CH(OH)CH_2CH_3 \xrightarrow{I_2+NaOH} [CH_3CH_2COONa+CHCl_3]$$

例 3 完成反应：

$$(CH_3)_2C{=}CH_2 \xrightarrow[(2)H_2O,\ Zn]{(1)O_3} [(H_3C)_2C{=}O]+[CHO]$$

例 4 完成反应：

$$C_6H_5CH_2CH_3 \xrightarrow[\triangle]{KMnO_4} (\quad ? \quad) \xrightarrow[(2)\triangle]{(1)NH_3} (\quad ? \quad) \xrightarrow[NaOH]{Br_2} (\quad ? \quad)$$

$[C_6H_5COOH]$ $[C_6H_5CONH_2]$ $[C_6H_5NH_2]$

例 5 完成反应：

$$C_6H_5CH_2CH{=}CH_2 \xrightarrow[\triangle]{KMnO_4} [C_6H_5COOH]$$

例 6 完成反应：

$$\text{1-甲基-1,2-环戊二醇}\ (H_3C,\ OH,\ OH) \xrightarrow{HIO_4} [CH_3CO(CH_2)_3CHO]$$

例 7 完成反应(Meerwein-Ponndorf 反应)：

$$\text{2-环己烯酮} + CH_3CH(OH)CH_3 \xrightarrow{[(CH_3)_2CHO]_3Al} [\text{2-环己烯醇 (OH)}]+[CH_3COCH_3]$$

此反应具有高度的选择性，对双键、三键或其他易被还原的官能团都不发生作用，特别是还原 α，β-不饱和醛、酮，保留双键，得到 α，β-不饱和醇，效果很好。

例 8 完成反应(过氧化氢烃重排反应)：

$$C_6H_5CH(CH_3)_2 \xrightarrow{O_2} (\quad ? \quad) \xrightarrow{H_2SO_4} (\quad ? \quad)+(\quad ? \quad)$$

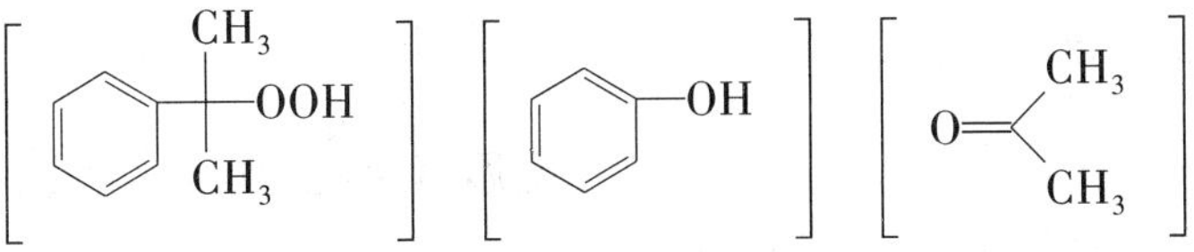

[CH_3 —OOH CH_3] [—OH] [CH_3 O= CH_3]

例 9　完成反应：

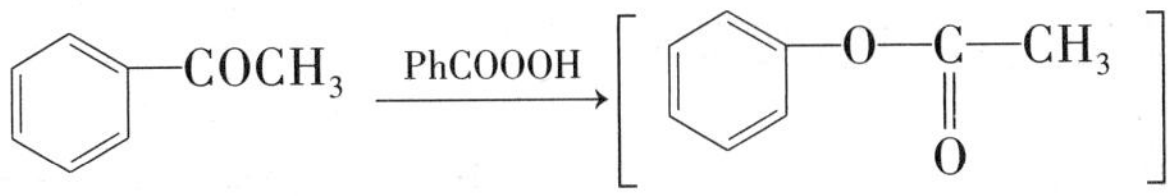

—$COCH_3$ $\xrightarrow{PhCOOOH}$ [—O—C—CH_3 ‖ O]

例 10　完成反应(二苯羟乙酸重排)：

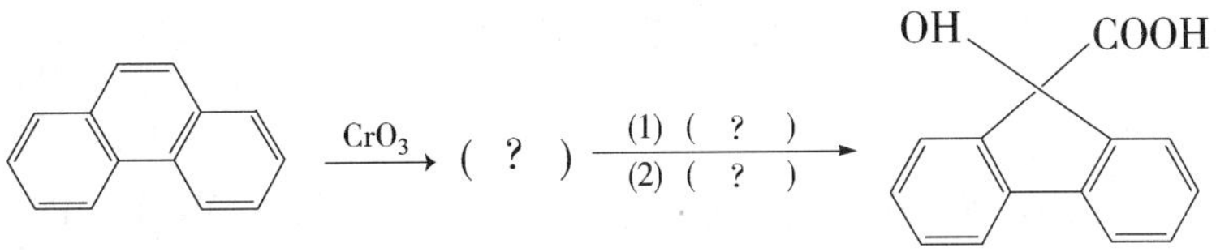

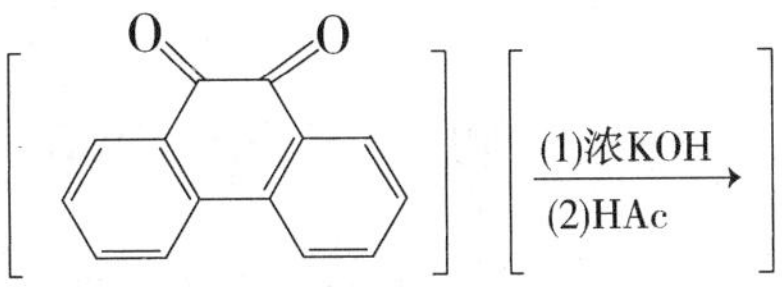

$\xrightarrow{CrO_3}$ (?) $\xrightarrow[(2)\ (\ ?\ )]{(1)\ (\ ?\ )}$ OH COOH

[O O] [$\xrightarrow[(2)HAc]{(1)浓KOH}$]

例 11　完成反应：

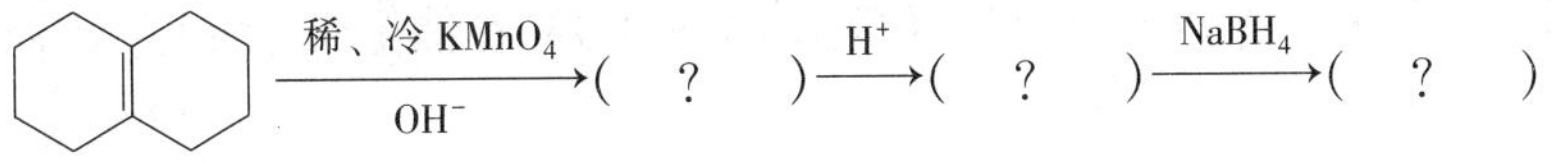

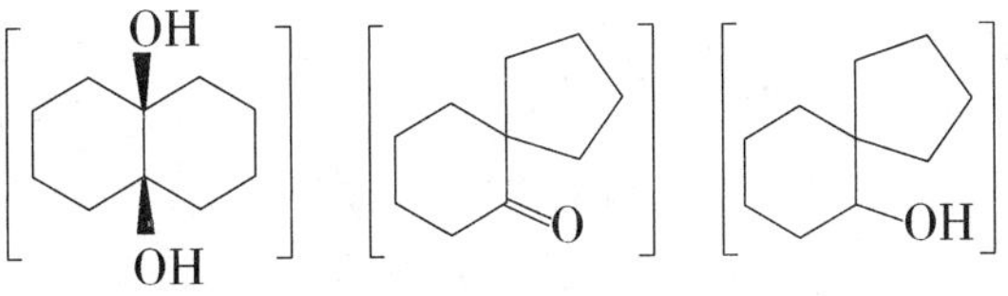

$\xrightarrow[OH^-]{稀、冷\ KMnO_4}$ (?) $\xrightarrow{H^+}$ (?) $\xrightarrow{NaBH_4}$ (?)

[OH OH] [O] [OH]

例 12　完成反应：

=O $\xrightarrow{PhCO_3H}$ (?) $\xrightarrow{(CH_3)_2NH}$ (?)

[O =O] [OH $N(CH_3)_2$ =O]

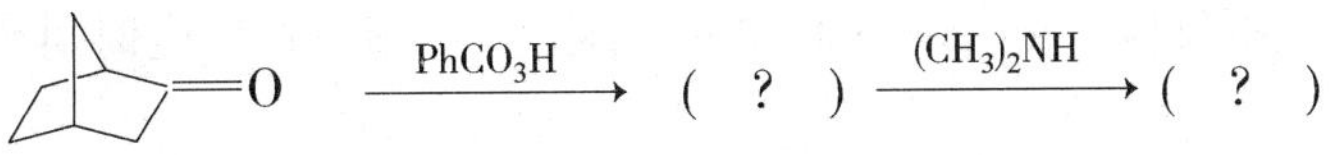

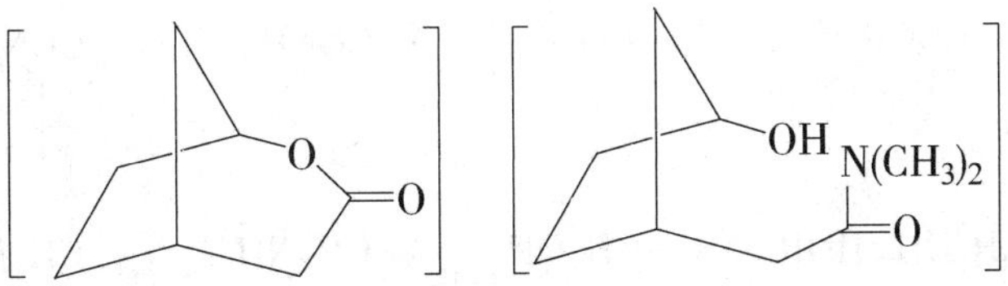

例 13　完成反应：

$\xrightarrow[(2)CH_3ONa,CH_3OH]{(1)PhCO_3H}$

[O $\xrightarrow{CH_3O^-}$ O^- OCH_3 $\xrightarrow[-CH_3O^-]{CH_3OH}$ OH OCH_3]

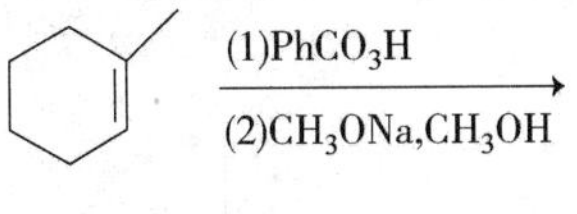

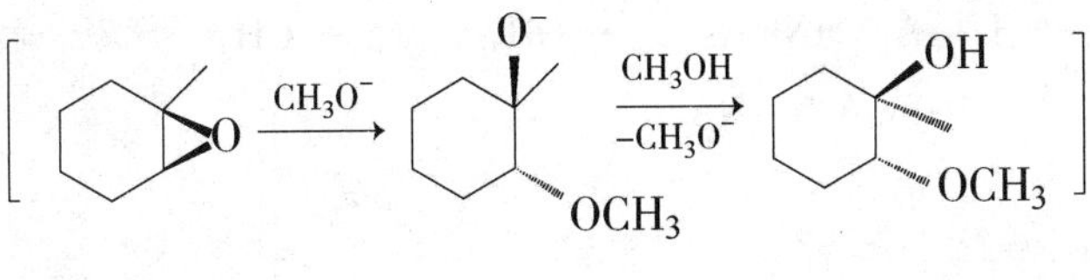

5.8.2 还原反应

常用的还原剂有 H_2/Ni，H_2/Pt，H_2/Pd；金属氢化物(H^-，由 $LiAlH_4$、$NaBH_4$、B_2H_6 等提供)和活泼金属(Na/NH_3，Li/NH_3或醇)。

在催化剂存在下的氢化，除了 C—OH、COOH 等外，对于其它的官能团皆可反应，但是反应速率不同。**催化氢化的易度大致有如下顺序：**

$RCOCl$	R—X	$R—NO_2$	C≡C	CHO	C=C	$>C=O$	$ArCH_2OR$
↓	↓	↓	↓	↓	↓	↓	↓
RCHO	R—H	$R—NH_2$	C=C 或 C—C	CH_2OH	C—C	$>CH—OH$	$ArCH_3$，HOR

$ArCH_2NHR$	RC≡N	稠环芳烃	RCOOR′	RCONHR′	苯
↓	↓	↓	↓	↓	↓
$ArCH_3$，H_2NR	RCH_2NH_2	部分氢化产物	RCH_2OH，HOR′	RCH_2NHR'	环己烷

对于多官能团化合物，如果这些官能团的氢化活性在序列中距离较远，则选择合适的反应条件(催化剂种类、温度、压力、溶剂等)也能得到一种主要的还原产物。

有重键的化合物催化氢化时，容易以位阻小的一边吸附在催化剂表面上，因而有如下结果：

$$\text{环己酮(H-H 吸附于催化剂表面)} \xrightarrow[\text{HOAc}]{H_2,\ PtO} \text{环己醇(OH, H)} + \text{环己醇(H, OH)}$$

(83%)　　(17%)

在金属氢化物中，$LiAlH_4$的还原能力最强。由于是 H^-的进攻，故对于 C=C、C—OH、C—OR、Ar—X 等皆不反应。α、β-不饱和醛、酮用 $LiAlH_4$/醚反应时可保留烯键。其它的官能团反应如下：

$>C=O$	—COOR	—COOH	$—CONH_2$	$—CONR_2$	—CN
↓	↓	↓	↓	↓	↓
$>CH—OH$	$—CH_2OH+HOR$	$—CH_2OH$	$—CH_2NH_2$	$—CH_2NR_2$	$—CH_2NH_2$

$>C=NOH$	$R—NO_2$	$ArNO_2$	$—CH_2OTs$	$—CH_2Br$	—CH—CH—(环氧，O)
↓	↓	↓	↓	↓	↓
$>CHNH_2$	$R—NH_2$	ArNHNHAr 或 ArN=NAr	$—CH_3$	$—CH_3$	$—CH_2—CH(OH)—$

但是，$NaBH_4$只能还原醛、酮和酰卤。对于α，β-不饱和醛、酮还原产物中有较大量的饱和醇，这是H^-进行1,4-加成的结果。B_2H_6中的B有空轨道，可和C═C加成；另外它还可还原环氧化物、醛、酮、酸、腈、酰胺等，产物与用$LiAlH_4$时相同，但它对酯的反应很慢。这类试剂都是**优先从位阻小的一边进攻**。例如：

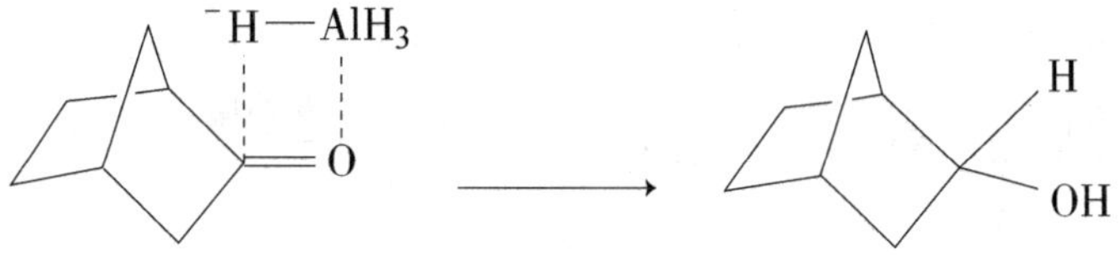

(86%)

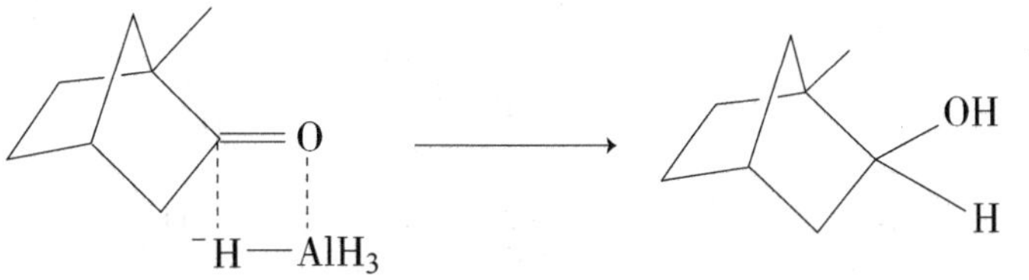

(90%)

用$LiAlH_4$和t-BuOH反应生成的$LiAlH[OBu\text{-}t]_3$可还原酰氯成醛。用$LiAlH(OEt)_3$可使RCN成RCHO。

活泼金属如Na/醇可使酮、酯还原成醇(Bouveault-Blanc还原)。酯仅用Na还原而后水解则成酮醇。醛用Fe/HOAc即可还原成醇。酮用Mg/苯还原可得到频哪醇。

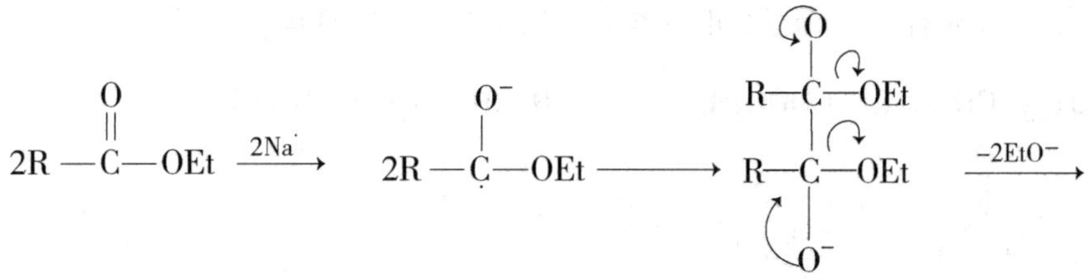

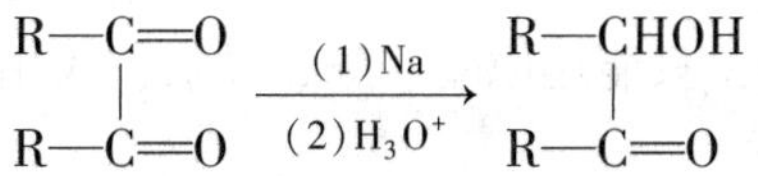

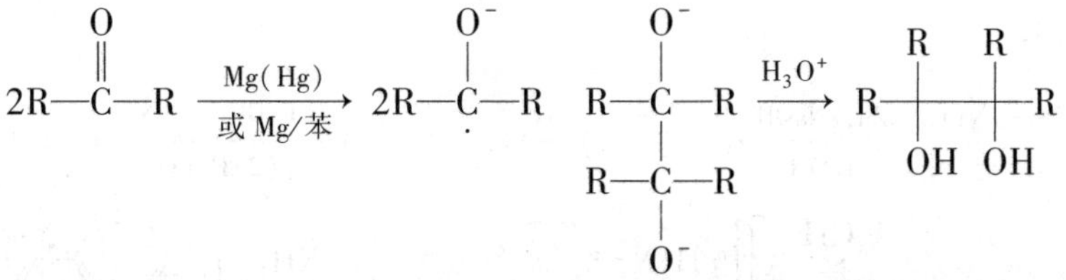

醛、酮用Zn(Hg)/HCl还原(**Clemmengen**还原)可使羰基C═O变成CH_2(α，β-不饱和醛、酮中的烯键也被还原)，也可用H_2NNH_2/强碱(**Wolff-Kishner**-黄鸣龙还原)，或先用$HSCH_2CH_2SH$与之反应形成硫代缩醛，而后氢解也可得到相同结果(**三种还原方法**)。

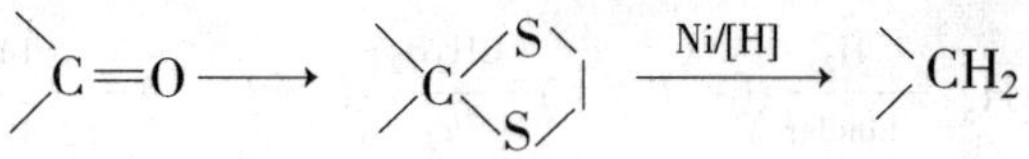

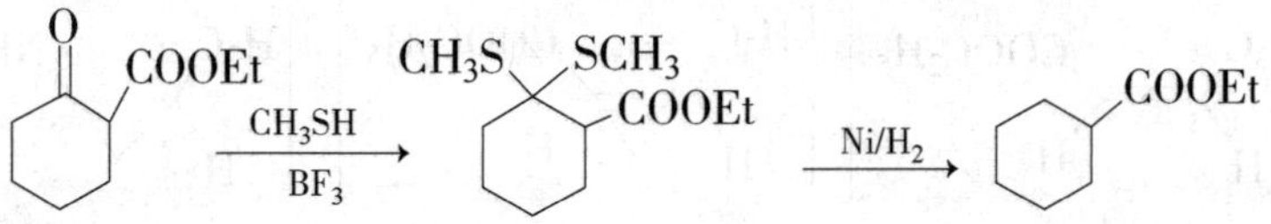

金属加水(或醇、酸)还可使 NO_2、C=N—OH、CN 等含 N 化合物还原成 NH_2，使 C—X 还原成 C—H。

碱金属在液氨中可产生溶剂化的电子，有很强的还原能力。可使卤代烯烃还原为烯烃；使炔还原成反式烯烃；共轭二烯还原成 1,4-加成产物；α，β-不饱和酮还原成烯醇盐，用水处理后即得酮。

$$M\cdot \xrightarrow{NH_3(液)} M^+(NH_3)+e(NH_3)\ ;\quad CH_2{=}CH{-}X \xrightarrow{Na(NH_3)} CH_2{=}CH{-}H$$

$$R{-}C{\equiv}C{-}R \xrightarrow{\cdot Na} R\dot{C}{=}\ddot{C}R \xrightarrow[-NH_2^-]{NH_3} RHC{=}\dot{C}R \xrightarrow{\cdot Na} RHC{=}\ddot{C}R \xrightarrow[-NH_2^-]{NH_3} RHC{=}CHR\ (反式)$$

在 Na/NH_3 作用后加入给质子的醇或 NH_4Cl，可使芳环发生部分还原(Birch 反应)。

考研试题实例：

例 1 反应式如有错，请写上正确答案，如没有错，则打钩。

(1) $CH_2{=}CHCH_2CH_2COOC_2H_5 \xrightarrow{LiAlH_4} CH_3CH_2CH_2CH_2CH_2OH$

(2) $C_6H_5COOCH_2CH_3 \xrightarrow[H_2O]{NaBH_4} C_6H_5CH_2OH$

解：(1) 氢化铝锂不能还原烯烃，正确的产物是不饱和醇。

(2) 硼氢化钠不能还原酯，只能还原醛、酮、酰氯，改用氢化铝锂即可还原酯成醇。

例 2 完成反应：

$$邻硝基甲苯\ (o\text{-}CH_3C_6H_4NO_2) \xrightarrow[EtOH]{Zn,\ NaOH} (\quad ?\quad) \xrightarrow{H^+} (\quad ?\quad) \xrightarrow[(2)H_3PO_2]{(1)HCl,\ NaNO_2} (\quad ?\quad)$$

[$o\text{-}CH_3C_6H_4{-}NHNH{-}C_6H_4CH_3\text{-}o$] [$H_2N{-}C_6H_3(CH_3){-}C_6H_3(CH_3){-}NH_2$ (3,3'-二甲基-4,4'-二氨基联苯)] [3,3'-二甲基联苯]

例 3 完成反应：

$$CH_3C{\equiv}CCOOC_2H_5 \xrightarrow[Lindlar]{H_2} (\quad ?\quad) \xrightarrow[h\nu]{CH_2N_2} (\quad ?\quad) \xrightarrow[(2)Br_2/OH^-]{(1)NH_3} (\quad ?\quad)$$

[顺式 $H_3C(H)C{=}C(H)COOC_2H_5$] [顺式 1-甲基-2-乙氧羰基环丙烷 (H_3C, $COOC_2H_5$)] [顺式 2-甲基环丙胺 (H_3C, NH_2)]

例 4 完成反应：

$$C_4H_9C\equiv CC_3H_7 \xrightarrow[NH_3(液)]{Na} \left[\text{(E)-}C_4H_9CH=CHC_3H_7 \right]$$

例 5 完成反应：

$$C_6H_5-OCH_3 \xrightarrow{Na/NH_3} (\quad ? \quad) \xrightarrow{KMnO_4/H^+} (\quad ? \quad)$$

解：

$$\left[C_6H_5OCH_3 \xrightarrow[Na^+]{Na} [C_6H_6OCH_3]^{\bar{\cdot}} \rightleftharpoons [C_6H_6OCH_3]^{\bar{\cdot}} \xrightarrow[-\bar{N}H_2]{NH_3} C_6H_7OCH_3^{\cdot} \xrightarrow[Na^+]{Na} C_6H_7OCH_3^- \xrightarrow[-\bar{N}H_2]{NH_3} \text{1-甲氧基-1,4-环己二烯} \right]$$

$$\left[\text{1-甲氧基-1,4-环己二烯} \xrightarrow{KMnO_4/H^+} H_3CO-C(COOH)-COOH + HOOC-CH_2-COOH \right]$$

此题为 Birch 还原反应，中间体是负离子自由基，甲氧基作为拉电子基起到稳定负离子的作用；最后一步是氧化烯烃，碳链断裂而成羧酸。

例 6 完成反应：

$$m\text{-}O_2N-C_6H_4-NO_2 \xrightarrow{(NH_4)_2S_2/S} (\quad ? \quad) \xrightarrow{NaNO_2/H^+} (\quad ? \quad)$$

$$\left[m\text{-}O_2N-C_6H_4-NH_2 \right] \left[m\text{-}O_2N-C_6H_4-N_2^+Cl^- \right]$$

例 7 写出下列反应的主要有机产物，如有立体化学问题，也应注明。

$$CH_3COCH_2COOC_2H_5 \xrightarrow[(2)H_3^+O]{(1)NaBH_4} \left[CH_3CH(OH)CH_2COOC_2H_5 \right]$$

$NaBH_4$只能还原醛、酮、酰氯，不能还原酯等。

例 8 完成反应：

$$CH_3CH=CHCH_2CH_2CHO \xrightarrow{NaBH_4} [CH_3CH=CHCH_2CH_2CH_2OH]$$

当烯键不与羰基共轭时，$NaBH_4$只还原羰基成羟基(醇)；当烯键与羰基共轭时，产物除不饱和醇外，还有较多的饱和醇，但不饱和醇为主要产物。

例 9 完成反应：

$$C_6H_5CH_2Br \xrightarrow[dry(C_2H_5)_2O]{Mg} (\quad ? \quad) \xrightarrow[(2)H_3^+O]{(1)CO_2} \xrightarrow{SOCl_2} (\quad ? \quad) \xrightarrow{H_2,\ Pd/BaSO_4} (\quad ? \quad)$$

[$C_6H_5CH_2MgBr$][$C_6H_5CH_2COOH$][$C_6H_5CH_2COCl$][$C_6H_5CH_2CHO$]

例 10 完成反应，写出主要产物【参见例 8 题】。

$\xrightarrow[CH_3OH]{NaBH_4}$ [—OH]

例 11 完成反应：

—CHO + $CH_3CHO \xrightarrow{NaOH/H_2O} (\quad ? \quad) \xrightarrow{LiAlH_4} (\quad ? \quad)$

[—CH═CHCHO][—CH═CHCH$_2$OH]

$LiAlH_4$只还原羰基成羟基(醇)，不管是否与烯键共轭。

例 12 完成反应：

$\xrightarrow{F_3CCO_3H}$ [O, O]

$\xrightarrow[(2)H_2O/H^+]{(1)NaBH_4}$ [H, OH]

例 13 完成反应：

COOCH$_2$CH$_3$, O $\xrightarrow{NaBH_4/CH_3CH_2OH}$ [COOCH$_2$CH$_3$, OH]

例 14 完成反应(有立体化学请注明)：

O, O, CHO $\xrightarrow[(2)H_3^+O]{(1)LiAlH_4(过量)}$ [OH, OH, CH$_2$OH]

例 15 完成反应(有立体化学请注明)：

≡—CH_3 $\xrightarrow[H_2]{Lindlar 催化剂}$ [CH$_3$, H, H]

例 16 完成反应(有立体化学请注明)：

$$Ph-C\equiv C-CH_3 \xrightarrow{D_2/Pd/BaSO_4\cdot 喹啉} \left[\text{Ph(H)C=C(H)CH}_3\right] \xrightarrow{Br_2/H_2O} \left[\begin{array}{c} CH_3 \\ Br-H \\ H-Br \\ Ph \end{array} + \begin{array}{c} CH_3 \\ H-Br \\ Br-H \\ Ph \end{array}\right]$$

$$\left[\text{Ph(H)C=C(H)CH}_3 \xrightarrow{Br_2/H_2O} \begin{cases} \text{Ph, H, Br; } H_3C\text{, Br, H} \equiv \text{Br, H, } CH_3\text{; H, Br, Ph} \equiv \begin{array}{c} CH_3 \\ Br-H \\ H-Br \\ Ph \end{array} \\ \text{Br, Ph, H; } H_3C\text{, H, Br} \equiv \text{H, Br, } CH_3\text{; Br, H, Ph} \equiv \begin{array}{c} CH_3 \\ H-Br \\ Br-H \\ Ph \end{array} \end{cases}\right]$$

例 17 完成反应(有立体化学请注明):

$$\text{环己基-Br} \xrightarrow[Et_2O]{Mg} \left[\text{环己基-MgBr}\right] \xrightarrow{D_2O} \left[\text{环己基-D}\right]$$

第 6 章　分子重排反应

6.1　分子重排反应的含义和分类

6.1.1　分子重排反应的含义

分子重排反应是有机化学反应中一类重要的反应。某些有机化合物在试剂、介质、温度或其它因素的影响下，引起分子中某些原子或原子团的转移，电子云密度重新分布，重键位置改变，碳架变化，甚至环的扩大或缩小的反应称为分子重排反应。

6.1.2　分子重排反应的分类

按照分类的出发点不同，主要有以下 3 种分类方法。

1. 按迁移基团是否完全断裂再移位分类

可分为分子内重排和分子间重排。

2. 按反应历程分类

可分为亲核重排、亲电重排、自由基重排和周环重排等。

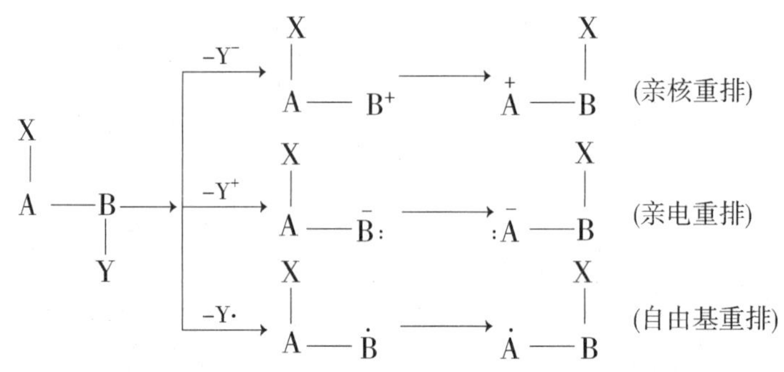

X：迁移基团　　Y：离去基团　　A：重排始点　　B：重排终点

3. 按迁移初始点和终点元素分类

可分为 C→C 重排、C→N 重排、C→O 重排、N→C 重排、O→C 重排和 S→C 重排等。

本章重点讨论亲核重排、亲电重排和芳香族重排。

6.2　亲核重排反应及其立体化学

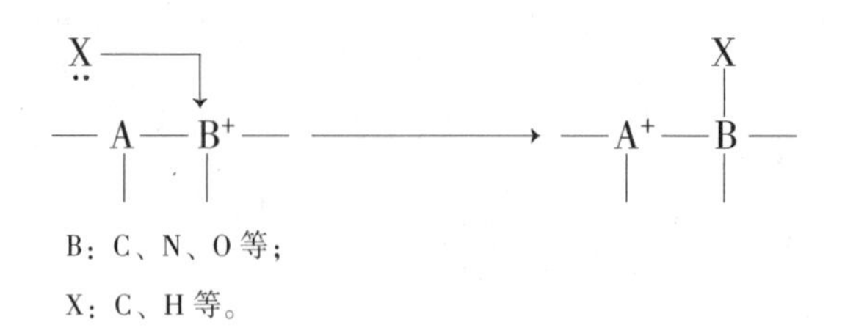

B：C、N、O 等；

X：C、H 等。

迁移基团为负性基团，向正电中心迁移。

亲核重排按分子内重排和分子间重排来讨论。

分子内重排：发生在每个分子内部，迁移基团没有脱离分子或裂解下来，它只是以分子的一部分从一个位置迁移到分子的另一个位置。体系中其它分子不参与组成产物分子，其特点是构型保留。

分子间重排：与普通的先分解再结合的反应很相似。这种重排，迁移基团完全断裂下来，形成中间体——正离子、负离子或自由基，然后迁移到终点上。这种重排反应容易受反应条件的影响，如果体系中有其它分子存在时，很可能发生不同的反应，形成非预计的重排产物。

判断分子重排属于分子内还是分子间重排，可通过验证中间体是否存在或是否有旋光性实验，以及交叉实验等(**方法**)。

6.2.1 邻二叔醇(pinacol)重排

$$(H_3C)_2C(OH)-C(OH)(CH_3)_2 \xrightarrow{H^+} H_3C-C(CH_3)_2-C(=O)-CH_3$$

生成的产物称为频哪酮，其反应机理如下：

$$(H_3C)_2C(OH)-C(OH)(CH_3)_2 \underset{}{\overset{H^+}{\rightleftharpoons}} (H_3C)_2C(OH)-C(^+OH_2)(CH_3)_2 \overset{-H_2O}{\rightleftharpoons} H_3C-C(CH_3)(:OH)-\overset{+}{C}(CH_3)-CH_3 \rightleftharpoons H_3C-C(=^+OH)-C(CH_3)_2-CH_3$$

$$\overset{-H^+}{\rightleftharpoons} H_3C-C(=O)-C(CH_3)_2-CH_3$$

重排反应中，首先生成的碳正离子是稳定性较大的碳正离子；重排发生后生成的碳正离子，其稳定性比重排之前更大，这是重排发生的动力。

迁移中的立体化学：

立体化学研究证明，在频哪醇重排中，离去基团所连的碳原子(如有手性的话)构型发生转化，这说明迁移基团是从离去基团(H_2O)背面进攻，基团迁移和离去基团的离开是协同进行的，因此对频哪醇重排过程较准确的描述应为：

$$H_3C-C(CH_3)(OH)-C(CH_3)(OH)-CH_3 \overset{H^+}{\rightleftharpoons} H_3C-C(CH_3)(OH)-C(CH_3)(^+OH_2)-CH_3 \xrightarrow{-H_2O} H_3C-C(=^+OH)-C(CH_3)_2-CH_3 \overset{H^+}{\rightleftharpoons} H_3C-C(=O)-C(CH_3)_2-CH_3$$

其它类型的邻二醇也可以发生类似反应。用下式表示：

$$R-C(R_1)(OH)-C(R_2)(OH)-R_4 \longrightarrow R_3-C(=O)-C(R_1)(R_2)-R_4$$

迁移基团可以是甲基，也可以是其它烷基或者芳基，甚至可以是氢原子。四个类型应用实例(注意两个问题：①C^+和②迁移基团)如下：

$$\mathrm{Ph_2C(OH)-C(OH)(CH_3)_2 \xrightarrow{H_2SO_4} Ph_2C(CH_3)-CO-CH_3}$$

$$\mathrm{Ph(CH_3)C(OH)-C(OH)(CH_3)Ph \xrightarrow{H_2SO_4} Ph_2C(CH_3)-CO-CH_3}$$

$$\mathrm{PhCH(OH)-CH(OH)Ph \xrightarrow{H_2SO_4} Ph_2CH-CHO}$$

$$\mathrm{H_3C-CH(OH)-CH(OH)-CH_3 \xrightarrow{H_2SO_4} H_3C-CH(CH_3)-CHO}$$

迁移基团的优先顺序：芳基>烷基>H

在芳基中，①环上有供电子基，且供电子性越强，越优先迁移。②若存在空间位阻效应时，则迁移变得不易进行。

两种特殊例子：

1-(2-羟基-2-丙基)环戊醇 $\xrightarrow{H^+}$ (1) 环戊基碳正离子，甲基迁移 → 1-甲基-1-乙酰基环戊烷；(2) 侧链碳正离子，环扩大 → 2,2-二甲基环己酮

该反应中，分别生成两种稳定性相当的碳正离子，然后分别进行重排，得到两种产物。

$$\mathrm{H_5C_2-C(CH_3)(OH)-C(CH_3)(OH)-C_2H_5 \xrightarrow{H^+} H_5C_2-C(CH_3)(OH)-C^+(CH_3)-C_2H_5 \rightarrow H_5C_2-C(CH_3)_2-CO-C_2H_5 + H_5C_2-C(CH_3)(C_2H_5)-CO-CH_3}$$

甲基与乙基迁移能力差不多，两种迁移(方式)都有可能发生，故得两种产物。

如果迁移基团是芳基，因环上取代基的电子效应和空间效应的影响而表现出不同的迁移能力。几种芳基迁移的速率(以苯基为例)为：

p-MeO-C₆H₄–	p-Me-C₆H₄–	p-Ph-C₆H₄–	C₆H₅–	p-Cl-C₆H₄–	o-MeO-C₆H₄–
500	16	12	1	0.7	0.3

在某些情况下，H 的迁移却比烷基或芳基快(特殊情况)，例如：

$$\mathrm{Ph-C(H)(OH)-C(Ph)(OH)-Ph} \xrightarrow{H_2SO_4} \mathrm{Ph-C(=O)-C(Ph)(H)-Ph}$$

其原因是：①若 Ph—迁移，造成三个 Ph—连在同一碳原子上，空间位阻大；②若 H 迁移，留下 Ph—可以和羰基形成共轭体系，使产物稳定性增加。

其它能够形成 $R_3-\overset{+}{C}(R_4)-C(R_1)(OH)-R_2$ 结构的化合物，像邻卤代醇、邻氨基醇和环氧化合物也可以发生邻二叔醇类重排反应。

$$\mathrm{(H_3C)_2C(Br)-C(CH_3)_2(OH)} \xrightarrow[-AgBr]{AgNO_3} \mathrm{(H_3C)_2\overset{+}{C}-C(CH_3)_2(OH)} \xrightarrow{-H^+} \mathrm{(H_3C)_3C-C(=O)-CH_3}$$

$$\mathrm{(H_3C)_2C\underset{O}{-}C(CH_3)_2} \xrightarrow{H^+} \mathrm{(H_3C)_2\overset{+}{C}-C(CH_3)_2(OH)} \xrightarrow{-H^+} \mathrm{(H_3C)_3C-C(=O)-CH_3}$$

重排反应中同时有立体化学要求的：

t–Bu, H, OH, NH_2, H $\xrightarrow{NaNO_2/HCl}$ t–Bu, H, OH, $N_2^{\oplus}$, H

(反式迁移)

$\longrightarrow$ t–Bu, ^+OH, H $\xrightarrow{-H^+}$ t–Bu—(环戊基)—CHO (H, O)

t–Bu, H, OH, H, NH_2 $\xrightarrow{NaNO_2/HCl}$ t–Bu, H, OH, H, N_2^+

(反式迁移)

t–Bu, $\overset{+}{O}H$, H, H $\xrightarrow{-H^+}$ t–Bu, O, H, H

应用实例：利用这些反应可以合成一些用别的方法难于合成的含季碳原子的化合物。例如：

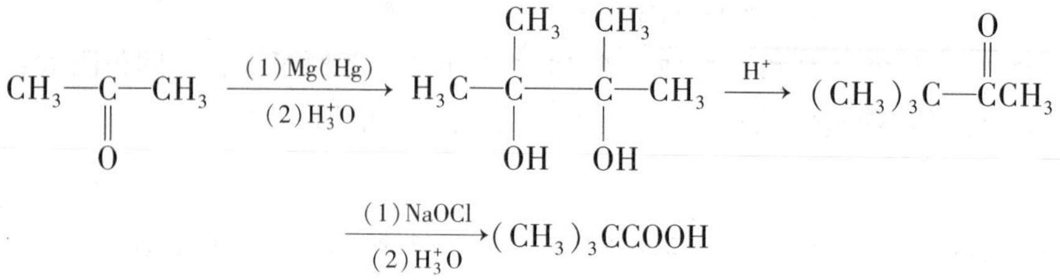

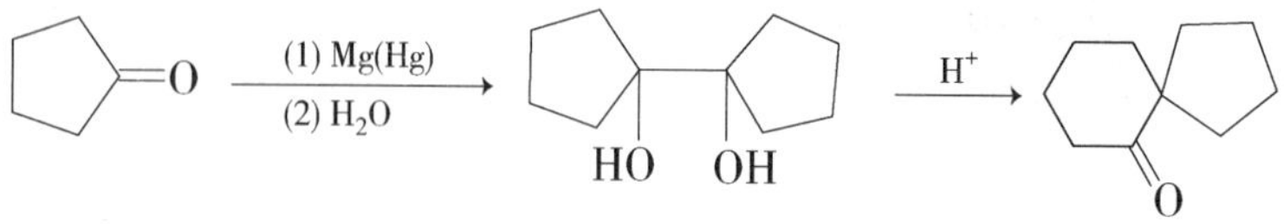

$$CH_3-\underset{\underset{O}{\|}}{C}-CH_3 \xrightarrow[(2)H_3^+O]{(1)Mg(Hg)} H_3C-\underset{OH}{\overset{CH_3}{C}}-\underset{OH}{\overset{CH_3}{C}}-CH_3 \xrightarrow{H^+} (CH_3)_3C-\overset{\overset{O}{\|}}{C}CH_3$$

$$\xrightarrow[(2)H_3^+O]{(1)NaOCl}(CH_3)_3CCOOH$$

$$\text{环戊酮} \xrightarrow[(2)H_2O]{(1)Mg(Hg)} \text{1,1'-二羟基联环戊烷} \xrightarrow{H^+} \text{螺[4.5]癸-6-酮}$$

考研试题实例：

例 1 写出下列反应机理：

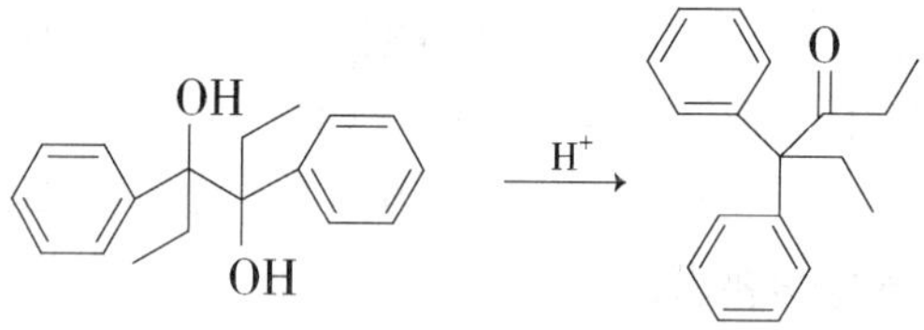

$$\text{(OH)(Ph)(Et)C—C(Et)(Ph)(OH)} \xrightarrow{H^+} \text{EtCO—C(Ph)}_2\text{Et}$$

解：

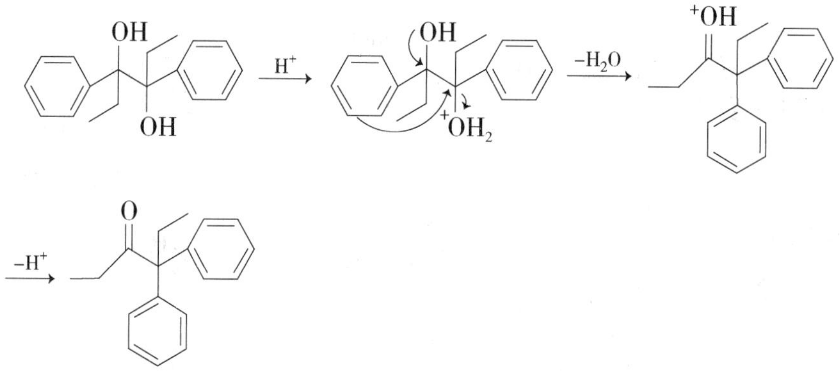

$$\xrightarrow{H^+} \text{(质子化, }{}^{+}OH_2\text{, 苯基迁移)} \xrightarrow{-H_2O} \text{Et}\overset{{}^{+}OH}{C}\text{—C(Et)(Ph)}_2 \xrightarrow{-H^+} \text{EtCO—C(Et)(Ph)}_2$$

例 2 写出反应机理：

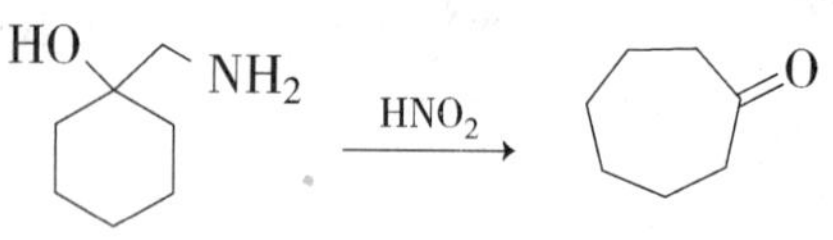

$$\text{1-(氨甲基)环己醇 (HO, }NH_2\text{)} \xrightarrow{HNO_2} \text{环庚酮}$$

解：

$$\text{HO—C}_6\text{H}_{10}\text{—CH}_2NH_2 \xrightarrow{HNO_2} \text{HO—C}_6\text{H}_{10}\text{—CH}_2N_2^+ \xrightarrow{-N_2} \text{HO—C}_6\text{H}_{10}\text{—CH}_2^+ \longrightarrow {}^{+}OH\text{=环庚基} \xrightarrow{-H^+} \text{环庚酮}$$

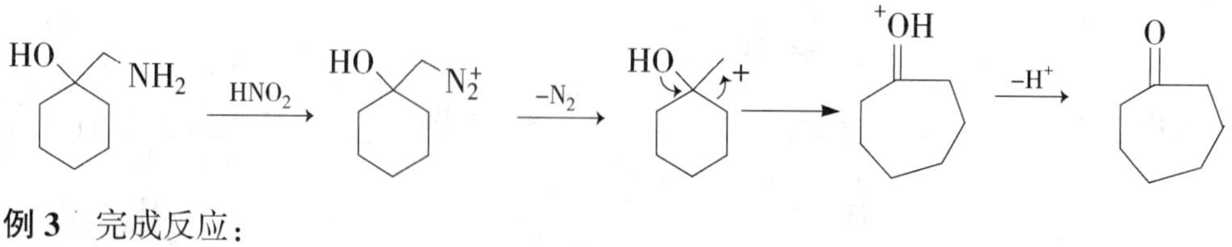

例 3 完成反应：

$$(H_3C)_3C\text{-cyclohexane spiro-epoxide} \xrightarrow{H^+} \left[(H_3C)_3C\text{-}C_6H_{10}\text{-}CHO \right]$$

例 4 完成反应:

$$\text{cyclopentanone} \xrightarrow[C_6H_6]{Mg\text{-}Hg} \xrightarrow{H^+,H_2O} (\ ?\ ) \xrightarrow{H_2SO_4} (\ ?\ )$$

解:

$$\text{cyclopentanone} \xrightarrow[C_6H_6]{Mg\text{-}Hg} 2\ C_5H_8\dot{C}\text{-}O^- \longrightarrow (C_5H_8)(O^-)C\text{-}C(O^-)(C_5H_8) \xrightarrow{H^+,H_2O}$$

$$(C_5H_8)(OH)C\text{-}C(OH)(C_5H_8) \xrightarrow{H_2SO_4} \text{spiro[4.5]decan-6-one}$$

例 5 写出反应机理:

$$H_3C\text{-}C(CH_3)(OH)\text{-}C(CH_3)(Cl)\text{-}CH_3 \xrightarrow{AgNO_3} H_3C\text{-}C(=O)\text{-}C(CH_3)_2\text{-}CH_3$$

解:

$$H_3C\text{-}C(CH_3)(OH)\text{-}C(CH_3)(Cl)\text{-}CH_3 \xrightarrow[-AgCl]{Ag^+} H_3C\text{-}C(CH_3)(OH)\text{-}\overset{+}{C}(CH_3)\text{-}CH_3 \longrightarrow H_3C\text{-}\overset{+}{C}(OH)\text{-}C(CH_3)_2\text{-}CH_3$$

$$\longrightarrow H_3C\text{-}C(={}^{+}OH)\text{-}C(CH_3)_2\text{-}CH_3 \xrightarrow{-H^+} H_3C\text{-}C(=O)\text{-}C(CH_3)_2\text{-}CH_3$$

例 6 完成反应:

$$H_5C_6\text{-}C(CH_3)(OH)\text{-}C(CH_3)(OH)\text{-}C_6H_5 \xrightarrow{H^+} \left[H_3C\text{-}C(={}^{+}O)\text{-}C(CH_3)(C_6H_5)\text{-}C_6H_5 \right]$$

例 7 写出反应机理:

$$\text{1-(aminomethyl)cyclopentanol } (OH,\ CH_2NH_2) \xrightarrow{HNO_2} \text{cyclohexanone}$$

解:

$$C_5H_8(OH)(CH_2NH_2) \xrightarrow{HNO_2} C_5H_8(OH)(CH_2N_2^+) \xrightarrow{-N_2} C_5H_8(OH)(CH_2^+) \longrightarrow \text{cyclohexanone-}{}^{+}OH \xrightarrow{-H^+} \text{cyclohexanone}$$

例 8 写出反应机理：

$$H_3C-\underset{O}{C(CH_3)-C(CH_3)}-CH_3 \xrightarrow{H^+} H_3C-\overset{O}{\overset{\|}{C}}-C(CH_3)_2-CH_3$$

解：

$$H_3C-\underset{O}{C(CH_3)-C(CH_3)}-CH_3 \xrightarrow{H^+} H_3C-\underset{\overset{+}{O}H}{C(CH_3)-C(CH_3)}-CH_3 \longrightarrow H_3C-C(CH_3)(CH_3^{+})-C(=OH)-CH_3$$

$$\xrightarrow{-H^+} H_3C-C(CH_3)_2-\overset{O}{\overset{\|}{C}}-CH_3$$

例 9 写出反应机理：

$$H_3C-C(H_3C)(OH)-C(CH_3)(NH_2)-CH_3 \xrightarrow{HNO_2} H_3C-\overset{O}{\overset{\|}{C}}-C(CH_3)_2-CH_3$$

解：

$$H_3C-C(H_3C)(OH)-C(CH_3)(NH_2)-CH_3 \xrightarrow{HNO_2} H_3C-C(H_3C)(OH)-C(CH_3)(N_2^+)-CH_3 \xrightarrow{-N_2} H_3C-C(H_3C)(OH)-\overset{+}{C}(CH_3)-CH_3 \longrightarrow$$

$$H_3C-\overset{+}{C}(OH)-C(CH_3)_2-CH_3 \longrightarrow H_3C-C(={}^{+}OH)-C(CH_3)_2-CH_3 \xrightarrow{-H^+} H_3C-C(=O)-C(CH_3)_2-CH_3$$

例 10 完成反应，如有立体化学请注明；若不反应，用 NR 表示。

$$(OH,\ OH,\ H_3C,\ CH_3) \xrightarrow{H_2SO_4} \left[\ (O,\ CH_3,\ CH_3)\ \right]$$

例 11 写出反应机理：

$$(HO\ \ NH_2) \xrightarrow{HNO_2} (O)$$

同例 9，两个不同招生单位试题。

例 12 写出下列反应的主要产物，或所需反应条件及原料或试剂(如有立体化学请注明)。

$$(OH,\ NH_2) \xrightarrow[HCl]{NaNO_2} \left[\ (O)\ \right]$$

立体化学：反式迁移。

例 13　由 1,6-己二酸为原料合成：

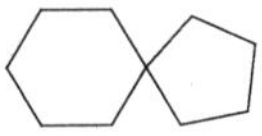

解：

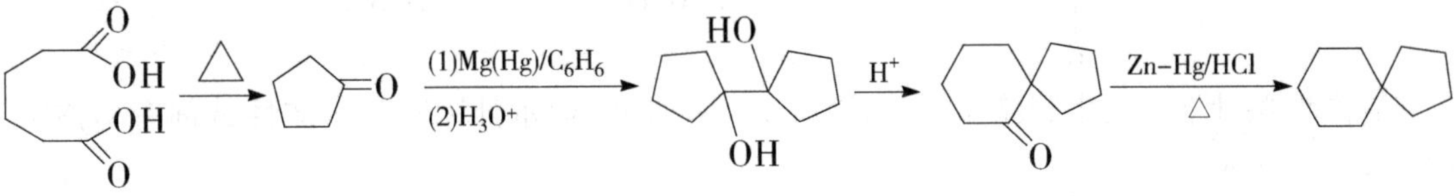

O OH OH O $\xrightarrow{\triangle}$ =O $\xrightarrow[(2)H_3O^+]{(1)Mg(Hg)/C_6H_6}$ HO OH $\xrightarrow{H^+}$ O $\xrightarrow[\triangle]{Zn-Hg/HCl}$

例 14　完成反应：

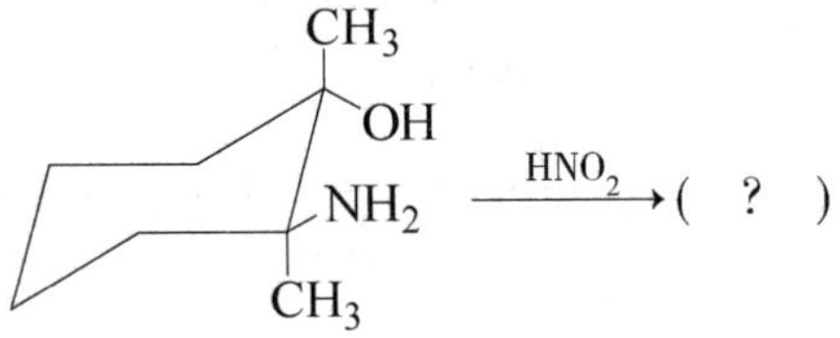

CH_3 OH NH_2 CH_3 $\xrightarrow{HNO_2}$（　?　）

解：

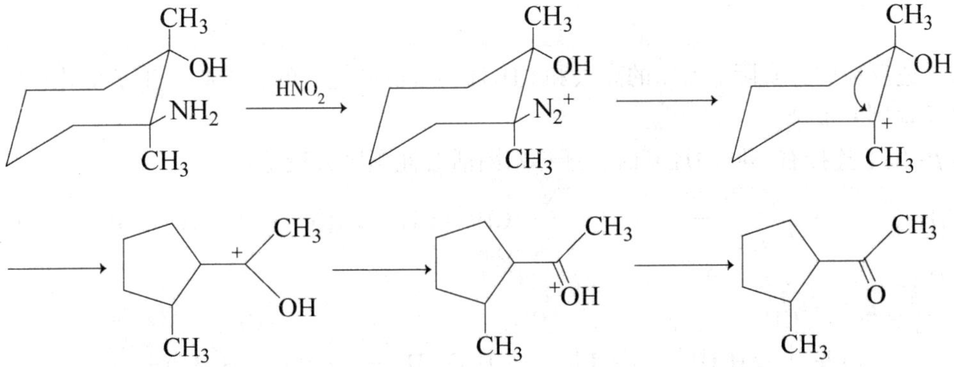

CH_3 OH NH_2 CH_3 $\xrightarrow{HNO_2}$ CH_3 OH N_2^+ CH_3 $\longrightarrow$ CH_3 OH + CH_3

$\longrightarrow$ CH_3 + OH CH_3 $\longrightarrow$ CH_3 $^+$OH CH_3 $\longrightarrow$ CH_3 O CH_3

例 15　完成反应：

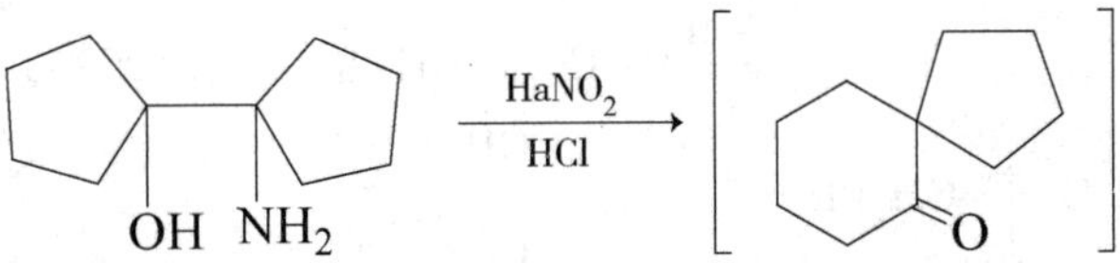

OH NH_2 $\xrightarrow[HCl]{HaNO_2}$ [O]

例 16　完成反应：

H OH NH_2 $\xrightarrow{HNO_2}$ [CHO]

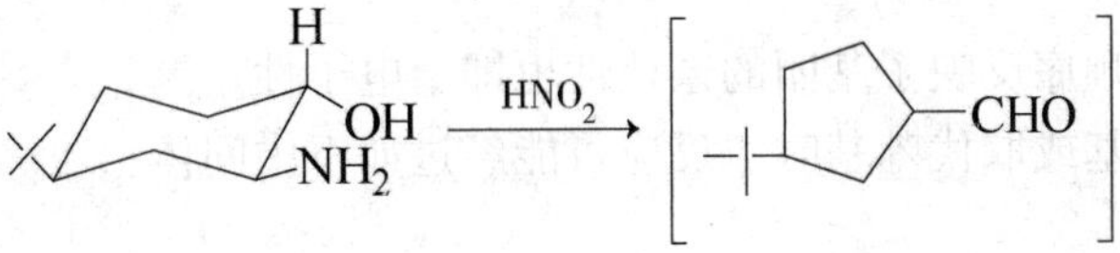

例 17　完成反应：

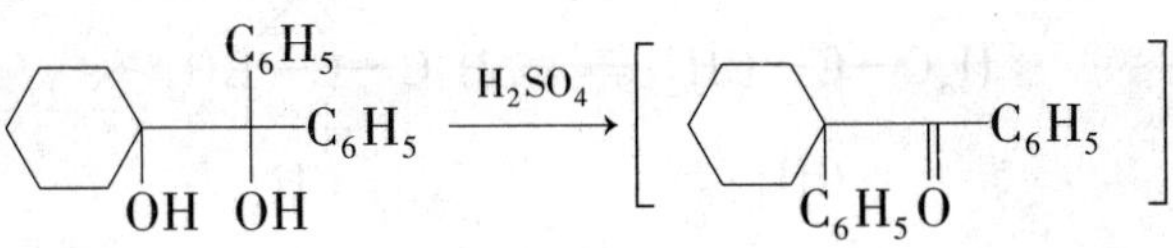

C_6H_5 C_6H_5 OH OH $\xrightarrow{H_2SO_4}$ [C_6H_5 C_6H_5 O]

6.2.2 瓦格纳尔-梅尔外因(Wagner-Meerwein)重排

β-取代醇，如：

$$\mathrm{R_3C{-}CH_2OH},\quad \mathrm{R_3C{-}CHROH},\quad \mathrm{R_2CH{-}CHROH}$$

在酸性条件下，发生碳胳重排反应称为瓦格纳尔-梅尔外因重排。酸性试剂有 H_2SO_4、HX、PCl_5、$SOCl_2$等。

$$\mathrm{(CH_3)_3C{-}CH_2OH} \xrightarrow{\mathrm{HCl}} \mathrm{(CH_3)_3C{-}CH_2O^+H_2} \xrightarrow{-\mathrm{H_2O}} \mathrm{(CH_3)_3C{-}CH_2^+} \xrightarrow{\text{重排}}$$

$$\mathrm{H_3C{-}\overset{+}{C}(CH_3){-}CH_2CH_3} \begin{cases} \xrightarrow{-\mathrm{H^+}} \mathrm{H_3C{-}C(CH_3){=}CHCH_3} & \text{（消除产物）} \\ \xrightarrow{+\mathrm{Cl^-}} \mathrm{H_3C{-}CCl(CH_3){-}CH_2CH_3} & \text{（取代产物）} \end{cases}$$

在上述反应中，实际上 OH 的离去和 CH_3迁移是协同进行的，碳胳发生了变化，它可以看成是反频哪醇重排。

当β-位上连接有不同的烃基时，迁移基团活泼性顺序大致是：

$$\mathrm{H_3CO{-}C_6H_4{-}} > \mathrm{C_6H_5{-}} > \mathrm{Cl{-}C_6H_4{-}} \to \mathrm{CH_2{=}CH{-}} > \mathrm{R_3C{-}} > \mathrm{R_2CH{-}} > \mathrm{H_3C{-}} > \mathrm{H{-}}$$

例如：

$$\mathrm{Ph{-}C(CH_3)_2{-}CH_2OH} \xrightarrow{\mathrm{HCl}} \mathrm{Ph{-}C(CH_3)_2{-}CH_2O^+\ H_2} \xrightarrow{-\mathrm{H_2O}} \mathrm{Ph{-}C(CH_3)_2{-}CH_2^+} \xrightarrow{\text{重排}}$$

$$\mathrm{H_3C{-}\overset{+}{C}(CH_3){-}CH_2Ph} \begin{cases} \xrightarrow{-\mathrm{H^+}} \mathrm{H_3C{-}C(CH_3){=}CHPh} & \text{（消除产物）} \\ \xrightarrow{+\mathrm{Cl^-}} \mathrm{H_3C{-}CCl(CH_3){-}CH_2Ph} & \text{（取代产物）} \end{cases}$$

迁移基团的活性顺序反映了基团的亲核性也即给电子性。

当迁移基团为苯基或取代苯基时，反应可能经过如下中间体：

$$\mathrm{H_3C{-}C(C_6H_5)(CH_3){-}CH_2^+} \rightleftharpoons \mathrm{H_3C{-}C(CH_3){-}CH_2}\ (\text{spiro } \mathrm{C_6H_5^+})$$

当迁移基团为 $CH_2{=}CH$—时，同样经过环丙烷中间体：

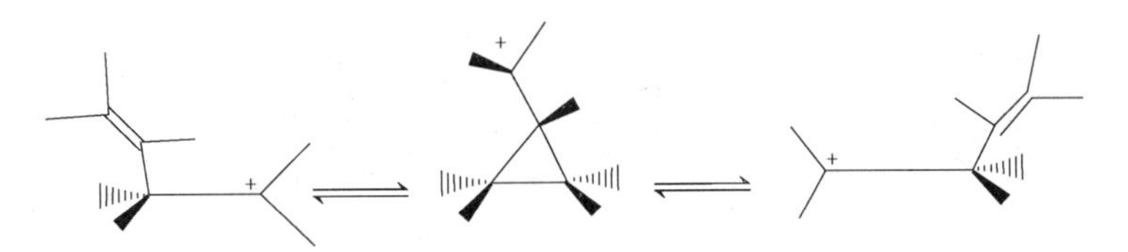

这是由于苯基和乙烯基当作邻基参与基团，提供邻位协助，它们的π-电子能稳定相邻碳正离子的缘故。当迁移基团为氢原子时，它带着电荷转向邻位，中间经过三中心二电子过渡态：

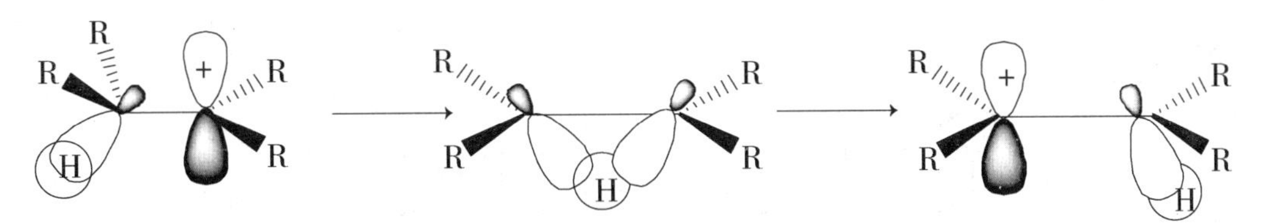

立体化学研究证明：①迁移基团与离去基团处于**反式**位置；②迁移基团**构型保留，属于分子内重排**。

有时由稳定的C^+重排成较不稳定的C^+，在能量上显然不利，在热力学上是一个吸热过程。然而，在特定情况中可以发生3°C^+→2°C^+，2°C^+→1°C^+的重排，但对于3°C^+→1°C^+的重排情况来说，由于活化能太高，这种可能性很小。这里所指的特定情况包括：**活化能不太高，没有竞争反应存在，碳正离子存在足够长时间以及反应整体上产物比起始反应物在热力学上比较稳定**。例如：

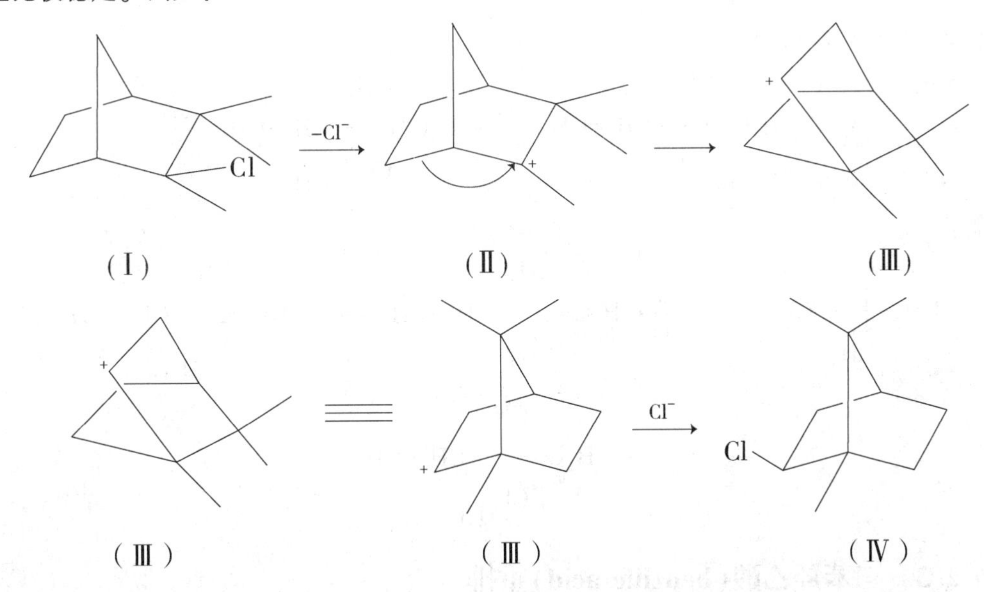

从能量上看(Ⅱ)→(Ⅲ)是不利的。但从反应整体分析却是有利的。因为在(Ⅰ)中有CH_3与CH_3、CH_3与Cl两个重叠式构象，存在很大的非键原子相互排斥的作用力。而产物(Ⅳ)中CH_3与Cl的这种排斥消除了。这种反应物与产物热力学稳定性的差异推动了反应(Ⅰ)向(Ⅳ)的进行。当然也包括了(Ⅱ)→(Ⅲ)活化能不太高的3°C^+→2°C^+的重排。

考研试题实例：

例1 完成反应，如有立体化学请注明，若不反应，用NR表示。

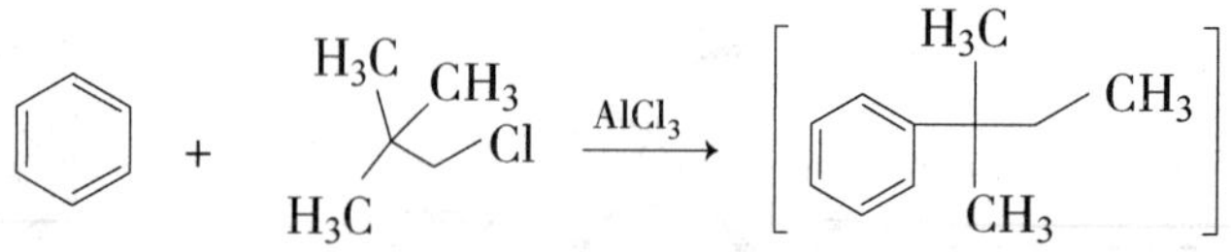

例 2 写出反应机理：

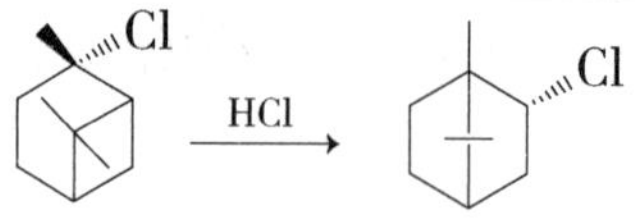

解：

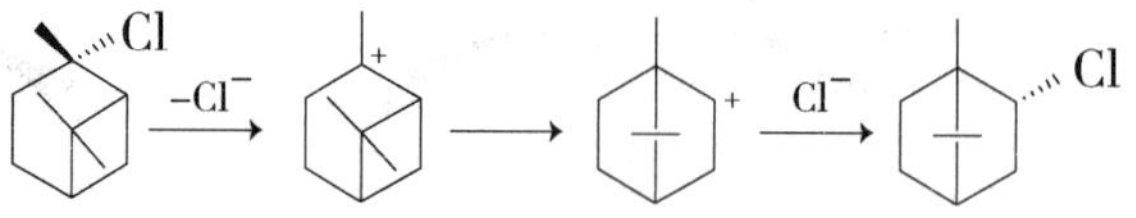

例 3 写出反应机理：

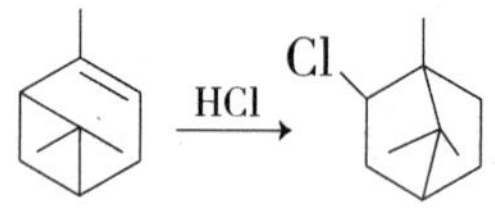

解：

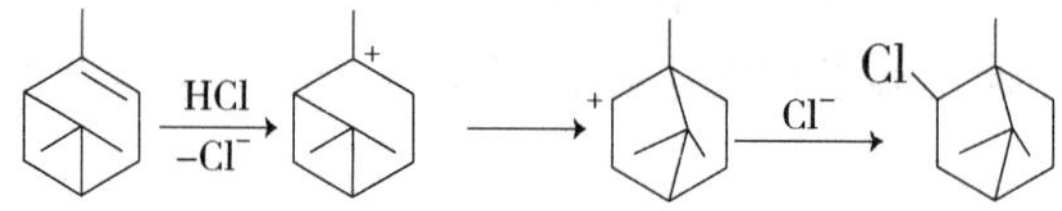

例 4 写出反应机理：

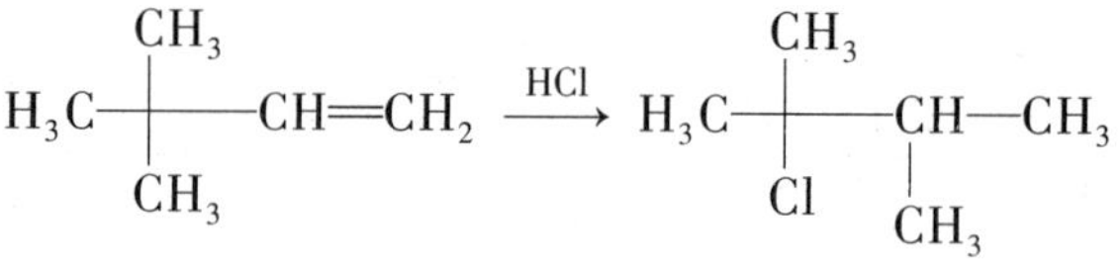

解：

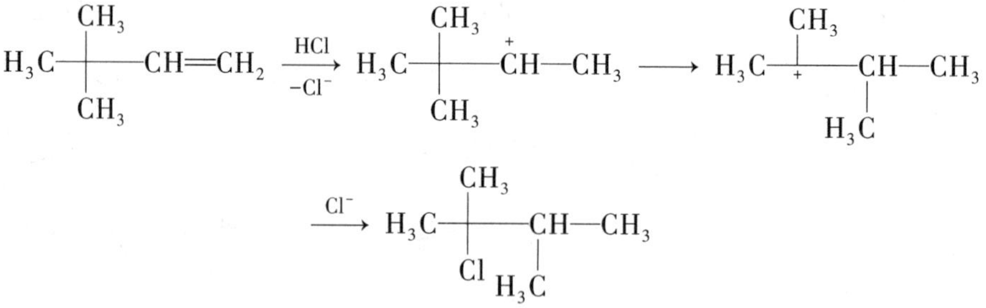

6.2.3 二苯羟乙酸(benzilic acid)重排

脂肪族(链状或环状)、芳香族(含芳杂环)的 α-二酮类与 KOH 熔化(或与浓 KOH 醇溶液或 70%NaOH 溶液加热)所发生的生成 α-羟基酸的**分子内重排**，反应称为二苯羟乙酸重排或称为二苯基乙二酮(benzil)重排。

反应通式为：

$$R-\overset{O}{\overset{\|}{C}}-\overset{O}{\overset{\|}{C}}-R \xrightarrow[(2)\,H_3O^+]{(1)\,KOH} R-\overset{OH}{\underset{R}{C}}-\overset{O}{\overset{\|}{C}}-OH$$

反应机理为：

$$R-\overset{O}{\overset{\|}{C}}-\overset{O}{\overset{\|}{C}}-R \underset{OH^-}{\rightleftharpoons} R-\overset{O}{\overset{\|}{C}}-\overset{O^-}{\underset{R}{C}}-OH \xrightarrow{1,2-亲核重排} R-\overset{O^-}{\underset{R}{C}}-\overset{O}{\overset{\|}{C}}-OH$$

$$\longrightarrow R-\overset{OH}{\underset{R}{C}}-\overset{O}{\overset{\|}{C}}-O^- \xrightarrow{H^+} R-\overset{OH}{\underset{R}{C}}-\overset{O}{\overset{\|}{C}}-OH$$

若以 MeO^-或 t-BuO^-代替 OH^-，则生成酯：

$$Ph-\overset{O}{\overset{\|}{C}}-\overset{O}{\overset{\|}{C}}-Ph \underset{}{\overset{MeO^-}{\rightleftharpoons}} Ph-\overset{O}{\overset{\|}{C}}-\overset{O^-}{\underset{Ph}{C}}-OMe \longrightarrow (Ph)_2\overset{O^-}{C}-COOMe$$

$$\xrightarrow{H^+} (Ph)_2\overset{OH}{C}-COOMe$$

本反应比较适合于芳香族 α-二酮。因为对于有 α-氢的脂肪族 α-二酮在碱存在下，往往发生羟醛缩合反应，使收率降低。

在这一类重排反应中，**迁移基团上具有拉电子基时，使重排反应受阻碍**。反之，**具有推电子基时有利于重排**，因为迁移基团是迁移到**缺电子的羰基碳原子上**。

考研试题实例：

例 1 完成反应：

$$\text{菲} \xrightarrow{CrO_3} (\ ?\ ) \xrightarrow[(2)\ (\ ?\ )]{(1)\ (\ ?\ )} \text{9-羟基芴-9-甲酸（HO, COOH）}$$

[9,10-菲醌] [(1)KOH；(2)HAc]

例 2 写出反应机理：

$$C_6H_5COCHO \xrightarrow{C_2H_5OH/C_2H_5ONa} C_6H_5CH(OH)COOC_2H_5$$

解：

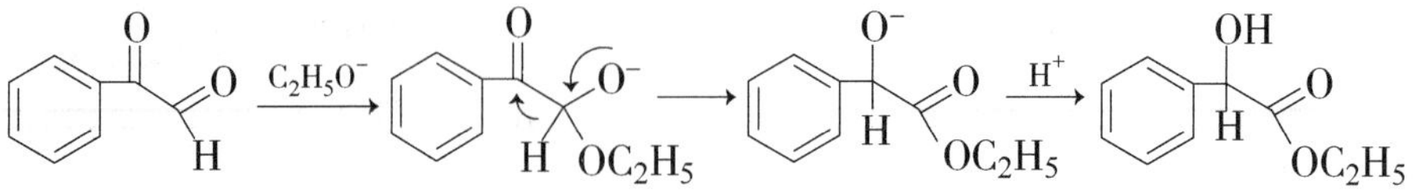

$$\mathrm{PhCOCHO} \xrightarrow{C_2H_5O^-} \mathrm{PhCO{-}CH(O^-)(OC_2H_5)} \longrightarrow \mathrm{PhCH(O^-){-}COOC_2H_5} \xrightarrow{H^+} \mathrm{PhCH(OH){-}COOC_2H_5}$$

例 3　完成反应：

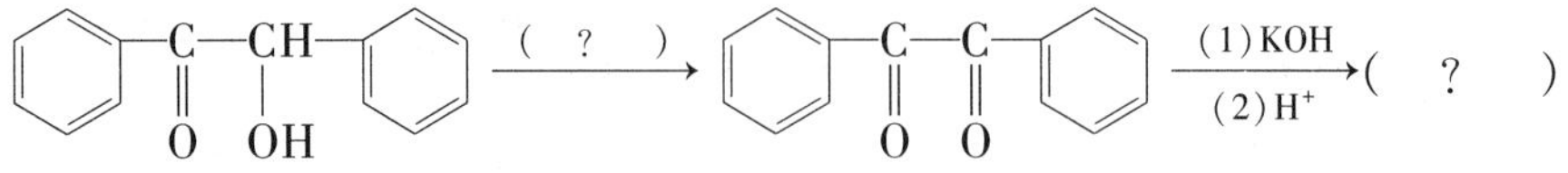

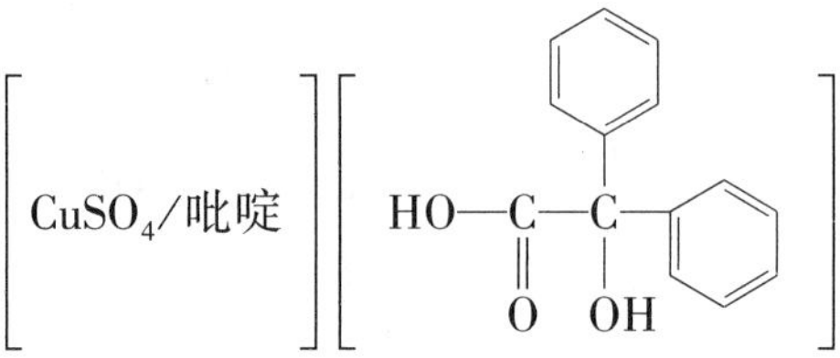

$$\mathrm{Ph{-}\underset{\|}{\overset{}{C}}{-}CH(OH){-}Ph} \xrightarrow{(\quad ?\quad)} \mathrm{Ph{-}CO{-}CO{-}Ph} \xrightarrow[(2)\,H^+]{(1)\,KOH} (\quad ?\quad)$$

$$[\ \mathrm{CuSO_4/吡啶}\ ]\quad[\ \mathrm{HO{-}CO{-}C(OH)Ph_2}\ ]$$

例 4　完成反应：

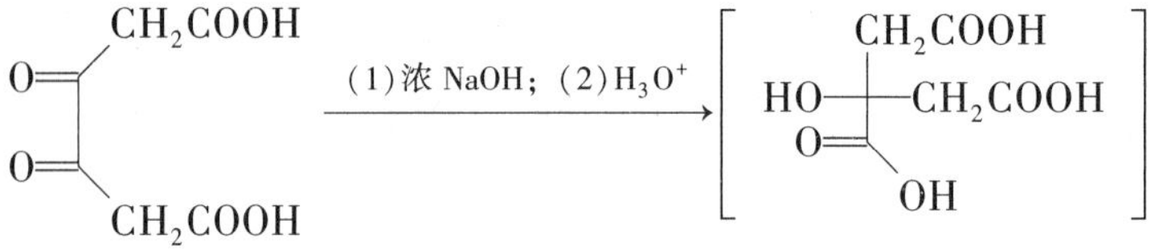

$$\mathrm{HOOCCH_2{-}CO{-}CO{-}CH_2COOH} \xrightarrow{(1)浓\ NaOH;\ (2)\,H_3O^+} [\ \mathrm{HO{-}C(CH_2COOH)_2{-}COOH}\ ]$$

例 5　完成反应：

$$\mathrm{PhCOCHO} \xrightarrow{[(1)KOH;\ (2)H_3O^+]} \mathrm{PhCH(OH){-}COOH}$$

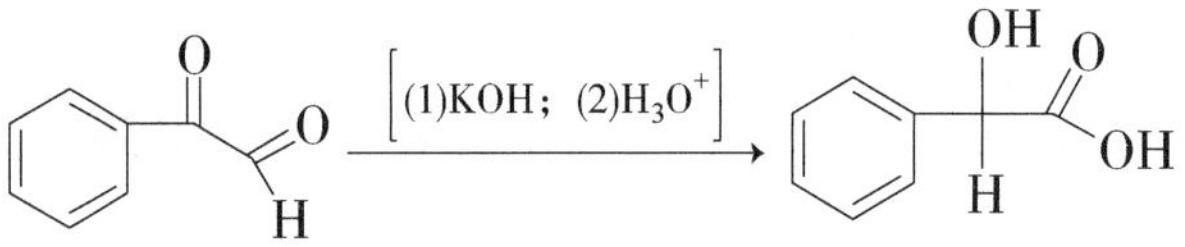

按歧化反应也得同样结果。

例 6　写出反应机理：

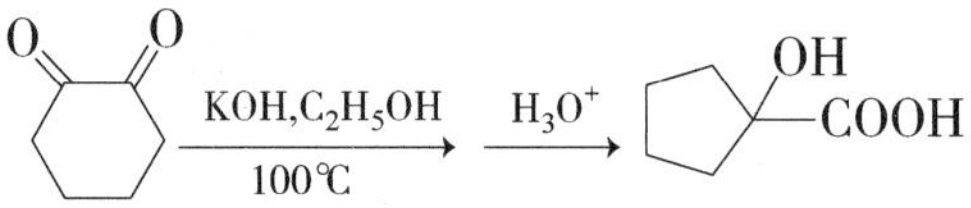

$$\text{环己-1,2-二酮} \xrightarrow[100℃]{KOH,C_2H_5OH} \xrightarrow{H_3O^+} \text{1-羟基环戊烷甲酸 (OH, COOH)}$$

解：

$$\text{环己-1,2-二酮} \xrightarrow[100℃]{KOH,C_2H_5OH} \text{(O}^-\text{, OH 加成物)} \longrightarrow \text{环戊基 (O}^-\text{, COOH)}$$

$$\longrightarrow \text{环戊基 (OH, COO}^-\text{)} \xrightarrow{H_3O^+} \text{环戊基 (OH, COOH)}$$

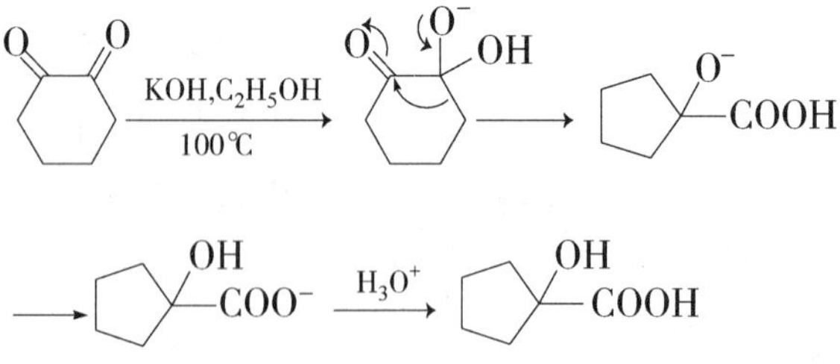

6.2.4　霍夫曼(Hofmann)酰胺降级重排

脂肪族、芳香族以及杂环族酰胺类化合物用氯或溴及碱液(NaOCl 或 NaOBr)处理，失去羰基生成减少一个碳原子的伯胺的反应称为**霍夫曼降级反应**，也称为**霍夫曼重排**。

$$R-\overset{\displaystyle O}{\overset{\|}{C}}-NH_2 \xrightarrow{Br_2,\ NaOH} R-NH_2+Na_2CO_3+NaBr+H_2O$$

反应历程为：①酰胺氮原子在溴分子上进行亲核取代反应，生成*N*-溴代酰胺。②*N*-溴代酰胺进行α-消除，生成氮烯(nitrene)中间体。③氮烯重排得到异氰酸酯。④异氰酸酯与水作用，失去CO_2得到产物伯胺。

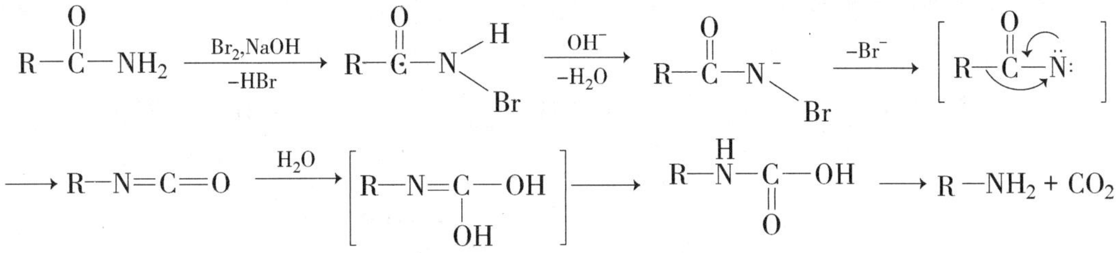

$$R-\overset{\displaystyle O}{\overset{\|}{C}}-NH_2 \xrightarrow[-HBr]{Br_2,NaOH} R-\overset{\displaystyle O}{\overset{\|}{C}}-N(H)Br \xrightarrow[-H_2O]{OH^-} R-\overset{\displaystyle O}{\overset{\|}{C}}-\overset{-}{N}-Br \xrightarrow{-Br^-} \left[R-\overset{\displaystyle O}{\overset{\|}{C}}-\ddot{N}:\right]$$

$$\longrightarrow R-N=C=O \xrightarrow{H_2O} \left[R-N=\underset{\displaystyle OH}{\underset{|}{C}}-OH\right] \longrightarrow R-\overset{\displaystyle H}{\overset{|}{N}}-\underset{\displaystyle O}{\underset{\|}{C}}-OH \longrightarrow R-NH_2+CO_2$$

应用实例：

① $(CH_3)_3CCH_2CONH_2 \xrightarrow{NaOBr} (CH_3)_3CCH_2NH_2$　　(94%)

② 邻苯二甲酰亚胺（NH）$\xrightarrow[NaOH]{NaOCl} \xrightarrow{H^+}$ 邻氨基苯甲酸（CO_2H，NH_2）

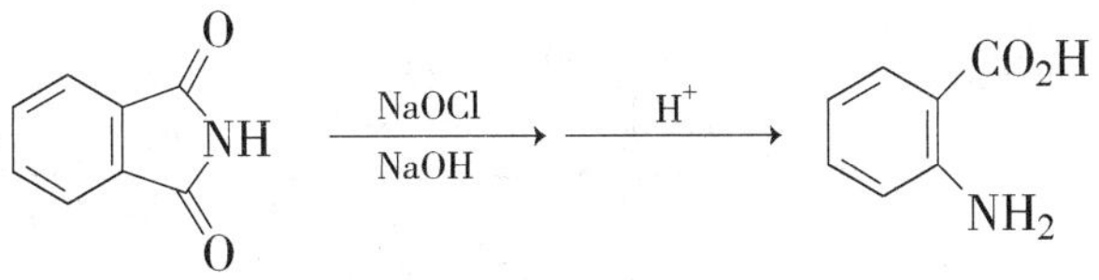

以光学活性的酰胺进行反应时，不发生消旋作用而构型保持。例如：

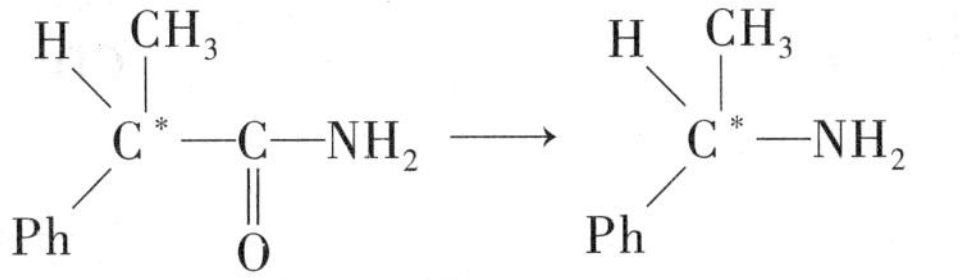

$$H(CH_3)(Ph)C^*-\underset{\displaystyle O}{\underset{\|}{C}}-NH_2 \longrightarrow H(CH_3)(Ph)C^*-NH_2$$

(+)-酰胺　　　　(-)-α-甲基苯甲胺

所得光学活性产物伯胺光学纯度达到95.5%。由此可见，整个过程是在**分子内进行**的。

N-烷基酰胺不能发生类似的重排反应，这是由于生成R-CONR′X后不能形成氮烯。霍夫曼重排用来合成不能直接用亲核取代合成的伯胺。例如：

① $C_6H_5COOH \xrightarrow[FeBr_3]{Br_2}$ 间溴苯甲酸（COOH，Br）$\xrightarrow[(2)\ NH_3]{(1)\ SOCl}$ 间溴苯甲酰胺（$CONH_2$，Br）$\xrightarrow[NaOH]{Br_2}$ 间溴苯胺（NH_2，Br）

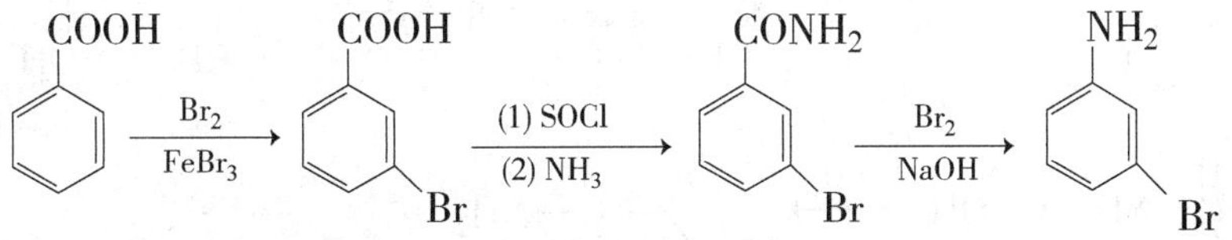

② 烟酰胺（$CONH_2$，N）$\xrightarrow[NaOH]{Br_2}$ 3-氨基吡啶（NH_2，N）

③ 邻苯二甲酸酐（O）$\xrightarrow[146\sim160℃]{NH_3}$ 邻苯二甲酰亚胺（NH）$\xrightarrow[-NaCl,-Na_2CO_3]{NaOCl+3NaOH}$ 邻氨基苯甲酸（OH，NH_2）

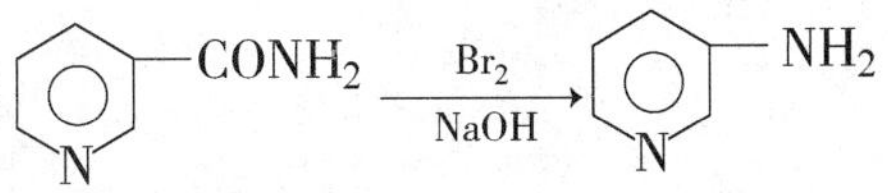

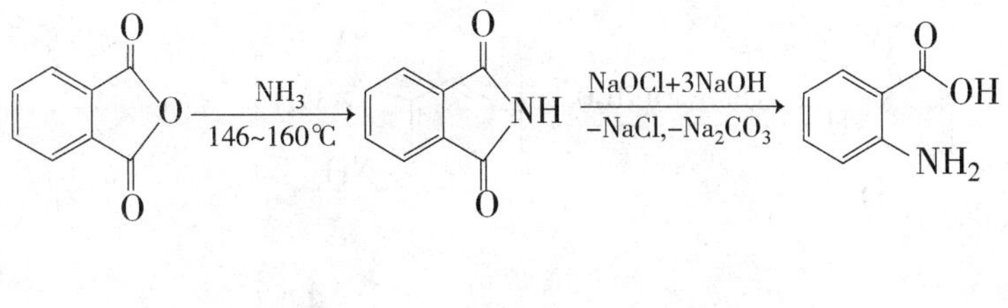

考研试题实例：

例 1 完成反应，如有立体构型请注意写出。

$$C_6H_5CH_2CH_2CONH_2 \xrightarrow{I_2+NaOH} [\ C_6H_5CH_2CH_2NH_2\ ]$$

例 2 以甲苯为原料合成：间氯苯胺（3-氯苯胺）

$$C_6H_5CH_3 \xrightarrow[(2)H_2SO_4]{(1)KMnO_4} C_6H_5COOH \xrightarrow[FeCl_3]{Cl_2} m\text{-}Cl\text{-}C_6H_4COOH \xrightarrow[(2)NH_3]{(1)SOCl_2}$$

$$m\text{-}Cl\text{-}C_6H_4CONH_2 \xrightarrow[NaOH]{Br_2} TM$$

例 3 完成反应：

$$p\text{-}H_3C\text{-}C_6H_4\text{-}COOH \xrightarrow[(2)NH_3]{(1)SOCl_2} (\quad ?\quad) \xrightarrow[NaOH]{Br_2} (\quad ?\quad)$$

$$[\ p\text{-}H_3C\text{-}C_6H_4\text{-}CONH_2\ ][\ p\text{-}H_3C\text{-}C_6H_4\text{-}NH_2\ ]$$

例 4 解释反应历程：

$$C_5H_9\text{-}\overset{*}{C}H(CH_3)\text{-}C(=O)\text{-}NH_2 \xrightarrow[\text{或}Br_2,NaOH]{NaOBr,NaOH} C_5H_9\text{-}\overset{*}{C}H(CH_3)\text{-}NH_2 + CO_2$$

解：

$$C_5H_9\text{-}\overset{*}{C}H(CH_3)\text{-}C(=O)\text{-}NH_2 \xrightarrow[-HBr]{Br_2} C_5H_9\text{-}\overset{*}{C}H(CH_3)\text{-}C(=O)\text{-}NHBr \xrightarrow[H_2O]{^-OH} C_5H_9\text{-}\overset{*}{C}H(CH_3)\text{-}C(=O)\text{-}\ddot{N}^-Br$$

$$\xrightarrow{-Br^-} C_5H_9\text{-}\overset{*}{C}H(CH_3)\text{-}C(=O)\text{-}\ddot{N}: \longrightarrow C_5H_9\text{-}\overset{*}{C}H(CH_3)\text{-}N{=}C{=}O \xrightarrow{H_2O} C_5H_9\text{-}\overset{*}{C}H(CH_3)\text{-}N{=}C(OH)\text{-}OH$$

$$\longrightarrow C_5H_9\text{-}\overset{*}{C}H(CH_3)\text{-}NH\text{-}C(=O)\text{-}OH \xrightarrow{-CO_2} C_5H_9\text{-}\overset{*}{C}H(CH_3)\text{-}NH_2$$

特征是立体化学构型保持。

例 5 完成反应：

$$\text{邻苯二甲酰亚胺} \xrightarrow{Br_2/NaOH/H_2O} [\ o\text{-}H_2N\text{-}C_6H_4\text{-}COOH\ ]$$

例 6 完成反应：

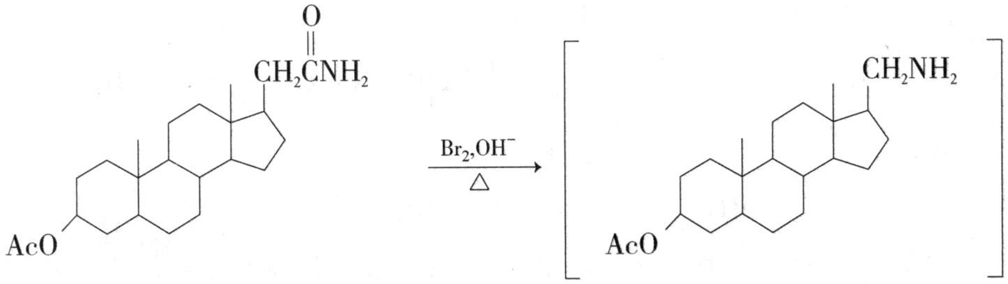

$$\xrightarrow[\triangle]{Br_2, OH^-}$$

AcO–(steroid)–CH_2CONH_2 → [AcO–(steroid)–CH_2NH_2]

例 7　写出反应机理：

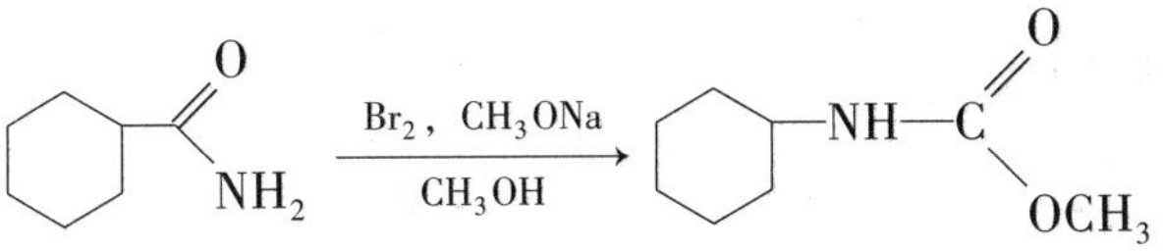

$$C_6H_{11}CONH_2 \xrightarrow[CH_3OH]{Br_2,\ CH_3ONa} C_6H_{11}NH—C(=O)OCH_3$$

解：

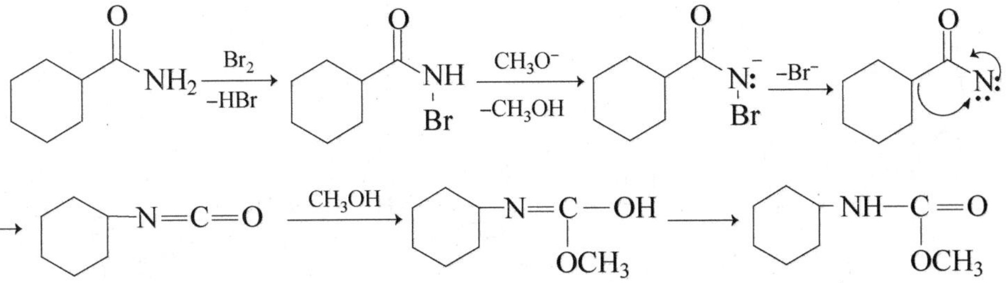

$$C_6H_{11}CONH_2 \xrightarrow[-HBr]{Br_2} C_6H_{11}CONHBr \xrightarrow[-CH_3OH]{CH_3O^-} C_6H_{11}CO\ddot{N}^-Br \xrightarrow{-Br^-} C_6H_{11}CO\ddot{N}:$$

$$\rightarrow C_6H_{11}N=C=O \xrightarrow{CH_3OH} C_6H_{11}N=C(OH)OCH_3 \longrightarrow C_6H_{11}NH—C(=O)OCH_3$$

例 8　完成反应：

$$H—C(CH_3)(CH_2C_6H_{11})—COCl \xrightarrow{NH_3} [H—C(CH_3)(CH_2C_6H_{11})—CONH_2] \xrightarrow{Br_2-NaOH} [H—C(CH_3)(CH_2C_6H_{11})—NH_2]$$

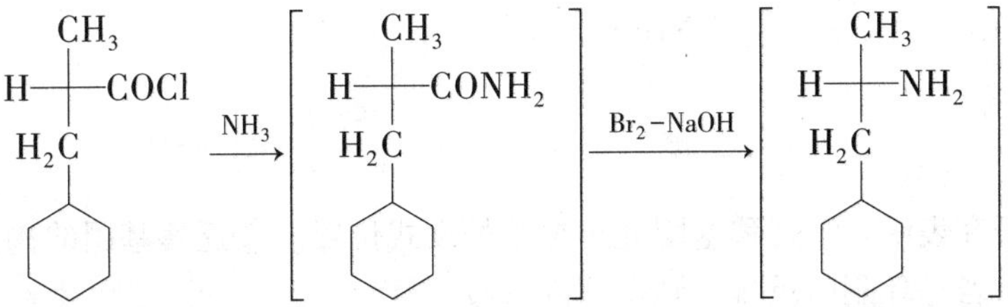

立体化学：构型保持。

6.2.5　贝克曼(Beckmann)重排

酮肟在酸性试剂的作用下，转变为酰胺的反应称为贝克曼重排反应。**酸性试剂**包括甲酸、PCl_5、$SOCl_2$、液态 SO_2、$POCl_3$、H_2SO_4、CH_3COCl、$(CH_3CO)_2O/HCl$、$PhSO_2Cl$ 和金属氯化物等。如环己酮肟在硫酸作用下重排生成己内酰胺：

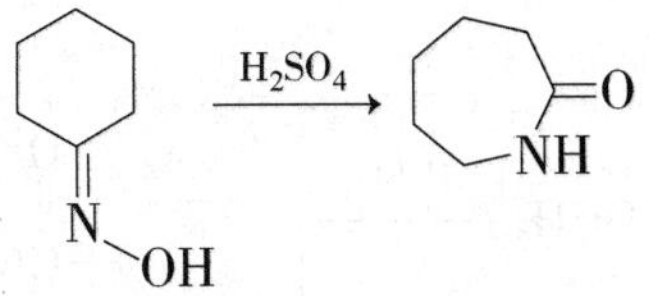

$$\text{环己酮肟} \xrightarrow{H_2SO_4} \text{己内酰胺}$$

环己酮肟　　己内酰胺

反应机理：

在酸作用下，肟首先发生质子化，然后脱去一分子水，同时与羟基处于反位的基团迁移到缺电子的氮原子上，所形成的碳正离子与水反应得到酰胺。

$$R_1(R_2)C{=}N{-}OH + H^+ \rightleftharpoons R_1(R_2)C{=}N{-}\overset{+}{O}H_2 \xrightarrow{-H_2O} \left[R_1{-}N{=}\overset{+}{C}{-}R_2 \longleftrightarrow R_1{-}\overset{+}{N}{\equiv}C{-}R_2\right]$$

$$\xrightarrow{H_2O} R_1{-}N{=}C(\overset{+}{O}H_2){-}R_2 \xrightleftharpoons{-H^+} R_1{-}N{=}C(OH){-}R_2 \rightleftharpoons R_1{-}NH{-}C(=O){-}R_2$$

迁移基团如果是手性碳原子，则在迁移前后其构型不变，例如：

$$(t\text{-}Bu)(H)(CH_3CH_2)C{-}C(CH_3){=}N{-}OH \xrightarrow[Et_2O]{H_2SO_4} (t\text{-}Bu)(H)(CH_3CH_2)C{-}NHCCH_3\ (C{=}O)$$

反应实例：

① $$2\text{-}Br\text{-}5\text{-}O_2N{-}C_6H_3{-}C(CH_3){=}N{-}OH \xrightarrow{H_2SO_4} 2\text{-}Br\text{-}5\text{-}O_2N{-}C_6H_3{-}NH{-}C(=O){-}CH_3$$

② $$C_6H_5(CH_3)C{=}N{-}OH \xrightarrow{PCl_5} C_6H_5NH{-}C(=O){-}CH_3$$

立体化学研究表明：①迁移基团处于羟基的反式位置。②迁移基团的构型保持，即属分子内重排反应。若是环酮肟重排，则得到内酰胺。

$$(H_2C)_n\langle CH_2, CH_2\rangle C{=}N{-}OH \xrightarrow{重排} (H_2C)_n\langle CH_2{-}C{=}O,\ CH_2{-}NH\rangle$$

考研试题实例：

例 1 完成反应：

$$C_6H_5{-}C(=N{-}OH){-}C_6H_4{-}OCH_3 \xrightarrow{H_2SO_4} \left[C_6H_5{-}C(=O)NH{-}C_6H_4{-}OCH_3\right]$$

例 2 写出反应机理：

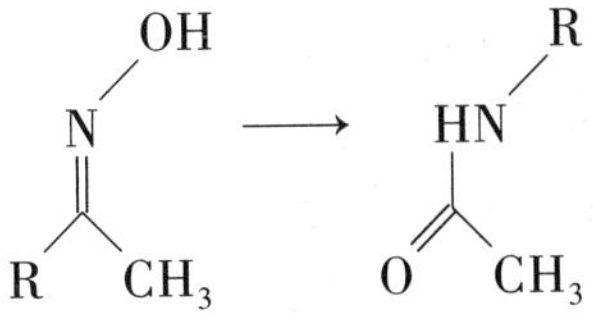

解：

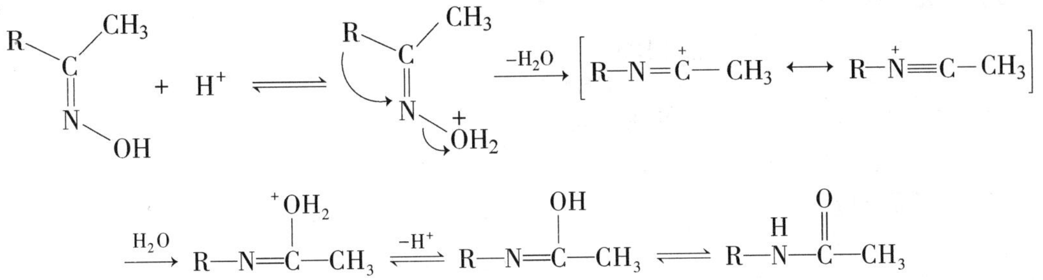

$$\xrightarrow{H_2O} R-N=\overset{+OH_2}{C}-CH_3 \xrightleftharpoons{-H^+} R-N=\overset{OH}{C}-CH_3 \rightleftharpoons R-\overset{H}{N}-\overset{O}{C}-CH_3$$

例 3 写出反应机理：

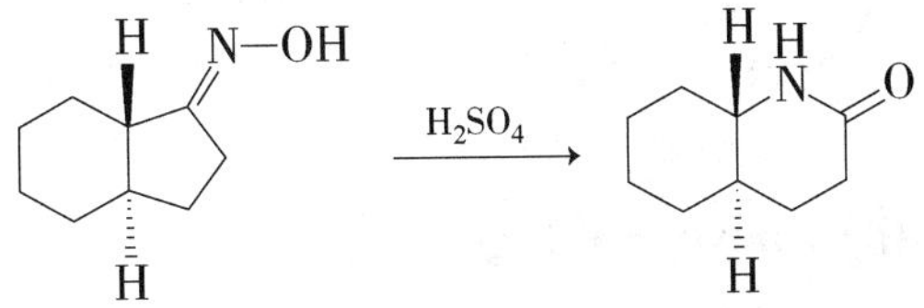

解：

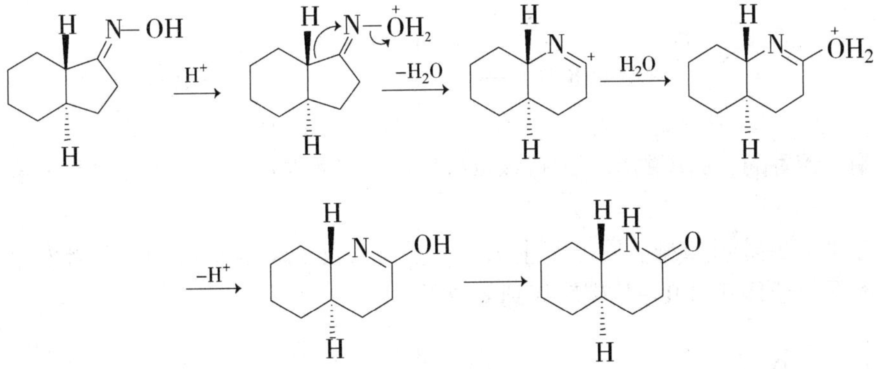

例 4 完成反应：

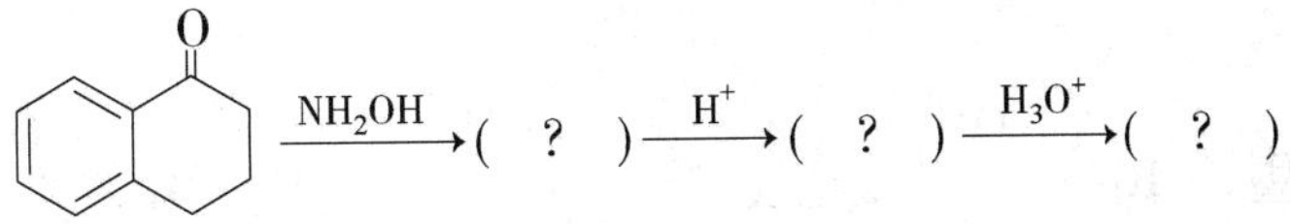

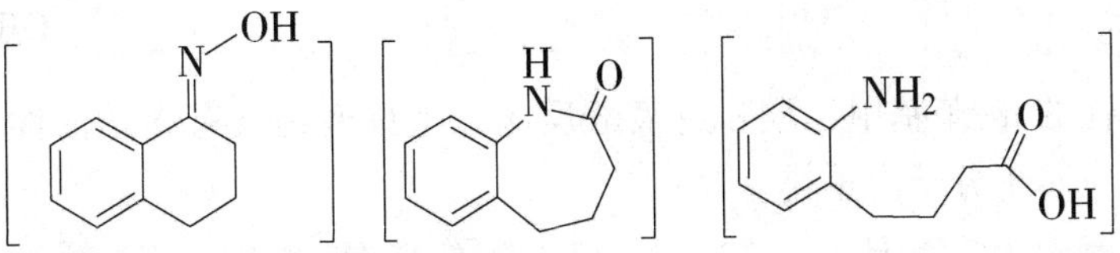

$$\xrightarrow{NH_2OH}(\ ?\ )\xrightarrow{H^+}(\ ?\ )\xrightarrow{H_3O^+}(\ ?\ )$$

例 5 完成反应[参见例 3]：

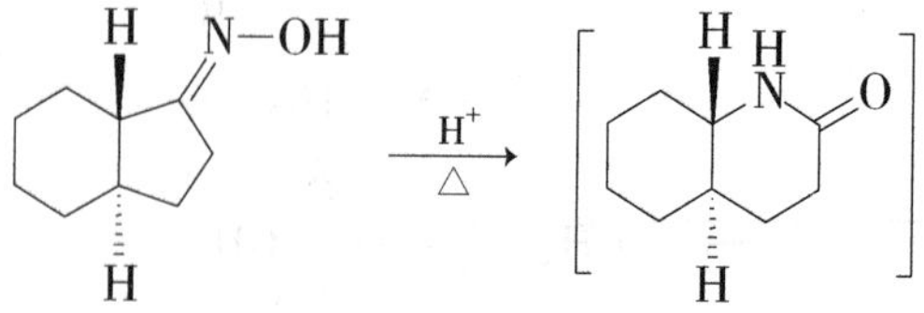

H　N—OH　$\xrightarrow[\triangle]{H^+}$　[H H N O H]

H

例 6　完成反应：

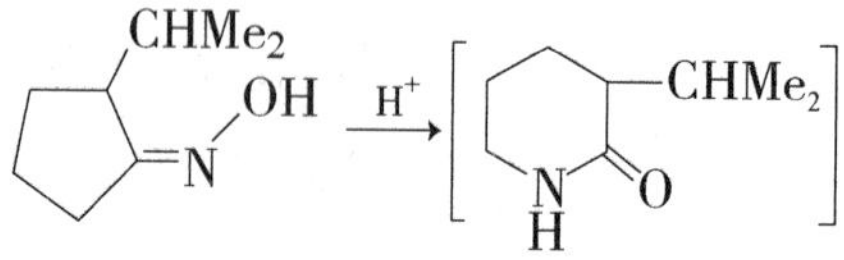

CHMe$_2$　OH　N　$\xrightarrow{H^+}$　[—CHMe$_2$　N H　O]

例 7　完成反应：

Br　N　OH　$\xrightarrow{H^+}$　[Br　HN—C　O]

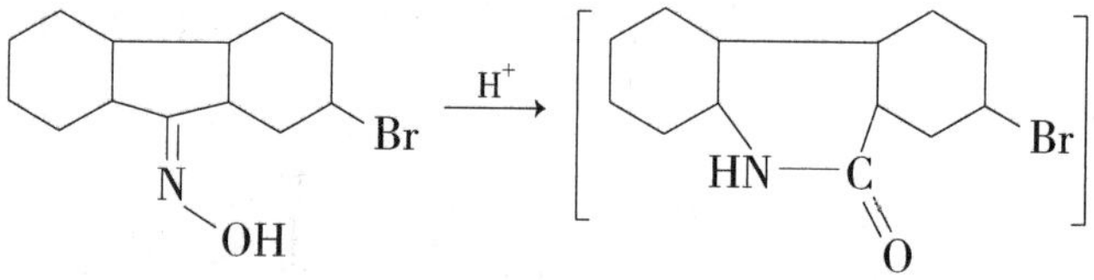

6.2.6　拜尔-维利格(Baeyer-Villiger)重排

酮类用 H_2O_2 或**过氧酸氧化生成酯**的重排称为拜尔-维利格重排，也称为拜尔-维利格氧化反应。

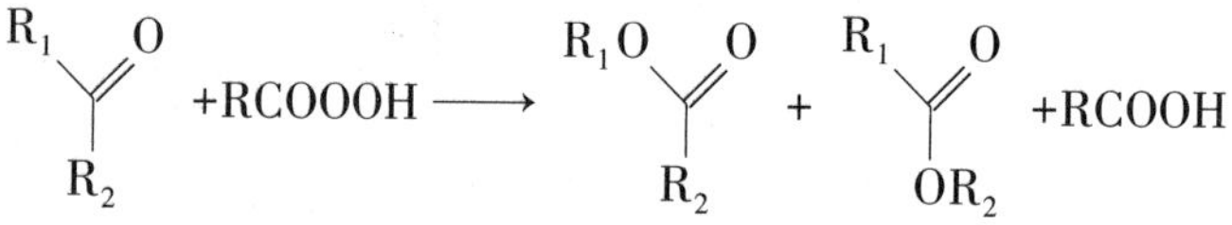

$$R_1C(=O)R_2 + RCOOOH \longrightarrow R_1OC(=O)R_2 + R_1C(=O)OR_2 + RCOOH$$

脂肪酮、芳香酮、脂环酮均可进行该重排反应。但醛在同样条件下被氧化成羧酸、甲酸酯等。

本反应属 1,2-亲核重排。同分子中羰基和过氧酸加成形成加成物，后者发生 O—O 键异裂成正离子，迁移基团 R—从碳转移到氧原子上：

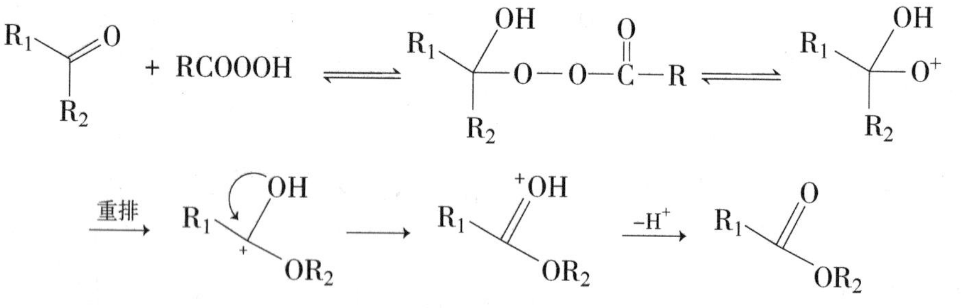

$$R_1C(=O)R_2 + RCOOOH \rightleftharpoons R_1C(OH)(R_2)-O-O-\overset{O}{\overset{\|}{C}}-R \rightleftharpoons R_1C(OH)(R_2)-O^+$$

$$\xrightarrow{\text{重排}} R_1\overset{+}{C}(OH)OR_2 \longrightarrow R_1C(={}^+OH)OR_2 \xrightarrow{-H^+} R_1C(=O)OR_2$$

具有光学活性的 α-苯基甲乙酮和过氧酸反应，重排产物具有光学活性，即迁移基团构型保持，证明反应属于分子内重排。

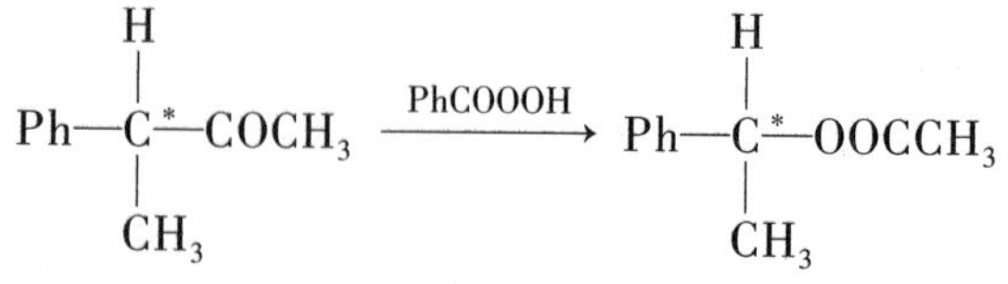

$$Ph-\overset{H}{\underset{CH_3}{C^*}}-COCH_3 \xrightarrow{PhCOOOH} Ph-\overset{H}{\underset{CH_3}{C^*}}-OOCCH_3$$

不对称酮发生重排，基团的亲核性愈大，迁移的倾向也愈大，其顺序大致为：

芳基>乙烯基>叔烷基>仲烷基>伯烷基>—CH_3>H—

p-$CH_3OC_6H_4$—>Ph—>p-$NO_2C_6H_4$—

应用实例：

$$CH_3CH_2-\overset{O}{\overset{\|}{C}}-Ph \xrightarrow{PhCOOOH} CH_3CH_2-\overset{O}{\overset{\|}{C}}-OPh$$

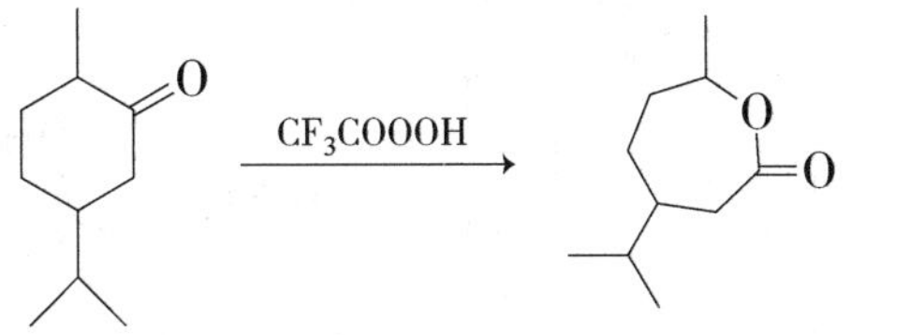

$\xrightarrow{CF_3COOOH}$

薄荷酮　　　内酯

考研试题实例：

例 1　完成反应：

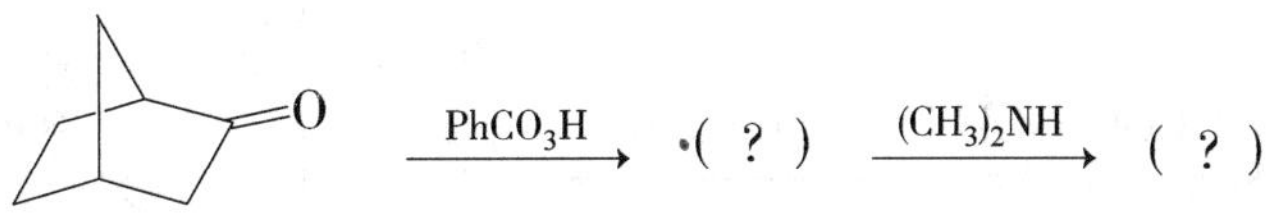

$\xrightarrow{PhCO_3H}$ ·(？) $\xrightarrow{(CH_3)_2NH}$ (？)

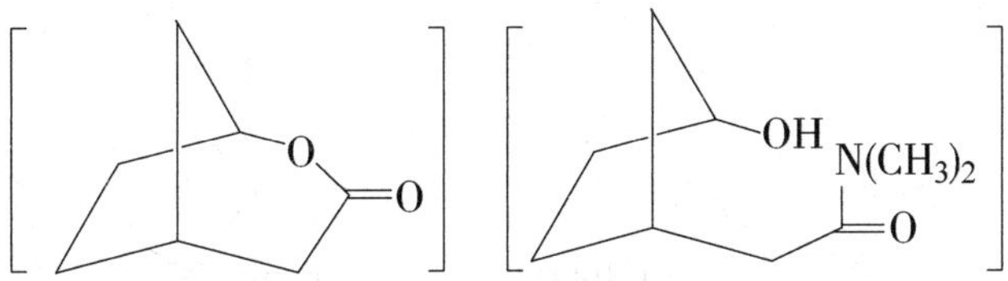

[O, O]　[OH, $N(CH_3)_2$, O]

例 2　完成反应：

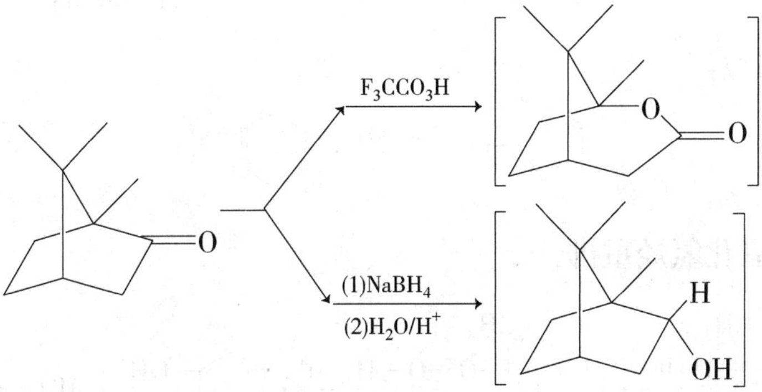

O $\xrightarrow{F_3CCO_3H}$ [O, O]

$\xrightarrow[(2)H_2O/H^+]{(1)NaBH_4}$ [H, OH]

例 3　完成反应：

O, CH_3 $\xrightarrow{CH_3CO_3H}$ [O, O, CH_3]

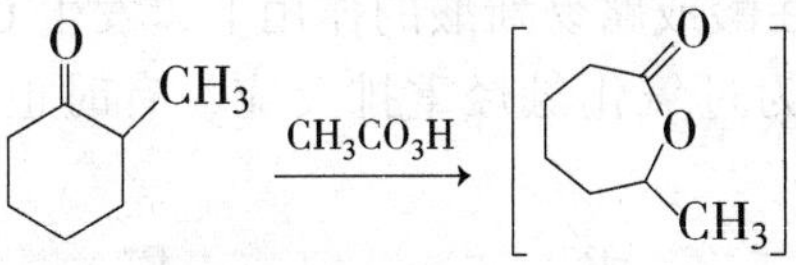

例 4　完成反应：

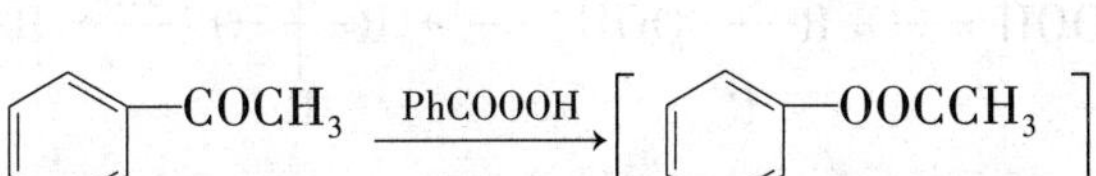

C_6H_5—$COCH_3$ $\xrightarrow{PhCOOOH}$ [C_6H_5—$OOCCH_3$]

例 5 完成反应：

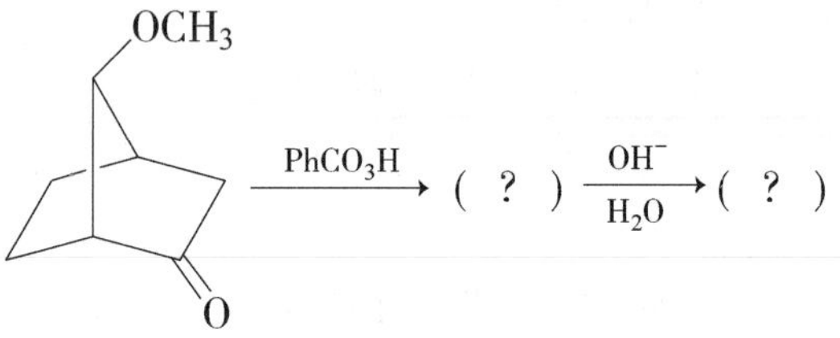

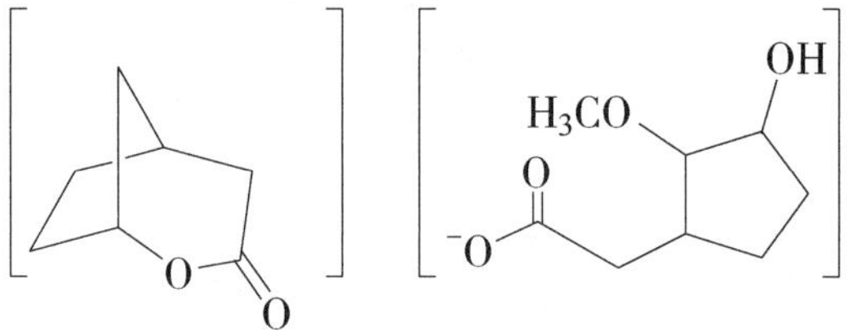

OCH_3

$\xrightarrow{PhCO_3H}$ （ ？ ） $\xrightarrow[H_2O]{OH^-}$ （ ？ ）

O

O　O

H_3CO　OH

O　^-O

例 6 完成反应：

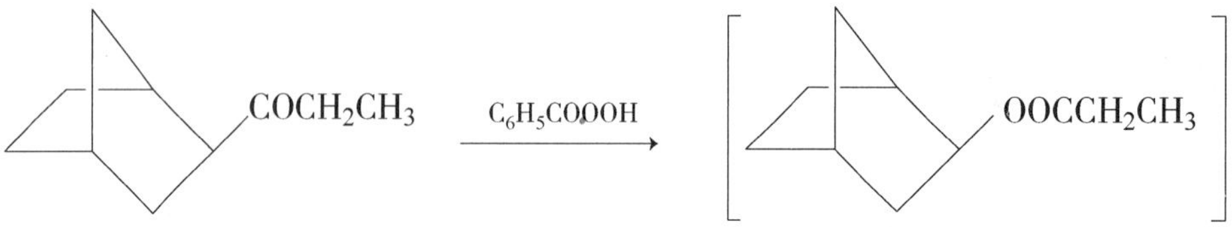

$COCH_2CH_3$ $\xrightarrow{C_6H_5COOOH}$ $OOCCH_2CH_3$

例 7 完成反应：

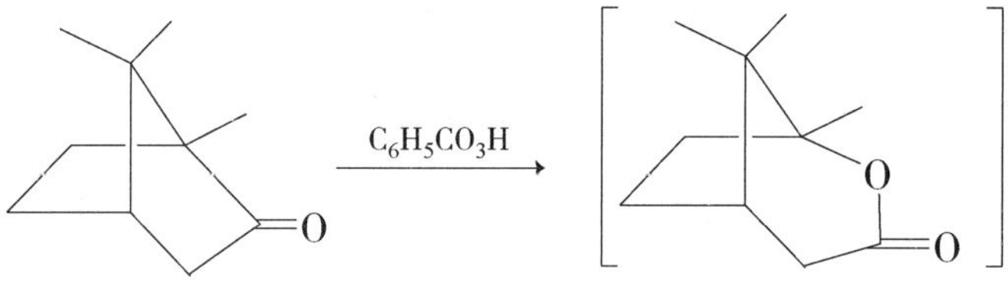

O $\xrightarrow{C_6H_5CO_3H}$ O　O

例 8 完成反应：

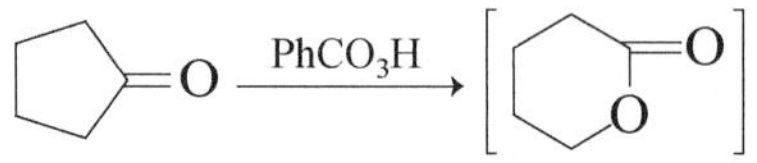

O $\xrightarrow{PhCO_3H}$ O　O

6.2.7 过氧化氢烃重排

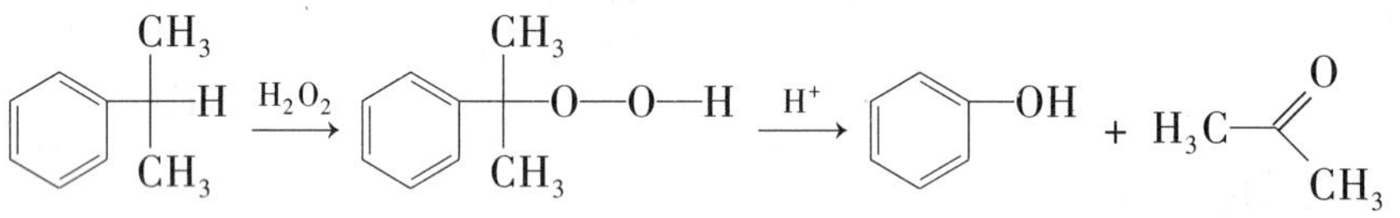

$$C_6H_5C(CH_3)_2H \xrightarrow{H_2O_2} C_6H_5C(CH_3)_2\text{—O—O—H} \xrightarrow{H^+} C_6H_5OH + H_3C\text{—}C(=O)\text{—}CH_3$$

这种重排是过氧化氢烃在酸或路易斯酸的作用下，发生 O—O 键断裂，同时烃基从碳原子上转移到氧原子上，称为过氧化氢烃重排反应，有时也称为异丙苯重排。其反应历程为：

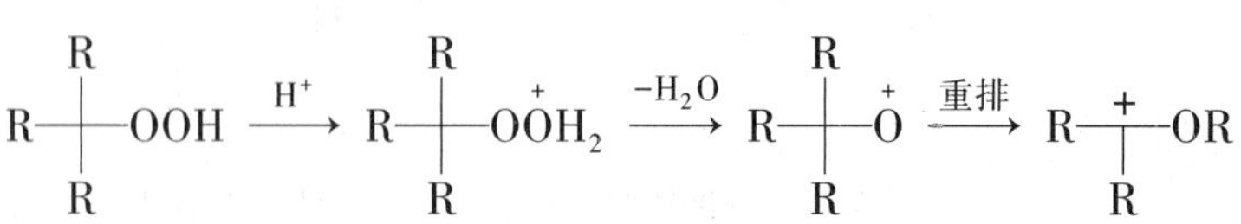

$$R_3C\text{—OOH} \xrightarrow{H^+} R_3C\text{—}\overset{+}{O}OH_2 \xrightarrow{-H_2O} R_3C\text{—}\overset{+}{O} \xrightarrow{\text{重排}} R_2\overset{+}{C}\text{—OR}$$

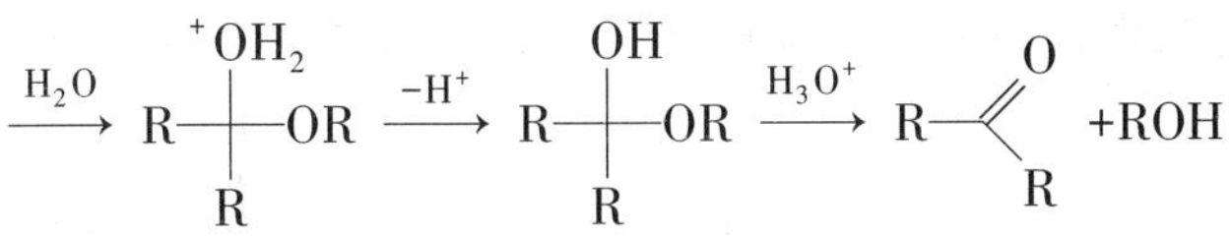

$$\xrightarrow{H_2O} R-\overset{^{+}OH_2}{\underset{R}{C}}-OR \xrightarrow{-H^+} R-\overset{OH}{\underset{R}{C}}-OR \xrightarrow{H_3O^+} R-\overset{O}{\underset{R}{C}} + ROH$$

该重排反应也属于**分子内的 C→O 重排**反应。当芳基和烷基同时存在时，**芳基优先迁移**。烷基之间迁移顺序为：叔烷基>仲烷基>Et≫Me。

对于取代芳基，其迁移能力与取代基性质有关，推电子基使迁移能力增大，拉电子基使迁移能力减少。

考研试题实例：

例 1 完成反应：

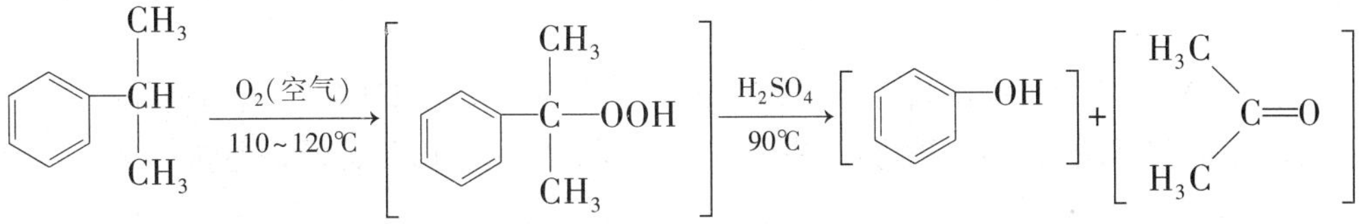

$$PhCH(CH_3)_2 \xrightarrow[110\sim120℃]{O_2(空气)} \left[PhC(CH_3)_2-OOH\right] \xrightarrow[90℃]{H_2SO_4} \left[PhOH\right] + \left[(H_3C)_2C=O\right]$$

例 2 完成反应：

$$C_6H_6 \xrightarrow[H^+]{(\ \ ?\ \ )} (\ \ ?\ \ ) \xrightarrow{H_2O_2/O_2} (\ \ ?\ \ )$$

$$\left[H_3C-CH=CH_2\right] \quad \left[PhCH(CH_3)_2\right] \quad \left[PhC(CH_3)_2-OOH\right]$$

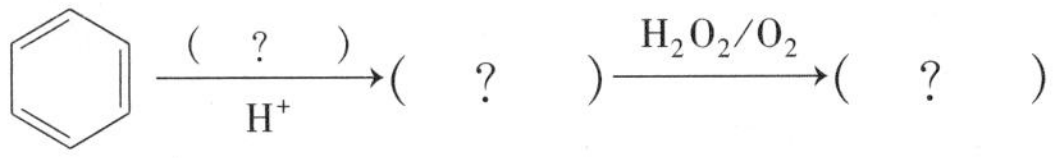

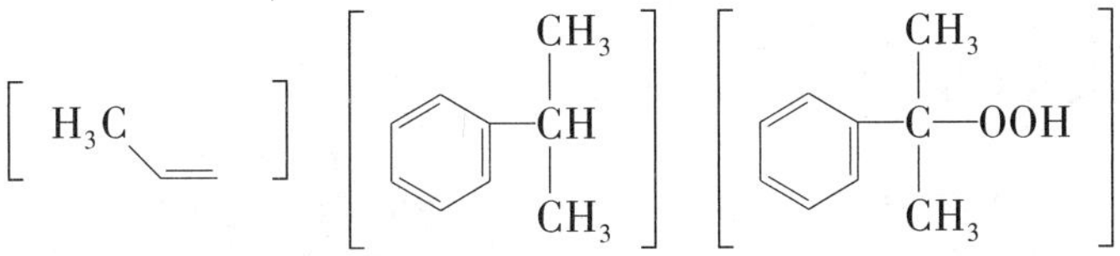

6.3 亲电重排反应

亲电重排反应是在分子中消去一个正离子，形成一个负碳离子或具有未共用电子对的活泼中心(富电子中心)，而与之相邻原子上的基团以正离子的形式转移过来，该转移基团所遗留的一对电子经后续变化，完成整个反应。

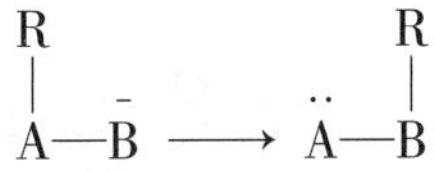

$$\overset{R}{A}-\bar{B} \longrightarrow \ddot{A}-\overset{R}{B}$$

(A=S⁺，N⁺，O 等)

这类重排比较少见，本节只讨论**史蒂文斯(Stevens)重排**。

在强碱性试剂(NaOH，NH_2^-等)存在时，铵盐的 N 原子上的某些苄基或其他缺电子基团，迁移到相邻的带负电荷的或有未共用电子对的碳原子上，生成叔胺的反应称为**史蒂文斯重排反应**。本反应属于**分子内的 N→C 亲电重排**(富电子重排)。

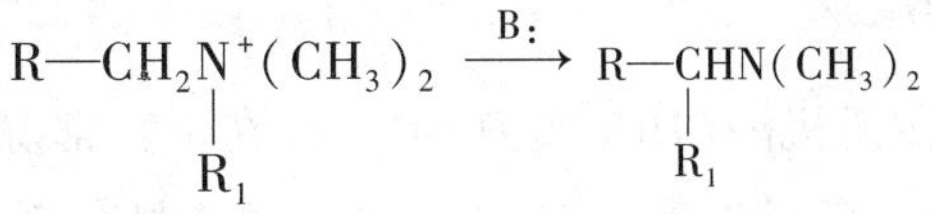

$$R-CH_2\underset{R_1}{N^+}(CH_3)_2 \xrightarrow{B:} R-\underset{R_1}{CH}N(CH_3)_2$$

R=PhCO，Ph，CH_2=CH—；

R_1=$PhCH_2$—，CH_2=$CHCH_2$—，$PhCH(CH_3)$—，Ph_2CH—；

B：=OH^-，$^-NH_2$。

反应机理：①强碱夺取 α-H，形成负碳离子；②迁移基团从氮原子迁移到负碳离子的中心碳原子上，生成叔胺。

$$\mathrm{PhCH_2C(=O)-N^+(CH_2Ph)(CH_3)_2}\ (\text{I}) \xrightarrow[-H_2O]{HO^-} \mathrm{PhC(=O)\overset{-}{C}H-N^+(CH_2Ph)(CH_3)_2} \xrightarrow{\text{重排}} \mathrm{PhC(=O)CH(CH_2Ph)-N(CH_3)_2}\ (\text{II})$$

当（Ⅰ）中苯甲酰基被苯基或烷基代替时，重排反应不易进行，因邻亚甲基苯上的氢活性不高。

如果具有光学活性的季铵盐重排，得到的产物是 α-苯乙基迁移，且构型保持。说明新 C—C 键的形成与旧的 C—N 键的断裂协同进行，同时发生，即为**分子内重排**。

$$\mathrm{PhC(=O)CH_2-N^+(CH_3)_2-\overset{*}{C}H(CH_3)Ph} \xrightarrow[-H_2O]{OH^-} \mathrm{PhC(=O)CH(N(CH_3)_2)-\overset{*}{C}H(CH_3)Ph}$$

在锍盐里，也发现有相似的重排反应：

$$\mathrm{PhC(=O)CH_2-S^+(CH_3)-CH_2Ph} \xrightarrow[-H_2O]{OH^-} \mathrm{PhC(=O)CH(SCH_3)-CH_2Ph}$$

6.4 芳香族重排反应

在酸的作用下，迁移基团转移到芳环上取代苯的邻位或对位，这类反应称为芳香族重排反应。

$$\mathrm{C_6H_5-X-Y} \xrightarrow{H^+} o\text{-}\mathrm{Y-C_6H_4-XH} + p\text{-}\mathrm{Y-C_6H_4-XH}$$

这里只讨论**联苯胺重排和傅瑞斯重排**。

6.4.1 联苯胺重排反应

氢化偶氮苯(二苯肼)在无机酸(HCl 或 H_2SO_4)存在下，常温时即发生重排反应，主要生成 4,4′-二氨基联苯，此种反应称为 4,4′-二氨基联苯重排，简称联苯胺重排。

$$\mathrm{C_6H_5-NHNH-C_6H_5} \xrightarrow{H^+} \mathrm{H_2N-C_6H_4-C_6H_4-NH_2}$$

重排反应历程：

$$\text{C}_6\text{H}_5\text{—NHNH—C}_6\text{H}_5 \xrightarrow{2H^+} \text{C}_6\text{H}_5\text{—}\overset{+}{N}H_2\overset{+}{N}H_2\text{—C}_6\text{H}_5 \longrightarrow$$

$$\left[\text{C}_6\text{H}_5\text{—}\overset{+}{\dot{N}}H\overset{+}{\dot{N}}H_2\text{—C}_6\text{H}_5 \rightleftharpoons \cdot\text{C}_6\text{H}_5\text{=}\overset{+}{N}H_2H_2\overset{+}{N}\text{=C}_6\text{H}_5\cdot\right] \longrightarrow$$

$$\left[H_2\overset{+}{N}\text{=C}_6\text{H}_4\cdot\cdot\text{C}_6\text{H}_4\text{=}\overset{+}{N}H_2\right] \longrightarrow H_2\overset{+}{N}\text{=C}_6\text{H}_4(H)\text{—}(H)\text{C}_6\text{H}_4\text{=}\overset{+}{N}H_2$$

$$\xrightarrow{-2H^+} H_2N\text{—C}_6\text{H}_4\text{—C}_6\text{H}_4\text{—}NH_2$$

应用实例：

例 1

$$\text{C}_6\text{H}_5CH_3 \xrightarrow[H_2SO_4]{HNO_3} o\text{-}CH_3\text{C}_6\text{H}_4NO_2 \xrightarrow{Zn,\ NaOH} (o\text{-}CH_3\text{C}_6\text{H}_4)\text{NHNH}(\text{C}_6\text{H}_4CH_3\text{-}o) \xrightarrow{H^+}$$

$$H_2N\text{—C}_6\text{H}_3(CH_3)\text{—C}_6\text{H}_3(CH_3)\text{—}NH_2 \xrightarrow[0\sim5℃]{NaNO_2/HCl} {}^-Cl^+N_2\text{—C}_6\text{H}_3(CH_3)\text{—C}_6\text{H}_3(CH_3)\text{—}N_2^+Cl^-$$

$$\xrightarrow{H_2N\text{—C}_{10}\text{H}_6\text{—}SO_3Na} \text{(}NH_2\text{)(}SO_3Na\text{)C}_{10}\text{H}_5\text{—N=N—C}_6\text{H}_3(CH_3)\text{—C}_6\text{H}_3(CH_3)\text{—N=N—C}_{10}\text{H}_5\text{(}NH_2\text{)(}SO_3Na\text{)}$$

直接红 2

例 2 完成反应：

$$2H_3C\text{—C}_6\text{H}_4\text{—}NO_2 \xrightarrow{Zn,\ NaOH} (\quad ?\quad) \xrightarrow{H_2SO_4} (\quad ?\quad)$$

$$\left[(m\text{-}CH_3\text{C}_6\text{H}_4)\text{—NHNH—}(\text{C}_6\text{H}_4CH_3\text{-}m)\right]\ \left[H_2N\text{—C}_6\text{H}_3(CH_3)\text{—C}_6\text{H}_3(CH_3)\text{—}NH_2\right]$$

6.4.2 傅瑞斯(Fries)重排反应

酚酯类在路易斯酸($AlCl_3$、$ZnCl_2$等)存在下，加热发生酰基移位到邻位或对位，生成邻或对酚酮类或二者的混合物，这类反应称为傅瑞斯重排反应。

$$\text{C}_6\text{H}_5OCOR \xrightarrow[\triangle]{AlCl_3} o\text{-}HO\text{C}_6\text{H}_4COR + p\text{-}HO\text{C}_6\text{H}_4COR$$

重排反应机理：

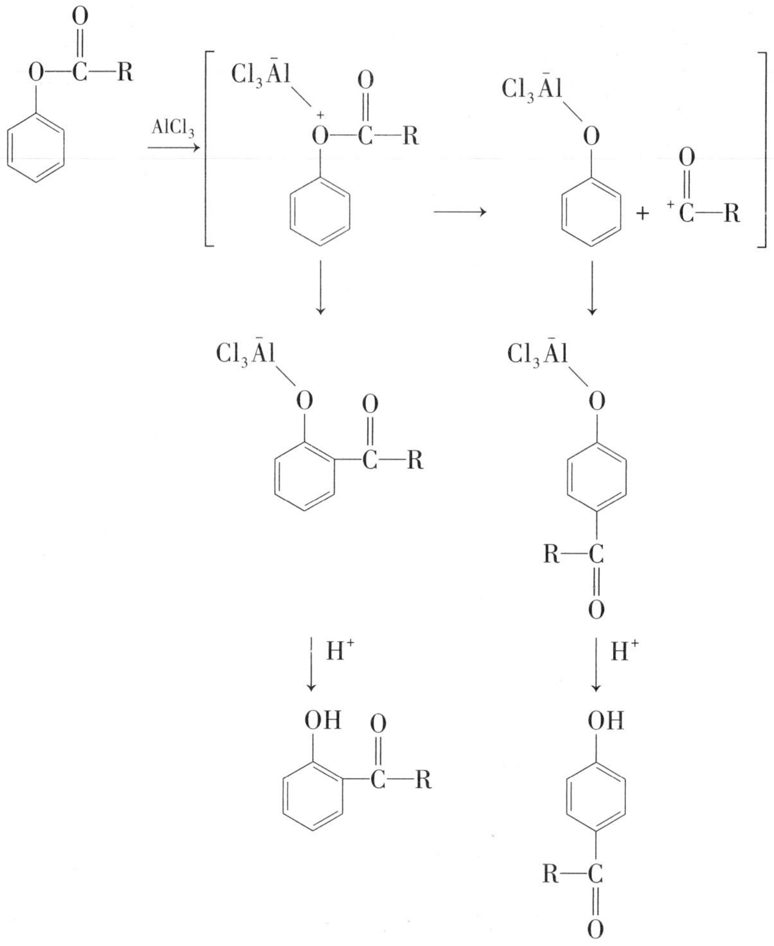

O‖O—C—R（苯基）
$\xrightarrow{AlCl_3}$
［ $Cl_3\bar{A}l$—$\overset{+}{O}$—C(=O)—R（苯基） ⟶ $Cl_3\bar{A}l$—O（苯基） + $^{+}$C(=O)—R ］

↓　　↓

$Cl_3\bar{A}l$—O—（苯环邻位）—C(=O)—R　　$Cl_3\bar{A}l$—O—（苯环对位）—C(=O)—R

↓ H^+　　↓ H^+

OH（苯环邻位）—C(=O)—R　　OH（苯环对位）—C(=O)—R

邻位产物(分子内重排)　对位产物(分子间重排)

影响傅瑞斯重排反应的因素：

① 酯的结构。R 可能是烷基或芳基，而以苯氧基的影响最为显著。R 的体积愈大，愈有利于 *o*-位异构体的形成。*o*-，*p*-位有—NO_2或 PhCO—，可增强反应活性；*m*-位有 CH_3CO—或—COOH 会减弱反应活性。

② 反应温度。**低温有利于对位酚酮的形成，高温则有利于邻位异构体的形成**，这是由于**邻位可形成—OH 与>C ═O 之间的氢键**［例如下式中的(Ⅰ)、(Ⅱ)］，而使化合物稳定性增大。

(Ⅰ) 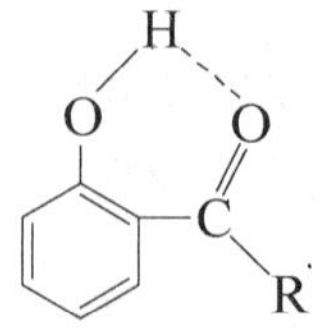　H　O　O　C　R

(Ⅱ)　$AlCl_3$　O　O　C　R

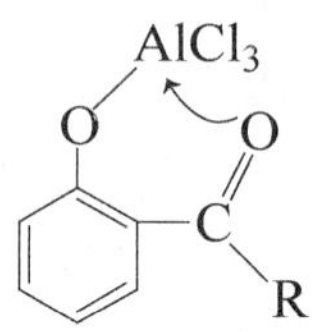

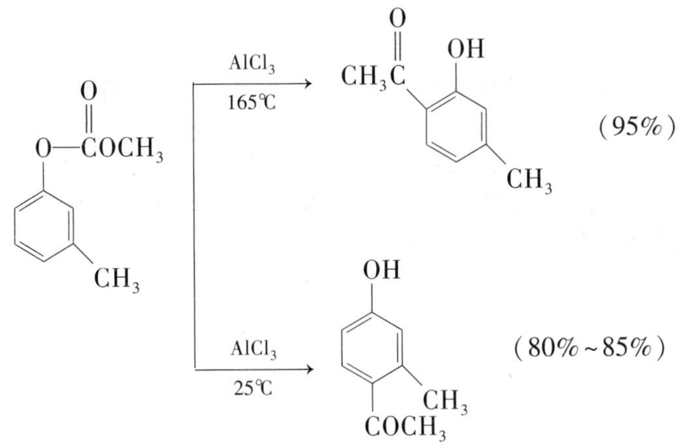

$$\text{间甲苯酚乙酸酯} \xrightarrow[165℃]{AlCl_3} \text{2-羟基-4-甲基苯乙酮 } (95\%)$$

$$\text{间甲苯酚乙酸酯} \xrightarrow[25℃]{AlCl_3} \text{4-羟基-2-甲基苯乙酮 } (80\%\sim85\%)$$

③ 溶剂：$C_6H_5NO_2$、CCl_4，在 $C_6H_5NO_2$中温度可较低。

④ 酚酯与 $AlCl_3$的比例，1mol 酯需 1mol 以上无水 $AlCl_3$。

应用实例：

制备氯乙酰儿茶酚，它是强心药物——肾上腺素的中间体。

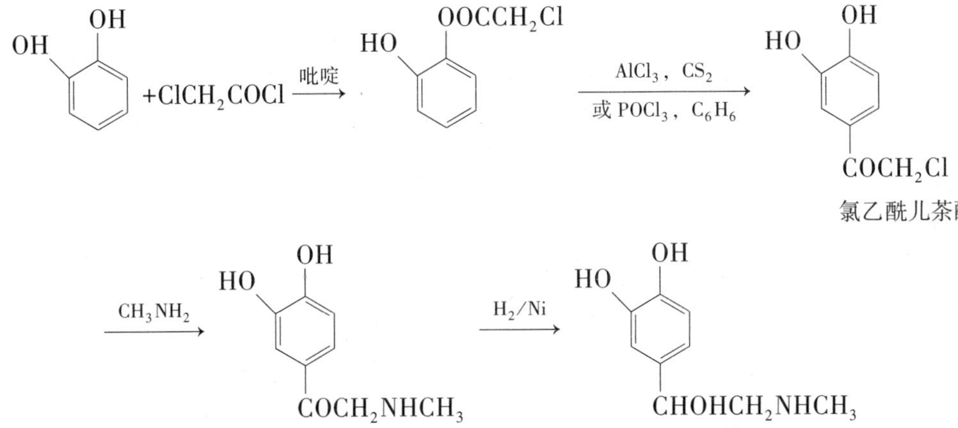

$$\text{邻苯二酚} + ClCH_2COCl \xrightarrow{\text{吡啶}} \text{2-HO-}C_6H_4\text{-}OOCCH_2Cl \xrightarrow[\text{或 } POCl_3,\ C_6H_6]{AlCl_3,\ CS_2} 3,4\text{-}(HO)_2C_6H_3COCH_2Cl$$

氯乙酰儿茶酚

$$\xrightarrow{CH_3NH_2} 3,4\text{-}(HO)_2C_6H_3COCH_2NHCH_3 \xrightarrow{H_2/Ni} 3,4\text{-}(HO)_2C_6H_3CHOHCH_2NHCH_3$$

外消旋肾上腺素

主要参考文献

[1] 王积涛，张宝申，王永梅，胡青眉编著．有机化学(第二版)[M]．天津：南开大学出版社，2003
[2] 胡宏纹主编．有机化学(上、下册，第二版)[M]．北京：高等教育出版社，2002
[3] 曾昭琼主编，李景宁副主编．有机化学(上、下册，第四版)[M]．北京：高等教育出版社，2004
[4] 王永梅，王桂林编．有机化学提要、例题和习题[M]．天津：天津大学出版社，1999
[5] 杨善中编．有机结构理论[M]．合肥：合肥工业大学出版社，2003